项目资助：国家重点研发计划项目(编号：2018YFE0101000)

时空数据
技术导论与应用实践

张 雷　马艳华　项 前　田 波　著

科 学 出 版 社

北 京

内 容 简 介

本书凝聚了全球导航卫星系统、遥感、地理信息系统、计算机和通信等技术内涵,立足时间、空间及其关联数据本身的构建、模型及其应用模式,围绕时空归一化、时空元数据和时空信息系统融合等学术发展热点,开展了时空数据在光谱、定位、导航与视觉等方面的数据分析与信息处理研究,形成了时空数据理论在生态监测、城市土地利用和 GNSS 反射信号土壤探测等方面的应用研究成果。本书共十二章,主要包括理论、技术、研究方法和示范性应用。在空间信息技术飞速发展的新时代,突破传统的技术体系表达,潜入理论方法的构建和应用创新,是本书作为学术专著的初心。

本书可作为高等院校相关专业的本科高年级学生及研究生用书,也可作为空间信息技术领域的应用与工程技术人员参考用书。

图书在版编目(CIP)数据

时空数据技术导论与应用实践 / 张雷等著. —北京:科学出版社,2020.11
ISBN 978 - 7 - 03 - 066455 - 6

Ⅰ.①时⋯ Ⅱ.①张⋯ Ⅲ.①空间信息技术－数据处理－高等学校－教材 Ⅳ.①P208

中国版本图书馆 CIP 数据核字(2020)第 206920 号

责任编辑:徐杨峰 / 责任校对:谭宏宇
责任印制:黄晓鸣 / 封面设计:殷 靓

科学出版社 出版
北京东黄城根北街 16 号
邮政编码:100717
http://www.sciencep.com

南京展望文化发展有限公司排版
上海锦佳印刷有限公司印刷
科学出版社发行 各地新华书店经销

*

2020 年 11 月第 一 版 开本:B5(720×1000)
2020 年 11 月第一次印刷 印张:26 1/2
字数:505 000

定价:190.00 元
(如有印装质量问题,我社负责调换)

前　言

由全球导航卫星系统、遥感、地理信息系统、计算机和物联网等构成的空间信息技术,是 21 世纪最具发展潜力的技术发展领域。尤其是中国北斗的全球覆盖、中国高分遥感卫星的不断发射、物联网大规模应用及 5G 等信息化基础设施的不断完善,已经迎来了大数据、人工智能等高科技产业及其现代服务业的高速增长。作为物质世界的时间、空间和属性等多维关系,必然需要更为合适的数据结构和应用范式来与之对应。中国工程院院士王家耀针对"时空大数据"提出了体系化的理论与应用框架,结合"利用超级计算能力直接分析海量数据发现相关关系,并获得新知识"的"数据密集型科学"第四范式,在国土空间信息化和新型智慧城市应用等重大领域中取得了诸多成就,引发了庞大的产业经济发展。

2018 年 6 月 10 日,上海合作组织成员国元首理事会第十八次会议在青岛国际会议中心举行。习近平总书记在建议中"推介"说,中方愿利用风云二号气象卫星为各方提供气象服务。2018 年 11 月 5 日,习近平向联合国全球卫星导航系统国际委员会第十三届大会致贺信中提到:北斗系统将面向"一带一路"国家和地区开通服务,2020 年服务范围覆盖全球,2035 年前还将建设完善更加泛在、更加融合、更加智能的综合时空体系。2019 年 1 月 24 日,为进一步做好智慧城市时空大数据平台建设,中国自然资源部修订完成了《智慧城市时空大数据平台建设技术大纲(2019 版)》,提出了"要切实发挥时空大数据平台基础性作用,推进建设成果广泛应用,支撑国土空间规划、用途管制、生态修复、确权登记等自然资源管理工作;增强测绘地理信息公共服务能力,服务城市经济社会发展各领域,推进城市治理体系和治理能力现代化,促进城市高质量发展。同时,要通过应用带动,完善平台功能,保持数据鲜活,建立长效机制,持续发挥平台作用。"

近十年,作者的研究团队分别致力于全球导航卫星系统、遥感、地理信息系统和软件工程等研究,并在相关的研究与应用中积累了诸多成功经验,发展了细分的研究分支,形成具有中国经验的理论、技术及其应用。如何针对"时空数据及其大数据应用"做一次创新的技术体系建设和应用指导？这个问题一直困扰着我们。这也急需业界的科研工作者、产业开发者和官方政策制定者来共同面对，最后还需要作为一种策源引擎来推进产业效能，全面推动互联网、大数据、人工智能和实体经济深度融合，建设数字中国、智慧社会。本书主要得到了国家重点研发计划政府间国际科技创新合作重点专项"金砖国家时空数据高可信关键技术及其应用研究"（编号：2018YFE0101000）的支持，并得到了合作研究团队和产业发展团队的全力支持，围绕着时空数据特征与时空大数据应用特性，精选了"空间信息技术"中的全球导航卫星系统、遥感、地理信息系统等关联性关键技术，为高精度定位与姿态测量、三维时空建模、生态地形监测和城市土地利用等技术进行研究和应用创新。

本书在组织撰写过程中，反复考虑是否再将全球导航卫星系统、遥感、地理信息系统和软件工程等专业的理论与技术进行描述；如何以"时空数据"特征为核心进行较为体系化的推演；选择什么样的研究成果来支撑时空数据理论、技术及其应用；等等。基于研究团队的反复推敲和素材筛选，在国家重点研发计划政府间国际科技创新合作重点专项"金砖国家时空数据高可信关键技术及其应用研究"的研究任务中，得到华东师范大学、中国科学院上海技术物理研究所、清华大学、同济大学，以及"产学研"合作团队的研究成果支持，本书力求实现"围绕着基于全球导航卫星系统、遥感、地理信息系统等的时空数据智能获取与天地一体化感知，对时间、空间和光谱强关联数据进行分析挖掘、可信建模及其时空数据应用，构建时空数据有效和高质获取、可靠和安全处理、实时和高效应用的关键技术体系，针对多维度、精细化、多层次、系统化、综合性的时空数据集进行关键技术研究，形成城市生态环境监测与基础设施空间信息建模及应用体系"，为时空数据在重大共性问题和应用上提供高可信数据融合产品及技术应用上进行理论、技术、方法与应用探索。

本书研究工作在团队科学家的指导下开展，在此一并表示感谢！不少研究成果也是首次撰写与发布，在此也感谢于鹏伟、齐巍、吴妍雯、鲁婷婷、黄夔夔、蒋玉东和王德峰等合作研究者的贡献。同时，本书得以出版，也由衷地感谢华东师范大学和科学出版社。

时空数据及其大数据应用在国际上都是交叉学科创新的集大成理论与技术体系，试图突破单一学科的理论结构，在航空航天业务数据和新型智慧城市应用等各种大数据应用的驱使下脱颖而出。如此前沿的应用科技，在短短几年的理论建设和应用实践中对相关理论、技术、方法及其应用进行组织的难度可想而知。在全国防控新型冠状病毒肺炎的居家隔离期间，查阅了诸多文献，为展现给读者更全面、更学术性和更具指导意义的内容,全体研究人员竭尽全力。本书难免存在理论建设不完善、技术覆盖不完整、方法构架不完备和应用实践不饱满等问题,共同期待下一版本的修订和系列著作的出版。在此,感谢所有列举的和曾经参考过的文献及其作者,没有您(们)的前期探索和无私的成果公开,本书的内容将显得单薄与枯燥,甚至零散不成体系。

欢迎业界的科研工作者、产业开发者、政策制定者和行业管理者等,积极地推进时空大数据技术及其产业的发展,顺畅地与本书交流,取长补短,共同提高!

愿疫情早日得以控制!愿天下苍生共享万世康福!

为天地立心,为生民立命,为往圣继绝学,为万世开太平——北宋大儒张横渠。

张 雷

教授、博士生导师

2020 年 6 月 30 日于上海苏州河畔

目　录

前言

第1章　时空数据概述 ……………………………………………… 001

1.1　时空数据基本概念 ………………………………………… 001

1.2　**数据的时空特征** …………………………………………… 003

　　1.2.1　空间特征 …………………………………… 004

　　1.2.2　时间特征 …………………………………… 008

1.3　**时空归一化** ………………………………………………… 010

　　1.3.1　时空元数据 ………………………………… 010

　　1.3.2　时空基准统一 ……………………………… 012

　　1.3.3　时空大数据融合 …………………………… 015

1.4　**时空数据模型** ……………………………………………… 017

　　1.4.1　时空数据组织 ……………………………… 017

　　1.4.2　时态版本 …………………………………… 018

　　1.4.3　时空数据传统模型 ………………………… 019

1.5　**空间信息系统耦合** ………………………………………… 028

　　1.5.1　遥感与地理信息系统 ……………………… 028

　　1.5.2　全球导航卫星系统与遥感 ………………… 032

　　1.5.3　地理信息系统与全球导航卫星系统 ……… 033

1.6　时空数据的多尺度融合 …………………………………… 034

参考文献 ………………………………………………………… 036

第2章　时空系统地理数据 ………………………………………… 038

2.1　地理空间信息 ……………………………………………… 038

2.1.1 数据和信息 ·· 038
2.1.2 地理空间数据和地理空间信息 ···················· 039
2.1.3 地理空间信息类型 ····································· 040
2.2 地理实体 ··· 041
2.2.1 地理实体定义 ·· 041
2.2.2 地理实体抽象 ·· 042
2.3 时空数据地理描述 ··· 044
2.3.1 几何描述 ·· 044
2.3.2 属性描述 ·· 045
2.3.3 空间关系描述 ·· 045
2.4 坐标系统 ··· 046
2.4.1 地理坐标系统 ·· 046
2.4.2 地图投影 ·· 047
2.5 空间尺度 ··· 051
2.5.1 空间尺度的概念 ··· 051
2.5.2 比例尺 ·· 052
2.5.3 分辨率 ·· 052
2.6 空间关系 ··· 053
2.6.1 拓扑空间关系 ·· 053
2.6.2 顺序空间关系 ·· 055
2.6.3 度量空间关系 ·· 055
参考文献 ··· 055

第3章 时空数据结构与管理 ······································ 057
3.1 时空数据基础模型 ··· 057
3.1.1 地理空间数据模型 ····································· 057
3.1.2 概念数据模型 ·· 059
3.1.3 逻辑数据模型 ·· 061
3.2 矢量数据 ··· 063
3.2.1 简单要素和空间关系 ·································· 063
3.2.2 地理关系数据模型 ····································· 066
3.2.3 基于对象的数据模型 ·································· 069

3.3 栅格数据 ··· 072

3.3.1 栅格数据模型要素 ··· 072

3.3.2 栅格数据结构 ··· 074

3.3.3 栅格数据模型文件 ··· 077

3.4 一体化数据结构 ··· 078

3.4.1 一体化数据结构的概念 ··································· 078

3.4.2 一体化数据结构的表示方法 ···························· 079

3.4.3 一体化数据结构的设计 ··································· 083

3.5 时空数据库 ··· 087

3.5.1 时空数据库的数据组织 ··································· 087

3.5.2 时空数据库的功能分析 ··································· 087

3.5.3 时空数据库的应用设计 ··································· 088

参考文献 ··· 089

第4章　时空信息系统空间分析 ··· 092

4.1 空间分析基本功能 ··· 092

4.2 缓冲区分析 ··· 093

4.3 叠加分析 ··· 094

4.3.1 矢量数据叠加分析 ··· 094

4.3.2 栅格数据叠加分析 ··· 098

4.3.3 一体化融合 ··· 100

4.4 邻域分析 ··· 101

4.4.1 邻域分析方法 ··· 101

4.4.2 邻域分析三要素 ·· 101

4.4.3 邻域分析的应用 ·· 102

4.5 空间插值 ··· 105

4.5.1 基本概念 ·· 105

4.5.2 全域插值方法 ··· 106

4.5.3 局部插值方法 ··· 109

4.6 网络分析 ··· 112

4.6.1 基本概念 ·· 112

4.6.2 网络分析类型 ··· 113

      4.6.3　网络分析方法 ··· 115

  参考文献 ··· 119

第 5 章　时空信息系统光谱分析 ··· 121

  5.1　电磁辐射 ··· 121

      5.1.1　辐射光谱学的基本物理量 ································· 123

      5.1.2　辐射光谱学的基本定律和计算关系 ······················ 124

  5.2　大气传输特性 ··· 130

  5.3　反射光谱 ··· 134

      5.3.1　植被 ·· 135

      5.3.2　城市 ·· 136

      5.3.3　水体 ·· 138

      5.3.4　土壤 ·· 138

  5.4　遥感大数据 ··· 140

  参考文献 ··· 142

第 6 章　时空遥感数据应用 ··· 143

  6.1　遥感数据的预处理 ··· 143

      6.1.1　图像立方体 ·· 143

      6.1.2　高光谱成像数据的辐射校正 ······························ 146

      6.1.3　高光谱成像数据的几何校正 ······························ 149

      6.1.4　高光谱成像数据的大气校正 ······························ 157

      6.1.5　高光谱成像数据的分级输出 ······························ 160

  6.2　高光谱遥感数据处理 ··· 161

      6.2.1　光谱特征吸收参数 ······································ 162

      6.2.2　遥感光谱分析技术 ······································ 165

      6.2.3　光谱匹配与光谱相似性 ·································· 166

      6.2.4　混合像元分解 ·· 169

      6.2.5　光谱空间变换 ·· 171

      6.2.6　图像分类 ·· 172

  6.3　光谱遥感图像融合 ··· 173

      6.3.1　多光谱图像特点 ·· 173

　　　　6.3.2　基于对应分析的图像融合方法 ················· 174

　　参考文献 ···································· 191

第 7 章　时空定位测姿应用 ························· 193

　7.1　高精度时空解算 ··························· 193

　　　7.1.1　GNSS 时空系统 ······················ 193

　　　7.1.2　卫星位置计算 ······················· 194

　7.2　多接收天线观测模型 ························ 195

　　　7.2.1　多接收天线双差模型 ···················· 195

　　　7.2.2　多接收天线观测量组合模型 ················· 197

　7.3　多接收天线卡尔曼滤波模型 ···················· 199

　7.4　实时动态差分定位 ························· 203

　　　7.4.1　实时动态差分基本原理 ··················· 203

　　　7.4.2　实时动态差分快速定位 ··················· 204

　　　7.4.3　基带频率间跟踪 ······················ 205

　　　7.4.4　半周模糊度的固定 ····················· 205

　　　7.4.5　实时动态差分定位误差分析 ················· 206

　7.5　载波相位测姿 ··························· 208

　　　7.5.1　载波相位测姿基本原理 ··················· 208

　　　7.5.2　载波相位姿态快速测量 ··················· 209

　　　7.5.3　载波相位姿态测量的误差分析 ··············· 210

　7.6　坐标系转换及姿态角定义 ····················· 211

　　　7.6.1　坐标系定义 ························· 211

　　　7.6.2　姿态角的定义 ······················· 212

　　　7.6.3　坐标系之间的转换 ····················· 213

　　　7.6.4　姿态测量系统的测姿流程 ················· 215

　　参考文献 ···································· 216

第 8 章　时空协作定位应用 ························· 218

　8.1　时空协作定位原理 ························· 218

　　　8.1.1　基本原理及要素 ······················ 219

　　　8.1.2　定位解算方法概述 ····················· 221

8.1.3 贝叶斯分布式时空协作定位 ………………………………… 223

8.2 非序贯、分布式、贝叶斯时空协作定位 ………………………… 223

8.2.1 因子图与消息传递 …………………………………………… 223

8.2.2 消息传递时空协作定位 ……………………………………… 226

8.2.3 高斯置信度传播与更新 ……………………………………… 231

8.2.4 统计线性化 …………………………………………………… 236

8.2.5 算法流程 ……………………………………………………… 238

8.2.6 算法仿真 ……………………………………………………… 239

8.3 序贯、分布式、贝叶斯协作方法 ………………………………… 244

8.3.1 集中式序贯定位 ……………………………………………… 244

8.3.2 基于分布式 MMSE 滤波的序贯时空协作定位 …………… 248

8.3.3 算法仿真与比较 ……………………………………………… 258

8.4 引理 1 的证明 ……………………………………………………… 261

8.5 引理 2 的证明 ……………………………………………………… 265

参考文献 …………………………………………………………………… 266

第 9 章 视觉时空建模应用 ………………………………………………… 268

9.1 视觉 SLAM 技术 …………………………………………………… 268

9.1.1 视觉 SLAM 技术的分类与基本框架 ……………………… 268

9.1.2 单目 LSD - SLAM 算法 ……………………………………… 269

9.2 运动恢复结构三维场景构建 ……………………………………… 273

9.2.1 SFM 技术的基本原理 ……………………………………… 274

9.2.2 SFM 技术的实际表现 ……………………………………… 280

9.3 三维激光成像系统及设备参数分析 ……………………………… 281

9.3.1 三维激光扫描系统 …………………………………………… 281

9.3.2 激光雷达设备简介 …………………………………………… 282

9.4 三维激光建模及点云的处理 ……………………………………… 283

9.4.1 精度的分析 …………………………………………………… 283

9.4.2 数据的采集 …………………………………………………… 285

9.5 激光点云数据的拼接与 K - D 树的构建 ………………………… 286

9.6 点云预处理策略的提出 …………………………………………… 289

9.7 视觉与激光点云配准算法的提出 ………………………………… 292

9.8 基于惯性导航的视觉点云尺度估计方法研究 ················· 300

9.9 坐标系的建立及高度测量、定位方法的提出 ·············· 304

9.10 实验步骤及结果的分析 ·································· 307

参考文献 ······································· 312

第 10 章 生态监测时空应用 ··································· 314

10.1 长江河口崇明生态岛时空动态 ························· 314

10.2 长江河口崇明生态岛自然概况 ························· 315

10.2.1 地质地貌 ································· 315

10.2.2 气候水文 ································· 315

10.2.3 土壤植被 ································· 315

10.3 基于遥感时空数据的崇明岛生态用地高精准调查 ············· 316

10.4 遥感智能解译方法 ································· 317

10.4.1 数据源选择与预处理 ···························· 317

10.4.2 遥感辐射与几何校正 ···························· 319

10.4.3 图像镶嵌与融合 ······························ 320

10.5 遥感分类与信息提取 ······························· 321

10.5.1 最大似然法监督分类 ···························· 321

10.5.2 面向对象统计 ······························· 322

10.5.3 精度检查 ································· 322

10.6 崇明岛生态用地现状 ······························· 322

10.6.1 遥感分类结果 ······························· 322

10.6.2 土地利用构成 ······························· 324

10.7 崇明岛生态用地变化 ······························· 325

10.7.1 土地利用类型变化 ··························· 325

10.7.2 湿地类型变化 ······························· 325

10.8 潮滩地形监测 ································· 326

10.8.1 研究区域 ································· 326

10.8.2 地面三维激光扫描系统数据获取与处理 ················· 327

10.8.3 地形构建 ································· 334

10.9 盐沼潮滩表层模型构建及冲淤演变分析 ················· 336

10.9.1 盐沼潮滩表层模型构建 ························· 336

10.9.2 冲淤演变分析 ··· 337

参考文献 ··· 339

第 11 章 城市土地时空应用 ··· 340

11.1 模型构建 ·· 340

11.2 土地利用优化模型的发展 ·· 340

11.3 多目标城市土地利用时空优化模型 ··························· 342

11.3.1 经济优化目标 ··· 344

11.3.2 生态优化目标 ··· 345

11.3.3 空间优化目标 ··· 347

11.4 土地利用时空动态优化 ··· 350

11.4.1 动态变化度 ·· 351

11.4.2 时间序列动态分配子模型 ································· 355

参考文献 ··· 355

第 12 章 GNSS－R 时空探测应用 ····································· 357

12.1 GNSS－R 几何关系 ··· 357

12.2 GNSS－R 信号特性 ··· 358

12.2.1 电磁波的概念 ··· 359

12.2.2 电磁波的反射 ··· 360

12.2.3 电磁波的极化 ··· 361

12.2.4 反射系数 ··· 363

12.3 土壤湿度的表示和测量方法 ······································ 365

12.3.1 土壤湿度的表示 ··· 365

12.3.2 土壤湿度常用测量方法 ···································· 366

12.4 双天线测土壤湿度 ·· 367

12.4.1 双天线系统 ·· 368

12.4.2 双天线模型原理 ··· 368

12.5 单天线测土壤湿度 ·· 371

12.5.1 干涉条件 ··· 371

12.5.2 干涉信号理论 ··· 372

12.5.3 信噪比 ·· 374

12.6　土壤探测深度 ·· 376

　　12.6.1　电磁波穿透能力 ·· 376

　　12.6.2　Lomb Scargle 算法 ·· 377

12.7　探测区域面积 ·· 378

　　12.7.1　菲涅尔反射区 ·· 378

　　12.7.2　最大探测区域 ·· 379

12.8　数据处理步骤和算法 ·· 380

　　12.8.1　数据处理步骤 ·· 380

　　12.8.2　程序包 SNR_SM ·· 383

12.9　站点设置和设备 ··· 384

　　12.9.1　实验站点描述 ·· 384

　　12.9.2　实验设备和数据采集 ·· 385

12.10　特征参数的定性分析 ··· 386

　　12.10.1　频率和探测深度分析 ··· 387

　　12.10.2　幅度和延时相位分析 ··· 390

12.11　特征参数的定量模型 ··· 391

　　12.11.1　延时相位模型 ·· 392

　　12.11.2　频率和探测深度模型 ··· 393

　　12.11.3　幅度模型 ··· 396

12.12　其他物理参数影响 ·· 397

　　12.12.1　积雪覆盖的影响 ·· 398

　　12.12.2　土壤介质的影响 ·· 399

　　12.12.3　季节变化的影响 ·· 401

参考文献 ··· 402

后记 ··· 404

第 1 章

时空数据概述

1.1 时空数据基本概念

物质以空间和时间两种基本形式存在,空间、时间和物质三者密不可分。在研究对象与物质及其运动规律的过程中,需要对物质世界与数字世界的时空关联进行定量研究。一般来说,空间表示事物的广延性、结构性和并存性。空间包括空间位置和空间属性。任何事物都有一定的体积、规模和内部结构,与其他事物之间都有一定的位置关系。空间位置是空间对象在系统中的坐标,空间属性是空间对象本身具有的属性。空间关系是指地理空间对象之间的相互关系,由空间对象的几何特性和非几何特性组成,这里的空间关系特指由几何特性形成的相互关系,主要分为三种:顺序关系、度量关系及拓扑关系。顺序关系是指地理空间对象之间空间位置的分布关系;度量关系是指空间对象之间的相距程度;拓扑关系是指空间对象之间的邻接、关联和包含关系。

时间是一个矢量,从过去向未来发展的过程中,不同地理事件、地理现象的发生都记录在时间轴上,并具有先后次序。时间也是一个较为抽象的概念,用以表达物质发生变化的过程,表示物质的运动、变化的持续性和顺序性,是七个基本物理量之一。任何事物都有一个或长或短的持续过程,并有一定的发展顺序。一般来说,整个物质世界的空间和时间都是无限的。科学技术的发展不断突破认识上的局限,不断探索空间与时间的无限性。当然,空间与时间的无限性并不能仅仅依靠具体科学的证明,还需要从哲学上运用辩证思维去加以把握。物质和运动是永恒存在的,它们既不能被创造,也不能被消灭,只能处于永恒的变化中。这种变化过程,就是空间、时间的无限性。对时间属性的处理根据需求和计算机特性的不同,可以将时间进行离散化处理。时间在离散模型中的最小单位称为时间粒度。时间粒度是有大小的,由选择的时间区间决定,时间粒度越小,包含的时间点越多,分辨率越高,它对事件信息变化的描述也就越精细,相应数据量越大。

时间是各物质本身固有的特性。以时间作为关键词对现实情况进行客观描述,这样的规则称为时空关联规则。时间关联分为时间上的匹配、不同时间段之间隐藏的关联信息等两个部分。空间关联是使用信息化处理技术、数据处理技术、机器学习技术等对大量的空间数据进行处理,挖掘潜在的价值信息。空间数据包括位置信息,位置信息中又包括位置关系关联、距离关联。时空对象的关联是使用关联规则对结合对象的时间特性和空间特性进行数据采集。时空关联的传统方法是将时间特性和空间特性分开处理,但忽略了时空特性的结合性。时空对象的时空关联,是结合时间特性和空间特性的关联,具有同时性和一体性的特征。时空数据关联的方法一般是将时间和空间分开进行分阶段关联,先进行时间匹配,再对空间进行匹配,或者先进行空间约束,再考虑时间上的约束。但对时空数据模型来说,应在数据组织的过程中就考虑其时空关联特性,并且同时考虑时空关联。

为了能够利用信息技术来描述现实世界,需要以时间、空间和属性等综合特征来重构现实世界,这就需要对现实世界进行建模和数据化。对于地理信息系统(geographic information system, GIS),其结果就是建立空间数据模型,空间数据模型是整个理论和技术的核心内容。空间数据模型可分为三种:场模型、对象模型(或称要素模型)和网络模型。沃博伊斯(Worboys)在空间场模型和对象模型的基础上,将其扩展为时空场模型和时空对象模型。普科特(Peuquet)提出了离散的观点和连续的观点,即时空场模型和时空对象模型,作为时空数据模型的理论框架基础。

全球导航卫星系统(global navigation satellite system, GNSS)就可以同时获得相对精度较高的三维坐标[1],即大地经度 L、大地纬度 B 和大地高 H。L、B 可以经过严密的数学公式转换为高斯平面坐标 X、Y,大地正常高 h 也可以根据 $H = h + \zeta$(ζ 是高程异常)来求解。近几十年来,科学技术中常用遥感(remote sensing, RS)、GIS、GNSS 和计算机技术(computer technology, CT)等概念来描述各自技术体系中的时间、空间及属性。遥感信息是多源的,它是由观测平台的高低、视场角的大小、波段的多少、时间频率的长短四方面因素来决定。平台位置与视场角会影响传感器成像时地物的投影变形大小,同时会以波段数来反映获取信息的丰富度,而时间频率则表示数据更新周期的长短。遥感主要以影像的方式记录成像瞬间成像区域的地表特征,这是一种视觉上比较直观的表达方式。单波段图像的亮度值反映地物在该点的反射率,通过影像的辐射校正及几何纠正处理,可以获取某一点的地理坐标。其他一些属性信息可以经过遥感影像的增强处理提取出来。光谱曲线对确定特定地物的类型比较可靠,它反映同一地物的反射率随着入射波长变化的规律。

随着无线电、通信、互联网与物联网等技术的飞速发展,用户随时随地获取与位置相关的信息服务,即基于时空数据的信息服务。传统而言,这就是基于位置的服务(location based service，LBS)，具体是指移动终端利用各种定位技术获得当前位置信息，再通过无线网络得到相关应用服务。随着时空数据的不断增长，利用这些历史数据挖掘出隐含的知识信息显得尤为迫切和重要，这些未被开发利用的知识及信息，不仅能够更全面地呈现数据的时空特性，而且可为用户提供更好的服务。

时间参数和空间参数在描述空间对象的特征时一般是不可分割的。空间信息的可视性较强，通常情况下不易被忽视，而时间信息却因为不可见所以易被忽略，但是，它却是不可或缺的。世界的任何发展变化过程都是时间的函数，缺少了时间信息，各种数据的使用价值将大大降低，对全球资源环境变化的各种检测将无法进行[2]。时间参数与空间参数共同作用，地理信息的表达才会更加完善。

在遥感技术中，空间参数表达的信息包括地表植被分布与类型、地形地貌、地物分布、区域景观等。时间参数可以是成像日期，成像瞬间实际上已经记录了成像时的大气状况、辐射状况及当时的空间信息；时间参数也可以是成像的周期性，同一区域不同周期的遥感影像是进行大面积变化监测的重要数据源。

空间数据库、空间数据模型是 GIS 的特长。目前，许多学者已经开始研究时态GIS，这种系统可以表达地理现象的时间行为。研究与空间对象相伴随的变化是理解时间的最好方式。于是，GIS 的空间数据库向时空数据库转变，空间数据模型向时空数据模型转变。对于空间信息应用，时空参数一直必不可少地出现在定位导航或基于位置服务的应用中，其应用特征显而易见。

RS、GIS 和 GNSS 三者之间的时空参数同样彼此融合。时间参数是联系3S(RS、GIS 和 GNSS 的总称)数据的重要纽带，只有将相近时间获得的数据进行整合才有现实意义。也可以根据三者空间信息间的互补性与协同性，使地理特征得到更完善的表达。3S 获取数据手段的不同使得参数的描述与表达方式也不尽相同，但通过传感器瞬间成像，将特定区域内物理空间的地物信息载入图像空间，进而通过计算机进行信息处理并应用于相关领域。GIS 通过各种数据采集方法，将图形数据数字化，将属性数据经键盘存入计算机系统并用于时空分析，这样就可以为决策提供依据。GNSS(以中国北斗卫星导航系统为例)的接收机瞬间接收无线电信号，获得接收机的地理位置与高程信息，这些数据经过差分处理、坐标基准变换、坐标投影变换和偏心矢量改正等一系列处理，转入计算机系统，为 GIS 提供时空分析需要的高精度三维定位信息，甚至是高精度姿态信息。

1.2　数据的时空特征

时空数据融合的目的是以计算机为媒介，对现实世界或现实世界的自然现象进行数字刻画、模拟和分析。其本质是对空间对象的地学特征进行空间描述与表达,包括从现实世界到比特世界,以及从比特世界到计算机世界的两个转换过程。这两个过程是通过对空间对象的定位、地学信息的空间获取及空间分析等功能的综合集成来实现的[3]。地学特征包括以下四个特征:① 大范围的空间对象,即广大的对象分布范围,它在空间上是三维的;② 目标对象与周围环境相关联、空间对象之间的空间位置相关联,就是拓扑关系,也是准确刻画地学现象的必要元素;③ 不同的空间对象具有不同的形态特征,如纹理、形状、大小等;④ 地理现象、事物等具有多尺度特征。地学特征的表达是通过计算机转换为地学信息来实现的,地学信息具有多维动态的特性,由地学对象属性、时间和空间三种元素构成的信息元组成,可以通过式(1-1)来描述:

$$I_s = f_s(x, y, z, t, A) \qquad (1-1)$$

式中,(x, y, z)表示空间位置信息,其中隐含着空间位置关联信息;t 表示地理现象,指事物发生的时间信息;A 表示目标对象的属性信息;下标 s 表示具有属性 A 的目标对象在时间 t 时的空间尺度;f_s 表示目标对象的地学信息之间的函数关系;I_s 表示目标对象在空间尺度 s 下的地学信息。

从单独的空间对象出发,可以认为地学特征表现在三个方面,即空间特征、光谱特征及时间特征。可以利用光谱特征来识别地物类型、地表对象,利用相对位置、绝对位置及空间对象的形状、大小和纹理等来描述空间特征。利用时间特征来记录地表空间对象的变化,这也就对应了遥感信息的三个物理属性,即空间分辨率、波谱分辨率和时间分辨率。

1.2.1 空间特征

根据空间分布的平面形态,把地面对象分为三类:面状、线状和点状。确定地物的空间分布特征可以从以下四个方面进行:空间位置、空间大小(对于面状目标)、空间形状(对于面状或线状目标)、空间关系(对于集合体)。前三者是针对单个目标而言的,可以通过数据的形式来表示。面状目标的空间位置可由其界线的一组(x, y)坐标来确定,并可相应地求得其大小和形状参数;线状目标的空间位置可由线性形迹的一组(x, y)坐标来确定;点状目标的空间位置由其实际位置或中心位置的(x, y)坐标来确定。一定空间范围内的地面目标之间具有一定的空间分布规律,表现出一定的空间组合关系。地面目标的空间分布特征、空间组合关系往往受地域分布规律的控制[4]。通过空间目标的描述参数(x, y, z)并进行数字运算,可以获取空间分布规律、空间结构。获取地面目标信息的方式不同,空间参数的表达方式也不同。遥感通过像元位置和像元值来表达,不同的空间像元对应地表不同的空间位置。GIS 通过不同投影下的地理坐标来表达,而 GNSS 除表达精确的地理坐标外,还表达高程信息。

1. 遥感的空间参数

卫星图像的几何性质主要包括两部分:遥感器构象的数学模型、相片的几何误差。研究卫星图像的几何性质是为了对图像进行正确的几何处理,以确定目标的形状、大小和空间位置等。传统的航天摄影测量学中,卫星图像的数学模型是瞬间构象方程,如果需要捕获动态,则还需要建立一些附加方程。因为这些模型只能表示摄影瞬间的几何关系,不能连续地表示所采集的数据,不能以连续无误的比例尺表示卫星同一轨道的不同图幅的地面轨迹,所以得到的卫星图像几何畸变较大。在卫星图像的形成过程中,卫星的飞行、轨道的进动与地球的自转存在着相对运动,使得像点与相应地面点的几何位置关系都与时间有关。

直观地说,一幅卫星遥感影像记录了逐个像元的位置 (r, c) 及像元值 D,如式 (1-2) 所示:

$$I_R = f(r, c, D) \tag{1-2}$$

像元行列位置 (r, c) 中隐藏着地物的空间特征如形状、大小、纹理等,同时包括地物间的空间位置配置关系。地物的影像形状大致分为线性体、面状体、扇状体、带状体和斑状体,地物的影像大小与影像的空间分辨率密切相关,地物间的空间位置配置关系即位置分布特征表现为一定的几何组合类型(如均一型、镶嵌型、穿插型、杂乱型),具有一定的布局规律。实际上,目前在遥感影像的判读过程中,像元位置 (r, c) 更多地被用来空间定位,对应于地面位置 (x, y, z),应用频率最高的是影像的像元值 D。地物的空间特征如大小、形状等主要是通过光谱特征数据(像元值 D)的变化来体现的。地物在影像上的大小特征与地物的背景和遥感图像的空间分辨率有关,不同空间分辨率的遥感影像反映不同尺度的空间特征。

影像的纹理结构也是通过像元值的变化(主要是一定区域内像元值的变化频率)体现出来的。对于一定空间分辨率的遥感图像,可以通过纹理结构上的差异对其进行区分。纹理结构复杂,能够作为地物的区域特征加以分割,可以使用自相关函数测量法、单位面积内边缘数测量法及灰度的空间相关性测量法等方法对它进行描述和测量。其中,自相关函数测量法为计算每点 (i, k) 的自相关函数,设运算窗口为 $(2W+1) \times (2W+1)$,则有

$$R[(\varepsilon, \eta); (j, k)] = \frac{\displaystyle\sum_{m=j-w}^{j+w} \sum_{n=k-w}^{k+w} F(m, n) F(m-\varepsilon, n-\eta)}{\displaystyle\sum_{m=j-w}^{j+w} \sum_{n=k-w}^{k+w} [F(m, n)]^2} \tag{1-3}$$

　　如果自相关函数散布宽,表示像素之间的相关性强,纹理结构则较粗。反之则表示像素之间的相关性弱,纹理结构细。

　　灰度的空间相关性测量法为:设图像中任意两点(k, l)和(m, n),它们之间的距离为d,两点之间的连线与x轴夹角为θ(θ取四个方向,即$0°$、$45°$、$90°$、$135°$)。设$I(k, l)$为点(k, l)的灰度等于i,$I(m, n)$为点(m, n)的灰度等于j,则其互发生率$p(i, j, d, \theta)$定义为

$$
\begin{aligned}
p(i, j, d, \theta) = \sharp \{ & [(k, l), (m, n)] \in (L_r \times L_c) \\
& \times (L_r \times L_c)/d, \theta, I(k, l) \\
& = i, I(m, n) = j \}
\end{aligned}
\tag{1-4}
$$

式中,$\sharp$表示在图像域$L_r \times L_c$范围内,两个相距为d、方向为θ的像素点,其灰度分别为i和j的像素在图像中出现的概率。纹理结构细的图像,互发生率分布均匀,粗纹理的互发生率则集中在对角线附近。对于有方向性的纹理图像(如地质断面图),随方向的不同,其分布有较大的变化。

　　单位面积内边缘数测量法为:一般情况下,粗纹理图像中单位面积内的边缘数较少,细纹理图像中单位面积内的边缘数较多,因此以像素点为中心,计算一定大小区域内的边缘数可以看作是纹理的特征。参数D只是影像的直观表象。高于绝对温度$0℃$的物体,都具有发射与其自身状态相适应的电磁波的能力,发射能力的大小主要取决于发射率ε的高低,除黑体外,其他物体的ε都在$0 \sim 1$。根据基尔霍夫定律,任何物体的发射率ε都等于同温度时的吸收率α,对于不透明物体,有

$$
\alpha + \rho = 1
\tag{1-5}
$$

式中,α表示吸收率;ρ表示反射率。于是,有

$$
\varepsilon = \alpha = 1 - \rho
\tag{1-6}
$$

　　因此地物的发射光谱可以通过测定地物的反射光谱来实现。任何遥感影像都记录了地物电磁波谱特性,通过反射光谱中区域反射光谱的特征,可以准确地识别地物目标。通过遥感图像获取空间参数的基础是从记录电磁波谱辐射能量的图像反推地物目标的属性类别。影像的亮度值D可以描述为反射率随波长变化的函数,即

$$
D = \rho(\lambda)
\tag{1-7}
$$

于是有

$$
I_R = f(r, c, \lambda) = f(X, Y, Z, \lambda)
\tag{1-8}
$$

2. GIS 的空间参数

空间可以分成两种基本类型,即大尺度空间和小尺度空间。大尺度空间是超过个体的定点感知能力,无法从一个固定点来完全感知的空间。小尺度空间则可以从一个固定点感知。地理空间是大尺度空间,为了感知这一空间,需要借助地图、遥感影像等,或者亲临空间,此时人所感受或了解的空间就变为小尺度空间[5]。实际上,对大尺度空间的认知是通过小尺度空间的判断和理解进行的。因此,大尺度空间必须分割成许多小尺度空间,对大尺度空间的认知可以从计算小尺度空间着手,然后通过一定的抽象和压缩,转换为可以通过计算机表示的数字符号等形式。GIS 就是通过小尺度空间来感知大尺度空间的一种非常好的手段和方法,是一种典型的空间参数表达媒介,连同其涉及的理论以及应用的目标和范围,共同形成了地理信息科学,地理信息科学所描述的就是大尺度的地理空间[6]。GIS 表达和描述的信息 I_G 可以用式(1-9)表示:

$$I_G = f(X, Y, Z, A) \tag{1-9}$$

式中,(X, Y, Z) 表示地物目标的空间位置;A 表示地物目标的属性。其中,空间位置以恰当的空间投影方式为基础,是在一定的系统(地理)坐标(小尺度空间)中实现的。因此,式(1-9)可以进一步细化为

$$I_G = f_p(X, Y, Z, A) \tag{1-10}$$

式中,下角标 p 表示空间投影。

3. GNSS 的空间参数

GNSS 定位属于无线电定位范畴,是星地广播通信方式。与一般无线电定位中的无线电信号在对流层中的传播方式不同,星地广播通信中,无线电信号穿透对流层的路径较短,受对流层中气象因素的影响要小得多,且覆盖面要大得多,但二者的定位原理是相同的。最基本的方法是距离交会定位方法,最基本的数学模型是简单的交会定点模型。已知 GNSS 工作卫星位置 A 的坐标 (X_A, Y_A, Z_A),那么卫星与置于待定点 P 的 GNSS 接收机 (X_P, Y_P, Z_P) 间的距离 S_{PA} 可以用简单的解三角形数学公式算出:

$$S_{PA} = \sqrt{(X_P - X_A)^2 + (Y_P - Y_A)^2 + (Z_P - Z_A)^2}$$

式中,S_{PA} 值中 X_P、Y_P、Z_P 是待定值,有 3 颗 GNSS(以中国北斗为例)工作卫星分别为 A 星、B 星、C 星时,那么其观测方程为

$$\begin{cases} S_{PA} = \sqrt{(X_P - X_A)^2 + (Y_P - Y_A)^2 + (Z_P - Z_A)^2} \\ S_{PB} = \sqrt{(X_P - X_B)^2 + (Y_P - Y_B)^2 + (Z_P - Z_B)^2} \\ S_{PC} = \sqrt{(X_P - X_C)^2 + (Y_P - Y_C)^2 + (Z_P - Z_C)^2} \end{cases} \tag{1-11}$$

从式(1-11)可知,只要 GNSS 接收机接收到 3 颗 GNSS 工作卫星的信号即可按照式(1-11)求出接收机的位置(X_P,Y_P,Z_P),这与一般地面测量中采用的距离交会定位方法的基本原理一样。GNSS 定位精度会受到钟差、对流层延迟、电离层延迟等因素的影响,这些因素也与时间参数有关。已知 GNSS 接收机的位置(X_P,Y_P,Z_P),即可以计算出该点的地理位置与高程。

1.2.2　时间特征

在卫星图像的成像过程中,由于地球自转,卫星的飞行、轨道的变动等都与地球存在着相对运动,这使得像点与地面点的几何位置关系都与时间 t 有关,是一个动态的成像过程。这一过程包括四种相对运动:扫描镜摆动、卫星沿轨道运动、地球自转和轨道进动。由于这些动态因素的影响,图像不可避免地会产生变形。

卫星遥感影像具有周期性、瞬时性的特点。遥感通常瞬时成像,可获得同一瞬间大片面积区域的景观实况。遥感获取影像数据的周期性可以用时间分辨率表现,即对同一地点不同时间进行遥感采样,这不同的时间间隔又称为重访周期。GIS 数据有一定的更新周期,具有时间序列属性,因此不论是遥感影像的行列值(r,c)[最终要转换为(X,Y,Z)],还是 GIS 数据的空间坐标(X,Y,Z),都是时间 t 的函数[7]。因此,时间 t 就成了动态测图的一个参数,所需要的投影由静态变为动态。在 GIS 时间序列数据的一个瞬间,投影是静态的,可以表示为

$$x=\bar{f}_1(\phi,\lambda),\quad y=\bar{f}_2(\phi,\lambda) \tag{1-12}$$

式中,ϕ、λ 表示经度、纬度。在考虑时间序列、动态瞬时的情况下,式(1-12)转换为

$$x=f_1(\phi,\lambda,t),\quad x=f_2(\phi,\lambda,t) \tag{1-13}$$

如果以直角坐标的形式来表示,则式(1-13)转换为

$$x=f_1(X,Y,Z,t),\quad x=f_2(X,Y,Z,t) \tag{1-14}$$

这是一种四维空间与二维平面之间的一一对应映射,函数 f_1、函数 f_2 取决于不同的投影限制条件。将式(1-13)反解,则可得到用 x、y、t 表达 ϕ、λ 的方程式:

$$\phi=\varphi_1(x,y,t),\quad \lambda=\varphi_2(x,y,t) \tag{1-15}$$

GNSS 记录地物的空间位置具有瞬时性。式(1-11)中 GNSS 接收机至 GNSS 工作卫星的距离 S_{PA}、S_{PB}、S_{PC} 是无线电信号的传播速度与传播时间的乘积,即

$S = \Delta t \cdot V$，其中 Δt 为传播时间，V 为无线电信号传播速度（300 000 km/s），Δt 由 GNSS 工作卫星上的时钟和 GNSS 接收机上的时钟计时。从无线电信号传播速度可知，若距离误差要求 30 cm，则相当于 Δt 为 1 ns（10^{-9} s）。若维持时钟在几个小时内具有 1 ns 以上的准确度，则时钟本身误差应在 10^{-13} s 的量级。一般将这种钟差作为待定值，通过最小二乘平差计算来求解。这样需要观测 4 颗 GNSS 工作卫星，式（1-11）转换为

$$\begin{cases} S_{PA} = \sqrt{(X_P - X_A)^2 + (Y_P - Y_A)^2 + (Z_P - Z_A)^2} \\ S_{PB} = \sqrt{(X_P - X_B)^2 + (Y_P - Y_B)^2 + (Z_P - Z_B)^2} \\ S_{PC} = \sqrt{(X_P - X_C)^2 + (Y_P - Y_C)^2 + (Z_P - Z_C)^2} \\ S_{PD} = \sqrt{(X_P - X_D)^2 + (Y_P - Y_D)^2 + (Z_P - Z_D)^2} \end{cases} \tag{1-16}$$

在通过观测计算 GNSS 接收机至 GNSS 工作卫星的距离中，尚需要加入对流层延迟改正、电离层延迟改正，即用 d_{trop}、d_{ion}、d_{mp}、d_{meas}、d_{SA}、URE 和 U_P 等来表示。实际应用中，GNSS 接收机至 GNSS 工作卫星的距离 D_{PA}、D_{PB}、D_{PC}、D_{PD} 完整的观测方程式为

$$\begin{cases} D_{PA} = S_{PA} + V \cdot (T_A - T_P) - V \cdot t_A + d_{trop} + d_{ion} + d_{mp} + d_{meas} + d_{SA} + URE + U_P \\ D_{PB} = S_{PB} + V \cdot (T_B - T_P) - V \cdot t_B + d_{trop} + d_{ion} + d_{mp} + d_{meas} + d_{SA} + URE + U_P \\ D_{PC} = S_{PC} + V \cdot (T_C - T_P) - V \cdot t_C + d_{trop} + d_{ion} + d_{mp} + d_{meas} + d_{SA} + URE + U_P \\ D_{PD} = S_{PD} + V \cdot (T_D - T_P) - V \cdot t_D + d_{trop} + d_{ion} + d_{mp} + d_{meas} + d_{SA} + URE + U_P \end{cases} \tag{1-17}$$

式（1-17）是 GNSS 接收机位置（X_A，Y_A，Z_A）的基本观测方程式，即一旦 GNSS 观测到了 4 颗以上 GNSS 工作卫星，就可以按最小二乘平差求得 GNSS 接收机的位置，获得该点的地理位置和高程信息。此处略去该方程。

GNSS 定位方法按照应用状况分为动态和静态两类。前者指 GNSS 接收机是在高速运动平台上实施导航与定位，后者指在固定位置进行定位测量。在高精度进行大地测量、工程测量、地球动力学测量时，观测点固定，可以利用较长时间的观测段重复测量方法，在一个固定点进行静态定位的 GNSS 观测。这时候 GNSS 观测的时间参数只与 Δt 有关。GNSS 接收机设置在移动性平台（船舶、飞机、汽车等）上，用于对飞行平台进行实时导航，这时候待求点的地理坐标则随时间变化。

根据不同的观测量进行定位测量可分为伪距离测量和载波相位测量。通过 GNSS 工作卫星发射无线电信号到 GNSS 接收机所需要的时间与信号传播速度的

乘积,可以计算出 GNSS 接收机至 GNSS 工作卫星的距离,这种方法称为伪距离测量。这种方法测量得到的距离值有误差,尤其是钟差,因此这个距离不是 GNSS 接收机与 GNSS 工作卫星间的真实距离,故称为伪距离测量,伪距离测量的精度不高。载波相位测量,以全球定位系统(Global Positioning System,GPS)为例,是将 GPS L_1(19 cm)和 GPS L_2(24 cm)载波作为测量信号,对其进行测量,测量的精度可达到毫米级甚至亚毫米级。载波信号是一种正弦波,载波相位测量仅测量其不足一周的小数部分。GNSS 接收机对载波相位的观测值由三部分组成:① $t(i)$时刻载波相位的测量值 φ_i,是小于一周的小数;② 累计的整周数 $N(i)$,即从锁定时刻 $t(0)$ 至观测时刻 $t(i)$,GPS 接收机对来自 GPS 工作卫星的载波信号进行的拍频计数;③ $t(0)$时刻所测载波的整周数 $N(0)$,这是一个未知数,又称整周模糊度。任意时刻 $t(i)$ 的载波相位观测值应为

$$\phi_i = \varphi_i + N(i) + N(0) \tag{1-18}$$

若知道了 $N(0)$,则得到正确的相位置,若知道波长,则可得出相位距离值。

1.3　时空归一化

1.3.1　时空元数据

可度量和不可度量的具有时空关系的数据,主要来源 GNSS、RS 及其他传感器等设备。这类时空数据的格式、处理方式和表达形式各不相同,呈现多维、耦合和非线性等特性。另外,来自物联网和社交媒体上的文字、音频与视频等数据类型,在时间上表现为线性。在 GIS 中,时空数据被定义为基于统一时空基准的一系列自然、人文和社会信息的数据,这些数据与位置直接或间接相关联。如图 1-1 所示,这些由事件引发的时空大数据遵循系统降维、数据结构化、规则约束和质量控制的标准,实现时空大数据在感知、记录、存储、分析和利用中的特征提取,以及面向特定领域的时空建模,为数字地球应用中所需的地球表层几何特征与物理特征的建模做准备。

时空元数据是构建时空大数据及其应用的基础。利用 GNSS 接收机得到的空间位置和观测时间信息,可表示为

$$\text{GNSSinfo} = f(\phi, \mu, H, t_P, \pi) \tag{1-19}$$

式中,ϕ、μ、H 分别表示 GNSS 接收机所处空间位置的经纬度坐标和高程值;t_P、π

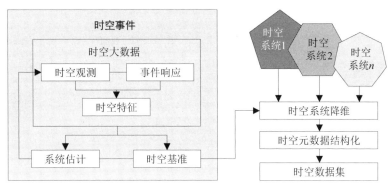

图 1 - 1　时空系统处理过程

分别表示 GNSS 接收机的观测时间和其他参数。利用遥感设备(天基、空基和地基)实现对地观测,所获得的地物波谱信息表示为

$$RSinfo = f(x, y, z, \lambda, t_R) \tag{1-20}$$

式中,x、y 表示空间位置参数;z 表示对应于 x、y 的观测值(与空间分辨率有关);λ 表示所使用的电磁波段(与光谱分辨率有关);t_R 表示对地同一目标物的重复观测周期(时间分辨率)。对于 GIS,结合图 1 - 1 的数据立方体,可表示为 $GISinfo = \{i, j, T(A), t_G\}$。其中,$i$,$j$ 为系统所采用的空间位置坐标;$T(A)$ 为系统坐标 i、j 所对应的空间特征与相应属性;t_G 为系统信息的时间特征。来自物联网和社交媒体的人文与社会数据可表示为

$$Moreinfo = \{C(\alpha, \beta, \tau), S(\gamma, \varphi, \omega), t, \pi\} \tag{1-21}$$

式中,$C(\alpha, \beta, \tau)$ 表示人文属性的参数及其信息集合;$S(\gamma, \varphi, \omega)$ 表示社会属性的参数及其信息集合;t 表示信息采集时间标识;π 表示其他多源数据。

因此,可以用一个统一的时空元数据表达式来描述信息载体的空间关系 $K(\phi, \mu, H)$、时间关系 $T(t_P, t_G)$、光谱特征 $\Lambda(\lambda)$、人文属性 $C(\alpha, \beta, \tau)$、社会属性 $S(\gamma, \varphi, \omega)$ 和其他数据 π,如下:

$$\begin{aligned} &Spatio\text{-}Temporal\ Metadata\\ &= f\{K(\varphi, \mu, H), T(t_P, t_G), \Lambda(\lambda), C(\alpha, \beta, \tau), S(\gamma, \varphi, \omega), \pi\} \end{aligned} \tag{1-22}$$

如图 1 - 2 所示,这一表达式将多时相、多尺度、多类型、多源异构等时空信息统一在时间尺度与空间坐标的动态管理下,综合分析了时间分辨率、空间分辨率、光谱分辨率和地理标识的精细化,实现了时空数据的有效记录、承载、共享和交换。

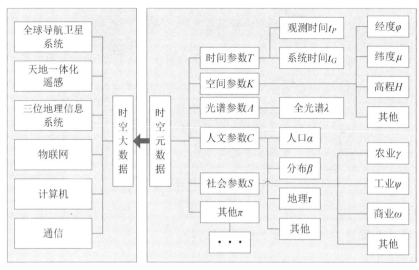

图 1-2　时空大数据的元数据结构图

1.3.2　时空基准统一

由时空元数据的精准表达可知,只有统一同一时间获得的数据,时空大数据才具有研究和应用价值。近年来,中国北斗卫星导航定位系统和美国 GPS、俄罗斯 GLONASS 逐步推进兼容与互操作,这将有利于构建与国际地球参考框架(international earth reference framework)尽量接近的大地参考框架,同时能消除各自系统导航电文中的偏差信息,这些偏差缘于两个不同的时间系统。尤其是在时空大数据的近地面应用中,坐标系统必须一致,至少 GNSS 地面跟踪站应保持一致,也就是说,时间必须是同步的。

时空数据是时空元数据的集合,按照一定的编码规则进行广播,具有一定的周期性。时间、空间和属性数据按照解码规则在时空系统中相互耦合并同步,以统一自身系统的时空基准。对于时空大数据,一般是多个卫星或信号源发布系统,应用于单个或多个接收平台,这就至少需要采用 GNSS 多模接收系统来监测其坐标系统的偏差,并播发给用户进行改正,或作为用户导航定位参数估计的先验信息播发,以修正误差。如果时间系统不一致,同样需采用多系统跟踪站进行监测和播发,或通过增加模型参数进行实时估计来修正。空间基准的统一,需要建立完善的数学转换关系,并消除相关误差[8]。

数据总是在一定的时间与空间中产生和发生作用的,往往在结合环境(地理)要素的可视化表达时才突显。在地球观测技术所产生的时空数据中,GNSS 数据是瞬时的时空数据,可以直接获取地理信息,该数据是高精度的。遥感数据能解译观测对象大小、形状及空间分布特点、属性特点和变化动态特点,是最直观的描述和时效性最强的数据集。但遥感的图像分辨率不尽相同,能识别地物的最小粒度与 GIS 的数据通常不一致。因此,GIS 的数据结构不仅需要直接支持图像处理,而且需要支持各种数据在不同分辨率上的分层融合,如图 1-3 所示。

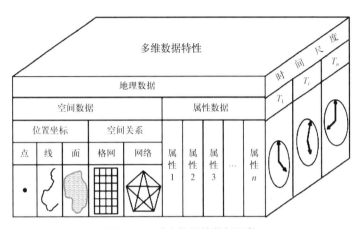

图 1-3 时空数据的数据颗粒

根据时空数据的数据颗粒模型可以描绘出时空多子系统归一化过程(图 1-4),假设时空大数据中有 n 个具有一定时空转换关系的子系统,它们的初始条件不都是零,任取其中一个作为时空系统平台,分别复制其余的 $n-1$ 个系统,在数学上单向耦合串联成一个响应子系统。其中一个时空系统平台 (x_0, y_0, z_0) 以时空变量驱动所有的 $n-1$ 个响应系统。当初始条件相同时,可以将原本 n 维的第 i 个子系统 $(x_i, y_i, z_i, x_i', y_i', z_i', \cdots)$ 的时空数据降维为六维时空同步系统,与时空元数据 Spatio-Temporal Metadata 形成映射。这种时空网络同步的算法,可以实现时空大数据内部的时间同步与空间基准统一,满足 GNSS 和物联网的空天地一体化,为时间和空间的高分辨率提供理论支撑。

将多个时空系统进行融合,确定时空数据在共享与应用中的置信度水平,协调时空系统应用中的因数分配,是时空数据建模的核心问题。根据式(1-22)可以建立时空元数据的数据结构形式,即 $\mathrm{ST} = f\{K(\phi, \mu, H), T(t_P, t_G), \Lambda(\lambda), C(\alpha, \beta, \tau), S(\gamma, \varphi, \omega), \pi\}$ 进一步考察第 i 个子系统,在时空基准统一的情况下对带有时间标识的 n 个状态进行向量运算,则第 j 维时空大数据表达为

$$\mathrm{ST}_{ij} = \{x_{ij}(t_1); x_{ij}(t_2); \cdots; x_{ij}(t_n)\} \tag{1-23}$$

数据约束后的时空大数据序列将以 GNSS 接收系统的秒脉冲信号为统一基

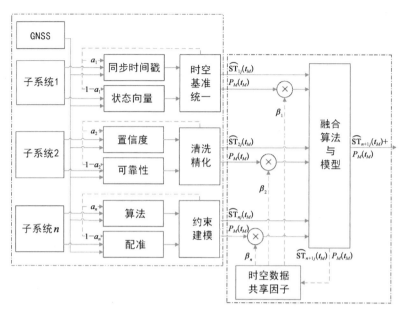

图 1-4 时空多子系统归一化过程

准,在可信建模中需要将来自各个子系统的数据进行时间戳配准。在时间戳标识配准下的时空数据构成了向量 $T_i = [t_1; t_2; \cdots; t_n]$。设时空数据融合时间为 t_M,且 $t_M \in T_i$,则第 i 个时空子系统第 j 维时空数据在 t_M 时刻的状态向量估计结果为 $\widehat{ST}_{ij}(t_M)$,$\widehat{ST}_{ij}(t_M)$ 对应的协方差矩阵为 $P_m(t_M)$。如果引入时空数据共享因子 β 表示在 t_M 融合时间的数据置信水平,则向量 T_i 对应的置信度向量为

$$B_M = [\beta_M(t_1); \beta_M(t_2); \cdots; \beta_M(t_n)] \tag{1-24}$$

时空数据中 GNSS 数据是整数倍,时空大数据以 t_M 为可信建模的时间基准,融合遥感数据、人文数据与社会数据等进行精度建模。鉴于时空数据多源的特征,对于不同更新速率的时间同步与配准问题,尤其是非整数倍配准精度的可靠性问题,采用协方差不参与计算的融合精度模型,直接利用带权最小二乘曲线法就可以获得模型状态向量的估计结果[9]。在计算机数据处理中取分辨率为 2^j,假设 $\mathbb{Z}$ 和 $\mathbb{R}$ 分别表示整数和实数的集合。V_j 是 $L^2(\mathbb{R})$ 的一个子时空数据集,即 $V_j \subset L^2(\mathbb{R})$。$A_2^j$ 为在分辨率为 2^j 上逼近 $f(t)$ 的线性投影算子,即 $f(t) \in L^2(\mathbb{R})$。由于时空元数据具有很强的空间与时间关联性,数据的多分辨率分析形成如下特性。

(1) 无损性。用分析算子将较高分辨率时空元数据 f_j 映射为一个较低分辨率 f_{j+1},而将时空大数据 f 分解成一系列分辨率逐渐降低的空间 $\{f_0 = f, f_1, f_2, \cdots\}$。时空大数据经过 $f_j \to f_{j+1}$ 的映射过程所损失的信息由细节特征

$y_j (j = 0，1，2，…)$ 来表示。反之，可以通过 $\{f_0 = f，f_1，f_2，…\}$ 和 $y_j (j = 0，1，2，…)$ 来重构原始的时空大数据，实现时空大数据的结构融合与无损表达。

（2）伸缩性。假设 $\{V_j\} \subset L^2(\mathbb{R})$ 是 $L^2(\mathbb{R})$ 的多分辨率分析，则会存在一个多尺度函数 $\varphi(x) \in L^2(\mathbb{R})$，它的伸缩系列函数定义为 $\Phi_j(x) = 2^{-j}\Phi(2^{-j}x)(j \in Z)$。平移伸缩系 $2^{\frac{j}{2}}\varphi_j(x - 2^j n)$ 是 V_j 的规范正交基。这两个特性有助于在时空基准统一的前提下，建立时空大数据的点、线、面元数据拓扑关系，构建矢量和栅格相兼容的数据结构。

因此，不同尺度下同一时空研究对象的几何特征或属性特征一般是异构的，但是，在空间分辨率调整下的区域，以及这些区域与其子区域之间的包含关系可以用同一数据结构表达。数据结构的归一可以建立多维异构基本数据组织单元，以及以父子区域间拓扑关系为联系的组织体系，这样也可以将分层和分幅两种时空数据的组织方式进行综合表达。

1.3.3　时空大数据融合

时空大数据是通过对地观测等技术手段来反映人类活动的时空规律，包括时间变化趋势和空间分布规律。物联网、虚拟现实、空天地一体化观测等技术的支撑与保障，使得时空大数据更具共享性和开放性。社会公众在时空大数据共享中既是大数据开放的应用者，又是大数据共享源的供应者。社会公众观测中存在着数以亿计的各类传感器，所采集的各种自然和社会观测数据种类也大相径庭，这极大地丰富了地球观测信息来源的动态性和丰富性。

在数学模型上，假定在时空基准统一和归一融合后形成了数据序列 $x(t)$，时间间隔 $t = n\tau (1 \leqslant n \leqslant +\infty)$。对于一般的 τ 和某个整数 $m(d \leqslant m \leqslant 2d + 1)$，存在一个光滑映射 f，它满足 $f[x(n\tau)，…，x(n + m - 1)\tau] = x[(n + m)\tau](n = 1，2，…，+\infty)$。其中，$m$ 就是时空数据的解析维度。在数据精化中，这便于计算机进行多分辨率分析，提出约束规则，即对于给定的一个有限长时间序列 $x(n\tau)$ 来构造一个时空大数据精化函数 $\overline{f_N}$，使 $\overline{f_N}[x(n\tau)，…，x(n + m - 1)\tau] = x[(n + m)\tau]$。这样就实现了时空数据精化中的无限逼近约束，$f = \overline{f_{+\infty}} = \lim\limits_{N \to +\infty} \overline{f_N}$。

将 m 和 v 分别表示为时空大数据精化维数与时间序列延迟时间片，程序计算时空数据每一个符号序列出现的概率为 $P_1，P_2，…，P_k$。那么，相应的时空大数据时间序列 $x(t)(t = 1，2，…，n)$ 的 k 中时空数据不同符号序列就可以按照香农信息熵的形式来定义：$H_P(m) = -\sum\limits_{v=1}^{k} P_v \ln P_v$。将 $H_P(m)$ 用 $\ln(m!)$ 进行标准化处理,即 $0 \leqslant H_P(m) \leqslant H_P(m)/\ln(m!) \leqslant 1$,$H_P$ 值的大小表示时间序列 $x(t)$ 的随机化程度,H_P 的值越小,说明时空大数据时间序列越规则,反之则越随机。H_P 的变化反映并放大了时空大数据在精化过程中 $x(t)$ 的数据细节变化。

在对地观测现实世界的大数据进行时空的描述与表达上,如图 1-5 所示,需要将时空间关系的属性、功能及其关联联系起来,描述观测大数据的采集、处理与应用,实现时空大数据的清洗与动态更新。

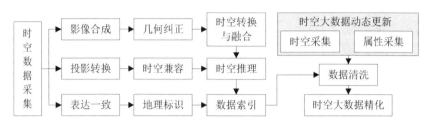

图 1-5　时空大数据处理过程

观测实体识别可以集合同一现实世界实体的时空元数据,利用数据真值发现模块可以在冲突中寻找出时空元数据的真实值。在时空大数据索引和清洗过程中,时空系统的观测实体识别和数据真值发现模块需要在交互中间件或连接模块之前介入。这样,设计和开发时空大数据的交互中间件或连接模块,就可以对相关的文件与数据进行清洗,并为数据精化和可信建模进行质量控制。观察到时空大数据的动态变化与更新,需要对预处理结果重复利用 N 次(N 为待处理时空大数据包含的六维元数据集合)。观测实体识别也是在一维上处理的,将交互中间件或连接模块看作一个整体(系统实际应用中也是这样的),那么就需要多次扫描输入文件与数据。这样,时空系统对输入数据的利用率很低,每次分配任务都需要消耗额外的资源。本书研究将六维时空元数据集合分开处理,单一维的时空元数据聚合和观测实体识别被合并成能一次性处理的时空元数据集合,进而只运行一遍就能实现时空大数据的清洗及所有时空大数据属性的解析。

时空数据观测过程中存在着失真或丢失。在时空基准统一后,时间序列分析中仍会带来额外的误差,影响到时空大数据融合模型的精度。在研究中预先建立数据精化规则,对时空大数据的质量进行预控制,可以确保时间同步序列的时空数据可靠性与置信度。在数学与程序的研究范畴中,基于状态的方法描述视时空大数据应用的系统动态方程往往不稳定,也就是线性关系中有纯随机倾向。因此,时空大数据需要完成聚合、重组、转换、联合、安全与服务的数据约束,在面向特定领域应用的质量控制下实现数据源匹配性交互与约束性应用数据输出,进而在时空大数据建模之前形成数据约束机制,如图 1-6 所示。

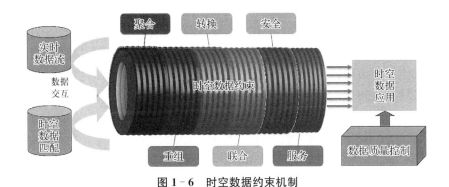

图 1 - 6　时空数据约束机制

1.4　时空数据模型

1.4.1　时空数据组织

时空数据模型是从时空角度针对时空对象进行全面研究的基础。好的数据模型应便于合理组织和再利用时空数据,满足不断变化的多样化应用需求,使时空数据库具有足够长的生命周期,同时能够使该模型的 GIS 的灵活性和可扩展性得到增强。差的数据模型会限制时空数据库的适用范围:一旦应用需求稍有变化,时空数据库将不得不重新建设,从而使时空数据的利用率降低,管理加工成本大大增加。

时间是时空数据模型中需要被考虑的基本要素。一般来说,时间被抽象为一个没有端点的线,无限延伸到过去和未来,时空变化总是对应着这条线上的某一个点。现实世界中的时空对象涉及的是现实时间(event time, world time 或 valid time),但是对它们的认识和表达还需要增加一个数据库时间(database time, system time 或 transaction time),数据库时间反映时空对象在信息系统中的产生、发展和消失的轨迹。一般来说,利用时间来标识时空对象有两种方式:标识其瞬态特征的采样时刻(如快照模型)、标识其时态特征的变化周期(如生命周期模型)。

空间、时间和时空过程是紧密联系的。国内学者曾把空间信息的主要内容具体地分为九类:空间位置、空间分布、空间形态、空间关系、空间统计、空间关联、空间对比、空间趋势和空间运动。辛顿(Sinton)把地理信息定义为被观察的事物(theme, phenomena 或 objects)、被观察事物的位置(location)和观察时间

(time)。一般来说,不考虑时间因素,狭义的空间信息就是时空对象在几何空间中的瞬间状态(空间特征或称几何特征)和对象之间的瞬间关系;广义的空间信息就是时空对象在与时间轴正交的度量空间中的一切瞬间状态(包括几何特征、非几何特征或称空间特征和属性特征)以及对象之间的各种联系等。时空数据模型的建立重在表达与时间相关的广义空间信息和时空关系,需要直接或间接地定义时空数据的组织结构(organization)、操作方式(operations)及时空数据约束(constraints)。遥感信息时空状态的变化可能是连续的,也可能是离散的,离散的时空状态在一个时间段(life span 或 time interval)内稳定持续[6-8]。由于时空对象的变化往往是局部的,其不同时态版本数据之间的冗余会严重降低存储效率,造成信息混淆,不利于数据分析,然而从另一方面说,这却能简化数据存取方式。所以,如何在存储效率、存取性能及存取方便性之间取得平衡是时空数据模型设计需要考虑的重要内容。时间的表达有可能是模糊的,可以表述为"大概什么时候"。空间特征及空间关系的表达基于错误的、不完整或者不精确的数据,以及尺度或者度量手段等原因可能存在不确定性(uncertainty 或 fuzziness),所以对于时间及空间不确定性的数据表达、数据操作和数据分析等方面的研究仍是热点。

1.4.2　时态版本

时空对象的瞬间特征(空间特征及相关的属性特征)及瞬间的相互关系构成时空对象的时态版本。表达时空对象的空间时态数据模型一般称为空间数据模型,空间数据模型根据其所表达的空间特征的维数一般可分为二维模型、三维模型及介于两者之间的准三维模型。二维模型要求首先把现实世界中的真实对象投影到某个平面,然后在栅格的或者矢量的数据结构基础上对空间对象的几何特征、平面分布及相关属性进行描述。二维矢量图形一般可以通过简单点、复合点、简单线、简单有向线、复合线、复合有向线、多边形、复合多边形得到表达,二维模型广泛用于地图制图及二维空间关系分析。关于三维模型或者准三维模型的定义尚未形成定论,一般来说,只描述空间实体外部轮廓的模型称为准三维模型,而通过若干相邻的无缝隙体元(规则体元或非规则体元)的集合来描述一个空间实体的模型称为三维模型,三维模型常用于地质体的表示与分析,它的每个体元的几何特征、空间分布及相关属性都是需要被描述的内容,而准三维模型常用于三维数字景观表达。

目前,在关系型数据库中,由于空间特征结构复杂,空间特征往往被表述为关系表中的一个单独数据域(字段),对它的存取可以通过一次数据库访问完成,但是对它的解译要依赖特定算法,无法利用结构化查询语言(structured query language,SQL)对其内部结构和细节进行查询。如果将空间特征拆解并用若干个关系表存储,则可以对空间特征的内部细节进行数据更新或查询,但是空间特征的重构往往不能通过一次数据访问完成[10]。

时空对象之间的空间关系主要包括顺序关系(order relationship,如相对方位关系等)、度量关系(metric relationship,如距离约束关系等)、拓扑关系(topology relationship,如点、线、面、体之间的邻接、相交及包含关系等)及模糊空间关系(如邻近、次邻近关系等)。一般来说,存在着五种用途的空间关系模型:① 9元组模型(9 - intersection model);② 基于 Voronoi 图的空间关系模型(Voronoi-based spatial algebraf for spatial relationships);③ 不确定拓扑关系模型(uncertain topological relationships model);④ 扩展拓扑关系模型(extended topological relationships model);⑤ 维数模型(dimensional model)。其中,常用的是 9 元组模型,它把空间特征分为边界(boundary)、内部(interior)和外部(exterior)三个部分,通过比较两个空间特征的边界、内部和外部之间交集的内容、维数和分块,确定它们之间的空间关系。

1.4.3　时空数据传统模型

20 世纪 80 年代前后,对时空数据模型的研究开始兴起,通过时间与空间概念的融合,时空数据模型在表达时空对象瞬态特征以及空间关系的同时,还能够综合反映时空对象的时空变化和时空关系(主要为时序关系和因果关系)。兰格劳(Langran)在 1989 年把时空数据模型的建模思路主要分为两类:一类是侧重于表达时空对象的时态特征及时序关系的"面向过程的建模"(process modelling);另一类是侧重于反映时空对象间因果关系的"面向时间点的建模"(time modelling)[7]。自 20 世纪 90 年代以来,"面向对象的建模"(object-oriented modelling)的讨论也特别多,具体如下:

1. 面向过程的建模

这一建模表达时态特征及时序关系,主要研究成果有快照模型(snapshot model)、底图叠加模型(base map with overlay model,又称基态修正模型 base state with amendments model)、时空复合体(space-time composites)模型、生命周期(life span)模型以及变时间粒度存储(segmented storage with various chronons)模型等。

快照模型描述在不固定间隔时间点上时空对象的空间特征的全面映像,它很适合于栅格化的空间特征表示,例如,在不同时间点上获得的针对相同区域的遥感图像。但是在矢量的空间特征表达中,此类模型的不同时态版本之间由于没有建立直接联系,它不能回答诸如"对象的哪一个部分在什么时间发生了什么样的变化"及"某个局部特征之前或之后的状态是什么"等问题,并且基于快照模型的数据库的数据冗余相当大,它未能得到大规模使用。然而,快照模型也有自身的优点,它是最简单和最直观的时空数据模型,基于这种模型的时态数据可以被一次性地完整存取。

基态修正模型记录时空对象空间特征的初始状态("基态"),在后续的时间序列上,只记录空间特征相对于前一时间变化了的部分("修正"),而对象的每一个时态版本将通过"基态"与发生在该时间之前的所有"修正"的叠加来获得。和快照模型相比,基态修正模型极大地减少了数据冗余,并且能够回答快照模型不能回答的问题,但是,随着"修正"次数的增加,对象时态版本的重构计算复杂性也变得越来越高。

兰格劳于 1988 年在基态修正模型的基础上提出时空复合体模型来表达空间特征的变化。当对象从一个时间点转到下一个时间点时,没有变化的部分将被分离出来,并和变化的部分一起被合成为对象的新时态版本[11]。理论上讲,基于该模型的时态版本数据可以被直接获取,但是,该模型将时空对象没有变化的部分进行分离的过程很复杂,而且随着时间的延续,这种分离过程也会导致空间特征的碎片越来越多。

时空对象的特征变化往往是不同步的,每一个时态特征在时间轴上占据的区间长短也往往不一致,因此,兰格劳、拉法特(Raafat)等研究了一种用生命周期来表达时态特征有效区间的模型,类似于用于栅格数据压缩的游程编码,即一个特征状态只有在与先前的特征状态不同时才被记录下来。在这个模型中,时态特征可以具有更一般的意义,即包含空间特征及非空间特征。对于历史特征,其生命周期起点和终点都是过去的某个确定时刻。现势特征源于过去的某个确定时刻,但是其终点时刻是未定的(这种未定时刻可以用一个数据库的一个特殊值来标示,如 NIL 或 NULL)。基于这种模型,通过设置相应的生命周期,可以避免稳定的时态特征在多个时间点上的重复记录,从而大大减少数据冗余。综合来看,这种模型的可实现性是较强的,在这个模型基础上的时空数据查询也可以很容易地用 SQL 实现,如图 1-7 所示。

以上这些模型的本质是通过控制时态特征的空间粒度(覆盖范围)来控制其时态版本之间的数据冗余。从实体-关系模型的角度看,实体的时态版本根据其空间粒度一般可分为三个级别:关系级(relation-level)、元组级(tuple-level)及属性级(attribute-level)。其中,关系级版本涉及整个实体,粒度最大,数据冗余也最大;属性级版本的粒度最小,数据冗余也最小。

国内学者曾提出了一种变时间粒度存储模型,该模型根据数据需求的"厚今薄古"特点把时态对象的历史分为三个时代(古代、近代、现代)和两个过渡区间(古代至近代过渡期、近代至现代过渡期),通过时代转移算法和压缩采样算法进行数据提炼,并进行分介质、变粒度的存储,这种模型能够提高存储效率和加快查询速度,但是需要构建专门的数据管理系统。

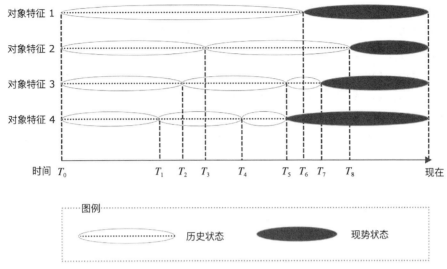

图 1-7　生命周期模型

2. 面向时间点的建模

时空变化都是在某个时间点上发生的。在面向过程建模方法的基础上,面向时间点建模还可以表达在某个时间点上导致实体发生变化的原因。面向时间点的建模研究成果主要是基于事件(event-based)的模型。

佩科特(Peuquet)在 1995 年提出一个基于事件的模型,这个模型中的事件就是指"变化",特别是渐变(gradual changes),"事件是在变化累积到某种足够大的程度时发生的",这样的"事件"可以反映时序关系,但是不能反映因果关系。兰格劳把时空对象的历史看成事件改变对象状态的过程。陈军等把土地分割中的决策行为看作一系列事件,把这些事件看成是导致土地状态变化的原因[7]。黄杏元等给出了表达事件因果关系的一般模式,称为全信息对象时空数据模型[7]。综合来看,基于事件的模型中"事件"的定义虽然未明,但是可以认为"事件"就是导致变化的原因。基于事件的因果关系模式可以被简化成图 1-8。

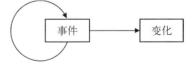

图 1-8　基于事件的因果关系表达

3. 面向对象的建模

面向对象是一种方法学。面向对象的思想最初起源于 20 世纪 60 年代中期的仿真程序设计语言 Simula67。20 世纪 80 年代初,Smalltalk 语言及相关的程序设计环境的出现成为对象技术发展的一个重要里程碑。20 世纪 80 年代中后期,面向对象的程序设计已发展成一种成熟有效的软件开发方法。面向对象的程序设计方法使人们分析、设计一个系统的方法尽可能接近人的认知。这一方法首先对问题域进行自然分割,以接近人类思维的方式建立问题域模型,从而使设计出的软件尽可能贴近现实世界,构造出模块化的、可重复使用的、可维护性好的软件,同时控制软件的复杂性、降低开发维护费用。

沃博伊斯(Worboys)在 1990 年用面向对象思想中的泛化(generalization)、继承(specialization 或 inheritance)、聚集(aggregation)、组合(association)、有序组合(ordered association)等概念扩展了基于实体-关系(entity-relationship)模型的建模方法,提出和讨论了面向对象的数据建模,并据此就对象之间的结构性关系进行了建模讨论[12]。综合来看,面向对象的模型或数据模型在不同文献中的表述不尽相同,目前在时空数据建模及管理中涉及的"面向对象"往往都是对其思想的部分应用,主要可以分为以下两种情况。

(1) 把对象分解为由若干特征或子对象组成的集合:一是描述对象的直接特征;二是经由对象之间的结构性联系反映出的间接特征(如一个区域包含另一个区域、一块土地被某个人所拥有、一个几何体由几个子几何体组成)。这类模型本质上是在实体-关系模型基础上整合使用了面向对象思想中的聚集、组合和有序组合等技术手段(图 1-9 表示几何对象模型)。

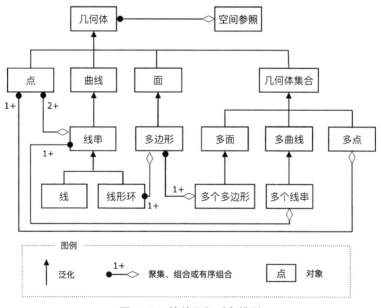

图 1-9   简单几何对象模型

(2) 在数据库系统中实现面向对象的数据管理,这可分为两种情况:一种情况是将一个对象的所有数据封装存储,使得该对象在数据库中看起来更像一个整体,以便于在对象级别上实现数据存取,但是封装使得基于对象细节进行数据查询的难度增大;另一种是把针对某类对象的可一般化的数据操作过程作为数据库机制的一部分,这种方案可以实现针对对象数据的某种自动约束、智能操作或者智能检索。

面向对象的数据建模(data modelling)和面向对象的数据模型(data model)是两个需要加以区别的概念:前者是一个过程,而后者是一个结果。沃博伊斯在 1990 年讨论面向对象的数据建模时曾经指出"面向对象的数据模型的清晰定义是不存在的"。在面向对象的程序设计(object-oriented programming)中,需要考虑的是如何实现对象内部复杂性的封装(encapsulation),以及对其外部特性(对象的外部接口,接口通过对象的特征、对象的行为,以及对象对于外部事件的响应方式来反映)进行设计。对于程序设计,由于程序本身就是逻辑机制的实现,所以对象的行为以及针对外部事件的响应逻辑可以直接用对应的程序逻辑来表达。因此,面向对象的程序设计主要是为了实现对象机制的对应程序逻辑,也即面向对象的程序模型。对于数据模型,对象需要通过数据来进行描述,面向对象的数据建模是要表述基于数据的对象自然机制及它的状态变化过程,这个表达模式就是面向对象的数据模型。目前面向对象的数据模型普遍忽略了两件事,即对象的自然行为过程及对象对外部环境事件的自然响应过程。由于数据模型的目的就是揭示和表达对象,若无特殊需要,不必对对象进行封装,以避免造成数据使用和理解上的困难。

4. 对象进化数据模型

对象进化数据模型是从系统论的角度出发的,它借鉴了面向对象的思想,能够综合反映时空对象的瞬态关系、时空变化(包括同构的和异构的变化)及造成这些时空变化的因果关系,该模型同时具备生命周期数据模型的特点。

从系统论的角度来看,用数据来实现对一个时空对象的描述,需要考虑该对象所处的时空环境及其参与的时空过程。本质上,对象是一个系统,它所处的时空环境也是一个系统(同时也是对象),对象与其时空环境系统之间不断地进行信息、物质和能量的交换,导致对象自身及其时空环境发生某种变化,这种变化在对象进化数据模型中称为对象的进化(图 1 - 10)。图 1 - 11 是面向对象的时空数据组织模式。从这些图中可以看出:

(1)对象的变化包括特征变化和机制变化,其直接驱动力是自身或外部某一对象的行为;

(2)对象行为要么源于自身需要(自治机制),要么源于对外部事件的感知(反应机制),它起着实现对象自身进化或在对象间交换物质与能量的作用;

(3)时空事件由对象的某个行为触发而生,它沟通了时空对象之间的信息。对象机制的变化通过其在不同时间段的行为得以具体体现,因此要用数据表达对象进化过程及对象间发生的因果关系,应从以下三个方面进行:对象的特征集合、自治行为集合、事件响应集合[7]。

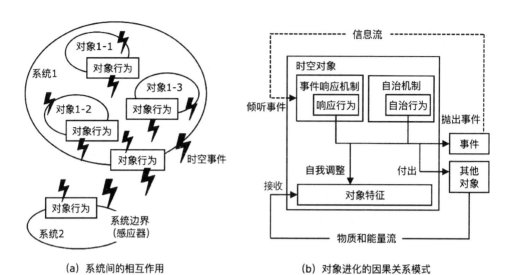

(a) 系统间的相互作用   (b) 对象进化的因果关系模式

图 1-10   针对对象进化过程的一般性考察

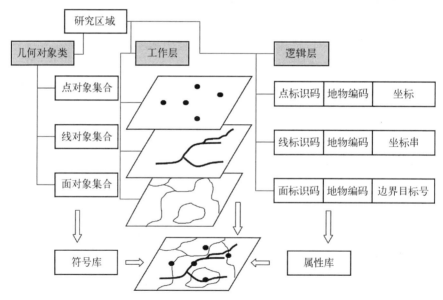

图 1-11   面向对象的时空数据组织模式

参见图 1-12,对象的特征集合由多个稳定特征(图 1-12 中 4)和非稳定特征(图 1-12 中 5)组成,每个非稳定特征也是在时间轴上不重叠的若干特征状态的有序排列(图 1-12 中 8)。特征在某个时间点的具体状态通过某个特征值(图 1-12中 10)来表示,这个特征值具有与所描述的特征相对应的某个数据结构。事件信息(图 1-12 中 2)和行为描述(图 1-12 中 6)本质上也是一种特征值,对于行为的描述包括一个由该行为触发的事件 ID 的集合。特征数据结构必须根据具体需要而设计,设计时需注意存储效率与存取性能之间的平衡。当一个对象行为(图 1-12 中 6)是因为响应外部事件而被激活时,它从属于对象的一个事件响应过程,否则,它就是一个自治行为,自治行为的事件响应 ID 就不存在。对象对于外部事件的响应过程(图 1-12 中 7)可能是由多个外部事件共同触发的结果,它包含至少一个行为,对象的内部机制由它对外部事件的响应过程以及它的行为来综合反映。

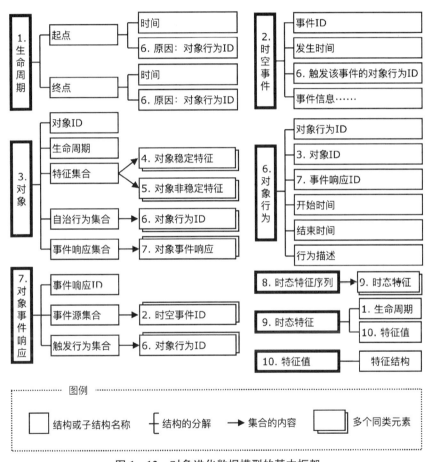

图 1-12 对象进化数据模型的基本框架

时空事件、对象、对象时态特征及对象行为都需要用一个时间标识来表明它们各自在时间轴上的对应位置或存在范围,根据时间标识与当前时间的关系可确定相关数据是历史数据、现势数据还是未来数据。对于对象及对象的特征状态,这个时间标识就是生命周期结构(图 1-12 中 1),生命周期的起点和终点都标志这个周期开始或结束的原因,即某个对象的行为。对象的行为是某个事件在某个时间发生的原因(图 1-12 中 2);对象的行为可以导致其他对象的诞生,或者导致自身或另外某个对象的消亡;对象的行为也可能导致自身或其他对象从一个状态变化到另一个状态[12]。综合描述时空事件、对象、对象时态特征、对象行为及对象事件响应过程,时空中的时序关系和因果关系可以得到全面表达,而对象间的瞬态关系(空间关系或非空间关系,如一个空间区域包含另一个空间区域,一块土地被某个人所拥有等)在对象的时态版本中可以得到表达。

对象进化模型可以兼容传统的对象数据模型,也可以将对象行为和事件响应过程作为可选项。一个没有行为和事件响应机制的对象只是一个被动接受操作的数据体,时空事件本质上就是这样一个对象。从数据结构的角度来看,对象进化过程中的特征变化可能会出现两种情况,即同构变化(渐变)和异构变化(突变)。同构变化指特征与对象一起产生或消亡,并且其时态特征序列可基于同一特征结构而被表达。异构变化指某一特征在对象生命周期内可能会突然消失、突然产生或者被另外某种新特征(具有不同的特征结构)所取代。同构变化和异构变化的特征都是对象特征集合的组成元素,对象的每个特征都是对象数据表达的一个重要方面,其结构的产生与消失也必须用生命周期来进行标识。因此,对象进化数据模型可以很好地反映时空对象之间的相互作用过程,记录对象的变化及表达时空中的因果关系。

城市道路交通实体作为一类地理实体,有地理实体共有的时间、空间、属性特征,并在城市道路领域范围内存在复杂的时空语义关系。繁杂无序的城市道路交通将为城市居民出行带来众多不便,并容易造成交通事故,使城市居民出行存在交通安全隐患。同时,对环境的影响也极为恶劣,对城市居民的健康造成威胁。因此,对城市道路交通实体的时空数据进行高效、有序的组织与管理,是为实现城市道路交通在各部门、各行业、各领域间的共建、共享奠定基础,为城市居民出行和各行政管理部门提供可行性方案与决策服务。本章节基于地理本体的面向对象时空数据的组织与存储,利用 Oracle Spatial 对城市道路交通实体进行数据组织与管理,分为两方面:一方面是城市道路交通本体的组织;另一方面是城市道路交通实体对象的组织。

考虑到城市道路交通具有时间、空间、属性特征以及复杂的时空语义关系,难以用传统的关系数据库对其数据进行存储,采用 Oracle Spatial 对象-关系数据库对其城市道路交通实体对象进行组织与管理,充分利用 SDO_GEOMETRY 字段对空间数据的存储功能,从而实现时间、空间、属性数据的一体化存储,图 1-13 显示基于 Oracle Spatial 对象-关系数据库而设计的城市道路交通实体对象的表结构。根据实际情况,将城市道路交通实体表分为道路表(Road)、路段表(Road

Section)、道路交叉口表(Road Junction)和道路基础设施表(Road Facility),通过 SDO_GEOMETRY 字段提供的几何对象类型,构建道路、路段表 Line,道路交叉口、道路基础设施表 Point,以及道路基础设施表 Polygon。

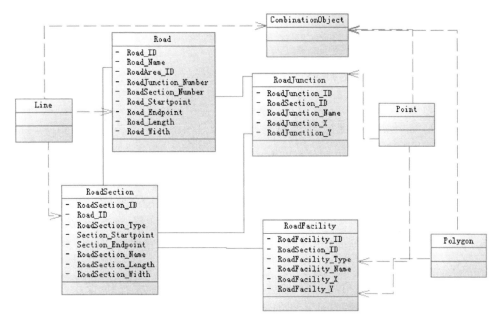

图 1-13　城市道路交通实体对象的表结构

科学地管理城市道路交通,提高交通管理服务质量,满足城市居民对个性化出行的需求,向道路使用者和管理者提供实时、准确、高效的城市道路交通服务。不同行业、不同领域、不同背景的人对城市道路交通实体有共同的认识,实现城市道路交通信息的共享,是构建城市道路交通本体,并对道路交通实体对象进行时空数据关系构建的最终目标。

5. 时空对象的标识

在为时空对象进行数据建模时,必须考虑时空对象变与不变的相对性,当一个对象被明确定义之后(可能是一个大的地区,一栋小房屋,甚至是图像中的一个小栅格),它一定有一个可供识别的本质特征(essential elements 或 essential property),可以将它与其他对象区分开来,并且这个本质特征在对象的生命周期中具有稳定性,它的变化就意味着对象的"终结"[13]。

对象本质特征的界定在信息系统构建过程中有很强的主观性,应用目的不同,定义也不同,但有一个基本点,即对象一定可以通过设置一个具有唯一性的标识 ID 用以识别它,因此时空对象的 ID 是多源异构数据集成的最基本的联系点,也是实现矢量数据、栅格数据和数字高程模型(digital elevation model，DEM)数据的三库一体化所需要依赖的基本数据元素，无论是矢量数据、栅格数据还是 DEM 数据，都必然是描述某个现实对象的数据，通过将这些数据与对应对象的 ID 进行关联，就可以自然地建立起这些数据之间的内在联系。

1.5　空间信息系统耦合

1.5.1　遥感与地理信息系统

随着遥感空间分辨率、光谱分辨率及时间分辨率的提高，遥感数据量将成倍增长，这也就需要高速、高精度的数据处理系统予以支持，以充分发挥遥感快速、综合的优势。GIS 作为空间数据处理分析的工具，可用于提高 RS 空间数据的分析能力及信息识别精度，使遥感应用的深度和广度达到一个新的水平，而 GIS 又需要应用RS 提供资料更新其数据库中的数据。于是，RS 成为 GIS 重要的信息源。

1. 信息识别

遥感的科学任务是精确、真实地反映物质的地面坐标、反射值、波段和时间之间的关系。异构特征一般是从不同的域中提取出来的特征，高光谱图像的空间特征和光谱特征为异构特征。高光谱图像也具备图谱合一的特点，可以同时利用空间特征与光谱特征进行分类得到更高的分类精度。在城市中，包含多种地物类别，不同类别的空间形态与分布各不相同，如建筑体具有一定的几何形状，分布也相对规则；道路则形态各异，错落有致。遥感探测地物目标的像素数目大大增加，虽然形态、纹理和细节上更加丰富，但这也突显了相同类别之内各个像素之间的差异。随着各种光谱传感器的普及与小型搭载平台的便捷性，获取遥感信息的识别能力及其及时性得到了极大的提高。然而，对于不同时刻、不同成像条件(如天气、光照等)，以及不同传感器的波段设置都会产生同种地物的光谱响应具有的明显差异。这使得对遥感目标进行识别和分类解释时，都无法直接进行应用分析。

2. 信息更新

遥感卫星具有在较短时间内能够获取大量影像数据且影像监测范围较广、地物光谱信息丰富等优点。空间数据库正在走出传统数据库的局限性，综合 GIS 与面向对象模型，形成能管理多维、复杂和海量的数据。二维 GIS 具有强大的数据展示和空间分析能力。基于各种三维引擎构建的虚拟城市系统，使得用户能够更加直观地从三维空间中观察和处理问题，有效地支撑着三维 GIS 的快速应用。结合二维 GIS 和三维 GIS 两者的优点，GIS 正广泛地采用直观的三维地形、立体的建筑模型及多元化地物模型来作为表达方式,在信息更新方面更真实和有效。时空数据的本质特征在于数据包含了时间维度和空间维度。可视化需要兼顾数据本身属性和数据集的顺序性。有的学者提出了基于 GIS 的、用于处理时空数据的三维地理空间可视化方法。有的学者提出通过聚类、排序和可视化来帮助人们探索并理解多变量时空数据中的复杂模式;也有学者设计了地图视图、多维属性视图、层次聚类视图、时序平行坐标视图来协同展示多变量时空数据。

以中国的高分辨率对地观测系统为例,高分一号卫星在宽幅成像模式下,卫星星下点分辨率优于 16 m,成像范围大于 800 km。高分二号卫星星下点分辨率达到了 0.8 m,成像幅宽 45 km,是中国首颗亚米级民用遥感卫星。高分三号卫星是世界上成像模式最多的合成孔径雷达卫星,可以穿云破雾,不受天气条件限制正常工作。高分四号卫星能够对特定地区进行分钟级甚至秒级的观测,在时间就是生命的灾害防治等方面有着重大作用。高分五号卫星是一颗高光谱卫星,且光谱通道很窄(光谱分辨率在 0.3 nm 左右),分辨率很高,其光谱探测范围远远超过了人眼的感知范围,能够探测人眼无法看到的大量信息,提高人们对自然和物质的认识。高分六号卫星的载荷性能与高分一号卫星相似。高分七号卫星则属于高分辨率空间立体测绘卫星。国外的遥感卫星在技术指标上各有千秋,共同为人类提供着短周期、高分辨率影像,可以作为 GIS 空间数据库的数据源。同时,航空航天遥感传感器数据获取技术不仅趋向多平台、多传感器、多角度,其空间分辨率、光谱分辨率和时间分辨率也在不断提高,为短周期、高精度获取时空数据提供了保障。

当然,遥感数据不可能直接作为 GIS 数据库的数据源,也不可能直接作为 GIS 数据分析查询的对象,遥感数据必须经过相应处理才能应用于 GIS 中。根据不同专题提取遥感图像,可以获取主题数据以更新 GIS 数据库中的地学专题图,或者利用遥感图像获取地面高程,更新 GIS 中的高程数据。

利用图像理解技术获取遥感影像不同专题信息的方法如下:由分析遥感影像解译过程和认知机制入手,获得遥感数字图像地学专题解译知识,建立地学遥感图像解译知识库。在此基础上,采用模式识别方法对遥感数字图像进行预分类,在预分类基础上,抽取数字图像形态和空间关系等特征,将原始数字图像与预分类图像结合,抽取每个区域内部的纹理特征[14]。然后,综合运用遥感图像光谱特征、形态与纹理特征及空间关系特征等作为识别信息,运用模式识别与专家系统相结合的方法,指导遥感图形的特征匹配与地物识别,进而提取典型地区的遥感数字图像的地学专题信息。最后,将所获得的这些地学专题信息与 GIS 数据库中原来存储的地学专题信息比较,检查地学专题信息是否相同;若不相同,则可以将遥感数字图像中获取的地学专题信息作为数据源,实现地理数据库的更新。

当从不同角度拍摄同一地区的航空照片和高分辨率卫星数字影像时,可以利用数字影像相关技术获取重叠成像区的地形高程信息[15]。获取遥感图像地形高程信息的原理是：将空间部分重叠的两幅图像进行投影校正，并且精确配准位置（光学相片首先要数字化），测出每个像元的灰度值梯度，构造灰度值矩阵，通过对不同配置位置的交叉相关，并根据两个影像中地物光束或地物辐射电磁波信号的连续相对位移，计算出相关系数，相关系数的最大值定义为两个影像像元的灰度向量间夹角最小，在此基础上剔除粗差，建立地面高程模型，确定图像中每个点的高程。

3. 信息分析

对各种 GIS 来说，遥感是其重要的外部信息源，也是其数据更新的重要手段。尤其是分析全球性的环境变化研究和地理动力学，必须将 GIS 与卫星遥感所提供的覆盖全球的动态数据结合。而反过来，GIS 则可以提供遥感图像处理需要的一些辅助数据，以提高遥感图像的信息量和分辨率，同时，也可以为处理后的图像数据提供分析方法。

针对遥感数据处理，主要有物理法和统计法两种方法，均需要结合影像处理技术。由于统计法不需要在小区域内开展复杂的物理量测，所以统计法适用于大区域，而物理法适合于基础研究。图像解译对分析遥感资料很有帮助，在某些情况下甚至优于数值分析（如到边远地区野外作业或在计算机设备缺乏的项目中）。

所有的遥感数据都要先经过一定的预处理，即校准数据、标准化、大气校准、几何校准和地址编码。处理方法可进一步划分为两类：物理程序和统计程序，两者的界限是人为规定的，很多应用程序是二者的结合。物理程序适用于发展一些基本的原理以利于将来的应用，重点研究太阳辐射和地球表面间相互作用的模型。这些模型通过物理性质已知的地物的量测得到证实，然后根据已知的（测得的）光谱特征，用这些模型确定一个物体的未知特征。但是，这类模型的输入只能在很小区域内确定物体的特征，因为在较大区域使用固定的仪器是不可能的。例如，大气校准是通过气球探测数据实现的，很有必要校准靠近探测地点的封闭区域和探测发生的时刻，特别是在人口稠密的地区，大气层时空变化很大，对于较大的区域和不在同一探测时间所做的遥感记录，其校准值与实际情况偏离较大。

统计法是遥感应用中最常用的技术。统计法依据的是地表不同物体的类型反射、吸收和释放辐射能的不同特征。物体的类型不是以一个反射值或放射值表示的，而表现为每一光谱段上特殊范围内的一组数值，每一测量值通过 N 维空间的一组矢量表达。量测轴与传感系统的光波段对应，根据其特定的反射值和放射值寻求演算法对每一个测量值进行分类是统计法的目标，分类是通过寻找决策规则(分类演算法)完成的。根据每个量测值的统计分布,决策规则将特征空间细分为决策区(物体类型)。利用每一级的标准方差和协方差,每一个量测值根据其特定光谱特征划分出一个物体类型。这些参数程序建立在不同类型的概率分布函数的基础上,先通过已知的训练数据组自动或手动算出函数的参数,并将它们输入分类演算法中。训练数据通常根据地面真实情况与遥感数据获取,在野外作业期间收集特征已知的地区样本。使用参数分类程序的第一步是特征提取或选取,删减多余的信息(如通过主成分分析),转移特征空间[16]。第二步是将所有的矢量分为一个特殊的物体类型,通过监督或非监督的分类技术完成,目前最常用分类以监督技术为基础。后处理程序是处理遥感数据的最后步骤。分类结果可滤除噪声,从栅格转向矢量,将数据输入到 GIS 中以便分析处理。

对 GIS 进行数据分析、查询、统计与计算是 GIS 及其他自动化地理数据处理系统应具备的最基本的分析功能。空间分析则是 GIS 的核心功能,也是 GIS 与其他计算机系统的根本区别。

GIS 的空间分析可分为三个不同的层次:① 空间检索,包括从空间位置检索空间物体及其属性和从属性条件检索空间物体。空间索引是空间检索的关键技术,如何有效地从大型 GIS 数据库中检索出所需信息,将影响 GIS 的分析能力[17]。另外,空间物体的图形表达也是空间检索的重要部分。② 空间拓扑叠加分析,空间拓扑叠加实现了输入特征属性的合并及特征属性在空间上的连接,空间拓扑叠加本质是空间意义上的布尔运算。目前,空间拓扑叠加被许多人认为是 GIS 中独特的空间分析功能。需要指出的是,矢量系统的空间拓扑叠加需要进行大量的几何运算,会在空间拓扑叠加过程中产生许多小而无用的伪多边形(silver polygon),其属性组合不合理,伪多边形的产生是多边形矢量叠加的主要问题。③ 空间模拟分析。空间模拟分析刚刚起步,目前多数研究工作重在将 GIS 与空间模拟分析相结合。其研究可分为三类:第一类是 GIS 外部的空间模型分析,将 GIS 作为一个通用的空间数据库,而空间模型分析功能则借助于其他软件。第二类是 GIS 内部的空间模型分析,利用 GIS 软件来提供空间分析模块及发展适用于问题解决模型的宏语言,这种方法基于空间分析的复杂性与多样性,易于理解和应用,但由于 GIS 软件提供的空间分析功能极为有限,这种紧密结合的空间模型分析方法在实际 GIS 的设计中较少使用。第三类是混合型的空间模型分析,其宗旨在于尽可能地利用 GIS 提供的功能,这同时也充分发挥了 GIS 使用者的能动性。目前,基于矢量数据的空间分析模型包括拓扑叠加(overlay)模型、缓冲区(buffer)分析模型、网络(network)模型等,基于栅格数据的空间分析模型主要有数字地面模型(digital terrain model,DTM)等[18]。通过 DTM 产生的有序数字集合,可以刻画地表事物与现象在空间分布的各种特性。

1.5.2　全球导航卫星系统与遥感

遥感通过非接触传感器获得所摄目标的影像,由影像提取各种几何信息和属性信息,前者亦常称为空间定位问题。

随着以 GNSS 为标志的空间定位系统的发展,GNSS 实时、精确的定位功能克服了 RS 定位存在的问题,GNSS 的快速定位为 RS 数据快速进入 GIS 提供了可能,保证了 RS 数据及地面同步监测数据动态匹配的获得[19]。传统的遥感对地定位技术主要采用立体观测、二维空间变换等方式,采用地-空-地模式先求解出空间信息影像的位置和姿态或变换系数,再利用它们来求出地面目标点的位置,从而生成 DEM 和地学编码图像。但是,这种定位方式不但费时费力,而且一旦地面无控制点,定位就无法实现,从而影响数据实时进入系统。而 GNSS 的快速定位为 RS 实时、快速进入 GIS 提供了可能,其基本原理是:用 GNSS 或惯性导航系统(intertial navigation system,INS)方法,将传感器的空间位置(X_s,Y_s,Z_s)和姿态参数(ϕ,ω,k)同步记录下来,通过相应软件快速产生直接地学编码。此外,利用 RS 数据也可以实现 GNSS 定位遥感信息查询。

GNSS 与 RS 的结合就是要在无地面控制点的情况下实现空对地的直接定位。20 世纪 80 年代末,研究者在全自动化 GPS 空中三角测量的基础上,组合运用差分全球定位系统(Differential Global Position System,DGPS)和 INS,形成了航空航天影像传感器位置与姿态的自动测量和稳定装置,从而实现了定点摄影成像和无地面控制的高精度对地直接定位。在航空摄影条件下的精度可达到分米级,在卫星遥感的条件下,其精度可达到米级。该技术的推广应用,改变了摄影测量和遥感的作业流程,从而实现实时测图和实时数据库更新。若与高精度激光扫描仪集成,则可进行实时三维测量(light detection and ranging,LIDAR),自动生成数字表面模型(digital surface model,DSM),并可推算出 DEM。

20 世纪 90 年代初,研究者将激光测距和扫描成像仪在硬件上严格匹配,形成了扫描测距-成像组合遥感器,再和 GPS、INS 进行集成,构成三维遥感影像制图系统。随着 GPS 进入到完全运作阶段,以及高重复频率激光测距技术的投入应用,将 GPS、INS 和激光测距技术进行集成进而构建机载扫描激光地形系统已成为国内外遥感界研究的热点。有研究者采用 GPS 定位技术、姿态测量系统和扫描激光测距技术来直接对同步获取的遥感数据进行三维定位,这能够实时(准实时)得到地面点的三维位置和遥感信息,无须地面控制且具有快速、实时(准实时)的特点,这在当时是一项重大技术进步,相关的机载三维遥感对 GPS 定位的特点主要表现为:① 高精度差分 GPS 定位;② GPS 数据和遥感数据的同步联系;③ 适应机载动态分行作业的要求;④ 应用于三维遥感 GPS 定位数据的处理和算法流程。目前,中国北斗卫星定位系统已向全球提供高精度服务,该项技术应用有望得到更大跨越。

1.5.3　地理信息系统与全球导航卫星系统

GNSS 是一种可供全球共享的空间信息资源,无论身处何方,用户只要有一种能够接收、跟踪和测量 GNSS 信号的接收机就可以进行全球性、全天候和高精度的导航和测量。当前,GNSS 主要应用于美国 GPS、中国北斗、俄罗斯 GLONASS 和欧盟 Galileo 等。GNSS 可以直接获取地理信息,为 GIS 及时采集、更新或修正空间定位数据,为 GIS 从静态管理扩展到动态实时监测提供了有力的技术支持。

1. 数据采集方面

数据是 GIS 的血液,数据采集是实现 GIS 决策功能的前提。目前,成本高、更新慢、精度低是 GIS 数据采集中遇到的首要难题。数据采集花费大,据统计,GIS 中数据采集的费用约占总项目的 80%,如此高耗费也就决定了数据更新的滞后性,同时,尽可能地减小数据的误差也是广大 GIS 工作者一直努力的目标[20]。

数据采集的方式有很多,包括地图数字化、遥感、航空摄影测量,以及基于 GNSS 的 GIS 野外数据采集。高精度 GNSS 定位技术的出现,大大简化了空间数据的获取,并提高了空间数据的精度,用户只要手持高精度 GNSS,就可以进行导航与数据采集。GNSS 用于 GIS 数据采集,可以使数据采集更为精确、快速、可靠。与其他 GIS 数据采集手段相比,GNSS 采集 GIS 数据有独特优势:① GNSS 提供高精度的空间信息,采用先进的 GNSS 接收机技术及差分 GNSS 能在 1~2 min 提供分米级精度的定位;② GNSS 与计算机结合能在定位的同时采集详细的属性数据,同时获取空间数据与属性数据,提高 GIS 数据的完整性和准确性,这一点是 GNSS 与 GIS 集成的重要切入点;③ GNSS 用于 GIS 的数据采集,提高了 GIS 数据的数字化程度,速度更快,成本更低;④ GNSS 采集 GIS 数据也能够缩短局部 GIS 的更新周期,更新更加灵活、方便、快速。

GNSS 用于 GIS 采集的流程可以分为以下几个步骤:① 在内业编辑数据词典,然后传输到电子手簿中供外业数据采集使用;② 建立基准站(在已知点上);③ 利用 GPS 流动站设备采集 GIS 数据;④ 将外业数据传输到计算机进行编辑和处理;⑤ 将处理后的数据传输到 GIS/CAD 系统。

2. 定位信息查询

通过 GIS,可使 GNSS 的定位信息在电子地图上获得实时、准确而又形象的反映及漫游查询。通常 GNSS 接收机所接收的信号无法输入地图,若从 GNSS 接收机上获取定位信息后,再回到地图或专题图上查找,核实周围地理属性,则会加大工作量、耗费更长时间,而且这在技术手段上也不合理[21]。但是,如果把 GNSS 接收机与电子地图相配合,利用实时差分定位技术,加上相应的通信手段组成各种电子导航和监控系统,则可以广泛应用于交通、公安侦破、车船自动驾驶等方面。

1.6　时空数据的多尺度融合

时空数据应用首先要面对多比例尺空间信息融合问题,多比例尺是指一个GIS中同时存在几种比例尺的时空数据。当系统中包含几种比例尺时空数据时,GIS便可以提供不同尺度、不同层次上的空间信息服务。例如,从小比例尺到大比例尺的图形浏览是一个从区域到对象的空间放大过程。从放大动机上分析,小比例尺空间信息起到了一个信息索引提示的作用。

多比例尺 GIS 的时空数据组织形式主要有两种:一种是动态方式,即在 GIS 中建立一个较大比例尺的主导数据库,而其他层次比例尺的空间数据库从该库中动态派生、综合而来;另一种是静态方式,即在 GIS 中建立能够集成多种比例尺的时空数据库。

(1) 动态方式以某大比例尺时空数据为基础数据,随着比例尺的缩小,系统动态生成其他尺度的时空数据。该方法体现了一种无级比例尺的概念,它更多依靠时空数据的分类、分级及数量选取、内容选取和图形概括等自动综合算法。动态方式的优点是:时空数据库只需要存储大比例尺时空数据,这简化了时空数据的组织与管理。动态方式的缺点是:在综合模型不完善的情况下,自动综合存在较大的局限性;由于需要进行动态计算,所以信息浏览速度将受到严重影响。

(2) 静态方式是一种预先构建出多比例尺时空数据体系的方式。若现有时空数据的尺度体系不完备,它强调应首先采取综合的方法综合出所欠缺的尺度数据,然后集成并生成一个完整的多比例尺时空数据体系。该方式的优点是:能够充分利用中间尺度的时空数据,使其和传统的制图综合方法相结合,快速地浏览各种尺度下的空间信息;其缺点是:提高了时空数据的组织和管理难度,增加了存储容量。

人类信息获取实际上是以一种有序的方式对思维对象进行多层次的抽象。城市 GIS 应用既要满足用户对地理环境宏观层面的认识,又要考虑到他们有观察局部细节微观层面的要求,这就要求 GIS 应该提供多比例尺的空间信息。多比例尺动态组织主要是为了降低时空数据库组织与管理的难度,其出发点是对大比例尺时空数据的自动综合[21]。自动综合被认为是图形综合的最终目标,但目前自动综合理论与方法还存在着一些不足,主要体现在:① 从几何图形的角度来看,虽然人们在简单图形选取、独立曲线化简等方面设计了一些较好的算法,但这只是纯几何的角度,在目前对属性信息和几何信息进行分别管理的情况下,纯几何综合方法还有较大的局限性,如图形的自动合并效果就一直不太理想。② 从空间关系的角度来看,空间信息的多比例尺体现区域、景观、图斑的层次关系,空间关系也有尺度效应,空间关系依托于空间实体。它是一种结构或数据,应随着空间实体的剔除、合并而消失或改变,当前图形综合的研究还很少顾及空间关系因素,更谈不上空间关系的自动建立。③ 从属性综合角度来看,空间信息包括几何信息与属性信息,因此图形综合必须配合属性综合,以避免单纯的图形化简,才能够体现目标的数量、质量、重要性指标,当前主要是利用属性信息进行目标的筛选,这是一个物理过程,比较容易自动实现,但随着空间目标的重组、融合,属性信息必然要发生质变,此时自动综合就不能继续保证空间信息语义上的连贯性。

时空数据的多比例尺组织首先是一个分级问题,空间信息分级与人们使用空间信息的习惯密切相关。关于尺度分级的定性研究,比尔曾定性地提出了分级的概念模型,即空间分辨率圆锥模型[7]。作为概念模型,比尔只是示意了不同分辨率空间数据之间的关系,笼统地要求研究者应约定多比例尺的表现范围,并没有给出具体规定[22]。特普费尔在对分级问题的研究中,发现地物要素的选取数量与地图比例尺之间有着密切的关系[7],并建立了如下开方根模型的基本公式:

$$N_2 = N_1 \sqrt{S_1/S_2} \tag{1-25}$$

式中,N_1 表示原图地物数量;N_2 表示新编图上应选取的地物数量;S_1 表示原图比例尺分母;S_2 表示新图比例尺分母。许多国家的制图人员针对该公式进行了大量的讨论和实验,一般意见认为开方根规律对编图实践具有指导意义,特别是对离散分布的点状(如居民地)和面状(如湖泊群)等要素的选取基本上是正确的。

当建设多种比例尺时空数据库时,要建立数据库内部的逻辑联系,使之形成逻辑上无缝的任意比例尺,即多种比例尺数据协调的数据库。更小比例尺数据可以通过缩编更新得到,以保持多种比例尺数据的一致性。在 GIS 中,应该有一个主导数据库,它的主要功能是可以表示多比例尺,这些比例尺一般来说都小于主导比例尺,它不是通过建立和维护多个比例尺的数据库来对应不同的制图输出,而是直接将主导数据库中的数据转换成较小的比例尺来表示,这是一种更为有效的方式。当前的数据库为了满足人们的不同要求,不得不存储多种比例尺、不同精密程度的时空数据,也就是说,同一时空实体的多种表示共存于同一数据库中。因此,在时空数据的多尺度表达上,学术界仍处于"百花齐放"的局面。

多尺度 GIS 是指在 GIS 中存储多种比例尺的时空数据,用户根据需要调用不同比例尺的数据。而现有的 GIS 中并没有实现多尺度,这是由于当初设计 GIS 软件平台时忽略了这一点,所以要加入多尺度功能就必须改变系统的底层结构。近年来,对多尺度时空数据的研究主要集中在以下几点：多尺度时空数据的组织与管理、多尺度时空数据的可视化、不同尺度时空数据的自动生成、不同坐标系时空数据的统一、不同投影时空数据的关联等。

实际上,多尺度时空数据同样存在缺点,如时空数据的重复存储、时空数据更新不方便及需要更多的时间和费用来建库等[23]。而无级比例尺 GIS 是以一个大比例尺数据库为基础数据源,在一定区域内,空间对象的信息量随比例尺变化自动增减,从而实现一种 GIS 空间信息的压缩和复现与比例尺自适应的信息处理技术。例如,在无级比例尺 GIS 中,如果一个要素(如机场)被选上后,在大比例尺地图上将显示详细的情况,如跑道、建筑物、加油站等。但当用户缩小窗口后,机场综合后将依用户选择的任意比例尺显示出来。进一步缩小窗口,机场的表示甚至只能用机场的符号来表示。所以,无级比例尺是地理信息系统和自动制图系统的最终目标。

由于大量时空数据随时间的变化在时态上呈现多样性,时空数据无级比例尺的信息综合,使得这些海量时空数据在比例尺连续的变化中也呈现出多样性[24-26]。尤其是在面向无级比例尺的时空数据库中,因为维护的时空数据是各种比例尺、各种专题数据的并集,数据量空前巨大,所以建立时空数据库索引将会提高时空数据查询速度、优化时空数据存储格式[27-29]。而 GIS 所涉及的是与多维时空属性相关的数据,所以应在时空数据库、时空数据仓库和时空数据挖掘的基础上,通过时空数据引擎对GIS 信息进行统一组织和管理,提供高效查询方法,并提高分析和辅助决策的能力。

综上分析,想要基于大比例尺的时空数据动态地派生出其他尺度的空间信息,还存在一定的难度,其综合结果仍需要大量的后续处理,所以它还不能完全取代人工综合。因此,一个实用的 GIS 中,为了确保空间信息在各种尺度上的合理性、连贯性,时空数据库应先融合各种尺度的时空数据。

【参考文献】

[1] 熊爱成.GNSS 时间系统及其术语的正确表达[J].导航定位学报,2018,6(4)：27-31.

[2] 姜晓轶,周云轩.从空间到时间——时空数据模型研究[J].吉林大学学报(地球科学版),2006,36(3)：480-485.

[3] 柴彦威.时间地理学的起源、主要概念及其应用[J].地理科学,1998,18(1)：65-72.

[4] 刘岳峰,杨忠智,孙希龄,等.空间实体的时态属性时间语义特征及代数表达框架[J].武汉大学学报(信息科学版),2013,38(9)：1097-1102.

[5] 龚建华,林珲.面向地理环境主体 GIS 初探[J].武汉大学学报(信息科学版),2006,31(8)：704-708.

[6] 林广发,黄永胜.GIS 在时间地理学中的应用初探[J].人文地理杂志,2002,17(5)：69-72.

[7] 冯学智.“3S”技术与集成[M].北京：商务印书馆,2007.

[8] 方志祥,李清泉,萧世伦.利用时间地理进行位置相关的时空可达性表达[J].武汉大学学

报(信息科学版),2010,35(9):86-90.

[9] 陈祥葱,张树清,丁小辉,等.时空参考框架普适化表达[J].地球信息科学学报,2017,19(9):1201-1207.

[10] 刘朝辉,李锐,王璟琦.顾及语义尺度的时空对象属性特征动态表达[J].地球信息科学学报,2017,19(9):1185-1194.

[11] 刘钊,罗智德,张耀方,等.基于 GIS 的时空节点规划与优化方法研究[J].地理与地理信息科学,2014,30(1):41-44,69.

[12] 刘崛雄.基于时空数据的特征分析与挖掘技术的研究[D].成都:电子科技大学,2019.

[13] 刘志林,柴彦威.企业研究的时间地理学框架——兼论泰勒模式的时间地理学解释[J].地域研究与开发,2001,20(3):6-9.

[14] 杜萍,姚瑶,许鹏.地名时空信息的本体表达[J].兰州交通大学学报,2016,(6):137-140.

[15] 辛晓红,萧世伦,林珲.发展时态 GIS 的可操作性时空数据模型[J].地理与地理信息科学,2004,20(2):18-21.

[16] 柴彦威,赵莹,张艳.面向城市规划应用的时间地理学研究[J].国际城市规划,2010,25(6):3-9.

[17] 张雪伍.时空过程拓扑关系表达[J].电脑知识与技术,2015,(21):202-205.

[18] 黄潇婷.时间地理学与旅游规划[J].国际城市规划,2010,(6):40-44.

[19] 徐虹,刘志强,罗杰.基于 GIS 的物流配送系统设计[J].计算机应用研究,2003,20(6):103-106.

[20] 刘瑜,肖昱,高松,等.基于位置感知设备的人类移动研究综述[J].地理与地理信息科学,2011,27(4):8-13,31.

[21] 李霖,苗蕾.时间动态地图模型[J].武汉大学学报(信息科学版),2004,39(6):484-487.

[22] 柴彦威,关美宝,萧世(王仑).时间地理学与城市规划:导言[J].国际城市规划,2010,25(6):1-2.

[23] 柴彦威,王恩宙.时间地理学的基本概念与表示方法[J].复印报刊资料(中国地理),1997,17(3):55-61.

[24] 柴彦威,赵莹.时间地理学研究最新进展[J].地理科学,2009,29(4):593-600.

[25] 雷秋霞,陈维锋,黄丁发,等.地震现场搜救力量部署辅助决策系统研究[J].地震研究,2011,34(3):384-388.

[26] 尹章才,刘清全,孙华涛.全概率公式在时间地理中的应用研究[J].武汉大学学报(信息科学版),2013,38(8):954-957.

[27] Lenntorp B. Time-geography-at the end of its beginning[J]. GeoJournal, 1999, 48(3): 155-158.

[28] Crease P, Reichenbacher T. Linking time geography and activity theory to support the activities of mobile information seekers[J]. Transactions in Gis, 2013, 17(4): 507-525.

[29] Shaw S L. What about 'Time' in transportation geography? [J]. Journal of Transport Geography, 2006, 14(3): 237-240.

第 2 章

时空系统地理数据

2.1 地理空间信息

2.1.1 数据和信息

现实地理空间是人类赖以生存和发展的连续空间,具有不同领域、不同行业、不同知识背景的人会从不同的角度感受、认识和描述地理空间,这就导致了地理时空信息在语义上的歧义。为了实现现实地理空间无歧义的模拟和再现,需要从语义的角度构建地理时空数据。从某种程度上说,面向对象的时空数据易于对时空数据的组织与存储,以对象、类的形式在计算机中进行分类和封装。同时,面向对象的时空数据库也易于实现。而基于本体的时空数据能够将现实地理空间中涵盖的地理知识、地理信息以可视化的形式无歧义地展现出来,从而实现不同学科间的数据与信息共享。

数据和信息是两个容易混淆的概念,二者既有联系又有区别。数据(data)是人类在认识和改造世界的过程中,定性或定量地对环境或事物进行描述的原始记录或资料,这些记录形式多样,包括数字、文字、符号、图形和图像等。信息(information)是加工后的数据,这些数据表现为数字、文字、符号、图形和图像等,用来表示事物、事件、现象的内容、数或特征,进而向人们(或系统)提供关于现实世界新的事实知识,作为生产、生活、管理、分析和决策的依据。数据强调的是对事物的客观表达和描述,是未经加工过的原始记录或资料,以供人们进一步的提取和加工;而信息来源于数据,强调的是对数据内涵的解释和提炼。

信息具有主观和客观两重特性。信息的客观性表现为信息是客观事物表现出来的客观存在的东西;信息的主观性反映在信息是人类对客观事物的感受和接收,是经过人类主观思维加工后的产物,即使是相同的数据,经过不同的人或采用不同的处理方法可能会产生不同的信息[1-3]。另外,信息除了具有主观和客观特征外,还具客观性与普遍性、可处理性、传递性、共享性、时效性、相对价值性等特征属性。

(1)客观性与普遍性:信息来源于客观存在的事物,事物所表达出来的信息也是无时无刻、无所不在的,因此信息也是普遍存在的,信息表达了客观事物的状态、过程和规律。另外,因为事物的发展和变化不以人的主观意识为转移,所以信息也是客观的。

(2)可处理性:信息是从原始数据加工处理得到的,也可以在现有信息的基础上进行再处理,从而得到新的信息。

(3)传递性:信息可以打破时间和空间的限制,利用各种媒介在发送者和接收者之间传递,这为信息的普及和共享创造了有利条件。

(4)共享性:信息通过传递可以在不同的个体或群体间共享,随着社会的发展和进步,信息共享已经成为一个新的发展趋势。

(5)时效性:信息不是一成不变的,会随着事物的发展变化而变化。因此,信息具有生命周期,生命周期结束,其原有的作用也就消失。

(6)相对价值性:信息作为一种资源,天然地具有价值属性,尤其在信息时代,信息的价值有时无法估量。但由于信息具有周期性,同时因为信息接收者的需求、理解、认知和利用目的都各不相同,所以对不同的接受者来说,信息是否具有价值、信息的价值量如何,在不同的接受者也都不相同,这体现了信息的相对价值性。

2.1.2　地理空间数据和地理空间信息

地理空间数据(geographic data)客观表示了与空间位置相关的地理现象、特征、过程及它们的相互关系。地理空间信息来源于地理空间数据,与地理要素空间分布、相互联系及发展变化相关,是有关地理实体和地理现象的性质、特征和运动状态的表征,也是对地理空间数据的解释[2]。地理空间信息除了具有一般信息的特征外,还特别强调了信息的空间属性。

(1)空间相关性:任何地理事物都是直接或间接相关的,并且,一般来说,在空间上相距越近,相关性越大,空间距离越远,相关性越小,地理空间信息的相关性也具有区域性特点。

(2)空间区域性:地理信息具有空间属性是其区别于其他类型信息的最显著特征,即空间分布特征。空间分布特征不仅体现在数据的分区获取、组织和管理上,也体现在信息的分区域应用上。

(3)空间多样性:地理信息内容丰富,表现形式多样。在数据组织上,有矢量结构和栅格结构;在显示形式上,有二维、三维甚至多维;在时间轴上,具有动态和时序变化的特点。地理空间信息的多样性也体现在不同区域或不同目的对地理信息的生产和需求不一样。

(4) 大数据性:大数据是随着信息时代的到来引起的信息大爆炸而产生的,具有大量(volume)、高速(velocity)、多样(variety)、低价值密度(value)和真实性(veracity)等特点。随着航空航天等一系列技术的不断发展,以及人们对空间信息的不断追求,地理空间信息也迎来了属于自己的大数据时代。一幅特定区域的遥感影像就能将地理空间数据的大数据性充分体现出来:第一,遥感影像自身的体量大,有时需要几 G 甚至十几 G 的存储空间,而且这些图像包含的信息量也是巨大的;第二,随着区域地物的不断变化,影像数据也需要定期或不定期更新,从而产生了一系列特定区域内的遥感影像,由于数据获取渠道越来越丰富,数据更新频率也越来越快;第三,一幅遥感影像包含的信息是多种多样的,山川河流、植物动物及人类活动都可能同时存在其中;第四,根据特定需要从成千上万个影像像素中提取出有价值的信息,但是因为重复存储和信息冗余,价值密度有时很低;第五,遥感影像是根据客观存在的事物而产生的,具有真实性。地理空间数据的大数据性特点,使得地理信息技术必须通过不断的创新来适应时代的发展,尤其是人工智能技术,是处理地理空间大数据的有效方法。

2.1.3　地理空间信息类型

地理空间实体(可简称为地理实体)的时空信息和地理概念的表达需要从语义角度进行形式化描述,并加以约束,从而实现地理实体的空间、时间、属性信息及其之间与内部各种关系的完整的、无歧义的表达。地理实体间存在复杂的时空语义关系,如果能理清这种复杂关系,并按照规范加以利用,则必然为地理实体时空数据的组织、数据库的设计、数据的管理,以及后续的空间分析、查询与辅助决策提供有利的前提条件。地理空间信息是多种多样的,从数据用途和应用目的上可分为以下几类。

(1) 基础地理信息:主要是指通用性强、使用范围广、可为其他专题地理信息服务的基础地理单元信息,主要包括地貌、地形、水文、植被、区域范围及基础的社会地理信息等。

(2) 人文社会经济信息:主要包括人口地理信息、交通地理信息、聚落地理信息和经济发展情况地理信息等。

(3) 城市地理信息:主要包括地籍、土地利用信息、房产信息、地下管网信息、城市规划信息和市政建设管理信息等。

(4) 生态环境信息:主要包括动植物种类、数量、覆盖和生存环境信息、大气和水环境信息、土壤和岩石信息等。

（5）自然资源信息：包括所有自然资源的分布、数量、等级和变化情况等信息。

2.2　地理实体

2.2.1　地理实体定义

任意的地理实体或现象的存在时间是有限的，可以是十几秒，也可以是一个世纪，但必然会经历从产生到死亡的一个过程。地理实体在时间上的延续性解释了一种新的地理实体的产生必然有另一种旧的地理实体死亡，一种旧的地理实体死亡必然产生另一种新的地理实体，这种时间上的延续性又为地理实体的时间回溯和演变提供了前提条件。当从本体语义的角度比较两个地理实体的时间关系时，可以通过两者间产生、死亡与存在的状态进行判断。

要想客观、准确地描述地理空间信息，首先要定义地理空间信息的载体——地理实体的概念。根据《基础地理信息要素数据字典》中的定义：实体（entity）是指现实世界的一种现象，并且它不能再细分为同种类型的现象[2-4]。这一定义简单且抽象。由于不同人的目的和认知不同，所以关于地理实体的概念也是见仁见智，衍生出多种表达，例如：① 地理实体是指地球表层系统中与人类活动有关的物质实体；② 地理实体是指现实世界中的地理物体和地理现象，它在地图上称为地图要素；③ 地理实体是对某些客观现象的度量结果，如山高、水深等。无论如何定义，地理实体一般包含以下几个特征。

（1）唯一性或可识别性，即每种地理实体具有其特有的属性信息，这种属性信息可作为区分不同地理实体的依据。

（2）空间特征，即地理实体都具有空间位置和空间分布属性，它们的空间位置和空间分布既可以是连续的，也可以是离散的。通常来说，位置信息采用地理坐标的经纬度、空间直角坐标、平面直角坐标或极坐标来表示。

（3）属性特征，也称非空间特征，与地理实体相关，表征了地理实体本身的性质，如类型、语义、定义等。这些属性又可分为定量属性和定性属性两种，定量属性包括数量、质量、距离、等级等，定性属性包括名称、类型、特性等。

（4）时间特征，即地理实体都是有时间延续性的，其空间信息和属性信息会随着时间的延续不断发生变化。

2.2.2　地理实体抽象

地理实体包含的空间信息多种多样,有些是特有的,有些是公共的。要客观、真实、完整地描述一种地理实体,理论上需要将所有的属性信息都展示出来。然而,受空间信息承载介质的限制(无论是纸质还是电子),必须要将其进行一定程度的抽象,才能方便地显示、分析、存储和传输。抽象是从具体事物中抽出、概括出它们共同的本质属性与关系等,而舍弃个别的、非本质的属性与关系,这种思维过程称为抽象。

抽象是人们观察和分析复杂事物和现场的常用手段之一。将复杂的地理实体抽象为可描述、可表达、可度量的方法,是地理学研究中的基础方法[3-5]。经过抽象,地理实体既可以是一种客观存在的地理现场或过程,也可以是一种分类的结果,如水域、林地等,还可以是对某种现象的度量结果,如季风区、雨雪区等。

开放地理空间信息联盟(Open Geospatial Consortium,OGC)对地理实体抽象过程进行了概括,共分为九层,即现实世界(real world)、概念世界(conceptual world)、地理空间世界(geospatial world)、尺度世界(dimensional world)、项目世界(project world)、地理点世界(point world)、几何特征世界(geometry world)、地理要素世界(feature world)和地理要素集世界(feature collections world)。通过这九层的抽样,最终成为地理信息世界(计算机),在这一"世界"中对地理数据进行组织和存储,对地理信息进行处理和分析(图2-1)。

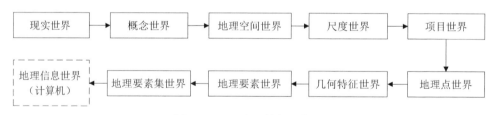

图2-1　GC九层抽象示意图

国际标准化组织(International Organization for Standardization,ISO)的地理信息标准化委员会也制定了对地理实体认知的抽象模式,目的是准确描述地理信息,促进人们对地理空间信息有统一的认知和使用方法,以便于管理和交换地理空间数据。与OCG的抽象过程不同,ISO的抽象方法简单、明晰,可归纳为三个层次,如图2-2所示。

人们首先要观察现实世界中的地理实体,在充分认知地理实体后,对其进行分析、判别、归类和抽象。由于认知程度、使用目的等的不同,对同一地理实体抽象出

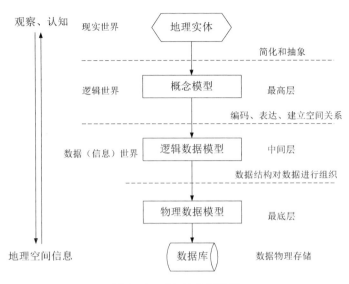

图 2-2　ISO 抽象示意图

的结果也不同。例如,宏观尺度不一样会影响人们用何种几何形状来描述地理实体,如果不关心面积和形状,可以选用点来表示,否则可以选用面来表示。

在对地理实体有了深入的理解和认识后,就可以形成概念模型——地理事物与现象的抽象概念集,也就是地理数据的语义解释,是抽象的最高层。概念模型应尽可能地用简单、明晰的、贴近计算机语言的表达方式概括地理实体。

逻辑数据模型是抽象的中间层,它描述了概念模型中实体及其关系的逻辑结构,是用户通过计算机系统看到的现实世界地理空间。逻辑数据模型既要便于用户理解,也要便于计算机实现。本质上说,逻辑数据模型采用一种或多种合适的数据结构对空间数据进行组织。物理数据模型和数据库是抽象的最底层,是概念模型在计算机中的存在形式。

但时空数据的研究范畴,不仅限于此。人类在赖以生存的地理实体中,精神世界作用于地理空间中空间事物的属性、几何形状、空间位置、空间关系及变化规律,从而产生了对地理实体的认识、理解、累积、加工与分析的过程,主要包括地理信息的感觉、编码、记忆和解码等一系列心理过程。因此,更需要对地理实体进行更为完整地理解。而在计算机系统中往往采用地理实体的最小地理单元来分析与解释地理信息。它是占据了一定的地理实体空间、具有一定几何形态的客观存在。这也符合人类的认知过程,人类认知是由微观到宏观,由部分到整体,由简单到深奥的逐层递进,从而产生对整个地理实体空间的认知。

2.3　时空数据地理描述

2.3.1　几何描述

　　复杂多样的地理实体和现象构成了现实地理空间,对现实地理空间的充分认识是组织、管理和应用复杂、海量地理信息的前提。地理空间有广义和狭义之分,广义的地理空间,常被认为是产生一定地理现象的区域,即地球上人类赖以生存的连续空间域,也有理解是相对地理位置属性和参与发生地理现象客观存在的实体的集合。实际上,广义的地理空间就是一种物理化了的地理空间,即地球连续的椭球面。

　　经过抽象的地理实体可通过点、线、面对象(图 2-3)等三个基本要素进行描述,每个基本要素表示一个或一类地理实体。每个地理实体具有明确的界限,且可用唯一的几何图形、空间坐标及一系列属性信息表示。几何图形描述了地理实体

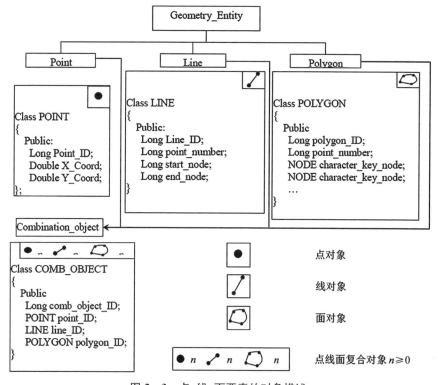

图 2-3　点、线、面要素的对象描述

经过抽象后的形状;空间坐标描述了地理实体的绝对位置或相对位置;属性信息描述了地理实体的数量、质量、等级等特征信息。

(1) 点要素。点要素表示该地理实体的界限或形状或大小,这与区分和描述其特征无关,而仅聚焦于其空间位置和其他属性信息,如塔、烟囱、井、电线杆等。

(2) 线要素。线要素忽略该地理实体的宽度和面积,而重点突出其走势的方向性和连续性信息,如河流、道路等。

(3) 面要素。面要素是一个封闭的图形,这一图形能形成一个覆盖一定面积的有界限和形状的区域,能够完整表达地理实体的位置、形状、界限等特征信息,如广场、湖泊等。

2.3.2　属性描述

在面向对象的研究中,属性是具有某一特征的类的描述。具有不同属性的地理实体,其表象也各不相同。属性分为概念的属性和关系的属性两个类型,某一概念一个属性对应一个关系属性。从本体的角度来看,关系属性值存储的是与某一概念的这一属性与这一概念或其他概念中的某一属性的关系。属性可以是数值类型,也可以是对象类型。

描述一个地理实体要从空间信息、属性信息和时间信息三个属性维度入手[6]。空间信息主要包括地理实体的位置(相对位置或绝对位置)和形状,在地图上表示为一个或一组具有空间坐标的几何形状,同时包括几何形状的颜色、线型和表示符号等地图要素。属性信息主要记录了地理实体的特征信息。时间信息表示地理实体的空间数据产生的时间点。

地理实体数据是对一定区域内的地理空间特征进行描述的数据,空间特征是其他数据都无法描述的,它是地理实体在地理坐标系中能够用一定的坐标表示,占据一定的空间位置,具有一定的形状,并在整个区域的分布和随时间的变化情况。因此,地理实体数据除了具有一般数据对对象属性描述的功能以外,还特有描述空间特征的功能。

2.3.3　空间关系描述

由于地理实体被抽象成空间对象后,其原有的空间几何特征被保留下来,这就决定了地理实体在空间中与其他地理实体间的一种相互关系,即空间关系,这类关系由拓扑关系、方位关系和距离关系组成。空间对象的拓扑性质反映了空间对象在结构上的整体性,这种整体性保证了空间对象在不断裂、粘连的情况下发生任意形变后都能与空间中的其他对象保持不变的拓扑关系。要确定一个空间对象的方位关系,必须要有一定的参照物或者统一的坐标系统,这样才能确定这个空间对象相对于参照物或统一坐标系下另一个空间对象的方位关系。空间对象间的距离可以分为定性关系和定量关系。定量距离是一种利用距离单位对两个空间对象进行量算,并需要控制精度的距离关系。地理实体的空间关系表现了地图上图形要素之间的相对位置关系,通过相对位置关系,人们可以识别出地物之间的关系是相邻、包含还是相交,是上下左右还是东西南北。基于地理实体的空间关系描述,如图 2 - 4 所示。

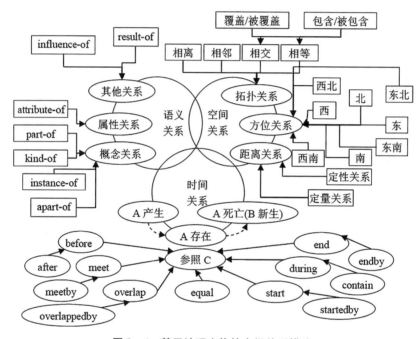

图 2 - 4　基于地理实体的空间关系描述

2.4　坐标系统

2.4.1　地理坐标系统

地球是一个不断公转和自转的近似球体,经过亿万年的自然变迁,现在的地球自然表面是一个极其复杂的不规则曲面,如果以此曲面来定量研究地理空间信息,很难进行数学建模,也无法在统一的标准体系下描述地理空间信息[7]。因此,为了准确地研究地理空间信息,必须要建立合适的空间参考系统。空间参考系统受两个因素的影响:一个因素是椭球体;另一个因素是大地基准面(或椭球面)。

　　椭球体是人们假设在全球海水处于静止的平衡状态下地球表面(大地水准面)大体呈现出来的形状。理论和实践证明,该椭球体近似一个以地球短轴为轴的椭圆旋转的椭球体,也称为参考椭球体。参考椭球体表面是一个规则的数据表面,可以用数据公式进行量化描述,因此在测量和制图时就用它代替地球自然表面。将地球自然表面上的点映射到这个参考椭球面上,形成地图投影。定义参考椭球体有几个重要参数,如长半轴、短半轴和扁率等。目前,根据《国家大地测量基本技术规定》(GB 22021—2008)的要求,我国目前采用"2000 国家大地坐标系",其主要参数为长半轴为 6 378 173 m,短半轴为 6 356 752.314 14 m,扁率为1/298.257 222 101。

　　大地基准面是采用最密合部分或全部大地水准面的数学模式,可以作为计算某个位置地理坐标的参照或基础。大地基准面的定义包括大地原点、用于计算的椭球参数、椭球体与地球在原点的分离。需要注意的是,椭球体与大地基准面之间是一对多的关系,即大地基准面是在椭球体的基础上建立的,但椭球体不能代表大地基准面,同样的椭球体能定义不同的大地基准面。

　　在了解了椭球体和大地基准面的概念后,就可以定义地理坐标系统了。地理坐标系统是地球表面空间要素的定位参考系统,这个坐标系统由经度和纬度来描述,可以确定地球上任何一点的位置[8]。如果把地球视作一个椭球体,经纬度网就是加在地球表面的地理坐标参考系格网,如图 2-5 所示,经度(纵向的)是从本初子午线(经度为 0°)开始向东或向西量度角度,而纬度(横向的)是从赤道(纬度为 0°)开始向北或向南量度角度。本初子午线和赤道被看作地理坐标系统的基线,即 0°值。经纬度的表达方式有多种,最常见的用"度-分-秒"来表示,也可以用十进制的度数或者弧度来表示。

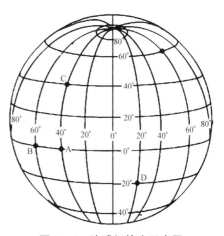

图 2-5　地球经纬度示意图

2.4.2　地图投影

　　地理坐标是一个球面坐标,可以用于地球表面地理实体的定位。但测量单位的不同及椭球体长短轴的原因,会导致相同角度代表的距离不同,而且,直接利用经纬度坐标进行面积和方向等参数的运算比较复杂,也不能方便地将数据在平面上显示出来。所以,地理坐标还需要经过地图投影变换到投影坐标——平面直角坐标系统。投影是从一种坐标系统转换到另一种坐标系统的过程,将地球椭球面上的点映射到平面上的方法称为地图投影。但是,从地球椭球体表面投影到平面会发生形变,无法完美呈现,这就需要根据具体情况来选择不同的投影方法。

地图投影可以根据其所保留的性质或投影面进行分类,这些性质主要包括四类:正形、等面积、等距和等方向。正形投影保留了局部角度及其形状;等面积投影以正确的相对大小显示面积;等距投影保持沿确定路线的比例尺不变;等方向投影保持确定的准确方向。在选择一种合适的地图投影时,要保留哪种性质是关键,例如,在制作人口密度专题图时,选择等面积投影方式比较合适;在制作路网专题图时,选择等距投影方式则更加恰当。

人们通常选择几何投影方式,这种方式将椭球体投影到规则的几何形状上,再经过展开成为平面。根据几何形状的不同,几何投影方式可分为三种,即方位投影,以平面作为投影面;圆柱投影,以圆柱体表面作为投影面;圆锥投影,以圆锥体表面作为投影面。根据方位的不同,每种投影又分为正轴投影、横轴投影和斜轴投影(图2-6)。

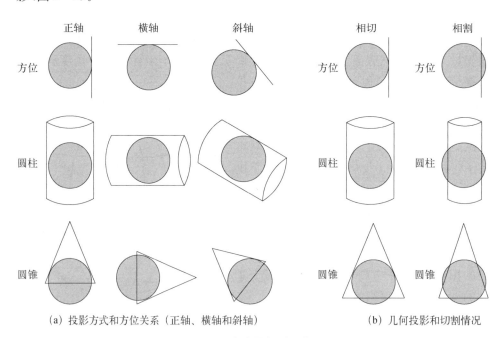

(a) 投影方式和方位关系(正轴、横轴和斜轴) (b) 几何投影和切割情况

图2-6 各方位投影示意图

应用几何投影还有助于解释地图投影中的另外两个概念:切割情况和投影方位。以圆锥投影为例,可以使圆锥和椭球相切,也可以使圆锥与椭球相割。在相切情况下产生一条相切的线(标准线),在相割情况下产生两条相切的线(标准线)。圆柱投影的相割和相切与圆锥一样。但是,与前述两者相反,方位投影在相切的情

况下只有一个切点,在相割的情况下只有一条线。投影方位则描述了几何实体与椭球的位置关系。

目前,使用中的地图投影有数百种之多,它们有各自的特点和应用环境。下面,介绍几种常用的地图投影。

1. 高斯-克吕格投影

高斯-克吕格投影由德国数学家、物理学家、天文学家高斯拟定,后由德国大地测量学家克吕格对投影公式加以补充,故称为高斯-克吕格投影(以下简称高斯投影)。在投影分类中,该投影属于横轴圆柱等角投影。

高斯投影假设一个椭圆柱与地球椭球体横切于某条经线上,按照等角条件将中央经线东、西各 3°或 1.5°经线范围内的经纬线投影到椭圆柱面上,然后将椭圆柱展开成平面,这就形成了高斯投影(图 2-7)。

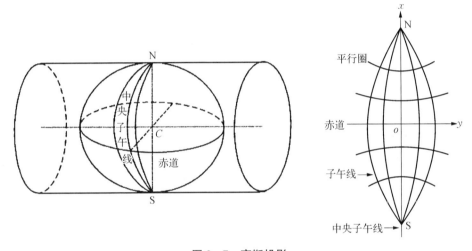

图 2-7　高斯投影

经过高斯投影的变形特征如下。

(1) 在同一条经线上,长度变形随纬度的降低而增大,并在赤道处达到最大值;在同一条纬线上,长度变形随经度差的增加而增大,且增速较快。

(2) 中央子午线投影后为直线,且长度不变。距离中央子午线越远的子午线,投影后变曲程度越大。

(3) 椭球面上,除中央子午线外,其他子午线投影后均向中央子午线弯曲,并向两极收敛,对称于中央子午线和赤道。

(4) 在椭球面上对称于赤道纬线圈的曲线,投影后仍然对称,并与子午线的投影曲线互相垂直且凹向两级。

高斯投影是一种国际性的地图投影,适用于幅员辽阔的国家和地区。我国地图投影大多采用高斯投影,有 6°和 3°分带方法,按这两种分带方法各自进行投影并形成独立系统。6°分带方法从 0°子午线起,自西向东每隔 6°经差为一个投影带,将全球分为 60 个投影带,依次编号为 1,2,…,60。3°分带方法是从东经 1°30′的经线开始,每隔 3°为一带,将全球分为 120 个投影带,依次编号为 1,2,…,120(图 2-8)。

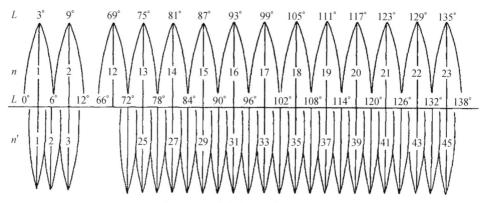

图 2-8 高斯投影分带示意图

2. 墨卡托投影

墨卡托投影是正轴圆柱等角投影,由荷兰地图学家墨卡托于 16 世纪创立。这种地图投影假设一个与地球正轴方向一致的圆柱切割于地球,按等角条件将经纬度网格映射到圆柱面上,再将圆柱面展开成平面,就形成了墨卡托投影。与高斯投影不同,墨卡托投影只采用 6°分带方法。在地图上保持方向和角度的正确是墨卡托投影的优点,因此这种方法常用于航海和航空地图的投影,如果沿着墨卡托投影图上两点间的直线航行,只要方向不变就可到达目的地,这给航海、航空确定航向带来很大方便。

3. 兰勃特投影

兰勃特投影是正形圆锥等角投影,适用于东西伸展大于南北伸展的中纬度地区。该地图投影设想用一个正圆锥切割球面两条标准纬线,应用等角条件将椭球面投影到圆锥面上,再沿中央经线展开成平面,就得到了兰勃特投影。作为切割圆锥投影,投影参数通常包括第一和第二标准纬线、中央经线、投影原点的纬度、横坐标东移假定值和纵坐标北移假定值。

4. 阿伯斯投影

阿伯斯投影是等积圆锥投影。因为同是圆锥投影,所以阿伯斯投影的要求与兰勃特投影一致,实际上两个投影类似,不同之处在于兰勃特投影是等角投影,而阿伯斯投影是等积投影。

5. Web 墨卡托投影

该地图投影主要用于建构网络上的虚拟地图,如谷歌地图和微软虚拟地球。这些网络虚拟地图侧重于地图显示而非研究分析,对投影精度要求不高。为了提高地图显示速度,Web 墨卡托投影是基于球体而非椭球体得到的,因此简化了计算过程,便于网络传输和显示。

鉴于地图投影种类繁多,选择合适的地图投影就显得特别重要,将直接影响地图的精度和实用价值。在选择地图投影时,主要需要考虑以下因素:制图区域的范围、形状和地理位置、地图用途、出版方式及其他特殊的要求。

2.5　空间尺度

2.5.1　空间尺度的概念

人们在观察和认识自然现象及客观事物时,往往会从多个角度来分析,每一个角度的衡量标准都不同(如从上到下、从里到外、从宏观到微观等),尤其是对复杂的地理实体而言,多角度的观察和分析是必需的,这种观察和分析的衡量标准为尺度。在地理学研究中,尺度更多表现为抽象程度,它体现了人们对地理空间信息认知的广度和深度,标志着现实世界被地理信息世界抽象的程度[9]。因此,尺度概念一般有两层含义:一是地理实体的粒度,表示清晰程度或最小单位,即分辨率;二是地理实体的范围,表示区域大小,即比例尺,二者都从两个重要的空间维度对客观事物进行抽象(图 2-9)。观测尺度和实际尺度是自然事物的固有属性特征,是不随人的意志而改变的客观存在,也是地理实体的实际表现形式,如井盖是圆形的、一个建筑基地是有长度和宽度属性的长方形。抽象过程是保留地理实体的显著(或关注)特征而剔除不显著(或不关注)特征的过程,最后提炼出地理空间信息用于显示、分析和存储。

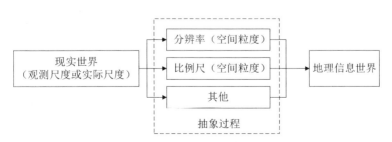

图 2-9　空间尺度抽象过程

2.5.2 比例尺

要将现实世界中的客观事物在面积有限的纸质地图或电脑屏幕的二维平面上展示,除了需要高度抽象外,还涉及具体显示大小的问题,这一问题与比例尺有关。一般来说,比例尺就是地图上的距离与地面上相应距离之比,即缩小程度。在相同的制图区域下,若比例尺越大,则表示的区域范围越小,比例尺越小,则表示的区域范围越大。由于制图涉及地图椭球体等比例缩小和地图投影等多个过程,一般来说,比例尺越小失真越大。因此,在选择何种比例尺制图时,需要根据业务需要和制图条件而定,只要满足业务需求就是合适的比例尺。比例尺的表现方式主要有以下三种:

(1) 数值方式,即用阿拉伯数字表示,如 1:50 000 或 1:5 万(图 2-10);

(2) 线段(图解)方式,即用图形加注释的方式表示,如直线比例尺、斜分比例尺和复式比例尺等(图 2-10);

(3) 文字方式,即用文字描述的方式进行注释,如百万分之一。

图 2-10 示意图的数值比例尺和线段比例尺

虽然比例尺可以根据需要制作成任何合理的值,尤其是在数字地图模式下更是如此。但对于特殊用途地图的比例尺设置,我国出台了相关的标准加以限制和约束,一般称为国家基本比例尺,主要包括 1:500、1:1 000、1:2 000、1:5 000、1:10 000、1:25 000、1:50 000、1:100 000 等。

比例尺反映的是地理实体从现实世界到地理信息世界抽象的程度和距离的比例,前者影响对空间关系的理解,后者影响数据的质量,沟通二者的桥梁便是分辨率。

2.5.3 分辨率

分辨率是与图像相关的一个重要的基本概念,简单来说是图像细节分辨能力,分辨率表示单位长度或单位面积所表达的地理实体的详细程度,或者是说获取的像素数目。分辨率越高,分辨能力越强,所以单位长度或单位面积所承载的地理信息就越多,对图像的解析能力也越强,当然,所需的存储空间就越大[8-10]。根据图像细节信息所反映的侧重点不同,分辨率可分为光谱分辨率——对图像光谱细节的分辨能力、时间分辨率——对图像成像时间间隔的分辨能力,以及空间分辨率——对图像空间细节的分辨能力。一般来说,分辨率指的是空间分辨率。

空间分辨率是可观察到的最小的地理实体尺寸,或能够识别两个相邻地理实体的最小距离。图像空间分辨率用 PPI(pixel per inch)来表示,它是图像中每英寸所表达的像素数目。因为显示器最小的显示单位为像素,所以 PPI 越大表达的像素数目越多,承载的信息越多,越能够表达空间实体的细节信息。

2.6 空间关系

空间关系是指地理实体之间相互作用的具有空间特性的关联关系,它是数据表达、建模、查询和分析的基础。按空间分布特征,地理实体类型可划分为点、线和面,它们的维度分别是一维和二维,现实世界中各种复杂的地理实体都可以进行抽象并通过点、线、面的组合来表达[10-12]。在地图上,根据需要和目的不同,通过地图概括和比例尺的改变,地理实体表达类型也是可以改变的,例如,在大比例尺下,建筑物基底形状为面,但在小比例尺下,这个建筑物就可能为点。地理实体表达类型的改变,也会影响地理实体间空间关系的改变。空间关系主要包括拓扑空间关系、顺序空间关系和度量空间关系。

2.6.1 拓扑空间关系

拓扑(topology)一词来源于希腊文,本意是形状的研究,拓扑属性指的是在拓扑变换下能够保持不变的几何属性,也就是几何图形的位置、距离和方位等改变后,其空间关系描述仍然不变,而其他改变的属性称为非拓扑属性[11-13]。例如,一个皮球内有一个石子,无论皮球被压扁、拉伸还是充满气体,石子始终在皮球里面,这种关系就是拓扑属性,而皮球的形状、半径、表面积等变化了,它们的属性就是非拓扑属性。

拓扑属性对于在地图上正确描述地理实体的空间位置至关重要,因为在现实世界中两条铁轨永远是平行的,如果在地图上显示出来相交甚至重叠,则显然违背了正常逻辑[13-15]。地图上的拓扑关系是指图形在保持连续状态下的变形(如缩放、旋转、拉伸等)的情况下,图形关系保持不变。拓扑关系主要用来描述点、线、面元素之间的逻辑关系,包括关联关系、邻接关系、连通关系和包含关系。图 2-11 是空间数据拓扑关系示意图,其中 N 表示节点,L 表示线段,P 表示面。

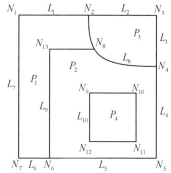

图 2-11 空间数据拓扑关系示意图

1. 关联关系

关联关系是指不同元素之间的拓扑关系,如节点和线段、线段与面等。在图 2-11 中,点 N_8 与线段 L_8 和 L_9,线段 L_1、L_7、L_8 和 L_9 与面 P_1 等皆属于关联关系。

2. 邻接关系

邻接关系是指同类元素之间的拓扑关系。在图 2-11 中,点 N_1 与 N_2、线段 L_1 与 L_2 和 L_7、面 P_1 与 P_2 等皆属于邻接关系。

3. 连通关系

连通关系是指线段之间的拓扑关系,通常用来衡量网络的复杂程度。在图 2-11中,线段 L_1 与 L_2 和 L_7、线段 L_3 与 L_2 和 L_4 皆属于连通关系。

4. 包含关系

包含关系也指空间图形同类元素之间的拓扑关系,但与邻接关系不同,包含关系通常是特指面元素包含(或不包含)点元素、线元素或其他面元素的关系。在图 2-11 中,面 P_2 包含面 P_4 属于包含关系。

在上述几种拓扑关系中,有些关系可以通过其他关系推导得出,所以在实际描述空间关系时,一般只强调最明显的空间关系,或者根据需要来描述一种空间关系[14]。除了图 2-11 所示的简单拓扑关系外,在进行具体地理实体的空间拓扑关系分析和描述时,也会存在点、线、面之间两两的空间关系,包括分离、相邻、重合、包含和相交[16]。表 2-1 是这几种拓扑关系分类的列表。

表 2-1　拓扑关系分类

关系	分离	相邻	重合	包含	相交
点-点	● ▽	● ▽	●		
点-线	● ─	●──			─●─
点-面	● □	□●			□●
线-线	──		●─●		╳
线-面	□	□		□─	□╳
面-面	▨▯	▨▯	▨	▨▯	▨▯

空间数据的拓扑关系对数据处理和空间分析具有重要意义。拓扑关系能够清楚反映地理实体之间的逻辑结构关系。与经纬度坐标表示地理实体的绝对位置不同,拓扑关系记录了地理实体的相对关系,不随投影变化而发生变化[17,18]。拓扑关系也是空间分析的基础,例如,查询一定区域范围内有多少个井盖("点-面"的包含关系),两条河流是否交汇("线-线")相交问题。

2.6.2　顺序空间关系

顺序空间关系也称为方位空间关系,用于描述地理实体的排列顺序或方位关系,如空间实体间的前、后、左、右或东、西、南、北等方位关系。与拓扑空间关系一样,顺序空间关系也存在点-点、点-线、线-面等多种相对位置关系[19]。与确定拓扑空间关系不同,确定顺序空间关系的方法比较复杂,所以在 GIS 研究中心,并不强调对顺序空间关系的描述和表达。

2.6.3　度量空间关系

度量空间关系用于描述空间实体之间的距离关系,这种距离关系可以定量描述为特定空间汇总的某种距离。最常见的是欧几里得距离,它用来表示两个空间实体之间的直线距离,除此以外,在同时考虑其他因素时,还有最短路径、最优路径等距离表示方式[20]。与拓扑空间关系和顺序空间关系一样,度量空间关系也存在于点-点、点-线、线-面等多种组合的空间关系中。

【参考文献】

[1] 闫李月,左小清,葛小三.基于本体的地理空间信息语义表达研究——以旅游出行计划为例 [J].软件,2019,(1):114 - 119.

[2] 王恩泉.中国版 GoogleEarth 的空间数据组织与管理研究[D].北京:中国测绘科学研究院,2007.

[3] 宇林军,潘影.服务式 2D、3D 结合 GIS 的核心问题及其解决方案[J].地球信息科学学报,2011,13(1):58 - 64.

[4] 周丽彬.基于特征的空间数据库研究与建模[D].南京:南京大学,2003.

[5] 朱庆.三维地理信息系统技术综述[J].地理信息世界,2004,2(3):8 - 12.

[6] 赵中元.大城市三维地理信息系统关键技术[D].武汉:武汉大学,2011.

[7] 李芳玉.基于栅格的三维 GIS 空间分析若干关键技术研究[D].北京:北京大学,2004.

[8] 朱庆,李逢春,张叶廷.三维城市模型的统一表示[J].长安大学学报(自然科学版),2007,27(1):54 - 58.

[9] 罗家望,莫才健,李玉宝.大地坐标系统转换问题分析[J].工程建设与设计,2019,408(10):39 - 40.

[10] 杜辉,耿涛,刘生荣,等.基于 ArcGIS 的地物化成果各坐标系统向 CGCS2000 坐标转换研究[J].物探与化探,2018,42(5):1076-1080.

[11] 颜金彪,胡最,禹信.CORS 与静态相对定位技术下的坐标转换研究[J].测绘通报,2015,(12):54-56.

[12] 雷伟伟,姜斌.国家坐标系与城市坐标系转换方法的探讨[J].测绘科学,2010,35(1):22-23,18.

[13] 何予.基于北斗导航及 LTE 的位置管理系统的研究与实现[D].北京:北京邮电大学,2014.

[14] 刘立.坐标转换在 CORS 中的应用[J].全球定位系统,2016,41(4):77-79.

[15] 何林,柳林涛,许超钤,等.常见平面坐标系之间相互转换的方法研究——以 1954 北京坐标系、1980 西安坐标系、2000 国家大地坐标系之间的平面坐标相互转换为例[J].测绘通报,2014,(9):6-11.

[16] 吕栋,刘尚国,范春艳,等.全局测量空间转站测量数据整体平差方法[J].测绘科学,2018,43(12):141-148.

[17] 江晓鹏,熊建华.GPS——RTK 测量中坐标转换模型的适用性分析[J].价值工程,2014,(16):314-315.

[18] 牛继强,徐丰.空间数据多尺度表达中空间关系的统一表达模型[J].测绘科学技术学报,2013,30(2):182-186.

[19] 宗真.基于几何代数的空间关系表达与计算模型研究[D].南京:南京师范大学,2013.

[20] Ottoson P, Hauska H. Ellipsoidal quadtrees for indexing of global geographical data[J]. International Journal of Geographical Information Science, 2002, 16(3):213-226.

第 3 章

时空数据结构与管理

3.1 时空数据基础模型

3.1.1 地理空间数据模型

模型是对现实世界中某些事物的模拟和抽象,地理空间数据模型则是对地理实体的地理要素、关系和规则的模拟、抽象和描述。现实世界中的地理实体复杂多样,其所蕴含的信息也复杂多样,这些信息可以从客观和主观两个角度来划分(图 3 - 1):① 客观的普通信息和特征信息,普通信息记录了所有地理实体具有的普遍信息,如名称、功能等,特征信息记录了某个地理实体区别于其他同类地理实体的信息,如长度、体积、位置等;② 主观信息,即人们关注的信息。基于技术方法或存储空间等原因,地理空间数据模型无法全面反映地理实体信息,因此模型主要依据使用者所关注的信息来建立,不同的使用者对同一个地理实体所建的模型可能会不同[1]。虽然不同的数据模型反映信息的侧重点可能不同,但必须保持的一

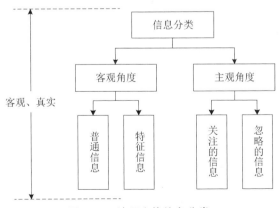

图 3 - 1 地理实体信息分类

个原则是客观、真实,只有这样,建立起来的模型才有意义。

地理实体是对复杂地理事物和现象简化抽象的结果,地理空间数据模型是在地理实体的基础上根据使用者所关注的信息对其进一步抽象的结果。虽然不同使用者关注的信息不同,但地理空间模型是对地理实体的描述和表达,因此地理空间数据模型都必然具有四方面特征信息:空间位置信息、属性信息、时间信息和空间关系信息。

1)空间位置信息

空间位置信息记录了地理实体在一定空间坐标系中的空间位置或几何定位,一般采用地理坐标的经纬度、平面直角坐标或极坐标等来表示。空间位置信息不仅局限于位置的概念,也包含了地理实体的几何特征信息,如大小、形状和分布状况等。

2)属性信息

属性信息也称为非空间信息,是反映地理实体自身特征的数据,这一属性与地理实体的空间位置无关,分为定性和定量两类信息,前者如地理实体的名称、用途、类型等,后者包括地理实体的数量、等级等。

3)时间信息

时间信息是地理实体随着时间变化而变化的特性,无论是空间位置信息还是属性信息,在不同的时间点都可能不同。对于地理空间数据模型,一个模型一般只能反映某一个时点的地理实体特征。

4)空间关系信息

在现实世界中,任何事物都不是独立存在的,都会与其他同类或不同类事物存在联系,这种特征就是空间关系。在地理空间数据模型中,空间关系包括拓扑关系、顺序关系和度量关系。

从上述内容可知,要完整描述地理实体,必须从以下几个方面进行。

(1)编码:用于区别不同的地理实体,有时相同的地理实体在不同的时间具有不同的编码。编码通常包括分类码和标识码,前者用于明确地理实体所属的地物类别,同一类地物具有相同的分类码;后者用于标识地理实体,标识码具有唯一性,是区别于其他同类地理实体的标志。

(2)位置:通常用坐标值的形式表示。

(3)行为:指明地理实体具有哪些行为和功能。

(4)属性:指明地理实体所具有的非空间特征信息。

(5)说明:用来描述地理实体元数据的来源、质量等的说明性信息。

(6)关系:描述数据和数据集合之间的关系,如空间索引等。

地理空间数据模型除了抽象和描述地理实体外,还将现实地理世界映射到数字地理世界[2]。根据一般的地理学知识和认知理论,在人们认知现实地理世界之前,首先,要认知表达地理信息的概念和关系,并用地理学语言对其进行定义和描述,形成概念世界——概念数据模型;然后,为了将概念数据模型变换到数字地理世界,需要从地理实体建模的角度和地理数据的角度,对其概念、特征或对象、关系、属性等,用计算机形式化语言或其他建模语言从逻辑上进行定义和描述,形成数字地理世界——逻辑数据模型;最后,应用一定的数据结构在计算机硬件中进行存储,形成最终的数字世界——物理模型[3,4]。

3.1.2　概念数据模型

地理空间概念数据模型主要包括场模型、网络模型和对象模型[5]。

1) 场模型

场模型也称为域模型,是把地理现象作为连续变量或体来看待,如大气污染度、地表温度、土壤湿度、地形地貌等。场可表现为二维场或三维场:二维场指的是在二维空间中任意一个空间位置上都有一个表现某现象的属性值,即 $A = f(x, y)$;三维场指的是在三维空间任意一个空间位置上都对应一个表现某现象的属性值,即 $A = f(x, y, z)$。 一些现象,如大气污染的空间分布本质上是三维的,但为了便于表达和分析,往往采用二维空间表示。

由于连续变化的空间现象难以描述和表达,所以一般采用在有限时空范围内获取足够的高精度样点观测值来表征场的变化。二维场一般采用以下六种具体场模型(图 3-2)来描述。

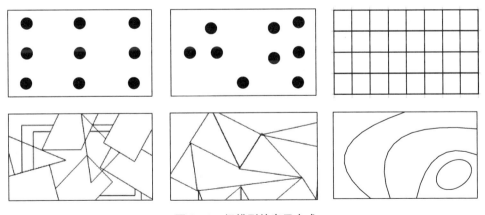

图 3-2　场模型的表示方式

(1) 不规则分布点:在平面区域根据需要自由选定样本点,每个样本点对应一个属性值,其他任意位置的属性值通过插值方法得到。

（2）规则分布点：在平面区域布设一定数目、固定间隔、规则排列的样本点，每个样本点对应一个属性值，其他位置的属性值通过插值方法得到。

（3）规则矩形：将平面区域划分为规则矩形区域（格网单元），每个格网单元对应一个属性值，当格网单元足够小或精度要求不高时，可忽略格网单元内部属性值的变化情况。

（4）不规则多边形：将平面区域划分为简单连通的多边形，每个区域边界由一组点定义并对应一个属性值，当多边形足够小或精度要求不高时，可忽略区域内属性值的变化情况。

（5）不规则三角形：将平面区域划分为简单连通三角形，三角形顶点由样本点定义，且每个顶点对应一个属性值，区域内任意位置的属性值都可通过插值方法获得。

（6）等值线：用一组等值线将平面区域划分成若干区域。每条等值线对应一个属性值。两条等值线间任意位置的属性值只能通过两条等值线的连续插值得到。

2）网络模型

网络模型强调空间要素的交叉性，用来描述空间内离散的现象，但它更强调要素与要素之间的交叉和联通情况，以描述空间内多对多的关系。网络模型需要考虑通过路径连接的多个地理实体之间的联通情况，以及多个地理实体之间的拓扑空间关系。因此，网络模型是由若干点和互相连接的线构成的，主要表达和描述现实世界中以线路或网络形态呈现的实物，如道路网、水网、电网等。

3）对象模型

面向对象通常是指一种软件开发思想，它可将任何复杂的现实事物视作一种抽象的对象，并可以对此对象进行属性赋值和各种操作[5,6]。GIS 将面向对象思想引入到地理空间数据建模，形成对象模型。对象模型也称为要素模型，它将要表达的空间地理要素视作独立的对象，并将其抽象为点、线、面等三种基本对象。一个对象也可能与其他对象一起构成复杂对象，并保持一定的空间关系，如拓扑关系。

对象模型强调空间实体的抽象，任何地理空间现象，只要能从逻辑概念上与其他地理空间现象分离，都可以认为是一种对象。对象模型适用于对具有明确边界的地理现象进行抽象建模。例如，道路、河流可认为是线对象，城市、湖泊可认为是面对象。一个空间对象必须同时符合三个条件：一是可被标识；二是在观察中的重要程度；三是有明确特征且可被描述。图 3-3 为对象模型对空间要素的描述。

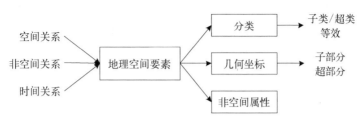

图 3‐3　对象模型对空间要素的描述

3.1.3　逻辑数据模型

逻辑数据模型是从概念模型转向物理模型的桥梁,是对概念模型的进一步抽象和总结。逻辑模型根据概念模型确定的空间信息和非空间信息,以计算机能够识别、理解和处理的语言表达地理实体及其关系。逻辑数据模型一般分为矢量数据模型和栅格数据模型。

矢量数据模型是一种由计算机图形学产生的数据模型,能够直观地表达地理空间信息,能精确地表示地理实体的空间位置及其具有的属性[5-7]。在矢量数据模型中,地理实体由点、线、面等图形及其集合来表示。由于观察的尺度和应用目的的不同,选择使用何种图形(点、线、面)表示地理实体也不同。例如,在大比例尺条件下或主要强调地理实体几何形状时,用面来表示城市、河流、道路;但在小比例尺条件下或主要强调地理实体位置、距离等信息时,用点来表示城市,用线来表示道路,如图 3‐4 所示。

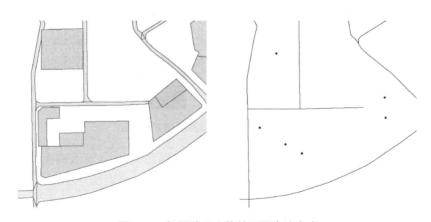

图 3‐4　相同地理实体的不同表达方式

栅格数据模型以规则网格描述地理实体,记录和表示地理数据,适于用场模式表示的地理实体。栅格数据模型将地球表面看作一个平面,将一定的区域空间分割成一定大小、形状规则的格网(grid),以网格(cell)为单位记录地理实体的分布特征和属性特征。与矢量数据模型不同,在栅格数据模型中,点用一个网格或一个像元表示,线用一串彼此相连的网格或像元表示,面用一系列彼此相邻的网格或像元表示,如图 3-5 所示。每个网格对应一个表示该地理实体的属性值,行列位置表示网格的空间位置。

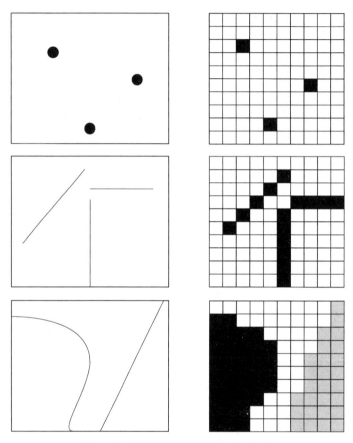

图 3-5　矢量与栅格数据表达方式对比

栅格的分辨率指一个像元在地面所表示的实际面积大小,表示的面积越大,则分辨率越低,精度越低,反之则分辨率越高,精度越高。要表示一个 100 km² 的区域,若以 1 m 的分辨率来表示,则需要由 10 000×10 000 个栅格来表示,这需要相对较大的存储空间来存放该数据;若以 1 km 的分辨率来表示,则需要由 10×10 个栅格来表示,这大大减少了硬件存储空间。但是,栅格过于粗糙,这会导致其不能与矢量数据吻合,因此会丢失高分辨率下的某些信息。在栅格数据模型中,当选择空间分辨率时必须要同时考虑数据使用目的、处理效率和存储空间等三个方面,平衡三者的关系以便选取最适用的分辨率[8-10]。当数据量较大时，需要借助一定的数据结构来组织数据，并采用合适的压缩方法，以节省存储空间。

　　矢量数据模型和栅格数据模型各自的特征明显，且经常呈现相反的特性信息，因而可以弥补对方的不足，给使用者带来更多的选择性。矢量数据模型结构具有位置明显、属性隐含的特点，而栅格数据模型结构与之相反，栅格数据模型结构属性明显、位置隐含。矢量数据模型操作起来比较复杂，许多分析操作（如叠加分析）难于实现，但是，栅格数据模型易于实现，操作简单，有利于空间分析操作。矢量数据模型精度较高，数据存储量小，输入图形美观且工作效率高，但栅格数据模型表达精度不高，冗余多，数据存储量大，工作效率低[11-13]。表 3-1 展示矢量和栅格数据模型的优缺点。

表 3-1　矢量和栅格数据模型优缺点

数据模型	优　　点	缺　　点
矢量	(1) 适用于结构紧凑、冗余度低的地理实体的表达，便于描述线或边界； (2) 利于网络、检索分析，提供有效的拓扑编码，对需要拓扑信息的操作更有效； (3) 图形显示质量好，精度高； (4) 位置明显，属性隐含	(1) 数据结构相对复杂，不利于数据标准化和规范化，不利于数据交换； (2) 与栅格数据模型相比，多边形叠加分析困难，表达空间变化能力差； (3) 不能做数字图像增强等处理； (4) 软硬件要求较高，显示和绘图成本较高
栅格	(1) 结构简单，便于数据交换； (2) 叠加分析较容易； (3) 利于与遥感影像等数据进行匹配和分析，便于图像处理； (4) 输出快、成本低； (5) 属性明显，位置隐含	(1) 难以表达拓扑关系； (2) 数据结构不紧凑，数据量较大； (3) 不便于进行投影变换； (4) 在分辨率较低的情况下，图形质量较差，线条有锯齿，图形输出不美观

3.2　矢量数据

3.2.1　简单要素和空间关系

　　矢量数据模型主要通过点、线、面（多边形）等三种简单几何对象来表示地理实体。这种数据模型通过记录坐标的方式尽可能精确地定位和描述地理实体，在显示时非常直观，易于判读，因此具有定位准确、属性信息隐含的特点。

　　矢量数据模型以点为单位描述地理实体的分布特征，无论是线还是面，在数据结构上都是由点组成的。点要素的空间位置通过一对(x, y)坐标表示,线和面则由一系列(x, y)坐标表示。这里的坐标既可以是经纬度,也可以是直角坐标。

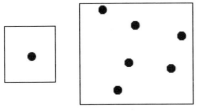

图 3-6   点(左)和点集(右)

点要素的维度为零,只表示位置信息,没有形状、大小、长短等其他几何属性,这一维度只用于表达空间位置的地理要素,如城市尺度下的井盖、全国尺度下的机场等。图 3-6 为点和点集;线要素的维度为 1,由两个端点及一系列相邻的标记线形态的点所构成,线的形态可以是直线、折线,也可以是平滑曲线等(图 3-7)。线除了记录地理实体的位置信息外,也描述了其长短、形状、走势等信息。线要素可用来表示的地理实体有城市尺度下的路网、水网等。面要素的维度是 2,由连接的、闭合的、不相交的线段组成,这些线段可能是独立的,也可能与其他面共享(图 3-8)。与点要素、线要素相比,面要素除了描述地理实体的位置、大小外,还增加了面积、周长等属性信息,同时增加了形状等几何特征信息。面要素可以用来表示的地理实体有城市尺度下的公园绿地、广场等。

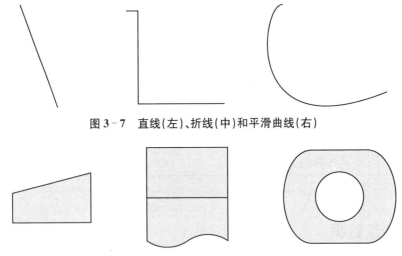

图 3-7   直线(左)、折线(中)和平滑曲线(右)

图 3-8   独立面(左)、共享边的面(中)和环岛面(右)

地理空间信息不仅包含空间几何信息,也包含空间关系信息。空间关系信息主要有空间度量关系、空间方位关系和空间拓扑关系。其中,空间拓扑关系是最主要的空间关系信息,在地理空间数据模型中占有十分重要的位置。

1) 空间度量关系

空间度量关系描述空间实体之间定性或定量的距离,可以通过对点元素、线元素、面元素进行数学计算得到。

2）空间方位关系

空间方位关系分为绝对方位和相对方位。绝对方位以地球为参考标准,是相对于"静止不变"的地球的方位信息。相对位置以所给目标或观测者为参考标准,是相对于某一特定事物的方位信息,如上、下、前、后、左、右。

3）空间拓扑关系

拓扑信息是空间关系信息,其理论基础是拓扑学,它研究的不是具体的面积、周长、边长、角度等几何特征,而是点、线、面等几何要素在弯曲或拉伸等变化之下仍保持不变的性质,拓扑信息是一种逻辑关系。这种逻辑关系是一种性能比较稳定的信息,它不受投影方法、比例尺变化等因素的影响。例如,图 3-9 是某市的地

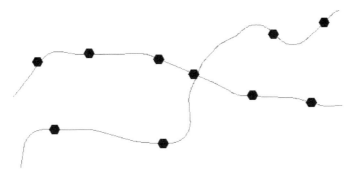

图 3-9 某市的地铁线路图

铁线路图,地铁的线路用线要素表示,地铁站点用点要素表示。无论如何变化,地铁站点永远在地铁线路上,这种关系是不变的、稳定的,否则该地铁线路图就有问题。图 3-10 是某市小区和路网分布图,小区用面要素表示,路网用线要素表示,从图中可以看出,路网都围绕小区分布,不可能穿越小区。无论道路如何规划,小区如何更新,都不会发生二者交叉或重叠的情况。

需要注意的是,矢量数据可以是拓扑的,也可以是非拓扑的,这取决于在数据中是否建立了拓扑关系[14-16]。如果矢量数据是拓扑的,那么从上述两个例子可以发现,拓扑关系可以用来检验矢量数据的质量。

拓扑关系用数学方法明确定义了地

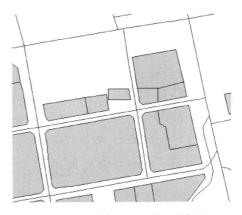

图 3-10 某市小区和路网分布图

理实体之间的空间结构关系,具有拓扑关系的矢量数据结构就是拓扑数据结构。拓扑数据结构是 GIS 分析和应用功能所必需的。拓扑数据结构主要包括索引式结构、双重独立编码结构、链状双重独立编码结构等。索引式结构采用树状索引以减少数据冗余,同时能间接增加邻域信息,具体方法是对所有边界点进行数字化,将坐标对以顺序方式存储,用点索引与边界线相联系,用线索引与各多边形相联系,形成树状索引。例如,图 3-11 和图 3-12 分别显示一个简单的包含三个多边形的示意图,以及一个多边形文件树状索引结构图,里面包括 1、2、3 三个多边形,每个多边形由若干条线构成。组织这个多边形图需要三个文件:一是记录每个点的坐标,即点坐标文件;二是记录哪些边由哪些点组成,即边文件;三是多边形由哪些边组成,即多边形文件(表 3-2~表 3-4)。双重独立编码结构是美国人口统计系统采用的一种编码结构,它以城市街道为编码主体,特点是采用拓扑编码结构,这种结构最适用于城市信息系统。双重独立编码结构用顺序的两点以及相邻多边形来定义网状或面要素的任何一条线段,该结构需要用线段拓扑关系文件、点文件和面文件等三个文件进行存储。链状双重独立编码结构是对双重独立编码结构的改进,后者一条边只能用直线两端点的序号及相邻多边形来表示,而在前者中,将若干直线段合为一个线段,每个线段可以有多个中间点。链状双重独立编码结构主要包含四个文件:多边形文件、线段文件、点文件和点坐标文件。

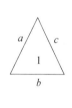
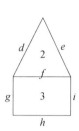
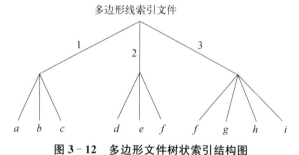

图 3-11 多边形示意图　　　　图 3-12 多边形文件树状索引结构图

表 3-2 点 坐 标 文 件

点 ID	坐　　标
p_1	(x_1, y_1)
...	...

表 3-3 边 文 件

边 ID	点 ID
A	1, 2, 3, 4
...	...

表 3-4 多 边 形 文 件

多边形 ID	边 ID
1	a, b, c
...	...

3.2.2 地理关系数据模型

地理关系数据模型用图形文件和关系数据库两个独立的系统文件分别存储空间数据和属性数据。地理关系数据模型必须有唯一标识码来关联空间信息和属性信息,这两部分也必须同步才能进行查询、分析和数据显示等操作。Coverage 和 Shape file 是典型的地理关系数据模型,其中前者是拓扑的,而后者是非拓扑的。

Coverage 数据模型是空间数据、属性数据和拓扑关系数据的结合体。空间数据使用二进制文件存储;属性数据和拓扑关系数据使用关系数据库存储(图 3-13)。Coverage 数据模型的特征类型是同类特征的集合。Coverage 数据模型的主要特征类型有点、线、多边形和结点,这些特征具有拓扑关系。线构成多边形的边界,结点形成线的端点,标志点形成多边形的内点。在这里,点具有双重含义:一是实体点;二是标志点。Coverage 数据模型的第二类特征是控制点、链接和注记。控制点用于地图配准;链接用于特征调整;注记用于在地图上标记信息。Coverage 数据模型支持以下三种基本拓扑关系:

(1) 连接性,线段间通过结点彼此相连;

(2) 面定义,面由一系列线段相连来定义;

(3) 邻接性,线段有方向性,且分左、右多边形。

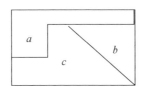

图 3-13 Coverage 文件结构示意图

点的 Coverage 数据结构很简单,只需要包含要素标识码和 (x, y) 坐标对(图 3-14)。

图 3-15 显示线的 Coverage 数据结构。每条线包含开始结点和结束结点两个结点,两个结点之间的一系列点列出了线与结点的关系。例如,线段 1 的开始结点和结束结点分别为点 10 和点 11,线段 2 的开始结点和结束结点分别为点 12 和点 15,开始结点和结束结点信息存储在线-结点文件中;在线-坐标文件中,存储了每个结点和其他结点的坐标信息。例如,在线段 1 中,开始结

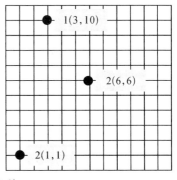

图 3-14 点的 Coverage 数据结构

点和结束结点的坐标分别为(x_{10}, y_{10})和(x_{11}, y_{11})，线段 2 是由 3 条线段构成的，其开始结点和结束结点分别由点 12～点 15 构成，坐标分别是(x_{12}, y_{12})、(x_{13}, y_{13})、(x_{14}, y_{14})、(x_{15}, y_{15})。

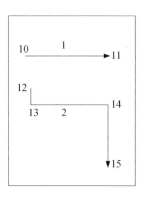

线-结点信息

ID	开始结点	结束结点
1	10	11
2	12	15

线-坐标信息

ID	坐　　标
1	$(x_{10}, y_{10})(x_{11}, y_{11})$
2	$(x_{12}, y_{12})(x_{13}, y_{13})$ $(x_{14}, y_{14})(x_{15}, y_{15})$

图 3 - 15　线的 Coverage 数据结构

　　图 3 - 16 显示面的 Coverage 数据结构。每条线包含开始和结束两个结点，两个结点之间的一系列点列出了线与结点的关系。例如，线段 1 的开始和结束结点分别为点 10 和点 11，线段 2 的开始和结束结点分别为点 11 和点 12，开始和结束结点信息存储在"线—点坐标信息"中；在"线—点坐标信息"文件中，存储了每个结点和其他点的坐标信息。多边形-线信息作为图形文件存储在 Coverage 文件夹中，另一个文件夹称为 INFO 文件夹，与全部的 Coverage 数据在相同的工作空间共享，用于存储属性数据文件。基于拓扑关系的数据结构减少了冗余信息，有利于数据文件的组织。

　　具有拓扑关系的数据能够提供丰富的地理分析和地图显示功能，但因为应用需求的不同，所以一些数据使用者更倾向于使用较为简化的数据格式。这种简单特征数据格式没有保存拓扑关系信息，仅是用点、线、面等简单几何要素来描述地理实体。非拓扑数据格式最大的优点是简单和快速显示，缺点是不能强化空间约束，例如，在绘制小区图时，可能会在图中将小区与高速公路重叠。

　　标准非拓扑数据格式称为 Shape file。尽管在 Shape file 中，点使用一对坐标(x, y)来表示，线使用一系列的点来表示，多边形用一系列的线来表示，但是没有描述几何对象空间关系的文件。Shape file 数据有两个主要优点：第一，在计算机屏幕上显示时，非拓扑数据比拓扑数据更快速，这对于使用而不是生产地理空间数据的用户特别重要；第二，非拓扑数据具有非专有性和互操作性，这使得非拓扑数据可以在不同软件之间通用，有利于数据传播和交互使用。Shape file 主要由包含空间数据和属性数据的 3 个主要文件构成，也可能会包含索引文件等其他辅助

线-左右多边形信息

线 ID	左多边形	右多边形
1	103	101
2	103	101
3	103	101
4	102	101
5	102	103
6	102	103

多边形-线信息

多边形 ID	线
101	1、2、3、4
102	4、5、6

线-点坐标信息

线 ID	点　坐　标
1	$(x_{10}，y_{10})(x_{15}，y_{15})(x_{16}，y_{16})(x_{11}，y_{11})$
2	$(x_{11}，y_{11})(x_{12}，y_{12})$
3	$(x_{12}，y_{12})(x_{13}，y_{13})$
4	$(x_{13}，y_{13})(x_{10}，y_{10})$
5	$(x_{14}，y_{14})(x_{13}，y_{13})$
6	$(x_{14}，y_{14})(x_{10}，y_{10})$

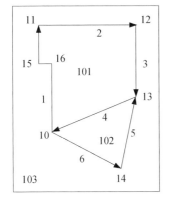

图 3 - 16　面的 Coverage 数据结构

文件。几何特征文件包含点文件、线文件和面文件。属性数据存储在嵌入式 dBASE 文件中,其他对象的属性数据存储在另外的 dBASE 文件中,可以通过属性关联字段与 Shape file 文件关联。

3.2.3　基于对象的数据模型

基于对象的数据模型是矢量数据模型中产生较晚的一种空间数据模型,是 ArcGIS 软件使用的数据模型。基于对象的数据模型将地理空间数据作为对象,一个对象可以表示空间要素,如河流、居民区、山体等,这个对象也可以表示一个河流图层或基于河流图层的坐标系统。实际上,几乎所有的 GIS 相关数据都可以用对象来表示。图 3 - 17 为基于对象的几何要素构造关系,它将数据模型细化到了特征形状的结构关系。

在这个基于对象的河流数据模型(表3 - 5)中,每个对象作为一条记录,都存储

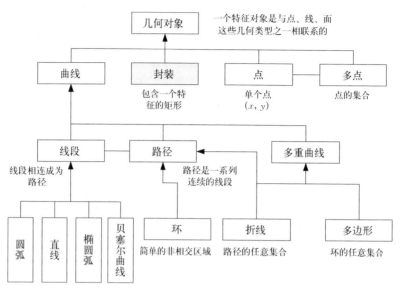

图 3-17　基于对象的几何要素构造关系

一条河流的几何特征信息和属性信息,且每条记录有唯一的 ID 用于标识该对象。每一条河流曲线的空间属性存储在 Shape 字段中,属性信息则存储在其他字段中。基于对象的数据模型允许一个空间要素(对象)与一系列属性和方法相联系。属性描述对象的性质和特征、方法执行特点的操作。因此,一个河流图层数据作为一个要素层对象,有形状和范围的属性,也有复制和删除的方法。属性和方法直接影响 GIS 操作如何执行。在一个基于对象的 GIS 中,工作实际上受制于以该 GIS 为对象定义的属性和方法。

表 3-5　基于对象的河流数据模型

对象 ID	几何形状	河流代码	是否入海	水质	形状-长度	形状-面积
1	曲线	HL01	是	1 级	14 023.2 m	2 555 000 m²
2	曲线	HL02	否	2 级	3 522.35 m	36 288 122 m²

　　基于对象的数据模型的一个基本概念是类和接口。类是一系列具有相似属性的对象,在技术允许范围内,可以建立类之间的关系,如联合、聚合、合成、继承和实例化等。
　　联合是指两个类之间多种的对应关系,形成对应关系的两个类可以构成一个对应关系表达式。聚合是类之间一种整体与部分的关系。合成是指部分不能独立于总体而存在,例如,高速公路的服务区不能独立于高速公路而存在。继承是指父类和子类之间的关系,子类是父类的特例,并继承父类的属性和方法。但是,子类可定义属于自己的属性和方法,这些属性和方法在父类中不可见,例如,建设用地是一个父类,拥有面积、位置等属性,住宅建设用地和商务建设用地就是其子类,可以拥有用途、容积率等特征信息。实例化是指一个类的对象可以由另一个类中的对象创建,例如,高档住宅区对象可以由住宅区对象创建。接口表示类或者对象的一系列外部可视化操作。基于对象技术是使用封装性将对象的属性和方法隐藏起来,使得外部只能通过预定义接口访问对象。图 3 - 18 定义 Feature 对象的一个 IFeature 接口示意图,IFeature 接口可以调用属性 Extent 和 Shape 及方法 Delete。基于对象技术用不同符号来表示接口。

图 3 - 18　IFeature 接口示意图

基于对象的数据模型是数据集、对象类、特征类和关系类的集合,按照无缝图层组织和管理地理数据。对象类是数据模型中与行为有关的数据表,对象类保留了描述与地理特征有关的对象的信息,但这些地理特征不是地图上的特征。特征类是具有相同几何类型的特征的集合,包括简单特征类和拓扑特征类。简单特征类是指彼此之间没有任何拓扑关系的点、线或多边形,它们在一个特征类中的点是一致的,但与其他特征类线的端点不同,而且这些特征可以独立编辑。拓扑特征类与一个图形关联,这个图形是一个对象,将具有拓扑关系的一组特征关联起来。关系类是一个表,这个表存储了特征之间或两个特征对象之间或表之间的关系,关系模型依赖对象之间的关系,当一个对象被删除或修改时,通过关系可以控制与之关联的对象的行为。

geodatabase 是一种基于对象的数据模型,也是 ArcGIS 软件使用的空间数据模型。geodatabase 模型用点要素、线要素和多边形要素来表示基于矢量的空间要素[16-18]。点要素可以是单独的一个点,也可以是由多个点构成的点集合。线要素可以由一个独立线段或多个线段集合而成,这些线段集合可以互相连接或不连接。多边形要素是由一个或多个环组成。一个环是由一系列相互连接的、闭合的且无交叉的线段组成。geodatabase 将矢量数据集组织成要素类和要素数据集。要素类存储具有相同几何类型的空间要素;要素数据集存储具有相同坐标系统和区域范围的要素类。

geodatabase 将拓扑定义为关系规则,让用户选择规则,并在要素数据集中使用。也就是说,geodatabase 提供了即时拓扑。表 3 - 6 归纳 geodatabase 中的拓扑规则。

表 3 - 6　geodatabase 拓扑规则总结

要素类	规　　　　则
点	必须与其他图层一致,不分离,必须被另一个图层的边界覆盖,必须位于多边形内部,必须被另一个图层的终结点覆盖,必须被线覆盖
线	不重叠,不相交,不交叉,没有悬挂弧段,没有伪结点,不相交或内部接触,不与其他图层相交或内部接触,不与其他图层重叠,必须被另一个要素类覆盖,必须被另一个图层的边界覆盖,必须在内部,终结点必须被覆盖,不能自重叠,不能自相交,必须是单一部分
多边形	不重叠,没有间隙,不与其他图层重叠,必须被另一个要素类覆盖,必须相互覆盖,必须被覆盖,边界必须被覆盖,区域边界必须被另一个边界覆盖

相较于 Coverage 和 Shape file 数据模型,geodatabase 数据模型具有以下几个优点。

(1) geodatabase 数据模型的等级结构对于数据组织和管理十分有利。例如,如果一个项目有多个研究区域,就可以用多个数据集分别存储对应的研究区域数据,这简化了数据管理的操作,如复制和删除等。

(2) geodatabase 是 ArcObject 的一部分,它具有面向对象的技术优势。ArcObject 是对象的几何。在 ArcGIS 中,一般通过图形用户界面进入 ArcObject,也可以通过编程方法实现。ArcObject 支持的编程语言包括 C++/C♯、Java、Python 等多种主流语言,且这些编程语言中有许多是基于面向对象技术的,可以与 ArcObject 进行良好的对接。这使得人们可以根据需要通过编程开发的方式对数据进行定制化操作。

(3) geodatabase 是即时拓扑,可以让两个或更多要素同时参与。拓扑可以确保数据的完整性,并能提高某些类型数据分析的效率。

3.3　栅格数据

3.3.1　栅格数据模型要素

矢量数据用点、线、面等基本几何要素来描述地理实体,这种数据尽管在描述位置和形状方面较为方便,但在描述连续空间变化的现象时就不很理想。栅格数据是一种与矢量数据完全不同的地理空间数据模型,在描述连续空间变化方面具有得天独厚的优势。栅格数据模型用规则格网来覆盖整个空间,通过像元值的变化来反映连续空间变化的现象。在应用栅格模型进行数据存储和分析时,会涉及栅格的原点、行列号、大小、倾角等参数。

栅格的原点是计算栅格行、列的起始位置,用(0,0)表示,一般将一幅栅格图像数据的左上角或左下角设置为原点,而栅格行列号也就是从原点出发按顺序排列的序号。栅格的大小或尺寸称为分辨率。栅格的边长 L 的计算公式为 $L = \frac{1}{2}\sqrt{S}$, S 为最小图斑面积。但是,无论采用多细小的栅格,都仅仅是最大程度地接近实际地理实体,与原空间实体总会存在误差。栅格单元的大小没有明确规定,在实际应用中,栅格的合理尺寸是能有效地接近空间对象的分布特征,保证空间数据的应用精度即可[18-20]。栅格的坐标系在通常情况下应该与国家坐标系平行。但有时根据应用的需要,可以将栅格数据倾斜某一个角度,以便应用分析。

栅格数据模型之所以有利于表达连续空间实体,是因为可以通过控制栅格的大小控制对空间实体细节的接近程度,也就是栅格数据最小像元具有的物理含义。在栅格数据中,像元是栅格数据的最小单位,通常被分为一个单一的类型,具有单一的值,即像元值。栅格数据中的每个像元都有一个值,它代表该行、该列所决定的该位置上空间现象的特征。每个像元所覆盖区域的空间特征可能不同,需要采取一定的方法使每个像元值都是唯一的。

（1）中心点法：用处于栅格中心处的地物类型或现象特征决定像元的值。在图 3-19 所示的矩形区域中,分为 1 和 2 两个部分,中心点 O 坐落在区域 2 中,因此该像元的取值与区域 2 的特征值相同。中心点法常用于研究具有连续分布特征的地理现象,如降雨量分布、人口密度等。

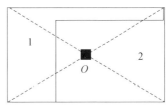

图 3-19　中心点法

（2）面积占优法：以占矩形区域面积最大的地物类型或现象特征为栅格像元值。在图 3-19 中,与区域 1 相比,区域 2 显然占有更大的面积,则该像元值与区域 2 的特征值相同。面积占优法常用于分类较细、地类斑块较小的情况。

（3）重要性法：根据栅格内不同地物的重要性,选取最重要的地物类型或现象特征作为栅格的像元值。假设在图 3-19 中,区域 1 的特征信息更重要,则即使区域 1 的面积较少,并且中心点也不在区域 1 内,但整个栅格像元的取值仍然要保持与区域 1 的特征值相同。这种方法常用于具有特殊意义但面积较小的地理要素,特别是点状和线状地理要素,如城镇、交通枢纽、路网、水系等。

（4）百分比法：根据矩形区域内各地理要素或现象特征所占面积的百分比来决定像元值。百分比法可以直接取占比大的地类特征值为像元值,所以说,百分比法与面积占优法是一样的。也可以采用按百分比加权的方式综合得到像元值。

综上所述,采用不同的像元取值方法,得到的结果也将不同,没有哪种方法更优的硬性标准。在实际应用中,需要根据数据特点和应用目的,选取最适合的像元取值方法。

像元值的类型可以是整型,也可以是浮点型。整型数值没有小数位,而浮点型可以根据精度需要带若干位小数。整型像元值通常代表类别数据,例如,在土地利用数据中,1 代表耕地、2 代表林地、3 代表草地等。浮点型像元值通常表示连续的数值性数据,如温度栅格数据可能有 15.2℃、21.6℃等温度值。浮点型数据比整型数据需要更多的存储空间,因此在涉及大范围、多图层数据时,存储空间也是需要考虑的问题之一。

像元深度是栅格数据模型的要素之一,是指所有像元的比特数和数据类型的符号[20-22]。比特是二进制的缩写,是计算机中最小的数据单元,即 0 或 1。像元深度越高,可以表达的信息就越多。例如,一个 8 bit 的图像可以显示 256 种颜色,而一个 4 bit 的数据只能显示 16 种颜色。

栅格数据另一个要素是栅格波段。栅格数据可能具有单一波段或多波段。单波段栅格数据意味着每个像元只有一个值,如高程数据,它在每个像元的位置只有一个高度值。多波段栅格数据中的每个像元与多个像元值关联,如卫星影像数据,它在每个像元有 5 个、7 个或更多波段。

3.3.2　栅格数据结构

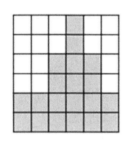

1:　0　0　0　1　0　0
2:　0　0　0　1　0　0
3:　0　0　1　1　1　0
4:　0　0　1　1　1　0
5:　1　1　1　1　1　1
6:　1　1　1　1　1　1

图 3 - 20　数字高程模型的数据结构

栅格数据结构或编码方法决定了计算机如何存储栅格数据,主要的栅格数据结构有三种:直接栅格编码、游程编码和四叉树编码[5]。

1) 直接栅格编码

直接栅格编码是最简单、最直观且非常重要的一种编码方式。直接栅格编码就是将栅格数据视作一个数据矩阵,数据既可以直接以矩阵形式存储,也可以逐行或逐列按顺序记录,记录顺序可以每行都从左到右逐个记录,也可以奇偶数行分别从左到右或者从右向左记录,为了特定目的还可以采用对角线等其他特殊顺序进行记录。图 3 - 20 显示了数字高程模型的数据结构,数据被存储为矩阵形式。因为很少有相邻位置的高程一样,所以 DEM 采用逐个像元编码方式。直接栅格编码方式的优点是编码简单、直观,信息无压缩、无丢失,缺点是数据量大。

2) 游程编码

直接栅格编码方式是一种无损编码,适用于存储像元值重复较少的连续地理特征数据,如高程、温度、降雨量等。但当栅格数据表示地类覆盖时,地类数量的有限性会导致像元值存在大量重复,致使数据十分冗余。这时,为了减少冗余,压缩存储空间,可以采用游程编码方式,游程是指连续的具有相同属性值栅格的数量。游程编码的基本思想是:合并具有相同像元值的相邻栅格,记录像元值的同时记录等值相邻栅格的重复个数。游程编码有三种方案:一是只在各行(或列)数据的像元值发生变化时才依次记录该像元值的重复个数;二是逐个记录各行(或列)中像元值发生变化的位置和相应的值;三是在像元只有两种可能值时,逐行(或列)记录某种像元值的起止栅格位置。图3-21~图3-23显示对图3-20中所示栅格数据重新进行的三种游程编码方案,假设灰色像元为1,白色像元为0。

行	值	个数	值	个数	值	个数
1:	0	3	1	1	0	2
2:	0	3	1	1	0	2
3:	0	2	1	3	0	1
4:	0	2	1	3	0	1
5:	1	6				
6:	1	6				

图 3-21 游程编码方案 1

行	值	位置	值	位置	值	位置
1:	0	0	1	3	0	4
2:	0	0	1	3	0	4
3:	0	0	1	2	0	5
4:	0	0	1	2	0	5
5:	1	0				
6:	1	0				

图 3-22 游程编码方案 2

行	起始位置	结束位置
1:	3	3
2:	3	3
3:	2	4
4:	2	4
5:	0	5
6:	0	5

图 3-23 游程编码方案 3

游程编码压缩数据量的程度主要取决于栅格数据的性质,属性的变化越少,形成时间越长,压缩比越大,也就是说,压缩比与图像的复杂程度成反比。另外,对于给定的栅格数据,压缩方法对压缩比也有影响。在上面的例子中,游程编码方案 3 显然要优于前两种游程编码方案。

游程编码的优点是压缩效率高,而且能保证信息不丢失,易于检索、叠加、合并,通过解码可以完全恢复原始栅格数据模式;缺点是只顾及单行、单列,没有考虑周边其他方向栅格的像元值是否相同,因此压缩受到一定限制。

3) 四叉树编码

四叉树编码也是一种对栅格数据的压缩编码方式,同时是最有效的编码方式之一。它不再每次按行或列进行处理,而是用递归分解法将栅格分成具有层次的象限,其基本思想是将一幅栅格数据等分成四个部分,逐块检查其网格属性值。如果某个子区域的所有像元值都相同,则这个子区域就不再继续分割;如果不同,则还会将这个子区域继续分割成四部分;这样依次递归进行分割,直到每个子区域都含有相同的像元值为止。由于每次分割都分成四部分,且用树的形式表示,所以该方法称为四叉树编码。

图 3-24 表示对一个 8×8 栅格数据的四叉树编码结果,其中灰色栅格像元值为 1,其他像元值为 0,栅格扫描和分割次序为从左至右、从上到下(使用者可根据需要采用其他顺序)。四叉树包含了非叶子结点和叶子结点,每个非叶子结点表示该区域可以继续被分割成四个子区域,叶子结点表示该区域的值是唯一的(此时,可能只包含一个栅格,也可能被分割在一个子区域里的栅格像元值相同)。在既定的栅格扫描和分割次序下,通过对四叉树解码,可以将其恢复成矩阵形式。

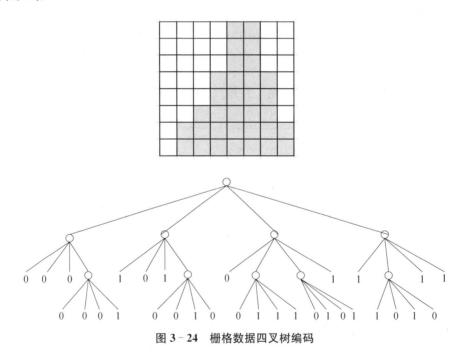

图 3-24　栅格数据四叉树编码

由图 3-24 可以看出,为了保证四叉树能够不断地被分解下去,栅格数据的单元数必须满足 $2^n \times 2^n$ 的形式,其中 n 为分割次数,$n+1$ 为四叉树的最大深度。但在实际情况中,大多数栅格数据不满足 $2^n \times 2^n$ 的栅格数量形式,因此在应用四叉树编码时,对不满足 $2^n \times 2^n$ 的部分以 0 或其他合适的值补足。在实际建树时,可以不存储这些补足的结点,这样就不会增加存储空间。

四叉树编码可以有效地存储面状数据,尤其当数组仅包含少数类别时,效果更好。当类别较少且较分散,或类别较多时,四叉树的深度会增加,这也给四叉树的组织和存储带来了不便。因此,是否选择四叉树编码方式,也要根据实际情况而定。

上述三种栅格数据编码方式各有特点,适应的数据类型也各不相同。表 3-7 列举每种编码方式的特点,采用何种编码方式,可根据实际项目中数据情况和应用目的而定。

表 3-7　栅格数据编码方法特点

编码方法	特　　　点
直接栅格编码	将栅格数据视作一个数据矩阵,逐行(或列)逐个记录像元值,这样存储的栅格数据包括了许多冗余数据,占用较多存储空间,是一种非压缩编码方式;编码简单、效率高、无须解码
游程编码	通过记录行或列上相邻的若干像元值相同的栅格来实现编码;压缩效率较高,叠加、合并等运算简单,编码和解码运算快
四叉树编码	容易而有效地计算多边形的数量特征,常见于数字影像处理;对于复杂的栅格数据,树的层级较高;阵列部分的分辨率是可变的,树的层级较高时,分辨率较高,反之,则分辨率较低,因此四叉树编码方式可以进行有损压缩和无损压缩;多边形中嵌套不同类型小多边形的表示比较方便

3.3.3　栅格数据模型文件

为导入栅格数据或将应用某种编码方式存储的数据解码成二维矩阵形式,需要有文件记录栅格数据的原始信息,如数据结构、区域范围、像元大小、表示无数据的值等,此类说明性信息通常包含在头文件中。在有些情况下,说明性信息会与栅格像元值信息放在同一个文件中。图 3-25 展示用直接编码方式编码的数据文件的格式和包含的信息(以图 3-24 中栅格数据为例),图 3-26 展示某 DEM 数据的头文件格式和包含的信息,符号/*后的内容为注释。

```
ncols 8 /*栅格数据列数
nrows 8 /*栅格数据行数
xllcomer 50 /*栅格数据左上角的x值
yllcomer 50 /*栅格数据左上角的y值
Cellsize 100 /*每个像素的大小
nodata_value -9999 /*无数据的值
0 0 0 0 1 1 0 0 /*此行及以下都是像元值
0 0 0 0 1 1 0 0
0 0 0 0 1 1 0 0
0 0 0 1 1 1 1 0
0 0 0 1 1 1 1 0
0 0 1 1 1 1 1 0
0 1 1 1 1 1 1 1
0 1 1 1 1 1 1 1
```

图 3-25　直接编码方式文件信息

```
BYTEORDER M /*图像箱数值存储的字节顺序。M表示Motoroal字节顺序
LAYOUT BIL /*文件中波段的组织形式。BIL为波段间扫描线逐行交替记录
NROWS 5000 /*图像行数
NCOLS 3000 /*图像列数
NBANDS 1 /*图像波段。1表示单波段
NBITS 16 /*每个像素的比特数
BANDROWBYTES 9600 /*每个波段中每行所占字节数
TOTALROWBYTES 9600 /*数据中每行所占字节总数
BANDGAPBYTES 0 /*在按波段顺序格式图像中，波段间的字节数
NODATA -9999 /*无数据的值
ULXMAP -102.3333 /*左上角像素中心的精度（十进制度数）
ULYMAP 36.55597777 /*左上角像素中心的纬度（十进制度数）
XDIM 0.0085663333 /*像素x方向的地理单位（十进制度数）
YDIM 0.0085663333 /*像素y方向的地理单位（十进制度数）
```

图 3 - 26　某 DEM 数据文件信息

3.4　一体化数据结构

3.4.1　一体化数据结构的概念

新一代集成化的 GIS,要求能够统一管理矢量数据、栅格数据和 DEM 数据,称为三库合一。关于矢量数据和属性数据的统一管理,近年来取得了突破性的进展,不少 GIS 软件生产商先后推出各自的空间数据库引擎(spatial database engine,SDE),初步解决了矢量数据、属性数据的一体化管理问题。DEM 数据一般是以 TIN(triangular irregular network)或 GRID 来表示。按照传统的观点,矢量数据和栅格数据被认为是两类完全不同性质的数据结构。在表达空间对象时,在基于矢量数据的 GIS 中,人们主要使用边界表达方法,也就是用一个或一组取样点坐标表达一个点、一条弧段或一个多边形。实际上,这些取样点在计算机内部只是一些离散的坐标,在空间表达方面并没有直接建立位置与地物的关系,在计算机中往往通过解析计算来进行判别。在基于栅格的 GIS 中,一般用元子空间填充表达法来表示面状地物。通过对元子空间填充表达法的分析,人们尝试采用此方法来表达线状实体,每个线状实体除记录原始取样点外,还记录线状实体路径所通过的栅格,面状实体除记录它的多边形边界外,还记录中间包含的面域栅格[23]。因此,这样的取样数据就具有矢量和栅格双重性质,一方面,它保留了矢量的全部特性并建立了拓扑关系;另一方面,它具有栅格的特性,建立了栅格和地物的关系,路径上的任意一点都直接与实体联系。因此,对于点状地物、线状地物、面状地物,都可以采

用面向实体的描述方法直接记录它们的位置描述信息并建立拓扑关系,这样就完全保持了矢量的特性,元子空间填充表达法建立了位置与地物的联系,这样就具有栅格的性质,因而这样的方法就将矢量与栅格统一起来,形成了一体化数据结构的基本概念。

要实现一体化数据结构,需要满足以下要求。

(1) 支持遥感与 GIS 的整体集成。GIS 的数据结构既可以支持 GIS 的功能,也能直接对遥感数据进行图像处理,避免 GIS 数据与图像数据之间的转换,最终使图像处理模块与 GIS 模块合二为一。

(2) 解决遥感图像分类精度与 GIS 数据精度不匹配的问题。由于遥感图像分辨率的限制,从遥感图像中所能识别地物的最小粒度往往与 GIS 中的数据不一致,而且不同遥感数据源的分辨率不一样,因此以遥感数据更新 GIS 可能造成 GIS 中数据的混乱、冲突。要解决这一问题,GIS 的数据结构应支持各种数据在不同分辨率上分层融合。

(3) GIS 的数据结构应有利于知识的提取与组织利用。地理目标具有丰富的属性特征,目标之间有很强的空间相关性,目标受地理环境的影响很大。GIS 的数据结构应当能够表达复杂对象,有一定的空间和语义表达能力,有利于数据间以"联想"的方式传递信息。

(4) 为了建立点状、线状、面状地物的具体一体化数据结构,需要先约定如下规则:① 地面上的点状地物,仅需要有空间位置,不需要有形状和面积,在计算机内部只表示该点的一个位置数据;② 地面上的线状地物,有形状但不需要有面积,它在平面上的投影是一条连续不间断的直线或曲线,在计算机内部用一组元子填满整个路径并且表示该弧段相关的拓扑信息;③ 地面上的面状地物,具有形状和面积,在计算机内部表示为一组由元子填满路径的边界和由边界包围的紧致空间。

3.4.2　一体化数据结构的表示方法

1) 不规则三角网方法

不规则三角网(triangulated irregular network,TIN)将有限个离散点中的每三个最邻近点联结成三角形,每个三角形代表一个局部平面,再根据每个平面方程计算各网格点高程,生成 DEM。不规则三角网是为了产生 DEM 数据而设计的采样系统,它既减少规则格网方法带来的数据冗余,在计算(如坡度)效率方面也优于纯粹基于等高线的方法。TIN 模型根据区域有限个点集将区域划分为相连的三角面网络,区域中任意点落在三角面的顶点、边上或三角形内。如果点不在顶点上,则该点的高程值通常通过线性插值的方法得到(在边上用边的 2 个顶点的高程,在三角形内则用 3 个顶点的高程)。所以,TIN 是一个三维空间的分段线性模型,在整个区域内连续但不可微。TIN 的数据存储不仅要存储每个点的高程,而且要存储其平面坐标、结点连接的拓扑关系、三角形及邻接三角形等关系。TIN 模型在概念上类似多边形网络的矢量拓扑结构,只是 TIN 模型不需要定义"岛"和"洞"的拓扑关系。有许多种表达 TIN 拓扑结构的存储方式,一个简单的记录方式是每一个三角形、边和结点都对应一个记录,三角形的记录包括 3 个指向它 3 个边的记录的指针;边的记录有 4 个指针字段,包括 2 个指向相邻三角形记录的指针和它的 2 个顶点的记录的指针;也可以直接对每个三角形记录其顶点和相邻三角形。每个结点包括 3 个坐标值的字段,分别存储 x、y、z 坐标。这种拓扑网络结构的特点是对于一个给定的三角形,查询它的 3 个顶点高程和相邻三角形所用的时间是确定的,在沿直线计算地形剖面线时具有较高的效率。当然也可以在此结构的基础上增加其他变化,以提高某些特殊运算的效率,例如,在顶点的记录里增加指向其关联的边的指针。

2) 细分格网方法

从原理上说,上述讨论要设计的一体化数据结构是以栅格为基础的。但由于栅格数据结构的精度较低,所以可以采用细分格网方法来提高点、线实体的表达精度和面实体边界线的表达精度,使一体化数据结构的精度达到或接近矢量表达的精度。

细分格网方法是在有点、线目标通过的基本格网内,再细分 256×256 个细格网,当精度要求较低时,可细分成 16×16 个细格网(图 3-27)。为了与整体空间数据库的数据格式一致,基本格网和细分格网都采用线性四叉树编码方法,将采样点

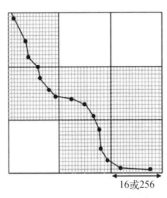

16或256

图 3-27　细分网格示意图

和线性目标与基本格网的交点用两个 Morton 码表示(都采用十进制 Morton 码,简称 M 码)。其中,M_1 表示该点(取样点或附加的交叉点)所在的基本格网地址码,M_2 表示该点对应的细分格网的 Morton 码,即 M_1 和 M_2 是由一对 x、y 坐标转换成的两个 Morton 码。例如,$x=210.00$ m、$y=172.32$ m,当基本格网的边长为 10 m 时,基本格网为 32×32。当在每个弧段通过的基本格网内再细分为 256×256 个细格网时,坐标 z、y 转换为 Morton 码后为 $M_1=785$、$M_2=24\,543$。

3) 粗网格线性四叉树索引方法

空间数据的区域信息常常用四叉树数据结构存储,其原理为:将空间区域按照四个象限进行递归分割($2^n×2^n$,且 $n \geqslant 1$),直到子象限的数值单调为止。对于同一种空间要素,其区域格网的大小随该要素空间分布特征而变化。如图 3-28

所示,图 3 - 28(a)为区域划分的过程,图 3 - 28(b)为该区域对应的四叉树,其中树根代表整个区域,树的每个结点有 4 个子结点或是空的(空的结点称为叶结点),叶结点对应于区域分割时数值单调的子象限。

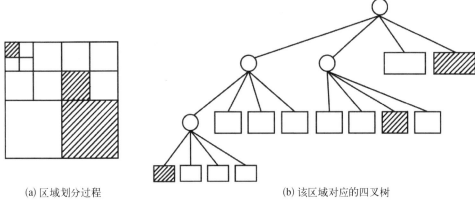

(a) 区域划分过程　　　　　　　　　　　(b) 该区域对应的四叉树

图 3 - 28　四叉树压缩编码表示法

　　建立四叉树有两种方法:自上而下(top - down)和自下而上(bottom - up)。自上而下是先检测全区域,其值不单调时再四分划,直到数值或内容单调为止。自下而上是先将区域划分成足够小的格网($2^n \times 2^n$,且 $n \geqslant 1$),再依次判断相邻 4 个网格值是否完全相同。若不完全相同,则作为 4 个叶结点记录下来;若完全相同,则将它们合成一个网格,它的地址为原 4 个单元中第一个单元的地址,为节省存储量,中间结点不保存。

　　常见的四叉树有常规四叉树和线性编码四叉树(linear quadtree,LQT)。常规四叉树每个结点存储 6 个量:4 个子结点指针、1 个父结点指针(根结点的父指针为空,叶结点的子指针为空)和 1 个结点值。线性编码四叉树每个结点存储 3 个量:地址、深度和结点值。线性四叉树编码计算每个网格单元的地址,其计算公式为 $\text{ADDRES}(I, J) = 2I_B + J_B$,其中 I_B、J_B 分别为行 I 和列 J 的二进制形式,如区域是 $2^n \times 2^n$ 的矩阵,这样生成的地址由 N 个数字组成,它是自下而上的方法。由于栅格数据不一定都正好是 $2^n \times 2^n$ 的矩阵,为了能对不同行列数的栅格数据进行四叉树编码,一般对不足 $2^n \times 2^n$ 的部分以 0 补足,补足部分生成的叶结点可不存储,这样也不会增加存储量。

　　栅格矩阵数据转换成四叉树后就变成了一个大型的线性数据文件,如果直接对其进行检索,效率就会很低。一般在数据库技术中,人们通常使用 B 树或 B+树索引大型数据文件,这是提高数据库操作效率的一项重要技术。GIS 中的空间数据,尤其是线性四叉树或二维行程编码的数据与位置相关,而且一般用 Morton 码作为关键字，Morton 码本身隐含了位置信息。如果采用粗网格的线性四叉树索引方法建立索引文件与空间位置的直接关系，则只需要用关键字（隐含了位置信息）直接进入某个索引项，这样可省去查找索引文件的时间。因此，对于线性四叉树编码数据文件，可以采用线性四叉树索引方法。

　　线性四叉树索引方法是在线性四叉树的基础上，将 16×16 个基本格网组成一个粗网格，每个粗网格也用十进制的 Morton 码进行编码。这些粗网格形成一个索引表，它的顺序也按线性四叉树地址码排列。在索引表中每个记录都用一个指针指向一个起始地址，在粗网格中，这个起始地址是被第一个记录在线性四叉树文件中的。为统一起见，每个线性四叉树的叶结点不能超过一个粗网格，这样，索引记录与线性四叉树线性表的关系也就建立起来了，如图 3-29 所示。

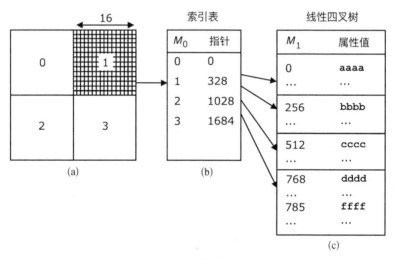

图 3-29　粗网格索引

　　根据某点的位置信息可直接进入索引记录，进而找到该点对应在线性四叉树文件中的记录。例如，查找 $M_1 = 785$ 的叶结点的属性值，先计算它的粗网格地址码 $M_0 = 785/256 = 3$，然后指向索引中的第 4 号记录（记录号为 $M_0 + 1$），根据这个纪录的指针找到该粗网格在线性四叉树表中的起始记录号，接着再往下查找，即可得到该叶结点的属性值。因为粗网格 Morton 码与记录号存在直接的联系，所以可以不需要索引文件中的 Morton 码，而用隐含的记录号代替，这样就不用搜索索引表，而是直接定位记录。

　　粗网格索引是面向位置设置的索引，使用线性四叉树索引方法，只要设置一级索引表。因为查找时可直接按主关键字（Morton 码）进入索引项，所以没必要再建立更高一级的索引。

　　为了便于插入和删除操作,可以引入某些 B+树的思想。首先将线性四叉树的向量数据按一定规格分成数据块,如以 512B 为一数据块。分块时需要遵循两项原则:一项原则是每个数据块不超过 512B;另一项原则是一个数据块中对应的栅格数据不能跨越一个粗网格,即一个数据块中不能包含两个粗网格的 Morton 码。这样,每个粗网格索引总是从某一个数据块的起点开始,若一个粗网格的数据不满一个数据块,则该数据块后面的存储区为空;若一个粗网格的数据量大于一个数据块,则开辟两个或两个以上的数据块,并且与 B+树一样将所有数据块用链指针串起来,链指针放在每个数据块的末尾。对于插入和删除操作,这种方法具有与 B+树相同的效率。当要在线性四叉树文件中插入一个记录时,如果该记录对应的数据块不满 512B,则直接插到这一块,必要时,只需移动该数据块中的有关记录,索引指针和其他数据块都不会变化,当该数据块记录已满时,开辟一个新的数据块,并修改原数据块末尾的指针,使指针指向新数据块,并把新数据块的指针指向原数据块原指针所指的地址。

3.4.3　一体化数据结构的设计

　　线性四叉树编码、细分格网方法、粗格网索引方法及有关一体化数据结构的概念为一体化数据结构的设计奠定了基础。在一体化数据结构中,所有空间位置数据采用线性四叉树地址码为基本数据格式,保证了各种几何目标的直接对应;采用粗格网索引方法可以提高检索效率;采用细分格网方法可以在不存储原始采样矢量数据的情况下,用转换后的数据格式来保持较好的精度。图 3-30 所示的地物标识中包括了点状地物和结点(10010～10014)、线状地物和弧段(20008～20015)、面状地物(30010～30013)。

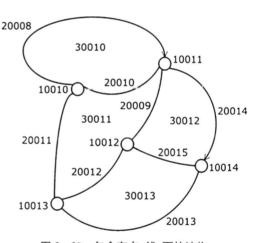

图 3-30　包含有点、线、面的地物

1) 点状地物和结点的数据结构

　　根据约定,点状地物和结点只有位置,没有形状和面积,因此不必将点状地物作为一个覆盖层分解为四叉树,只需要将点状地物的坐标变换为 Morton 码 M_0 和 M_1,而不管整个构形是否为四叉树。这种结构简单灵活,不仅便于点的插入和删除,而且对于一个栅格内包含多个点状目标的情况也能很好地处理。这样可以用一个文件来表达所有的点状地物和弧段之间的结点,其结构如表 3-8 所示。很显然,这种点状地物的数据结构几乎与矢量数据的结构完全一致。

表3-8　点状地物和结点的数据结构

点 标 识 号	M_0	M_1	高程 H
...	...	...	...
10010	23	1 026	4
10011	86	5 682	5
...	...	...	...

2) 线状地物和弧段的数据结构

一个线状地物由一个或多个弧段组成,线状地物的四叉树表达要和面域的四叉树数据相互对应。采用元子空间填充方法可以建立位置与线状地物的联系,使得线状地物的数据结构变得很简单,而且能非常容易地与其他地物类型的四叉树数据进行交互、插入和删除等操作。每个线状实体除记录原始取样点外,还记录线状实体路径所通过的栅格[24]。对线状地物只需要用一连串数字来表达每个线状地物所经过的栅格路径,所以说,如果要表达整个路径,那么需要把该线状地物所经过的栅格地址全部记录下来。首先需要建立一个弧段的数据结构,如表3-9所示。

表3-9　弧段的数据结构

弧标识号	起结点号	终结点号
...	...	...
20008	10010	10011
20009	10011	10012
...	...	...

表3-9中的起结点和终结点是该弧段的两个端点,它们与结点数据结构连接形成了弧段与结点之间的拓扑关系。其中的中间点串既包含了原始取样点(已转换成用 M_0 和 M_1 表示),又包含了该弧段路径通过的所有格网边的交点位置码,它所包含的 Morton 码填满了整个弧段路径。另外,这一结构也充分考虑了线状地物在地表的空间特征,通过记录曲线通过的 DEM 格网边上的高程值能较好地表达它的空间形状和长度。

这种数据结构比单纯的矢量结构增加了一定的存储量,但它却解决了线状地物的四叉树表达问题,使它与点状地物和面状地物一起建立统一的基于线性四叉树编码的数据结构体系,这使得对一些问题的查询变得简捷,这些问题包括:点状地物与线状地物的相交、线状地物相互之间的相交以及线状地物与面状地物的相交。

　　3）面状地物的数据结构

　　按照基本约定，一个面状地物应包含边界和边界所包围的整个区域。面状地物的数据结构除记录它的多边形边界外，还要记录中间包含的面域栅格。面状地物的边界由弧段组成，关联弧段构成多边形区域，由关联弧段与弧段数据结构连接建立起多边形与弧段之间的拓扑关系。另外它还要记录面域栅格的信息，面域栅格的信息则由线性四叉树或二维行程编码文件表示。

　　点状地物和线状地物无法形成覆盖层，而面状地物能形成覆盖层，各类地物可能形成多个覆盖层。例如，地面上的建筑物、广场、耕地、湖泊等可视地物可作为一个覆盖层，而行政区划和土壤类型又可形成另外两个覆盖层。这里规定每个覆盖层都是单值的，即每个栅格内仅有一个面状地物的属性值。一个覆盖层是一个紧致空间，即使是岛也含有相应的属性，每个覆盖层需要分解一个四叉树或用一个二维行程线性表来表示。为了建立面向对象的数据模型，叶结点的格网值不是基于地物的属性而是基于目标的标识号而确立的，并且用循环指针将同属于一个目标的叶结点链接起来，形成面状地物的结构。表 3-10 是对应的二维行程编码（2 Dimensional Run-Encoding，2DRE）表。

表 3-10　二维行程编码表

基本网格 M_0 码	循 环 指 针
0	32
16	52
32	56
52	61
56	62
61	B
62	A
...	...

　　2DRE 是按基本格网的 Morton 码顺序排列的，表中的循环指针指向该地物的下一个子块的记录（或地址码），并在最后指向该地物本身。只要进入第一块就可以顺着指针直接提取该地物的所有子块，这样可以避免像栅格矩阵那样为了查询某一个目标而遍历整个矩阵，从而大大加快了查询速度。

面状地物中边界格网的值一般采用以面积为指标的四舍五入法来确定,也就是说,两地物的公共格网值的确定取决于哪个地物占该格网的面积比重更大[5]。如果要精确进行面状地物的面积计算或叠加运算,可以进一步引用弧段的边界信息参与计算或修正。

表 3-9 的弧段数据结构和表 3-10 的 2DRE 是面状地物数据结构的基础,面状地物的数据结构如表 3-11 所示,表中的面块头指针指向 2DRE 中该地物对应的第一个子块。

表 3-11   面状地物的数据结构

面状地物标识号	弧标识号串	面块头指针
30010	20008,20010	0
30011	20009,20010,20011,20012	16
30012	20009,20014,20015	64
…	…	…

这种结构面向目标且具有矢量的特点,通过面状地物的标识号可以找到它的边界弧并顺着指针提取出所有中间面块。同时,这种结构又具有栅格的全部特征,2DRE 本身就是面向位置的结构,表 3-11 中的 Morton 码表达了位置的相关关系;前后两个 Morton 码之差隐含了该子块的大小。一个覆盖层形成一个 2DRE,从第一个记录到最后一个记录表示面块覆盖了工作区域的整个平面。给出任意一点的位置都可在 2DRE 中顺着指针找到面状地物的标识号,以此来确定是哪一个地物。

4) 复杂地物的数据结构

由几个或几种简单地物(点、线、面)组成的地物称为复杂地物。例如,可以将一条河道的河面、岸边围墙、闸门等作为一个复杂地物,用一个标识号表示。复杂地物的数据结构如表 3-12 所示。

表 3-12   复杂地物的数据结构

复杂地物标识号	简单地物标识号串
…	…
40008	10025,20008,30010,30025
40009	30006,30007
…	…

3.5　时空数据库

3.5.1　时空数据库的数据组织

时空数据组织方式实际上是时空数据的一种特殊数据结构,这种结构往往首先被数据的访问者接触和理解,事实上,他们的接触和理解起到对数据的组织和访问导航作用。目前,常用的时空数据组织方式主要有基于二维空间特征的分层(layer)和分幅(tiling)两种方式。分层组织方式将具有相同几何类型(点、线、面)及主题特征(水系、道路、居民地等)的数据放在同一个图层(栅格数据一般作为独立图层),空间区域可通过该区域内所有数据层的叠加来综合描述;分幅组织方式利用规则网格将大面积的空间数据"割"成若干分幅,空间区域可通过将该区域内的所有分幅数据进行拼接来综合描述。分层的缺点是不同图层间的空间关系比较难以掌握;分幅的缺点是分幅边缘部分的数据操作和查询很不方便,所以二者常常结合运用。

随着"数字城市"等应用的开展,多尺度空间数据的集成组织模型也得到重视,目前主要集中于二维不同比例尺下的空间数据的组织方式研究。不同尺度下,对同一时空对象(通过相同的 ID 来标识)的几何特征或属性特征的描述往往是异构的,但是区域与子区域之间的包含关系可基于同一结构表达,因此多尺度集成的空间数据可建立以区域为基本数据组织单元(可以将区域看成不规则边界,而这种基本数据组织单元就是规则分幅向不规则分幅的扩展)和以父子区域间拓扑关系为联系的组织体系。这种组织方式可以控制电子地图在不同的计算机屏幕比例尺下的细节显示,即细节分层技术。

由于矢量数据、栅格数据和 DEM 数据三库一体化的实现有两种可能的级别,即物理上的一体化或者逻辑上的一体化,这两种级别一体化的实现需要考虑不同的管理手段[13,14]。物理上的一体化意味着三类数据将在同一数据库系统中进行存储,逻辑上的一体化意味着由于矢量数据、栅格数据和 DEM 数据的不同,可能会采用不同的物理存储方案,但是需要在统一的操作层面上实现管理,即要实现对使用者而言的无缝数据操作。面向对象的时空数据管理作为传统数据管理方式的扩充,对于构建一个时空信息系统是有重要意义的,有助于简化时空信息系统中的时空数据管理,并增强对时空数据的理解。

3.5.2　时空数据库的功能分析

时空数据在源源不断地产生,同时由于数据量巨大,产生速度快,无法捕捉快速产生的数据将造成有价值的数据流失。以一个简单的交通系统为例,交通状态随时间快速变化,而交通状态对所在时刻居民出行影响巨大,时空数据库的建立,必须对交通时空数据进行实时采集,同时快速处理数据,以满足智能交通系统对数据的要求,达到交通时效性的要求。

时空数据库作为智能交通系统的一部分,不仅是对时空数据的存储,同时要能够快速地对交通系统数据进行导入。数据库需要导入不同时态的数据,不同时态指的是历史状态的数据、实时状态的数据以及未来状态的数据。其中,未来状态的数据如规划路网、规划建筑、将要实施的交通规则等。时空数据库根据不同时态对数据进行导入,对它们之间的关系进行有效表达,整合不同时态时空数据到一个大数据框架中。

时空数据库的重要功能之一就是能够对时空数据进行查询。查询主要包括:基础数据查询,包括道路空间位置、长度、属性等;交通特征查询,某条路、某个区域的交通状态;决策时空查询,某个区域运行决策查询。通过快照的方式,对不同时期的交通时空数据进行记录,其中不管数据是否变化,都进行记录。当需要对数据进行历史回溯时,对指定时间片段的数据进行回溯即可。利用空间位置和空间对象进行查询,对于时空数据库的要求,需要达到选择空间对象、空间坐标,就能查询出相应的属性信息,以及与其有关联的时空对象信息的要求。

时空数据库中数据的可视化,包括基础路网和道路附属设施的可视化:① 基础数据可视化:基础数据可视化包括交通路网的可视化,能够展现路网的线性、关系和比例;② 操作可视化:对数据库的操作需要用可视化界面来显示和执行,方便操作和管理;③ 应用可视化:交通时空数据的应用,其结果能够可视化表达,如路网运行速度、交通状况、拥堵程度。管理人员对交通数据的分析,以图表的方式呈现。

外置时空数据库是多种交通系统检测器数据存储管理,数据包括手机信令、浮动车、卡口、IC 卡、线圈等检测器采集的时空数据。这些包含交通系统运行状态的时空数据要能够与空间数据结合和匹配,同时支持对交通系统应用的计算和分析。

3.5.3　时空数据库的应用设计

交通系统包含人、车、路、环境,其中主要的需求是人的需求。人包括交通系统中的道路使用者、交通管理者。道路使用者和交通管理者从不同的角度会有不同的需求,多维画像是对交通系统中不同的人、不同的标签进行收集,确定其不同的需求特征。实现交通时空数据库和信息平台根据用户需求进行搭建。大数据时代的发展,交通应用系统由传统的集中式向分布式发展。同时,需求不断变化,应用技术也不断发展,所以对交通系统时空数据库的设计按照层次化设计思想进行设计。

（1）基础设施层：该层提供信息化系统运行所依赖的存储设施、计算设施、网络设施、安全设施等，是信息化建设必需的软硬件基础设施。

（2）数据源层：数据源层对各类交通数据进行存储备份、加工处理。数据源层包含数据仓库模块和数据处理模块。数据仓库模块负责对交通系统各种时空数据进行存储，时空数据包括运行数据、规划数据和道路基本数据。数据处理模块对接入的各类数据按照标准规范进行深度加工处理，规范数据格式或者融合生产新的数据类型。

（3）数据处理层：原始的交通数据必须经过清洗加工、处理之后，才能供顶层分析或应用来使用，此处采用数据抽取、转换和加载技术和大数据处理技术来完成数据的接入清洗和数据处理加工。

（4）数据存储层：数据存储层主要完成对交通基础空间信息数据、交通主数据、模型参数数据通过数据接入层及处理层处理的一些成果数据的存储，通过采用数据仓库技术及分布式文件系统技术完成对关系型数据及非结构化数据的存储。

（5）框架平台层：框架平台层作为整个系统框架的中枢系统，完成各种应用的数据处理、事件处理及规则处理的中间件，包括大数据处理引擎、空间数据引擎、数据引擎和服务总线等技术平台。

（6）应用层：针对交通分析、规划、交通影响评价的主题应用功能，同时包含对人流、车流、交通状况等数据的现状分析、趋势判断和预测等专业主题应用。

（7）终端层：面向终端用户，提供基于个人计算机、公众媒体及移动设备等载体的各种交通主题的应用，如提供公众服务、交通拥堵情况的移动应用及查询系统。

（8）数据治理管控层：数据的发现、监督、控制、沟通、整合需要有一个从无序到有序，从混乱到井井有条的治理过程。

交通系统时空数据中动态信息与静态信息的关联匹配，基于 GIS 的字段关联和地图匹配模型。静态信息主要是路网拓扑，包含的字段包括道路名称、位置坐标、长度、组团和行政区划。动态信息包含交通流信息、位置和路段名称等信息，通过路段字段可以与 GIS 路网信息匹配，同时利用地图匹配算法，对组团与行政区划内的数据进行关联。

【参考文献】

[1] 孙文彬，单士刚，白建军，等.实时栅格化的全球矢量数据可视化及交互操作[J].中国矿业大学学报，2013，42(5)：845-850.

[2] Congalton R G. Exploring and evaluating the consequences of vector-to-raster and raster-to-

vector conversion[J]. Photogrammetric Engineering & Remote Sensing，1997，63（4）：425-434.

［3］周琛,李满春,陈振杰,等.矢量多边形并行栅格化数据划分方法[J].国防科技大学学报,2015,(5)：21-28.

［4］芮素文.GIS中矢量栅格一体化数据结构的研究[J].中国新通信,2015,(7)：111.

［5］冯学智,王结臣,周卫,等.“3S”技术与集成[M].北京：商务印书馆,2007.

［6］赵春宇.高性能并行GIS中矢量空间数据存取与处理关键技术研究[D].武汉：武汉大学,2006.

［7］管梅芳.矢量—栅格数据混合的海籍管理系统建设[D].上海：华东师范大学,2012.

［8］王昌,滕艳辉.矢量栅格一体化数据结构设计与应用[J].计算机工程,2010,36(20)：88-89,101.

［9］武广臣,左建章,刘艳,等.矢量数据栅格化的一种有效方法：环绕数法[J].测绘科学,2009,34(1)：50-51,89.

［10］黄波,陈勇.矢量、栅格相互转换的新方法[J].遥感技术与研究,1995,10(3)：61-65.

［11］Mineter M J. A software framework to create vector-to pologyin parallel GIS operations[J]. International Journal of Geographical Information Science，2003，17(3)：203-222.

［12］刘伟,赵磊.基于Web的矢量和栅格数据显示方法研究[J].城市建设理论研究(电子版),2013,(8)：1-3.

［13］扶卿华,倪绍祥,郭剑,等.栅格数据矢量化及其相关问题的解决方法[J].地球信息科学,2004,6(4)：86-90.

［14］张星月,汪闽,蒋圣.一种新的栅格数据矢量化方法[J].地球信息科学,2008,10(6)：730-735.

［15］杨树强,陈火旺,王峰.矢量和栅格一体化的数据模型[J].软件学报,1998,9(2)：91-96.

［16］王堃昊.栅格、矢量结构在空间数据融合中的技术及应用初探[J].城市建设理论研究(电子版),2012,(3)：1-6.

［17］赵珍珍,燕琴,刘正军.高分遥感影像与矢量数据结合的变化检测方法[J].测绘科学,2015,40(6)：120-124.

［18］胡冰,刘衡竹,王攀峰,等.像素级融合并行算法的模型研究[J].计算机时代,2008,(2)：6-8.

［19］章孝灿,潘云鹤.GIS中基于“栅格技术”的栅格数据矢量化技术[J].计算机辅助设计与图形学学报,2001,13(10)：895-900.

［20］廖伟华.基于二元关系的GIS实体拓扑关系的粗糙表达[J].地理空间信息,2012,10(1)：97-97,106.

［21］范建永,龙明,熊伟.基于HBase的矢量空间数据分布式存储研究[J].地理与地理信息科学,2012,28(5)：39-42.

［22］邵永社,李晶.GeoDatabase数据模型及其几何网络的拓扑分析应用[J].测绘工程,2005,14(1)：17-19.

[23] Darling G J, Sloan T M, Mulholland C. The input, preparation, and distribution of data for parallel GIS operations (Research Note)[C]. Euro-par, Parallel Processing, International Euro-par Conference, Springer-Verlag, 2000.

[24] Egenhofer M J, Herring J R. Categorizing binary topological relationships between regions, lines and points in geographic database[R]. Orono: Technical Report, 91 - 7, 1991.

第 4 章

时空信息系统空间分析

4.1 空间分析基本功能

空间分析是指从空间地理实体的位置和相关性等方面去研究空间事物,并对空间事物进行定量描述的过程,其目的是提取和传输空间信息。获取空间信息需要对空间数据进行分析和建模,地理空间分析广泛而强大,它为空间数据提供了空间飞行建模和分析方法。应用这些方法,可以创建、查询地图数据,基于矢量数据和栅格数据的集成分析等。虽然空间分析的应用领域和作用不同,但复杂的空间分析功能也是由简单的功能组合而成的,这些简单的空间分析功能包括以下几项。

(1) 空间查询:图形与属性互查是最常用的空间查询功能。其主要有两类:第一类是按属性信息的要求来查询定位空间位置,称为属性查图形;第二类是根据对象的空间位置查询有关属性信息,称为图形查属性。

(2) 空间量算:指对地理实体的物理属性进行的定量分析,包括几何量算、形状量算、质心量算和距离量算。几何量算包括点的坐标,线的长度、曲率和方向,面的周长、面积、形状等。形状量算一般指面的形状量算,涉及两个基本问题:空间一致性问题和多边形边界特征描述问题。质心是描述地理对象空间分布的一个重要指标,质心描述的是分布中心,而不一定是几何中心,质心量算有重要的现实意义,例如,在计算每个城市的人口数量时,必须选择一个点标记该城市的人口数量,这个点往往就是人口数量的质心。距离量算定量描述了两个事物或地理实体间的远近程度,是人们日常生活中经常涉及的物理概念,最常用的距离为欧几里得距离。除此之外,还有考虑时间或经济成本的最优距离等,由此衍生出路径分析问题。

(3) 分类分析:一种是根据地理实体的固有属性进行分类;另一种是结合地理实体间的相对位置进行分类。

（4）缓冲区分析：缓冲区是指地理空间目标的一种影响范围或服务范围。从数学的角度看，缓冲区分析的基本思想是给定一个空间对象或集合，确定它们的邻域，邻域的大小由邻域半径决定。

（5）叠加分析：叠加分析是 GIS 最常用的提取空间隐含信息的手段之一。该方法源于传统的透明材料叠加，也就是把来自不同数据源的图纸绘于透明纸上，在透光桌上将其叠放，然后用笔勾出感兴趣的部分并提取出感兴趣的信息。叠加分析可以分为以下几类：点与多边形叠加、线与多边形叠加、多边形叠加、栅格图层叠加。

要使用 GIS 实现空间分析功能，必须要考虑空间数据结构和空间数据模型[1]。不同的空间数据模型在实现同一个分析功能时，其实现逻辑和操作方式也不尽相同。

4.2　缓冲区分析

缓冲区分析是 GIS 中最常用的分析方法之一，是对空间特征进行度量的一种重要手段，是根据地理实体位置查询其邻域中有关要素的分析方法。基于邻域的概念，缓冲区将地图分为两个区域，一个区域位于地图要素的指定距离之内，另一个区域位于地图要素的指定距离之外，将前者称为缓冲。无论研究对象的地图描述的是点、线还是面，都可以进行缓冲区分析。点的缓冲区是一个圆形缓冲区，圆形的半径就是其缓冲区影响范围半径。线的缓冲区是一系列围绕每条线段形成的长条形缓冲区，该缓冲区边界上的每个点到线的垂直距离等于缓冲区宽度。面的缓冲区则是由该多边形边界向外延伸的缓冲区（图 4 - 1）。

图 4 - 1　点（左）、线（中）、面（右）缓冲区

缓冲区的建立主要取决于缓冲距离和缓冲方向。首先，缓冲距离可以是任何合理的数值，如可以将爆炸点（点要素）10 m 或 20 m 范围内设置为危险区（单缓冲区）。其次，对同一个地理实体可以设置多个缓冲区，例如，将爆炸点（点要素）的 10 m 范围内设置为禁入区，20 m 范围内设置为高危区，30 m 范围内设置为危险

区等,此时,点的多缓冲区变为一系列同心环(图4-2)。另外,缓冲区的方向也可以不同,对于线要素,其缓冲区未必分布于两侧,也可能只在单侧建立缓冲区(左右侧由线的起点到终点的方向决定)。对于面要素,可以从面的边界向内或向外扩展,如图4-3所示。

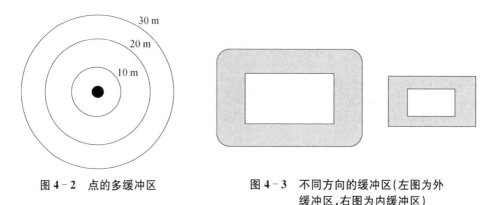

图4-2　点的多缓冲区   图4-3　不同方向的缓冲区(左图为外
　　　　　　　　　　　　　　　　　　　　　　缓冲区,右图为内缓冲区)

　　缓冲区分析方法在实际中的应用范围很广,例如,在水土保持方面,将某条河流两侧的50 m范围内设置为水土保持区域,在该范围内禁止砍伐树木,以防止水土流失;在城市规划方面,将机场周边一定范围内设置为无人机禁飞区,防止无人机的闯入而导致的飞行事故。又如商场选址,考虑的最主要因素之一是交通情况,交通越便利,到达商场的潜在人数越多。交通的便利性可以简单定义为周边公交站点和地铁站点的数量。在操作过程中,首先建立覆盖一定范围的缓冲区,其次查看该缓冲区内包含的公交站点和地铁站点数量。

4.3　叠加分析

4.3.1　矢量数据叠加分析

　　叠加分析是一种地图分析方法,也是GIS中常用的提取空间隐含信息的方法之一,它广泛应用于地理数据综合分析方面。在数据模型上,一般将同类地物组织在一起构成一个数据图层,因此同一地区内的多种地物分别形成了多个数据图层[2-4]。在进行综合分析时,需要将这些不同主题的数据图层进行叠加从而产生一个新的数据图层,其结果不仅综合了源图层所具有的属性信息,而且会生成新的空间关系(图4-4)。

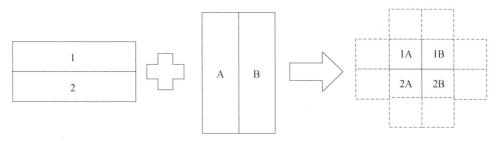

图 4-4　数据叠加示意图

在数据叠加操作中,应首先考虑叠加要素的类型,以此来判断叠加的可能结果是什么。根据叠加要素的不同,矢量数据叠加分析可以分为点和面叠加、线和面叠加,以及面和面叠加等。

1) 点和面叠加

点和面叠加是指一个点图层与一个面图层相叠加,以分析点和面的空间位置关系,这实际上是点包含分析,用于判断点在面内还是面外(图 4-5)。例如,判断一家医院是否在某个行政区内。矢量数据能够计算出每个点相对于多边形线段的位置,判断点是否在多边形的空间关系中,最常用的方法称为射线法。该方法是从点引出某一方向的射线,通过判断射线与多边形边界相交的次数来确定点和面的包含关系,在射线不通过多边形顶点的前提下,当相交次数为奇数时,点位于多边形内;当相交次数为偶数时,点位于多边形外。

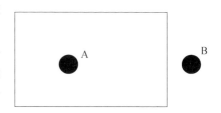

图 4-5　点和面叠加

点和面叠加结果是一个新的点图层矢量数据,该图层数据包含了原先点和面的属性。例如,在前面判断医院(没有行政区属性)与行政区的包含关系的例子中,医院(点)图层与行政区(面)图层叠加形成了一个新的医院图层,该图层中包含了来自行政区图层的行政区属性。

2) 线和面叠加

线和面叠加与点和面叠加相似,其实质就是线包含分析,用于确定线与面的空间位置关系,目的是判断一条线状地理实体是否位于一个面状地理实体内。例如,判断一条河流或一条高速公路是否穿过某个城市。线和面叠加结果通常是将面的属性注入线的属性中,从而生成一个新的线数据图层[5,6]。例如,将城市地籍数据与城市道路数据叠加,则叠加出的新图层就包含城市地籍与城市道路属性信息,如图 4-6 所示。

线包含分析算法涉及四个步骤:首先,判断线图层上每个线段与面图层上哪

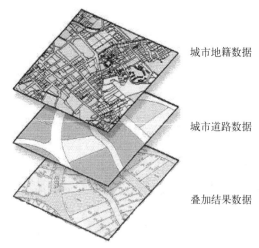

城市地籍数据

ID	Area
1	100
2	200

城市道路数据

ID	Name
1	北京路
2	南京路

叠加结果数据

ID	Name	Area
1	北京路	100
2	南京路	200

图 4‑6   线和面叠加分析

些多边形相交；其次，求出线段与多边形的交点，并以相交点为结点建立信息的线段；再次，重新构建线段及其拓扑关系，并建立线段与多边形的包含关系，即将多边形的属性赋予所包含的线段；最后，生成新的线要素矢量图层。

3）面和面叠加

面和面叠加是叠加分析中最经典的形式，是将两个或多个面要素图层进行叠加，从而产生一个新的面要素矢量图层。新图层中的面要素是原来各图层中多边形相交、分割和重组的结果，源图层中各多边形的所有属性数据包含在新图层的每个面要素属性中。在进行面与面要素的叠加时，采用的是两两叠加的方法，即在进行多边形叠加时，无论有多少个图层叠加，每次只能叠加两个图层数据，产生新的图层后再与第三个图层进行叠加，如此反复，直至将所有图层叠加完后生成一张最终的图层[7]。所有图层都叠加完之后再进行信息的综合分析。多边形在叠加时其边界在相交处会被分割，因此最终的结果图层中多边形的数量可能远远大于原图层多边形的数量。

多边形叠加分析的基本处理方法可归纳为以下几个步骤：首先，计算得出两个图层中多边形相交的交点，并用交点将多边形的线段分割成相应数量的新线段；其次，将这些新线段重新组合连接成新的多边形，并建立拓扑关系，生成最终的结果图层。根据叠加方式的不同（对原图层要素的保留要求不同），叠加分析可以分为剪切、交集和合并操作（图 4‑7）。

（1）剪切（clip）操作是用 A 图层上多边形的范围去截取 B 图层上的多边形，保留 B 图层与 A 图层上多变形重叠的部分，并且去掉 B 图层上其余部分的多边形，

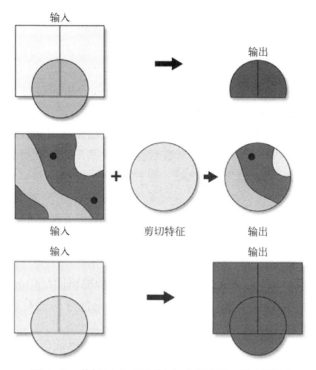

图 4-7 剪切(上)、交集(中)、合并(下)操作示意图

最终结果相当于 B 图层上的部分数据。

(2) 交集(intersect)操作仅保留两个图层共同区域范围内的要素,新图层具有两个源图层的所有属性信息。

(3) 合并(union)操作保留了来自两个源图层上所有的要素,新图层具有两个源图层的所有属性信息。

在进行叠加操作后,在原多边形相关或共同边界处,有时会有数量不等的细小碎片出现在新生成的图层中(图 4-8),这些细小碎片会给接下来的分析和制图带来问题。导致细小碎片的主要原因是数字化的过程中误差的出现,这导致共同边界没有完全重叠。有时,这些误差是由人为失误造成的,是可以避免的;有时,这些误差是由制图仪、计算机等设备引起的,是不可避免的,只能尽量减少。需要注意的是,这种误差具有传递性,源图层的误差

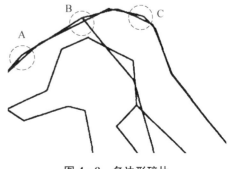

图 4-8 多边形碎片

会传递给结果图层[8]。如果不能及时处理由这些误差引起的碎片,这些误差和碎片会一直传递下去,并会逐渐放大直至影响数据的正常使用。

4.3.2 栅格数据叠加分析

与基于矢量数据的叠加分析不同,栅格数据叠加分析通过对不同图层中对应像元的逐点运算实现,而且,具有更易处理、简单高效、不产生碎片等优点,这使得栅格数据叠加分析在各类领域得到了广泛应用。根据栅格数据叠加分析计算方式的不同,叠加操作的过程可以为基于常数对像元值、基于数学变换对像元值和基于布尔逻辑运算法则对像元值进行运算。

1) 重分类

重分类是指将属性数据根据一定的分类规则,将相关像元的类别进行合并或转换为新类,重分类后的数据含义更加清晰明确,更易于分析[9]。重分类主要应用于以下三个方面,如图 4-9 所示。

(1) 数据分离,即将某一类型的地理实体从一幅栅格图层中分离出来。例如,可以将目标地理实体像元值变为 1,而其他像元值设置为 0,这样将栅格数据二值化显示,简单清晰地分析出"有"或"无"。

(2) 数据分级,即将数值连续的地理信息分成若干级别进行表达。例如,将地表温度图层按每相差 1°进行分类。

(3) 数据分类,即将较为详细的分类信息通过分类、分级简化为较少的分类。例如,将苹果、桃子、梨合并为水果类;白菜、萝卜、芹菜合并为蔬菜类。

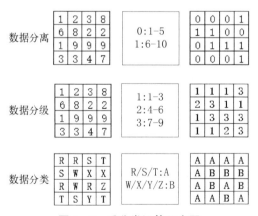

图 4-9　重分类运算示意图

2) 布尔逻辑运算

布尔逻辑运算,即根据布尔逻辑运算规则对相应的像元值进行操作,布尔逻辑包括与、或、非和异或。应用布尔逻辑运算规则,通过不同的组合可以实现复杂的计算。一般来说,在进行布尔逻辑运算前,通常将栅格数据重分类为二值形式(0或1),以便于计算(图 4-10)。

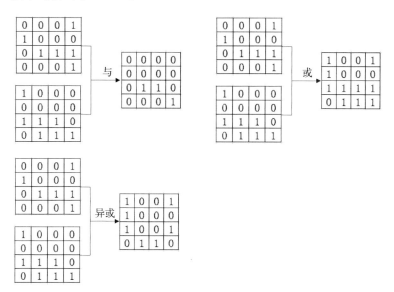

图 4-10　布尔逻辑运算示意图

3) 数值运算

数值运算,即对参与运算的栅格数据中的每个像元值按照一定的数学法则进行逐点计算,从而得到新的栅格数据。其主要类型包括以下几种。

(1) 算术运算,即对两个或两个以上栅格图层中对应的像元值使用加、减、乘、除等法则进行运算(图 4-11)。

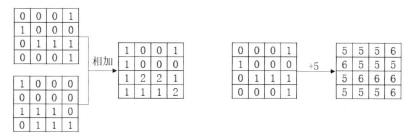

图 4-11　算术运算示意图

(2) 函数运算,即对两个或两个以上栅格图层中对应的像元值应用指数、对数、三角函数或其他自定义函数等进行运算。这种运算广泛应用于地学综合分析、环境质量测评和遥感影像处理等领域(图 4-12)。

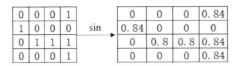

| 图 4 - 12 | 函数运算示意图 | 图 4 - 13 | 区域运算示意图 |

4）区域运算

一个区域可以是一组相邻的像元，也可以是由不相邻但具有相同属性的离散像元构成的。区域运算则是根据一定的划分规则，将整个栅格数据划分为不同的区域，根据每个区域的属性特征和几何特征，以区域为单位进行分析和运算（图4 - 13）。

4.3.3   一体化融合

一般来说，将栅格数据的区域运算与矢量数据的叠加运算进行比较。二者都以多个数据图层作为输入数据，但二者却有着重要的区别。

（1）基于矢量数据的叠加运算中，要将源数据中地理要素的几何特征与数学特征合并在一起，必须计算要素之间的相交部分[9,10]。但是，对于基于栅格数据的叠加运算，因为栅格数据中每个像元的大小和范围一样，所以没有必要进行这种计算，即使源数据需要进行重分类等处理，其计算过程仍然较为简单和迅速。

（2）基于栅格数据的区域运算可以进行各种数学变换，而基于矢量数据的叠加运算只能对源数据的属性进行合并，不能更改。

（3）矢量数据模型和栅格数据模型在进行缓冲区分析时，虽有相似之处，但由于数据组织方式的不同，所建立的缓冲区也存在差异。

鉴于上述差异，基于栅格数据的图层叠加运算常用于涉及大量图层和复杂计算的数据处理中。然而，栅格矢量数据一体化设计与融合研究一直很活跃。栅格数据的每个元素可用行和列唯一地标识，而行和列的多少则由栅格的分辨率（或大小）和实体的特性决定。在时空数据处理中，经常用不同来源、不同精度、不同内容的栅格图像数据进行复合而生成新的栅格图像。矢量数据是指在直角坐标系中直接用 x、y 坐标表示地图图形或地理实体的位置、形状的数据，从而尽可能地将地理实体的空间位置准确无误地表现出来。不同的数据模型，导致矢量数据存储格式和结构也不同。要对时空数据各系统进行数据共享，必须对多源数据进行融合[11,12]。传统而言，栅格数据结构对于空间分析很容易，但输出的地图精度稍差。相反矢量数据结构数据量小，且能够输出精确的地图，但空间分析相当困难。

有学者提出栅格矢量融合的观点,即采用面向目标形式,以矢量方式组织栅格数据,从而同时具有矢量和栅格两种数据结构的优点,也使单纯的矢量数据与单纯的栅格数据结合更加密切。总之,需要解决:① 如何在内存中同时显示栅格影像和矢量数据,并且要能够同比例尺缩放和漫游;② 如何实现几何定位纠正,使栅格影像上和线划矢量图中的同名点线相互套合。也许 DEM 与遥感图像的融合,是实现栅格矢量融合的有效方法之一。用 DEM 来对遥感影像进行各种精度纠正,消除遥感图像由地形起伏造成图像的像元位移,实现提高遥感图像的定位精度的目的[12,13]。在提高遥感图像的分类精度上,不仅需要收集与分析地面参考信息和有关数据,而且需要用 DEM 对数字图像进行辐射校正和几何纠正。

4.4　邻域分析

4.4.1　邻域分析方法

空间上相邻的地理实体存在一定的关联性,通过对其关联性的定性或定量分析,可以推测出周边空间实体的相关属性特征信息。邻域分析又称为窗口分析或焦点分析,是应用一定的数学方法对某点(或某个区域)周边一定范围内的其他区域进行的统计分析。由于栅格数据在数据组织结构和显示方式上的独特优势,特别适合用邻域分析方法来处理空间信息。对于栅格数据,邻域分析输出的每个像元值是根据其邻域范围内的其他像元值计算得到的[14]。对图层来说,邻域分析将输出另一个图层,新生成的图层既具有源图层的特征信息,也具有根据邻域分析后计算出来的新空间实体的属性信息,如根据 DEM 数据提取坡度、坡向等。

4.4.2　邻域分析三要素

运用邻域分析进行计算主要取决于三个要素:① 要定义一个中心点,邻域就是以该点为中心建立起来的。需要强调的是,中心点不一定处于邻域的中心,只是将根据邻域计算的结果值赋予该点而已。② 需要定义一个邻域。这个邻域是以中心点为基础,根据一定的形状和大小定义的。它可以是一个具有固定长宽的正方形或长方形[图 4 - 14(b)],也可以是一个具有固定半径的圆形、圆环或扇形[图 4 - 14(a)、(c)和(d)],甚至可以是任何一个形状的邻域。③ 是以待计算的像元为中心点,分别向周围 8 个方向扩展一层或多层,从而形成一个矩形分析区域。在图 4 - 14(b)中,邻域为一个 5×5 的矩形区域。

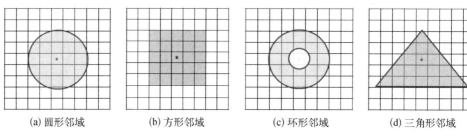

图 4-14　常见的邻域形状

（1）圆形邻域：是以待计算的像元为中心，向周围扩展一定距离的搜索区，构成一个圆形分析区域。图 4-14(a)所示为一个半径为 3 的圆形邻域。

（2）环形邻域：是以待计算的像元为中心，按两个不同的内外半径构成的环状区域。图 4-14(c)所示为内环等于 1、外环等于 3 的环形邻域。

（3）其他形状邻域：是以待计算的像元为中心，根据应用目的、数据特点等确定的不同定义的任何形状。只要是能通过一定方式得到的区域，并且能够对区域范围的值进行计算，皆可作为邻域区域。

邻域运算得到的既可以是最小值、最大值、值域、总和、平均值、标准差等统计指标，也可以是众数、少数、中位数等测量值，或更复杂的计算公式，以下列举了几种常见的运算方式。

（1）最大值、最小值：中心点的计算值为邻域范围内所有像元值的最大值或最小值。

（2）平均值：中心点的计算值为邻域范围内所有像元值的平均值，即 $\frac{1}{N}\sum_{i=1}^{N}a_i$，其中 a_i 为邻域内的像元值。

（3）标准差：中心点的计算值为邻域范围内所有像元值的标准差，即 $\sqrt{\frac{1}{N}\sum_{i=1}^{N}(a_i-\mu)^2}$，其中 a_i 为邻域内的像元值，μ 为邻域内所有像元值的平均值。

（4）众数：邻域内所有像元值中出现次数最多的值为这些值的众数。

（5）中位数：对邻域内所有 N 像元的值进行排序，当 N 为奇数时，中位数为 $(N+1)/2$；当 N 为偶数时，中位数为 $N/2$ 与 $1+N/2$ 两个。

（6）复杂运算方式：例如，利用 DEM 数据计算坡度数据和坡向数据。

4.4.3　邻域分析的应用

邻域分析的应用范围很广，其中最重要的应用是栅格图像处理，包括聚焦分析(简化分析)和过滤分析两个方面。

1) 简化分析

栅格数据的空间简化运算实际上是一个地图综合处理的过程,用较大的网格对输入栅格数据进行重新采样并运算,以减少网格数量和存储空间,但这样同时降低了数据的空间精度[15]。栅格数据的空间简化运算实际上是对原始数据的简化处理,由于简化的过程是对某种信息的提取和聚焦的过程,所以简化分析也称为聚焦分析。简化分析算法主要有四种(图4-15):① 中心值法,即以邻域内位于中心处的网格的像元值作为重新采样后的网格值;② 平均值法,即以邻域内所有网格值的平均值作为重新采样后的网格值;③ 中位数值法,即以邻域内所有网格值的中位数值作为重新采样后的网格值;④ 众数值法,即以邻域内所有网格值中出现次数最多的值作为重新采样后的网格值。

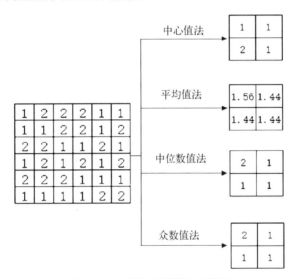

图4-15　简化分析算法示意图

栅格数据的空间简化运算通常用于需要较小比例尺的数据分析场合中。例如,在进行大区域性或全球性环境研究分析时,由于对空间精度要求不高,所以小比例尺数据不适用于这种情况,主要原因有:① 因为研究区域覆盖面积大,所以使用小比例尺数据经济成本较高;② 小比例尺数据网格较多,数据处理的时间成本和人力成本相对较高。因此,需要在满足研究需要的前提下,先将小比例尺数据进行简化处理,再实施应用。

2) 过滤分析

过滤分析一般应用于图形处理,如滤波处理、卷积处理等。过滤分析虽然也是利用移动窗口通过一定的计算方式处理网格值,计算方法基本相同,但与简化分析不同的是,过滤分析一般不减少栅格处理,即输入图层和输出图层都是 100×100

的栅格数据,两者并未发生变化。图 4-16 为采用众数值法和 3×3 过滤窗口处理后的数据。

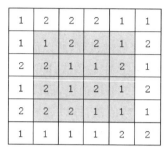

图 4-16　众数值法的过滤分析示意图

在图形处理中,图像边缘增强可以使用值域滤波器,这基本上是一种采用值域统计值的邻域运算。值域是邻域内最大值和最小值之差,因此值域值高就显示邻域内有边缘存在。边缘增强的反面是基于众数的平滑运算,众数的平滑运算把出现频率最高的像元值赋予邻域内的每个像元,因此生成一个比原图层更为平滑的图层数据。

过滤分析另一个重要应用方向是地形分析。每个像元代表的坡度、坡向的测算,都来自邻域像元高程值的运算。空间实体的高程信息用基于栅格数据的 DEM 进行表示,数字高程模型不仅含有高程属性,而且包含其他地表形态属性,如坡度、坡向等。DEM 通常用于表示地表规则网格单元构成的高程矩阵,广义的 DEM 还可以用于表示规则格网模型、等高线模型、不规则三角网模型等所有表达地面高程的数字,它们各有优缺点,适用于不同的场合。

(1)规则格网模型的优点是可以很容易地用计算机处理高程数据,提取等高线、坡度或坡向等,缺点是不能准确表达地形结构的细部特征,且数据量较大,计算不方便。

(2)等高线模型优点是直观且便于理解,缺点是只能表示离散数据,不便于计算坡度等。

(3)不规则三角网模型不像规则格网模型那样有太多的冗余数据,在计算效率方面有了很大提高,也利于表达复杂地形。但其缺点是如果不改变网格大小,就难以表达复杂地形的突变现象,在地势平坦的地方也存在大量的数据冗余。

在利用 DEM 数据提取坡度和坡向数据时,主要采用三种计算方式。

(1)四网格邻域法,即其邻域只包含上、下、左、右四个紧邻待计算像元的四个像元值,如图 4-17(a)所示。

(2)八网格邻域法,即其邻域只包含紧邻待计算像元周边的八个像元值,如

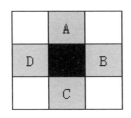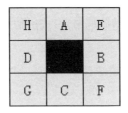

(a) 四网格邻域法　　　　　　　　(b) 八网格邻域法

图 4-17　四网格和八网格邻域法(灰色背景部分为中心点的领域范围)

图 4-17(b)所示。

(3) 八网格邻域加权法,其邻域选择方式与八网格邻域法一致,只是在计算中心点值时对不同的像元值赋予不同的权重,以区分不同像元的影响程度。

4.5　空间插值

4.5.1　基本概念

空间插值是用已知点的数值来估算其他点的数值的方法,主要通过部分网格值来估算栅格数据中所有网格值[15,16]。因此,空间插值是一种将点数据转换成面数据的方法,目的在于使面数据能够以三维表面或等值线地图显示,且能用于空间分析和建模。例如,在一个没有气温记录的地区,其气温和气温的变化情况能够通过对附近地区气温记录数据的空间插值来估算。

空间插值是进行数据外推的基本方法,常用的空间插值方法有很多,每种方法的侧重点和适用领域都不同,需要根据实际情况进行具体分析和应用。空间插值方法有多种分类方式,没有统一的标准,每种空间插值方法的适用条件要根据空间插值方法的特点而定。

(1) 从数据分布规律来看,有基于规则分布数据的插值方法和基于不规则分布数据的插值方法。

(2) 从控制点和插值函数的关系来看,有通过所有控制点的二维插值方法和不通过控制点的曲面拟合插值方法。

(3) 从内插曲面的数学性质来看,有多项式插值方法、样条插值方法、最小二乘插值方法等。

(4) 从控制点的分布范围来看,有全域插值方法和局部插值方法。

(5) 从插值精度来看,有精确插值方法和非精确插值方法,如图 4-18 所示。在精确插值方法中,对某个数值已知的点,精确插值方法在该点的估算与该点已知值相同。反之,则为非精确插值法,或近似插值法,已知点的估算值和已知值可以不一样。

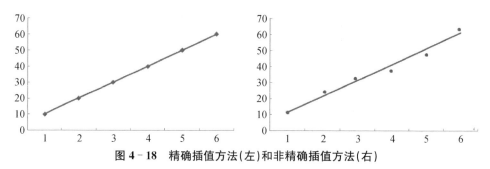

图 4-18 精确插值方法(左)和非精确插值方法(右)

(6)从是否提供误差检验来看,有确定性插值法和随机性插值方法。其中,前者不提供预测值的误差检验,而后者需要提供预测值的误差检验。

无论哪种插值方法,控制点都是一个重要的概念。控制点是已知的有数值的点,也称为样本点或观测点。控制点为空间插值建立插值方法提供了必要数据。控制点的数据和分布对空间插值精度的影响非常大。空间插值能够用于地学分析,一个重要的基本理论就是任意一点的数值都受到其周边一定范围内其他点的影响,并且,距离越近影响就越大,距离越远影响就越小。基于这个假设,理论上为了使插值效果更好,控制点的数量不仅要足够多,而且在插值区域内的分布情况也要合理。具体来说,就是控制点的位置要均匀分布,并且要达到一定的密度,控制点过于分散或仅聚集于某些区域对插值分析都不利(图 4-19)。但在实际问题中,很少会出现控制点数量和分布情况都十分理想的状况,所以通常要对区域内控制点的匮乏进行研究。因此,在可以选择控制点的情况下,控制点的采样方式也十分重要,常用的采样有规则采样、随机采样、断面采样、聚集采样、等值线采样等。

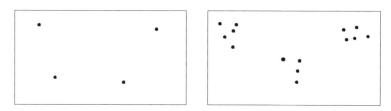

图 4-19 控制点稀疏(左)和控制点区域聚集(右)

4.5.2 全域插值方法

全域插值方法,就是在整个插值区域内,应用所有控制点进行拟合的插值方法。全域插值方法使用的插值函数一般为高次多项式,这就要求控制点的数量要不少于多项式系数的数量[16]。虽然理论上任何曲面都可以通过多项式接近最精确的值,但全域插值方法并不常用,原因有:① 多项式函数保凸性较差,采样点的增减或移动都需要对多项式系数进行全面调整,这会导致拟合结果极不稳定;② 不容易得到稳定的数值解,这是由多项式函数的数学特征,以及计算过程中数值的取舍和误差导致的,这些误差只能尽量减少或降低,而不能完全去除;③ 多项式系数物理意义不明显,容易导致无意义的拟合面起伏。

全域插值方法主要有三种方法——趋势面分析法、边界内插法和变换函数插值方法。

1) 趋势面分析法

趋势面分析法是一种非精确的插值方法,这一方法先用多项式方程拟合已知点的值,再用拟合得出的系数和多项式方程来预测其他点的值,拟合结果要尽量平滑,避免跳变。趋势面分析法的物理解释就是:某种地理属性在空间的连续变化,可以用一个平滑的数学平面加以描述。多项式回归分析是描述长距离渐变特征的最简单方法。多项式回归分析的基本思想是:用多项式表示线、面,按最小二乘法原理对数据点进行拟合。数据是一维的还是二维的决定了对线或面多项式的选择。例如,线性或一阶趋势面可以用式(4-1)表示:

$$V_{x,y} = a_0 + a_1 x + a_2 y \tag{4-1}$$

式中,$V_{x,y}$ 表示坐标为(x,y)点的预测值;系数 a_0、a_1 和 a_2 分别表示常数项、x 坐标的系数和 y 坐标的系数。因此,根据上述函数,任意点都可以将其坐标代入方程,从而得到预测值。因为趋势面分析法的拟合函数类似于最小二乘法,所以可以用相关的检验方法和检验指标衡量其拟合程度,进而估算出每个控制点的已知值和预测值之间的偏差程度。

在实际应用中,由于研究区域的复杂性,拟合方程一般不是一阶的,而是高阶的。趋势面是一个平滑函数,很难正好通过原始数据点,只有一种情况除外,即数据点少且趋势面次数高,曲面才能正好通过原始数据点。所以说,趋势面分析法是一个近似插值的方法。虽然趋势面分析法具有一些缺点,但其优点也很明显:① 多项式回归分析是描述长距离渐变特征的最简单方法,能够得到全局光滑且连续的空间曲面,充分反映宏观地形特征。② 趋势面最有成效的应用是揭示区域中不同于总趋势的最大偏离部分,所以趋势面分析法的主要用途是:在使用某种局部插值方法之前,可用趋势面分析从数据中去掉一些宏观特征,而不直接用它进行空间插值。

2) 边界内插法

边界内插法假设当边界上发生任何重要变化时,边界内的变化是均匀、同质的,即在各方向都是相同的。这种概念模型经常用于土壤和景观制图,可以通过定义均质的土壤单元、景观图斑,来表达其他的土壤、景观特征属性。边界内插法最简单的统计模型是标准方差分析模型:

$$z(x_0) = \mu + \varepsilon + a_k \qquad (4-2)$$

式中,$z(x_0)$ 表示某位置的属性值;μ 表示总体平均值;a_k 表示 k 类平均值与 μ 的差;ε 表示类间平均误差。

该模型假设每一类别 k 的属性值是正态分布;每类 k 的平均值由一个独立样品集估算,并假设它们与空间无关;类间平均误差 ε 假设所有类间都是相同的。

评价分类效果的指标是 $(\delta_w^2 / \delta_t^2)$,其中 δ_w^2 为类间方差,δ_t^2 为总体方差。比值越小,分类效果越好。分类效果的显著性检验可以用 F 检验。边界内插法的理论假设如下:① 属性值 z 在景观图斑或景观单元内没有规律,是随机变化的;② 同一类别的所有景观图斑存在同样的类方差(噪声);③ 所有的属性值都呈正态分布;④ 所有的空间变化发生在边界上,是突变而不是渐变。因此,在使用边界内插法时,应仔细考虑数据源是否符合这些理论假设。

3) 变换函数插值方法

根据一个或多个空间参量的经验方程进行全域空间插值,这也是经常使用的空间插值方法,这种经验方程称为变换函数。例如,冲积平原的土壤重金属污染与几个重要因子有关,有两个因子最重要:距污染源(河流)的距离、高程。一般情况下,携带重金属的粗粒泥沙沉积在河滩上,携带重金属的细粒泥沙沉淀在低洼处,这些低洼处在洪水期容易被淹没,因此发生洪水频率低的地方,因为携带重金属污染泥沙颗粒比较少,所以受到的污染也就较轻。与河流的距离和高程是比较容易得到的空间变量,所以可以用各种重金属含量与它们的经验方程进行空间插值,以改进对重金属污染的预测。

研究中通常用回归模型来建立变换函数,大多数 GIS 软件都可以计算变换函数。变换函数可以应用于其他独立变量,如温度、高程、降雨量,这些独立变量和被研究对象与海、植被的距离关系可以组合为一个超剩含水量的函数。地理位置及其属性可以将尽可能多的信息组合成需要的回归模型,然后进行空间插值。但应该注意的一点是,必须清楚回归模型的物理意义,还要指出的是所有的回归变换函数都属于近似的空间插值。

全域插值方法通常使用方差分析和回归方程等标准的统计方法,计算比较简单。其他的许多方法也可用于全域空间插值,如傅里叶级数和小波变换,特别是在遥感影像分析方面,但它们需要的数据量大。

4.5.3　局部插值方法

虽然低阶多项式可以表达各种地形曲面,但对于复杂的曲面,该方法生成的曲面不能很好地拟合所有区域,因此全域插值方法一般不作为插值算法。解决这类问题的可行方法就是分而治之,即将复杂的地形地貌分解成一系列局部单元,这些局部单元之间结构差异较大,但内部却具有较为单一的地形结构。这样,不同的局部单元采用不同的插值函数,实现单元内部的良好拟合,进而达到全域拟合的目的。局部插值方法只使用邻近的数据点来估计未知点的值,包括几个步骤:① 定义一个邻域或搜索范围;② 搜索落在此邻域范围的数据点;③ 选择表达这有限个点空间变化的数学函数;④ 为落在规则格网单元上的数据点赋值;⑤ 顺序重复步骤①②③④直到格网上的所有点赋值完毕。

使用局部插值方法需要注意的几个方面是:所使用的插值函数;邻域的大小、形状和方向;数据点的个数;数据点的分布方式是否规则。

1) 泰森多边形法

泰森(Thiessen)多边形法假设泰森多边形内部的任意点与多边形内已知点的距离最近。泰森多边形采用了一种极端的边界内插法,即只用最近的单个点进行区域插值。泰森多边形法按数据点位置将区域分割成子区域,每个子区域包含一个数据点,各子区域到其内数据点的距离小于任何到其他数据点的距离,并用其内数据点进行赋值。泰森多边形法不进行插值,而是基于已知点构建初始三角形。连接点的方法不同会形成不同的三角形。

在地理分析应用中,经常采用泰森多边形法进行快速赋值,这种方法的一个隐含假设是:任意点的值均使用与它距离最近的点的数据。在泰森多边形中,点密集的地方,泰森多边形较小,反之,则泰森多边形较大,多边形的大小反映了控制点的密集程度和地形的复杂程度。多边形越大,表示家庭位置与公共设施之间的距离越远,说明该地区的基础设施条件需要改善和提供;多边形越小,表示家庭位置与公共设施之间的距离较近,这些家庭能够享受到更好的公共服务。

2) 双线性内插法

在趋势面插值方法中介绍了线性插值方法,即多项式回归方法,它将地形曲面视为平面来处理。双线性内插法在线性插值方法的基础上,增加了一个交叉项 xy,从而使方程中有 4 个未知量,至少需要 4 个控制点才能确定预测值。从公式定义可以看出,当 y 为常数时,表达式是 x 的线性函数;而当 x 为常数时,表达式是 y 的线性函数。

$$V_{x,y} = a_0 + a_1 x + a_2 y + a_3 xy \qquad (4-3)$$

双线性内插法与线性内插法一样,具有明确的物理意义,而且计算简单,是基于格网采用数据和 DEM 内插及分析应用的最简单、常用的方法。

3）距离倒数插值方法(加权移动平均方法)

距离倒数插值方法是一种精确的插值方法,它假设未知点的值受近距离已知点的影响要比远距离点的影响更大。距离倒数插值方法综合了泰森多边形法的邻近点方法和趋势面分析的渐变方法的优点,它假设未知点的属性值是在局部邻域内中所有数据点的距离加权平均值。距离倒数插值方法是加权移动平均方法的一种,其通用公式如下:

$$z_0 = \frac{\sum_{i=1}^{s} z_i \frac{1}{d_i^k}}{\sum_{i=1}^{s} \frac{1}{d_i^k}} \tag{4-4}$$

式中,z_0 表示位置点 0 的预测值;z_i 表示已知点 i 的值;d_i 表示已知点 i 与位置点 0 的距离;s 表示在预测中用到的已知点的数量;k 表示幂值。幂值控制了局部影响程度,对插值结果的影响很大,当 $k=1$ 时,意味着点之间数值变化率恒定不变;当 $k \geqslant 2$ 时,意味着越靠近已知点,数值的变化率越高,影响越大;远离已知点,数值的变化率越低,影响越小。

距离倒数插值方法是 GIS 软件根据点数据生成栅格图层的最常见方法。距离倒数插值方法的预测值都介于最大值和最小值之间,且计算值易受数据点集群的影响,计算结果经常出现一种孤立点数据明显高于周围数据点的情况,但是这可以在插值过程中通过动态修改搜索准则进行一定程度的改进。

4）样条函数法

样条曲面可想象为一张具有弹性的薄板压定在各个采样点上,而其他的地方自由弯曲,能实现这一特征的函数称为薄板样条函数,这个函数可以生成一个通过所有控制点的曲面,并使所有坡面(这些坡面由所有的点连接而成)的斜度变化最小。也就是说薄板样条函数基于生成最小曲率的面来拟合控制点。在数学上,薄板样条函数是一个分段函数,在进行一次拟合时只需要少数的几个点,同时保证曲线段连接处连续。这就意味着薄板样条函数可以修改少数数据点配准而不必重新计算整条曲线,趋势面分析法无法做到这一点。在图 4-20(a)中,当二次样条曲线的一个点位置变化时,只需要重新计算四段曲线;在图 4-20(b)中,当一次样条曲线的一个点位置变化时,只需要重新计算两段曲线。

综上所述,薄板样条函数是分段函数,每次只用少量数据点,故插值速度快。与趋势面分析和移动平均方法相比,薄板样条函数保留了局部的变化特征,它的预

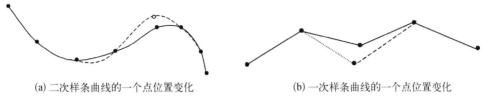

(a) 二次样条曲线的一个点位置变化　　　　　(b) 一次样条曲线的一个点位置变化

图 4‑20　薄板样条函数示意图

测值不局限于控制点的最大值和最小值范围内。薄板样条函数的一些缺点是样条内插的误差不能直接估算；在实践中，要解决的一个问题是样条块的定义以及如何在三维空间中将这些样条块拼成复杂曲面，同时又不引入原始曲面中所没有的异常现象等问题；另一个问题是在控制点较少的地区会产生很大的梯度变化。因此，人们又在原始方法的基础上提出了改进版本，如规则化薄板样条函数、张力薄板样条函数等。

5）克里金插值法

克里金（Kriging）插值法是一种用于空间差值的统计方法，目前已广泛应用于包括 GIS 在内的许多个领域。克里金法与最小二乘法比较类似，不同的是克里金法采用半方差来计算相关性，而最小二乘法采用协方差矩阵。与其他估值方法相比，克里金法不仅能够利用半变异函数揭示数据的空间相关性，而且能利用此空间相关关系对未知区域进行估值，还可以提供估计值的误差，也就是提供估计值的精度。误差越大，说明估计值的精度越低；误差越小，说明估计值的精度越高，从而得到更多的土壤参数信息。

克里金法的内涵假设条件是区域变量的可变性和稳定性，它假设某种属性的空间变异既不是完全随机的，也不是完全确定的。空间变异可能包含三种影响因素：一是表征区域变量变异的空间相关因素，即与空间变化有关的随机变量；二是表征趋势的结构因素；三是随机误差或噪声。克里金法用半方差来测定空间相关要素，其公式如下：

$$\gamma(h) = \frac{1}{2}\left[z(x_i) - z(x_j)\right]^2 \tag{4-5}$$

式中，$\gamma(h)$ 表示已知点 x_i 和 x_j 的半变异；h 表示两个点之间的距离；z 表示属性值。对局部插值方法来说，需要对全域按区间进行分组，区间分组的结果是产生一系列区间组，区间组分别按距离和方向对样本点进行归类。最后，按下列公式计算整个研究区域的半方差。应用该半方差可以估算空间自相关性变化和随机噪声。

$$\gamma(h) = \frac{1}{2n}\sum_{i=1}^{n}\left[z(x_i) - z(x_i + h)\right]^2 \tag{4-6}$$

式中,h 表示观测点之间的距离;n 表示相距 h 距离的观测点的个数;$z(x_i)$ 表示观测点 x_i 的数据值;$z(x_i+h)$ 表示与观测点 x_i 距离 h 远的另一个观测点的数据值。当 h 较小时,半方差很小,说明两个观测点距离很近,它们的值相近,它们在空间上的相关性也就较大。当 h 逐渐变大时,观测点之间越来越远,差异也越来越大,它们之间的相关性也越来越小。因此,如果观察点之间存在空间关系,那么距离越近的观测点具有更接近的值,距离较远的观测点则不然。

克里金法有很多分类,其中贝叶斯克里金法是 20 世纪 80 年代提出来的。其实质是以变异函数理论和空间结构分析为基础,根据观测数据和猜测数据对未知区域值进行估计。贝叶斯克里金法与普通克里金法最大的不同是此法引入了猜测数据。该法把原始数据分为两类:观测数据和猜测数据。观测数据是指原始数据中精度比较高的数据,它们的数量一般相对较少;猜测数据是指原始数据中精度比较低的数据,但它们的数量一般相对较多。当待估场地的观测数据不足时,就不能用普通克里金法估算未知区域处的值。但当有相邻或相似场地的猜测数据或观测数据时,则可以用贝叶斯克里金法预测未知区域处的值。

自然过程中形成的土壤多存在较强的各向异性,而目前的空间内插法大多只适用于各向同性土壤。克里金法可利用已知地质信息预测各向同性土壤中未知区域的土壤参数分布。但对于土壤剖面,其水平方向和垂直方向上的空间变异性明显不同,因此在预测剖面上未知区域处的土壤参数分布时不能用各向同性克里金法,而需要发展适用于各向异性土体中的克里金法。

4.6　网络分析

4.6.1　基本概念

在现实世界中,有许多线状地物相互连通,并以网状形式存在,如交通网、地下管网、电网、河流网等。在地理学中,主要应用网络分析方法对这些网状形态分布的空间实体进行模型化和地理分析,目的是解决网络状态下资源的流动和分配问题,如路径规划、资源分配等。

地理学研究引入图论中的一些概念来描述和对网络世界模型化。在图论中,图是由点集合(V)和点与点之间的边集合(E)构成的(图 4 - 21),一连串首尾相接的边称为路。当图中的边有方向时,称为有向网络图,此时,资源只能从起点到终点单向流动,如水网、电网等;当图中的边没有方向时,称为无向网络图,此时,资源可以在两点之间通过边双向流动,如互联网、交通网等。

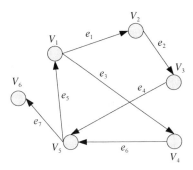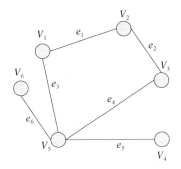

图 4-21　有向网络图(左)和无向网络图(右)

对于网络,图的连通性至关重要,这意味着图中各点之间是否可达。在无向网络图中,当任意两个点之间存在至少一条路时,该网络图就是连通的,这意味着任何两点间都是可达的。在有向网络图中,由于边有方向,所以路也有方向,只有当任意两点间存在至少一条有向路时,该网络图才是连通的,即强连通性。网络图的特点为:

(1) 无向网络图有 m 个顶点和 n 条边,顶点为边的端点;

(2) 有向网络图有 m 个顶点和 n 条边,顶点为边的起点和终点;

(3) 顶点的位置、边的类型(直线或曲线、实线或虚线)与理解网络图无关;

(4) 网络图的边可赋予权重,可理解为两点间的通达成本。

在计算机中,描述图的常见方法使用矩阵(邻接矩阵和关联矩阵)来表示,邻接矩阵描述顶点之间的相邻关系,关联矩阵描述顶点与边之间的关联关系。图 4-22(左图)描述了图 4-21 中有向网络图的关联矩阵,其中,第 i 行、第 j 列上的元素 a_{ij} 值如果为 1,则表示有向网络图中 V_i 到 V_j 是连通的,如果为 0,则表示不连通;图 4-22(右图)描述了图 4-21 中无向网络图的邻接矩阵,其中,第 i 行、第 j 列上的元素 a_{ij} 值如果为 1,则表示无向网络图中 V_i 和 V_j 之间是连通的,如果为 0,则表示不连通。另外,由于无向网络图没有方向,所以邻接矩阵是值对称的,而有向网络图的关联矩阵可能不对称。

$$\begin{bmatrix} 1 & 1 & 0 & 1 & 0 & 0 \\ 0 & 1 & 1 & 0 & 0 & 0 \\ 0 & 0 & 1 & 0 & 1 & 0 \\ 0 & 0 & 0 & 1 & 1 & 0 \\ 1 & 0 & 0 & 0 & 1 & 1 \\ 0 & 0 & 0 & 0 & 0 & 1 \end{bmatrix} \qquad \begin{bmatrix} 1 & 1 & 0 & 0 & 1 & 0 \\ 1 & 1 & 1 & 0 & 0 & 0 \\ 0 & 1 & 1 & 0 & 1 & 0 \\ 0 & 0 & 0 & 1 & 1 & 0 \\ 1 & 0 & 1 & 1 & 1 & 1 \\ 0 & 0 & 0 & 0 & 1 & 1 \end{bmatrix}$$

图 4-22　关联矩阵(左图)和
邻接矩阵(右图)

4.6.2　网络分析类型

网络分析 GIS 的重要分析类型,用于解决空间实体的分析问题,这些空间实体呈现了网络分布的特点,主要分析类型包括最短路径问题、旅行商问题、资源配置问题[5]。

1) 最短路径问题

最短路径问题是在网络中如何寻找累计距离最短的路径——寻找出一条 V_i 和 V_j 之间距离最短的路径。在这类问题中,边 e_{ij} 表示两点间的距离,在描述矩阵中 e_{ij} 的值为距离值。图 4-23 为一个无向网络图及其距离矩阵。在距离矩阵中,主对角线可理解为顶点自己到自己的距离,即 0;∞ 表示距离无穷远,即顶点间不可达;其他数值为顶点间的距离。如果要寻找 V_i 到 V_j 的最短距离,则可使用迭代算法:首先,寻找与 V_i 关联的所有边的另一个顶点,这些顶点记为候选顶点集合 V_1,并记录每条路径的距离;其次,寻找与集合 V_i 中顶点关联的边的其他顶点,记为候选顶点集合 V_2;再次,重复第二步进行迭代,直至目标顶点 V_j 出现在候选集合 V_n 中,停止迭代,一次搜索过程完成;最后,重复上述搜索步骤,直至没有新的路径生成为止,从所有的候选路径中选择累计距离最短的路径,即为最短路径。例如,V_2 到 V_5 之间有两条路径,分别为(V_2, V_1, V_5)和(V_2, V_3, V_5),路径距离分别为 11 和 14,因此,前者为 V_2 到 V_5 的最短路径。

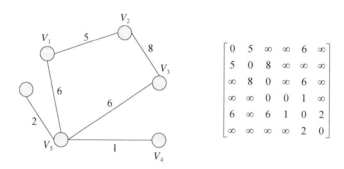

图 4-23　无向网络图(左)及其距离矩阵(右)

实际上,最短路径问题是一类问题的总称,上面描述的最短路径问题是最简单、最基础的路径搜索问题,其边的意义本来只是距离长度,但在赋予边其他或更多的含义后,问题会变得更加复杂。例如,在从 a 地到 b 地的导航问题中,由于路段拥堵或维修等,人们关心的可能不是距离是否最短,而是否能够最快到达。这时边的意义就变成了时间成本;另外,如果同时考虑不同路况油耗量的不同,那么边的意义又增加了经济成本。如果人们在导航时要求时间最短,同时油耗最少,则简单的最短路径问题就变成了复杂的多目标优化问题——同时考虑时间成本和经济成本。

2) 旅行商问题

旅行商问题(traveling salesman problem,TSP)也是一种最短路径问题,同时是数学上著名的优化问题之一。它假设有一个旅行商人要拜访 n 个城市,但每个城市仅能拜访一次,最后要回到原来出发的城市,如何有序行走才能使经过的所有城市累计路径最短。这个问题的基本类型对应着一个无向网络图,即所有顶点两两连通,这是最简单的一种情况;复杂一点的情况是对应一个不完全连通的无向网络图;而最复杂的情况是对应一个不是强连通的有向网络图,在这种情况下,不仅要考虑路径方向,也要考虑访问城市的先后顺序。

旅行商问题是一个优化问题,且是 NP 完全问题。如果一个问题可以找到一个能在多项式的时间里解决它的算法,那么这个问题就属于 P 问题,是一个确定性问题;而 NP 问题是指可以在多项式的时间里验证一个解的问题,即可以在多项式的时间里猜出一个解的问题,是非确定性问题。很显然,所有的 P 问题都是 NP 完全问题。解决 NP 完全问题在时间复杂度上要比 P 问题大得多,普通的迭代穷举算法无法得到最优答案。解决这类 NP 完全问题一般采用启发式算法,如禁忌搜索、遗传算法等。

3) 资源配置问题

资源配置问题是通过网络来研究资源(主要是指城市配套的公共资源)空间分布的问题,研究公共设施(如邮局、消防局等)是否能够高效地提供基础服务,空间资源配置问题分析的主要目的是衡量这些公共资源的效率。另外,对于有多个零售网点的企业,已经分布好的网点位置是否满足当前需要,是否需要调整零售点的数量和位置,这些都应该根据当前城市情况重新布置。上述这些涉及空间分布位置及其之间流量的组合优化问题一般都可归结为二次分配问题(quadratic assignment problem,QAP)。简单来说,资源配置问题就是将 N 种资源放置在 M 个位置上,每种资源在每个位置上都能产生不同的效益,如何放置才能使所有资源发挥的总效益最大。与 TSP 一样,QAP 也是一种 NP 完全问题。

如果从另一个角度考虑,资源配置问题又可细分为定位问题和配置问题。定位问题是已知资源信息,确定在何处设置这些资源;而分配问题是已知资源设置的位置,确定每种资源应该放置在何处。

4.6.3 网络分析方法

根据前面所述,应用网络分析所解决的问题主要为 NP 完全问题,这类问题的特点是在多项式时间内,无法找到全局最优解,而只能找到相对最优解,即以牺牲一定精度的方式换取时间上的可承受性。解决 NP 完全问题行之有效的算法是启发式算法。启发式算法是相对于最优化算法提出的,它是一个基于直观或经验构造的算法,在可接受的花费(指计算时间和空间)下给出对每一个实例进行组合优化的可行解,该可行解与最优解的偏离程度一般无法预计。目前,启发式算法主要包括模拟退火算法、遗传算法和蚁群算法。

1）模拟退火算法

模拟退火（simulated annealing，SA）算法是由 Kirkpatrick 开发的元启发式算法。其名称和方法来源于金属被加热和重新加热及之后持续冷却后的现象，其目的是获得离全局最优解最近的一个解。

模拟退火算法模拟了固体退火原理，是一种基于概率的算法。模拟退火算法由初始解 i 和控制参数初值 t 开始，对当前解重复"产生新解→计算目标函数差→接受或舍弃"的迭代，同时逐步衰减 t 值，算法终止时的当前解即所得近似最优解，这是基于蒙特卡罗迭代求解法的一种启发式随机搜索过程。退火过程由冷却进度表（cooling schedule）控制，包括控制参数的初值 t 及其衰减因子 Δt、每个 t 值的迭代次数 L 和停止条件 S。模拟退火算法可分为四个步骤：① 确定一个初始解 x_0。令当前解 $x_i = x_0$，当前迭代步数 $k=0$，当前温度 $t_k = t_{max}$。② 如果该温度达到内循环停止条件，则转③；否则，从邻域 $N(x_i)$ 中随机选一邻居 x_j，计算 $\Delta f_{ij} = f(x_j) - f(x_i)$，若 $\Delta f_{ij} \leqslant 0$，则令 $x_i = x_j$，否则若 $\exp(-\Delta f_{ij}/t_k) > \text{random}(0,1)$（表示一个 $0\sim1$ 均匀分布的随机数），则 $x_i = x_j$，重复第②步。③ $k = k+1$，$t_k+1 = d(t_k)$，表示温度下降的函数。若满足终止条件，则转第④步。④ 输出计算结果，停止算法。算法中，包含一个内循环和一个外循环。内循环为第②步，它表示在同一个问题下，一些状态的随机搜索。外循环主要包括第③步的温度下降变化、迭代步数的增加和停止条件等。

模拟退火算法具有的特点是：算法与初始值无关，算法求得的解与初始解 x_0（算法迭代的起点）无关；模拟退火算法具有渐近收敛性，已在理论上被证明是一种以一定概率收敛全局最优解的全局优化算法；模拟退火算法具有并行性。

2）遗传算法

遗传算法（genetic algorithm，GA）起源于对生物系统所进行的计算机模拟研究，这一模型模拟达尔文生物进化论的自然选择和遗传学机制的生物进化过程，是一种通过模拟自然进化过程搜索最优解的方法，其本质是一种高效、并行、全局搜索的方法，能在搜索过程中自动获取和积累有关搜索空间的知识，并通过自适应的方法控制搜索过程以求得最优解。

在遗传算法中，优化问题的解经过一定的编码被规则成染色体（chromosome），代表了初始种群。每个染色体基因编码不同，记录了每个解所具有的独特性质。这些性质对于要解决的优化问题，有好的一面（优秀基因），也有坏的一面（恶劣基因），可以通过计算其适应度来算出每个染色体（或解）的优劣程度。遗传算法的主要运行机理就是"适者生存法则"，通过不断地迭代演化——包括组合交叉（crossover）和变异（mutation）等，摒弃恶劣基因，将优秀基因传递下去产生新一代种群。在新一代种群中，累积优秀基因，当优秀基因累积到一定程度时，则停止遗传演化,从而得到具有最优秀基因的染色体,再解码得到近似全局最优解。遗传算法运算过程为: ① 种群初始化。设置进化代数计数器 $t=0$,设置最大进化代数 T,随机生成 M 个个体作为初始种群 $P(0)$。② 个体评价。计算种群 $P(t)$ 中各个体的适应度。③ 选择运算。将选择算子作用于种群。选择的目的是把优化的个体直接遗传到下一代或通过配对交叉产生新的个体再遗传到下一代。选择操作建立在对种群中个体的适应度评估基础上。④ 交叉运算。将交叉算子作用于种群。遗传算法中起核心作用的就是交叉算子。⑤ 变异运算。将变异算子作用于种群。也就是对种群中个体串的某些基因座上的基因值进行变动。种群 $P(t)$ 经过选择、交叉、变异运算之后得到下一代种群 $P(t+1)$。⑥ 终止条件判断。若 $t=T$,则以进化过程中所得到的具有最大适应度个体作为最优解输出,终止计算。

　　遗传算法是对参数的编码进行操作,而不涉及参数本身。该算法不局限于一点,而是从多点开始计算,同时引入变异操作,从而可以有效防止搜索过程收敛于局部最优。遗传算法在解空间进行高效启发式搜索,而非盲目或随机搜索,搜索过程中的寻优规则不确定,由概率决定。遗传算法具有并行计算的特点,因而可以通过大规模并行计算来提高计算效率。

　　3) 蚁群算法

　　蚁群算法来源于人们对蚂蚁觅食过程的模拟。人们在研究蚂蚁觅食行为时,发现单个蚂蚁的行为比较简单,但是蚁群整体却可以体现出一些智能行为。例如,蚁群可以在不同的环境下,寻找最短到达食物源的路径。这是因为蚁群内的蚂蚁可以通过某种信息机制实现信息的传递。这种信息的载体是蚂蚁释放出的一种可以称为信息素(pheromone)的物质,蚁群内的蚂蚁对信息素具有感知能力,它们会沿着信息素浓度较高的路径行走,而每只路过的蚂蚁都会在路径上留下信息素,形成一种类似正反馈的机制。

　　为了指引自己和启发其他蚂蚁继续寻找食物,蚂蚁在觅食过程中具有一些特点,也会遵循一些规则: ① 蚂蚁的感知范围有限,使其不具有全局观;② 环境信息比较复杂,蚂蚁所在环境中有障碍物、其他蚂蚁、信息素,其中信息素包括食物信息素(找到食物的蚂蚁留下的)、窝信息素(找到窝的蚂蚁留下的);③ 觅食规则,蚂蚁在感知范围内寻找食物,如果感知到就会到食物所在的地方去;如果感知不到,就朝信息素多的地方去,但是它们也会“小概率犯错”(不朝信息素多的地方去),这样就使得并非所有蚂蚁都往信息素最多的方向移动;④ 蚂蚁会在其所经过的路径上释放信息素,信息素在刚找到食物时释放量最多,同时,信息素还以一定速率蒸发,直至完全消失,除非有其他蚂蚁在同一位置重复释放信息素。

　　总结上述特点和规则可以发现,蚂蚁的觅食特点与求解优化问题面临的问题基本一致。一是问题解空间非常庞大,无法通过确定性算法得到最优解,即无法从全局角度搜索解空间;二是启发式算法不是盲目地随机寻找最优解,而是在一定先验知识的指导下进行搜索,对蚂蚁来说,信息素就是指导其寻找食物的启发信息;三是为了避免算法陷入局部最优解中,需要一定的随机扰动使其跳出局部最优,重新开始寻找过程。对蚂蚁来说,它的"小概率犯错"和信息素蒸发机制就是重新开辟更优觅食路径的契机。定义蚁群算法需要几个关键因素:① 蚂蚁种群和种群数量,代表初始解和初始解的数量。② 迭代次数,决定算法的停止条件。③ 定义信息素,代表启发信息的形式,因不同的网络分析问题而定,一般的定义形式为

$$\eta_{ij} = \frac{1}{d_{ij}} \qquad (4-7)$$

式中,η_{ij} 表示由点 i 转移到点 j 的启发信息;d_{ij} 表示城市 i 和 j 之间的路径长度。
④ 信息素蒸发和更新规则,代表启发信息的指引强度。当所有蚂蚁完成一次觅食后,各路径上的信息素更新规则如式(4-8)所示。其中,$\tau_{ij}(t+1)$ 是下一时刻点 i 和 j 之间路径上更新后的信息素值,ρ 为信息素蒸发率,$\Delta\tau_{ij}$ 为点 i 和 j 路径上的信息素增量总和,$\Delta\tau_{ij}^{k}$ 为第 k 只蚂蚁在点 i 和 j 路径上的信息素增量。

$$\begin{cases} \tau_{ij}(t+1) = (1-\rho) \cdot \tau_{ij}(t) + \Delta\tau_{ij} \\ \Delta\tau_{ij} = \sum_{k=1}^{m} \Delta\tau_{ij}^{k} \\ \Delta\tau_{ij}^{k} = \begin{cases} \dfrac{Q}{L_k}, \text{若蚂蚁 } k \text{ 在本次迭代中经过边}(i,j) \\ 0, \text{其他} \end{cases} \\ Q, \text{正常数} \\ L_k, \text{蚂蚁 } k \text{ 在本次迭代中生成的解} \end{cases} \qquad (4-8)$$

⑤ 转移概率,决定算法跳出局部最优的能力,其定义形式如式(4-9)所示。其中 $p_{ij}^{k}(t)$ 表示第 k 只蚂蚁选择从点 i 移动到点 j 的概率:

$$p_{ij}^{k}(t) = \begin{cases} \dfrac{[\tau_{ij}(t)]^{\alpha}[\eta_{is}(t)]^{\beta}}{\sum\limits_{s \in J_k(i)} [\tau_{ij}(t)]^{\alpha}[\eta_{is}(t)]^{\beta}}, & j \in J_k(i) \\ 0, & \text{其他} \end{cases} \qquad (4-9)$$

式中,α 表示信息素的相对重要程度;β 表示启发式因子的相对重要程度;$J_k(i)$ 表示蚂蚁 k 下一步允许选择的点的集合。

图 4 - 24 显示蚁群算法的一般流程。

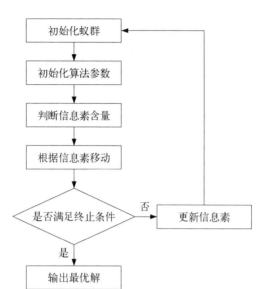

图 4 - 24 蚁群算法一般流程

蚁群算法求解复杂优化问题时精度较高,但搜索时间长,搜索效率不高。随着蚁群算法的不断研究,蚁群算法也取得了很大的进展。对于许多优化问题,蚁群算法都给出了自己的解决方法,将其他经典优化算法与其结合起来成为一种新算法。混合蚁群算法不仅大大克服了传统蚁群算法的缺点,而且具有蚁群算法本身的优点。因此,混合蚁群算法的理论研究已成为一个主流趋势。

【参考文献】

[1] 王少华,钟耳顺,李绍俊,等.面向矢量数据叠加分析的拓扑一致性处理研究[J].地理与地理信息科学,2015,31(1):12 - 16,36.

[2] 董慧,程振林,方金云.基于栅格的叠加分析方法[J].高技术通讯,2011,21(1):22 - 28.

[3] 周玉科.并行化空间拓扑叠加分析方法研究[D].北京:中国科学院大学,2013.

[4] 朱效民,赵红超,刘焱,等.矢量地图叠加分析算法研究[J].中国图象图形学报,2010,15(11):1696 - 1706.

[5] 龚志成,曾惠翼,裴继红.基于邻域分析的海洋遥感图像舰船检测方法[J].深圳大学学报(理工版),2013,30(6):584 - 591.

[6] 刘凯,汤国安,江岭,等.数字地形分析中邻域统计型算法并行化方法及效率分析[J].地理与地理信息科学,2013,29(4):91 - 94.

[7] 马永刚.图的邻域参数研究[D].大连:大连海事大学,2007.

[8] 郭凯文,潘宏亮,侯阿临.基于特征选择和聚类的分类算法[J].吉林大学学报(理学

版),2018,56(2):395-398.

[9] 孙俊娇,王萍,张英,等.特征贡献度与 PCA 结合的遥感影像分类特征选择优化方法研究[J].测绘与空间地理信息,2018,41(1):49-54.

[10] 孙志中,王磊,桑伟泉.基于三次 B 样条插值曲面的图像放大方法[J].计算机与数字工程,2015,43(3):477-479,515.

[11] 吴丽琼.基于梯度的图像插值放大算法研究[D].山东:山东大学,2017.

[12] 戴刚毅,鲍征宇,张锦章.基于 GIS 的矿山空间数据库的建立[J].江西地质,2000,14(4):292-294.

[13] 刘云翔,陈荦,李军,等.基于城市道路网的最短路径分析解决方案[J].小型微型计算机系统,2003,24(7):287-290.

[14] 高春东,郭启全,江东,等.网络空间地理学的理论基础与技术路径[J].地理学报,2019,74(9):1949-1964.

[15] 严寒冰,刘迎春.基于 GIS 的城市道路网最短路径算法探讨[J].计算机学报,2000,23(2):99-104.

[16] 齐安文,吴立新,李冰,等.一种新的三维地学空间构模方法——类三棱柱法[J].煤炭学报,2002,27(2):158-163.

第 5 章

时空信息系统光谱分析

5.1 电磁辐射

物体内部带电粒子的不断运动和相互作用会辐射出电磁波,这就是电磁辐射,物质辐射的电磁波包含不同的波长 λ(频率 ν)。根据普朗克辐射定理,凡是绝对温度大于 0℃的物体都能辐射电磁能,物体的辐射强度与温度及表面的辐射能力有关,辐射的光谱分布也与物体状态密切相关[1-3]。电磁波谱范围宽广,最长可以是波长达数千公里的长波电振荡,最短可以是波长小于 10^{-10} m 的宇宙射线,图 5-1 为电磁波谱图。

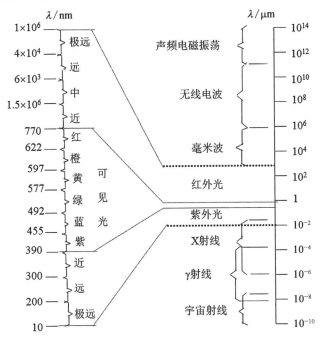

图 5-1 电磁波谱图

人眼可直接感知的 $0.4\sim0.75\,\mu m$ 波段被称为可见光波段,而把波长从 $0.75\sim1\,000\,\mu m$ 的电磁波称为红外波段,红外波段的短波端与可见光红光相邻,长波端与微波相接,见表 5-1。

表 5-1   谱段的分类

名 称	波长/μm
紫 外 线	0.1～0.4
可 见 光	0.4～0.75
近 红 外	0.75～1.1
短波红外	1.1～3.0
中波红外	3.0～6.0
长波红外/热红外	6.0～15.0

物质在不同状态下产生不同的电磁波类型,可见光辐射主要来自高温辐射源,如太阳、高温燃烧气体、灼热金属等,任何低温、室温或加热后的物体也都有红外辐射,不同波长或频率的电磁辐射主要来源如下:核内部的相互作用 γ 射线、内层电子的离子化 X 射线、外层电子的离子化紫外线、外层电子的激励可见光、分子振动和晶格振动红外线、分子旋转。电子自旋和磁场的相互作用产生毫米波和微波、核自旋和磁场的相互作用产生米波。

虽然电磁波产生原因各不相同,但是不同波段的电磁波在本质上是相同的,它们和无线电波没有多大差别,在真空中都以光速(c)传播[式(5-1)],并且具有明显的波粒二象性:

$$\lambda = c/\nu \qquad\qquad (5-1)$$

各种类型的电磁波,虽然遵守同样的反射、折射、衍射和偏振等基本电磁运动规律,但它们的性质,如传播的方向性、穿透性和物质的相互作用特性等,有很大的差别[1-3]。不同物体在不同状态(如温度、表面结构等)下,辐射的电磁波波长不同则强度不同,任一时刻的电磁辐射可被描述成一个幅值随波长(频率)变化的量,称为光谱。辐射光谱携带了物体本身的特性,这些特性可以通过研究光谱、识别物体类型、分析物质组成和状态、反演表面温度等而被识别。

电磁波遇到物质会发生反射、折射、吸收现象,入射的光谱经过上述作用后,产生的电磁光谱称为反射光谱、透射光谱、吸收光谱。不同物体对不同波长的光具有不同的作用,即物体的反射率、折射率和吸收率,它们也都是波长的函数,反射或者透射后的光谱携带了被照射物体的特征信息,因此通过研究反射光谱、透射光谱或者吸收光谱,在已知入射光谱的情况下,可以分析被照射物体的特征、识别物体的种类。

辐射光谱和反射光谱(透射光谱)携带了被照射物体的特征信息,这就是利用光谱来研究物质特征、识别物质类型和成分的物理基础,即遥感的物理基础。遥感,即非接触感知,是一种非接触探测目标的技术手段。紫外到热红外波段的遥感,称为光谱遥感。光谱遥感就是利用遥感仪器采集和记录光谱信息,通过分析光谱信息来间接分析和了解物体的类型、组成和其他特征的技术。

本节将根据时空数据中的光谱特征,就常用光谱遥感技术所探测的电磁波进行简要介绍。

5.1.1　辐射光谱学的基本物理量

辐射光谱学的物理量用辐射能量度量,其辐射术语可应用于整个电磁频谱,表 5-2 是常用辐射学基本物理量一览表。

表 5-2　常用辐射学基本物理量

辐射度物理量			
名　　称	符　号	表 达 式	单　　位
辐射能	Q_e		J
辐射通量	Φ_e	$\Phi_e = \mathrm{d}Q_e/\mathrm{d}t$	W
辐射出射度	M_e	$M_e = \mathrm{d}\Phi_e/\mathrm{d}S$	W/m^2
辐射强度	I_e	$I_e = \mathrm{d}\Phi_e/\mathrm{d}\Omega$	W/sr
辐射亮度	L_e	$L_e = \mathrm{d}I_e/(\mathrm{d}S\cos\theta)$	W/(m^2·sr)
辐射照度	E_e	$E_e = \mathrm{d}\Phi_e/\mathrm{d}A$	W/m^2
对应的光度量			
名　　称	符　号	表 达 式	单　　位
光量	Q_v	$Q_v = \int \Phi_v \mathrm{d}t$	lm·s
光通量	Φ_v	$\Phi_v = \int I_v \mathrm{d}\Omega$	lm
光出射度	M_v	$M_v = \mathrm{d}\Phi_v/\mathrm{d}S$	lm/m^2
发光强度	I_v	基本量	cd
(光)亮度	L_v	$L_v = \mathrm{d}I_v/(\mathrm{d}S\cos\theta)$	cd/m^2
(光)照度	E_v	$E_v = \mathrm{d}\Phi_v/\mathrm{d}A$	lx

表 5-2 列举的辐射度物理量及其对应的光度量,只是辐射学基本物理量。有关辐射学的术语及其命名规律,建议参考相关学术文献,如,发射本领、吸收率、反

射率和透过率等项在此均不再赘述。

5.1.2 辐射光谱学的基本定律和计算关系

1. 黑体及辐射率

19 世纪后半期,物理学家一直试图解释热辐射体的光谱能量分布。1860 年,基尔霍夫在研究辐射传输的过程中发现:在任一给定的温度下,辐射通量密度和吸收系数之比是一个常数,与辐射体材料无关。用公式表达为

$$\frac{W_{A_1}}{\alpha_{A_1}} = \frac{W_{A_2}}{\alpha_{A_2}} = \cdots = W_B = f(T) \tag{5-2}$$

当辐射通量密度为 W_B 时,$\alpha_B = 1$,这种物体称为黑体。可见黑体能够完全吸收入射辐射。按照基尔霍夫定律,黑体也是最有效的辐射体。绝对黑体是一个理想的概念,在自然界并不存在,用人工的方法可以制造近似黑体。例如,一个壳壁上开小孔的球形腔体,内层涂黑,从外界入射进小孔的辐射经过腔体内表面多次反射后,只有一小部分从小孔辐射出来,绝大部分被吸收,此时小孔的辐射可近似看成一个黑体。普通物体不可能完全吸收入射辐射,因为其吸收系数小于 1,所以辐射能力也小于黑体。辐射源的辐射通量密度与具有同一温度的黑体的辐射通量密度之比就是物体的比辐射率,即

$$\varepsilon = \frac{W}{W_B} \tag{5-3}$$

比辐射率的值在 $0\sim1$,用来度量辐射源接近黑体的程度,代入基尔霍夫定律式(5-2),可得到比辐射率和吸收率的关系:

$$\varepsilon = \frac{W}{W_B} = \frac{\alpha W_B}{W_B} = \alpha \tag{5-4}$$

可见,物体的比辐射率在数值上等于该温度时的吸收率,吸收率越大,比辐射率越大。即好的吸收体也是好的辐射体。上面的定义假定物体的比辐射率与波长无关,事实上材料的比辐射率与波长是相关的。由此可定义光谱比辐射率 ε_λ,数值上等于光谱吸收率 α_λ,是特定波长处物体的吸收(辐射)本领与黑体的比值。因此,可把全光谱比辐射率写为

$$\varepsilon = \frac{W'}{W} = \frac{\int_0^\infty \varepsilon_\lambda W_\lambda \, d\lambda}{\int_0^\infty W_\lambda \, d\lambda} = \frac{1}{\sigma T^4} \int_0^\infty \varepsilon_\lambda W_\lambda \, d\lambda \tag{5-5}$$

　　根据物体的比辐射率与波长的关系,可把物体分为三类,如图 5 - 2 和图 5 - 3 所示:绝对黑体 $\varepsilon_\lambda = \varepsilon = 1$;灰体 $\varepsilon_\lambda = \varepsilon = $ 常数 < 1;选择性辐射体 $\varepsilon_\lambda < 1$,它们的比辐射率随波长变化。

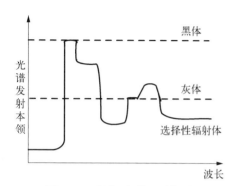

图 5 - 2　黑体、灰体和选择性
辐射体的比辐射率

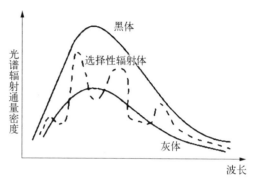

图 5 - 3　黑体、灰体和选择性辐
射体的辐射光谱曲线

　　灰体的比辐射率是黑体的一个不变的分数,这一概念特别重要。若按严格定义,黑体的比辐射率在全光谱范围内应恒等于 1,灰体的比辐射率应恒等于一个常数,几乎所有材料都会是选择性辐射体。但许多材料在有限光谱区间的辐射特性完全可被看成灰体,从而简化计算。

　　2. 普朗克定律

　　1900 年,普朗克应用量子论计算出黑体的光谱辐射通量密度,即普朗克定律,用公式表达为

$$W_\lambda = \frac{2\pi hc^2}{\lambda^5} \frac{1}{\mathrm{e}^{ch/(\lambda kT)} - 1} \tag{5-6}$$

式(5 - 6)可以写为

$$W_\lambda = \frac{c_1}{\lambda^5} \frac{1}{\mathrm{e}^{c_2/(\lambda T)} - 1} \tag{5-7}$$

式中,W_λ 表示黑体的光谱辐射通量密度,$\mathrm{W/(cm^2 \cdot \mu m)}$;$T$ 表示黑体的绝对温度;λ 表示波长;h 表示普朗克常量,其值为 $6.626\ 196 \times 10^{-34}\ \mathrm{W/s^2}$;$c = 2.997\ 925 \times 10^{10}\ \mathrm{cm/s}$,为真空中光速;$c_1 = 2\pi hc^2 = 3.741\ 844 \times 10^{-12}\ \mathrm{W/cm^2}$,为第一辐射常数;$c_2 = ch/k = 1.438\ 833\ \mathrm{cm \cdot K}$,为第二辐射常数。

　　将式(5 - 7)对波长从 0～∞ 积分,得到黑体的辐射通量密度:

$$W = \int_0^\infty W_\lambda \mathrm{d}\lambda = \frac{2\pi^5 k^4}{15c^2 h^3} T^4 = \sigma T^4 \tag{5-8}$$

式中，σ 为斯特藩-玻尔兹曼常数，$\sigma = 5.6697 \times 10^{-12}$ W/(cm² · K⁴)，此即斯特藩-玻尔兹曼定律：黑体辐射通量密度与绝对温度的四次方成正比。将式(5-8)对波长求导，令其导数等于零，得到黑体辐射通量密度的峰值波长：

$$\frac{c_2}{\lambda_m T} = 5\left[1 - \mathrm{e}^{-c_2/(\lambda_m T)}\right] \tag{5-9}$$

此方程的近似解为

$$\frac{c_2}{\lambda_m T} = 4.965114 \tag{5-10}$$

$$\lambda_m T = c_2/4.965114 = 2897.95 \,\mu\mathrm{m} \cdot \mathrm{K} \tag{5-11}$$

这就是维恩位移定律：黑体的辐射谱峰值波长与绝对温度成反比，这是红外温度探测常用的依据。温度在 3 500～5 500 K 的黑体辐射光谱通量密度曲线如图 5-4所示。

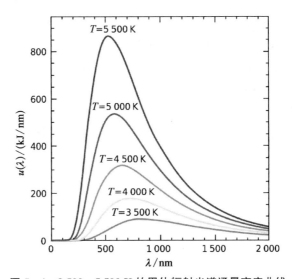

图 5-4 3 500～5 500 K 的黑体辐射光谱通量密度曲线

3. 辐射学的基本计算关系

对于光谱探测仪，由于目标大小和探测距离的不同，辐射源可以是点源，也可以是面源，在进行辐射学计算时二者是不一样的，下面分别对其计算讨论。

1) 点源

任何辐射源都具有一定尺寸，但如果辐射源的面积小于仪器瞬时视场的空间覆盖，辐射源面积也有效，这样的辐射源称为点源，此时辐射源无法以单位面积定义。描述点源的主要物理量为辐射通量 P 和辐射强度 J：

$$P = \int_{\Omega} J \, \mathrm{d}\Omega \qquad (5-12)$$

如图 5-5 所示,设点源辐射强度为 J,点源到被照面元 $\mathrm{d}A$ 的距离为 l,面元法线与入射光线的夹角为 θ,则点源产生的辐照度为

$$H = \frac{J \, \mathrm{d}\Omega}{\mathrm{d}A} = J \, \frac{\cos\theta}{l^2} \qquad (5-13)$$

式中,$\mathrm{d}\Omega$ 表示点源对面元所张的立体角。

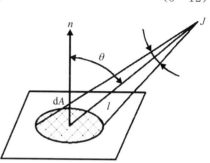

图 5-5 点源的辐照度

2) 面源

当辐射源面积有一定大小时,如在近距离测量导弹的尾焰辐射特性时,得到的尾焰像由许多像素组成,因为单个像素的测量视场不能探测到全部尾焰,此时尾焰的辐射面积只有部分是有效的,应视作面源。因为面源大小不同,在不同方向上的辐射特性也不同,故可用辐射亮度 N,即单位投影面积在单位立体角空间的辐射功率,作为基本量,来计算面源的各个辐射参数。将辐射亮度对辐射源的面积进行积分,可得辐射强度:

$$J = \int_A N\cos\theta \, \mathrm{d}A \qquad (5-14)$$

将辐射亮度对辐射所张的空间立体角进行积分,可得辐射通量密度:

$$W = \int_{\Omega} N\cos\theta \, \mathrm{d}\Omega \qquad (5-15)$$

取辐射亮度对辐射所张空间立体角和辐射面积进行双重积分,可得辐射通量:

$$P = \int_A \int_{\Omega} N\cos\theta \, \mathrm{d}A \, \mathrm{d}\Omega \qquad (5-16)$$

上述公式中 θ 为发射方向与 $\mathrm{d}A$ 法线的夹角,$\cos\theta \mathrm{d}A$ 即辐射源面元在发射方向的投影。一般情况下,物体辐射或反射均有方向性,它的辐射亮度与发射方向有关。理想的全漫射体发射的能量应能向半球空间均匀辐射,而且辐射亮度是常数,这种理想的漫辐射体称为朗伯辐射体,见图 5-6。由式(5-14)可知,朗伯体面元的辐射强度只与测量方向和面元法线夹角的余弦成正比,即遵循朗伯余弦定律:

$$\mathrm{d}J = N\cos\theta \qquad (5-17)$$

很多实际辐射体在一定角度范围内可看成朗伯辐射体。例如,对于绝缘体,θ

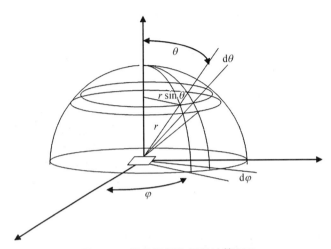

图 5 - 6   朗伯漫射体辐射计算图示

在 $60°$ 内;对于导体,θ 在 $50°$ 内,在工程中可以近似看成朗伯体。理想的朗伯体向半球发射的辐射通量密度与其辐射亮度间存在简洁的关系。在球坐标系中有

$$d\Omega = \frac{(r\sin\theta d\varphi) \cdot (r d\theta)}{r^2} = \sin\theta d\theta d\varphi \tag{5-18}$$

因为朗伯体的 N 与方向无关,所以式(5-15)可写为

$$W = \int_{\Omega} N\cos\theta d\Omega = N\int_0^{2\pi} d\varphi \int_0^{\pi/2} \cos\theta\sin\theta d\theta = \pi N \tag{5-19}$$

就是

$$N = \frac{W}{\pi} \tag{5-20}$$

式(5-20)表明,朗伯体辐射通量密度是辐射亮度的 π 倍,而不是 2π 倍(半球立体角)。后面将提到,在辐射源的绝对温度 T 和比辐射率 ε 确定后,可以根据辐射学定律计算 W,辐射亮度也随之确定。下面计算朗伯面源产生的辐照度。

辐照度与辐射通量密度有相同的量纲(W/cm^2),但辐射通量密度是发射的功率密度,而辐照度是单位被照射面积接收到的辐射通量,是指接收端的功率密度。当用仪器接收辐射时,入瞳的辐照度按式(5-21)计算:

$$H = \int N\cos\theta d\Omega \tag{5-21}$$

式中,辐射亮度为接收端的辐射亮度,对立体角的积分范围应是仪器的接收立体

角。对面源来讲,由于仪器视场的限制,源发射面积中只有部分是有效的。由于系统有效孔径的限制,源向空间发射的能量只有落在有限的立体角内的部分能被系统所接收。

如图 5-7 所示,假设 dA_2 表示仪器入瞳面积,θ_2 表示 dA_2 法线与测量方向的夹角,$d\Omega_2$ 表示仪器视场立体角,dA_1 表示面源有效发射面积,θ_1 表示 dA_1 法线与测量方向的夹角,$d\Omega_1$ 表示面源发射立体角,l 表示测量距离,则有

$$d\Omega_1 = \frac{dA_2 \cos\theta_2}{l^2} \tag{5-22}$$

$$d\Omega_2 = \frac{dA_1 \cos\theta_1}{l^2} \tag{5-23}$$

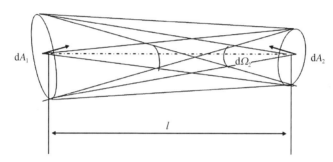

图 5-7　封闭光束无损传输时亮度守恒关系

假定光束传输过程中没有吸收、反射等损失,则应有

$$P = N_1 \cos\theta_1 d\Omega_1 dA_1 = N_2 \cos\theta_2 d\Omega_2 dA_2 \tag{5-24}$$

将式(5-22)、式(5-23)代入式(5-24)得

$$N_1 = N_2 \tag{5-25}$$

式(5-25)表明:如果忽略传输损失,辐射源的辐射亮度等于仪器接收端的辐射亮度。如果考虑传输损失,两者相差一个传输效率。上述结论虽是通过一个特例导出的,实际上它反映了一个封闭光束在无损失的同种介质中传输时辐射亮度的传递关系,具有普遍意义。不仅光束源端和接收端的辐射亮度是相等的,而且封闭光束的各个截面的辐射亮度也处处相等,称为亮度守恒定律。

因为利用辐射的一些基本定律可较为方便地求得源的辐射亮度,所以接收端辐射亮度等于源的辐射亮度,或等于源的辐射亮度乘以传输效率。知道了仪器接收的辐射亮度,就不难求得辐照度和辐射功率。当测量方向与仪器光轴重合时,公式更为简洁:

$$H = N \cdot \Omega = N \cdot \omega^2 \tag{5-26}$$

$$H = N \cdot A \cdot \Omega = N \cdot A \cdot \omega^2 \tag{5-27}$$

式中,A、Ω、ω 分别表示仪器的入瞳面积、视场立体角和视场角。由于 $A\Omega$ 是仪器固有的参数,只要满足面源的约定,仪器测得的辐射功率就与测量距离无关,而与源的辐射亮度成正比。

5.2　大气传输特性

从目标发出的辐射,必须要经过大气才能到达接收系统。当被测目标和探测器的光学镜头距离很近时,大气的吸收特性不明显,虽然大多数波长可以不考虑大气影响,但是在遥感应用中,目标距离探测器往往较远,航空遥感中两者相距往往在百米或千米级别,航天遥感甚至往往在百公里及以上,这样就必须要考虑大气传输带来的影响。

大气传输的影响主要有大气本身的辐射会与目标辐射相叠加,减弱目标与背景的对比度;大气湍流能引起空气温度、湿度和密度的波动,进而引起折射率的波动,造成光束的传播方向、相位和偏振的抖动以及光束强度闪烁;大气吸收影响很大,虽然在大多数情况下对成像光谱仪不利,但只要清楚了大气传输的本质规律,也可以对其加以利用[3]。例如,大气中的二氧化碳在 $14 \sim 16\,\mu\text{m}$ 波段有一条强吸收带,因此它也是 $14 \sim 16\,\mu\text{m}$ 稳定的强辐射源。卫星红外地平仪的探测波段就选择在 $14 \sim 16\,\mu\text{m}$,实际探测的是二氧化碳层的辐射,这样可消除大地的辐射不均匀对姿态控制精度的影响。

$$\tau = \text{e}^{-\sigma x} \tag{5-28}$$

式中,τ 表示大气透过率;σ 表示衰减系数或消光系数;x 表示路程长度。衰减系数可分解为吸收系数 α 和散射系数 γ:

$$\sigma = \alpha + \gamma \tag{5-29}$$

吸收系数、散射系数均随波长而变化。

1. 大气吸收

大气含有多种气体成分,主要为氮气(N_2)、氧气(O_2)、氩气(Ar)、二氧化碳(CO_2)、水蒸气(H_2O)等。根据分子物理学理论,吸收是入射辐射和分子系统之间相互作用的结果。气体分子的能量包括分子的热运动、原子的振动、原子的转动和电子能量几部分。热运动能量可以连续变化,但因为它对可见光红外光波段的作用较弱,所以不足以引起吸收作用,可以忽略。其他几种能量的变化只能取一些分立的值,也只能吸收特定波长的辐射,因此有很强的选择性。电子在能级间的跃迁能量较大,由此造成的吸收光谱一般出现在紫外、可见和近红外区域。振动能级的跃迁所需能量适中,所吸收的光子频率一般在 $2\sim30\,\mu m$ 的红外区域。转动能级间的跃迁所需能量不大,其吸收光谱出现在远红外区域。实际上,由于分子间复杂的相互作用,还会产生其他许多小谱带。

大气中并不是所有分子都能强烈吸收可见光和红外光。事实上,只有在振动或转动时能引起电偶极矩变化的多原子气体分子才能产生强烈的红外吸收光谱。由于地球大气层中含量最丰富的氮、氧、氩等气体分子是对称的,它们的振动不引起电偶极矩变化,因而也就不吸收红外。大气中含量较少的水蒸气、二氧化碳、臭氧、甲烷、氧化氮、一氧化碳等非对称分子,其分子运动所引起的电偶极矩变化能产生强烈的红外吸收。

地球大气中吸收红外线最强烈的是水蒸气和二氧化碳。水蒸气在 $2.7\,\mu m$ 和 $6.3\,\mu m$ 波长有强吸收带,在 $0.54\,\mu m$、$0.72\,\mu m$、$0.81\,\mu m$、$0.85\,\mu m$、$0.94\,\mu m$、$1.1\,\mu m$、$1.38\,\mu m$、$1.87\,\mu m$、$3.2\,\mu m$ 波长有不太强的吸收带,在 $8\,\mu m$ 以上直到几厘米波长范围内还有各种吸收带。二氧化碳在 $2.7\,\mu m$、$4.3\,\mu m$ 和 $15\,\mu m$ 波长有强吸收带,在 $0.78\sim1.24\,\mu m$、$1.4\,\mu m$、$1.6\,\mu m$、$2.0\,\mu m$、$4.8\,\mu m$、$5.2\,\mu m$、$9.4\,\mu m$、$10.4\,\mu m$ 波长有不太强的吸收带。

除水蒸气和二氧化碳外,臭氧在 $9.6\,\mu m$ 波长有强吸收带,在 $2.7\,\mu m$、$3.28\,\mu m$、$3.57\,\mu m$、$4.75\,\mu m$、$5.75\,\mu m$、$9.1\,\mu m$、$14\,\mu m$ 波长有不太强的吸收带。N_2O 在 $4.5\,\mu m$ 和 $7.8\,\mu m$ 波长有强吸收带。CH_4 在 $3.2\,\mu m$ 和 $7.6\,\mu m$ 波长有强吸收带。CO 在 $4.8\,\mu m$ 波长有强吸收带。另外,在城市上空,硫化氢、二氧化硫、氨等气体对红外线气体也有一定的吸收。臭氧主要集中在 $20\,km$ 以上的平流层,因此在使用星载成像光谱仪时,一般会考虑到臭氧吸收的情况。大气吸收主要发生在低层大气,因为它包含了很多不利于辐射传输的成分,如吸收分子、灰尘、雾、雨、雪和云等。表 5-3 是干燥大气的组分表,其中所列各种气体成分的混合比在 $50\sim80\,km$ 的高度都是不变的,因此,可以根据不同高度处的大气密度,求出 CO_2、O_3、CH_4、N_2O 等吸收气体的含量,用于辐射的大气传输的计算。

表 5-3　地球大气(干燥)的组成

成　　分	化学符号	体积百分比/%	$2\sim15\,\mu m$ 的吸收
氮	N	78.084	无
氧	O	20.946	无
氩	Ar	0.934	无

成　　分	化学符号	体积百分比/%	2～15μm 的吸收
二氧化碳	CO$_2$	0.032	有
氖	Ne	1.818×10^{-2}	无
氦	He	5.24×10^{-4}	无
甲烷	CH$_4$	2.0×10^{-4}	有
氪	Kr	1.14×10^{-4}	无
一氧化氮	NO	5.0×10^{-5}	有
氢气	H$_2$	5.0×10^{-5}	无
氙	Xe	9.0×10^{-8}	无

　　水蒸气是大气中的可变成分,它的含量受温度、高度、气候和位置的影响较大,水蒸气主要集中在 2～3 km 的大气层中。在海平面极潮湿的大气中,水蒸气含量可达 2%～3%,因此在低层大气中,主要是水蒸气吸收。随着高度的增加,水蒸气含量迅速减少,在 6 km 高度上,二氧化碳吸收起显著作用。在 10～12 km 高度,水蒸气吸收可忽略不计,主要是二氧化碳的吸收。

　　图 5-8 为海平面上约 2 km 的水平路径所测得的大气透过曲线,图的下部表示了水蒸气、二氧化碳和臭氧分子所造成的吸收带情况。由于低层大气的臭氧浓度很低,在波长超过 1μm 和高度达 12 km 的范围内,意义最大的是水蒸气和二氧化碳分子对辐射的选择性吸收。

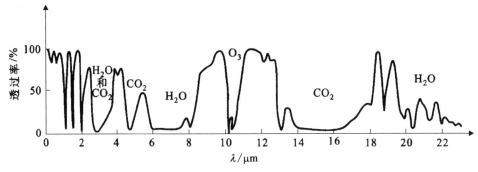

图 5-8　海平面上约 2 km 水平路程(有 17 mm 可降水分)的大气透过率

　　图 5-8 中的几个高透过区域称为大气窗口。近、中、远红外波段的大气窗口有 0.95～1.05μm、1.15～1.35μm、1.5～1.8μm、2.1～2.4μm、3.3～4.2μm、4.5～5.1μm 和 8～13μm。有时也粗略地认为地球大气有 1～3μm、3～5μm 和 8～14μm

三个大气窗口。

2. 大气散射

实际大气中,除了氮气、氧气等气体分子外,还有很多液态或固态悬浮物,如雨、雪、雾、烟、灰尘等,这些杂质和气体分子的混合称为气溶胶。大气散射是由气溶胶产生的。仅含散射物质的大气光谱透过率为

$$\tau = e^{-\gamma \cdot x} \tag{5-30}$$

式中,γ 表示散射系数;x 表示路程长度。

粒子的散射系数与其半径和入射辐射波长之比有关。假设散射粒子的浓度为 n,每滴水滴半径为 r,则散射系数为

$$\gamma = \pi n K r^2 \tag{5-31}$$

式中,K 表示散射面积比, 是散射效率的度量。由图 5 - 9 可见, 当散射粒子的尺寸小于波长时,K 值随波长迅速增加, 表现为选择性散射, 波长越短, 散射越强。当散射粒子的尺寸等于波长时,K 值最大, 约为 3.8, 散射最强烈。粒子进一步增大,K 值轻微振荡, 最终趋近于 2。由于此时 K 值与波长无关, 散射就呈现为非选择性散射。

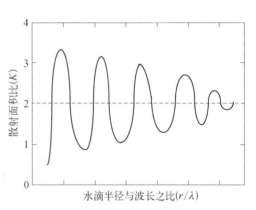

图 5 - 9　球形水滴的散射面积比

比波长小得多的粒子产生的散射称为瑞利散射, 是由气体分子本身引起的。瑞利散射系数与波长的四次方成反比, 在波长大于 $1\,\mu m$ 时, 可以忽略瑞利散射。对于可见光, 由于波长短, 瑞利散射就很明显。天空之所以是蔚蓝色, 就是因为大气分子把较短波长的蓝光更多地散射到了地面上。同样的道理, 落日呈现红色是因为平射的太阳光经过较长的大气路程后, 较长波长的红光散射较少。对于成像光谱仪中可见光区域通道, 瑞利散射是必须考虑的。

与波长差不多大的粒子的散射称为米氏散射, 它是由气溶胶引起的, 没有明显的选择性。由于大气中不少悬浮物粒子的大小与 $0.7 \sim 15\,\mu m$ 红外线的波长差不多, 所以米氏散射对红外系统影响很大。

大气中的雾, 由于对各种色光都有较高的散射效率, 所以呈白色, 是典型的米氏散射。雾中水滴的半径在 $0.5 \sim 80\,\mu m$, 尺寸分布峰值一般在 $5 \sim 15\,\mu m$。因此, 雾粒的大小和红外波长差不多,r/λ 近似为 1, 散射面积比接近最大值。假定每立方厘米大气中含 200 个水滴的雾, 水滴半径为 $5\,\mu m$。可算得在 $4\,\mu m$ 处,100 m 路程

的透过率仅百分之几。因此,无论是可见或红外波段,在雾中的透过率都很低。一般来讲,红外系统只要在大气层内工作,就不可能像雷达一样成为全天候的系统。当然,如果是薄雾天气,雾的颗粒较小,工作波段选用长波红外,红外波段的透过率还是要比可见光波段高一些。

大气中含有的固体微粒称为霾。霾由很小的盐晶粒、极细的灰尘或燃烧物等组成,半径一般小于 0.5 μm。由于霾的尺寸较小,对红外线的散射没有雾那样严重,但对可见光的散射比较严重。在湿度较大的地方,湿气凝聚在微粒上,可使它们变大,就形成了雾。云的形成原因和雾相同,只是雾接触地面而已。

5.3 反射光谱

遥感探测中常用的反射光谱主要在可见近红外波段,常用于空间对地观测中的地物调查,通常用反射率曲线表示遥感目标反射特性,横坐标为波长或者频率,纵坐标为该波长或频率的反射率。

图 5-10 是雪、小麦、沙漠和湿地的光谱反射率曲线。一般来说,水的反射率很低,小于 10%,纯净水反射率在蓝光谱段最高。雪在可见光的大部分区域(0.38～0.70 μm)内,所以雪的反射率都很高。云与雪接近(在可见光到近红外短波段)。在近红外中波段(1.55～1.75 μm)和长波段(2.10～2.35 μm),云的反射率远远大于雪的反射率。植物在蓝光波段(0.38～0.50 μm)反射率低,在绿光波段(0.50～0.60 μm)的中点 0.55 μm 左右,形成一个反射率小峰,这就是植物叶子呈绿光的原因。在红光波段(0.60～0.76 μm),起先反射率甚低,在 0.65 μm 附近达到一个低谷,随后又上升,在 0.70～0.80 μm 反射率陡峭上升,到 0.80 μm 附近达到最高峰。因此,利用成像光谱仪获取的光谱数据,就像地面物体的指纹一样,可以作为地物分类和识别的依据,这也是成像光谱技术的应用基础。下面举例说明几种常见地物在一般遥感波段的光谱特性。

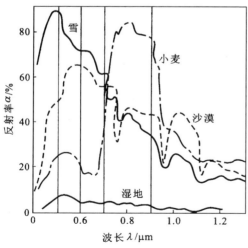

图 5-10 雪、小麦、沙漠和湿地的
光谱反射率曲线

5.3.1　植被

植被光谱由植被化学和形态学特征决定,而这种特征与植被的发育、健康状况及生长条件密切相关。植被具有独特的叶片结构,光子与叶片的相互作用包括:叶片正面光谱反射、漫反射,以及来自叶片背面的透射光和散射光、植被光合作用下的光能吸收。绿色植物都要进行光合作用,因此具有相似的光谱特征。图 5-11 给出几种植被光谱反射曲线,一般来说,从叶面反射的光,在 0.55 μm 附近有一个波峰,两侧(0.45 μm 和 0.67 μm)有吸收带,这是由叶绿素对绿光的反射和对蓝光、红光的吸收引起的。绿色植物在近红外波段 0.8～1.0 μm 的光谱特征时反射率高(45%～50%)、透射率高(45%～50%)、吸收率低(小于 5%)。茂盛植被在多片叶子叠加辐射作用下,能够在光谱的近红外波段产生更高的反射率(高达 85%),这是由植物的细胞结构引起的,成为植被的独有特征。在中波红外波段,反射率下降很快,植物叶子含水,形成了以 1.45 μm、1.95 μm、2.7 μm 为中心的水的吸收带,随着植物叶子水分的减少,植物中红外波段的反射率明显增大。

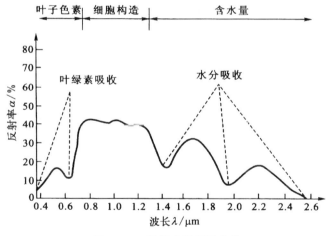

图 5-11　植被光谱反射曲线

植物的光谱在上述基本特征下仍有差别。即使是同一种植物,它在各个波段的反射率也不确定,随着叶子的新老、稀密以及土壤水分和无机物含量而变化,大气污染和病虫害也对植物的光谱产生影响。植物在发生病虫害或由环境变化而引起的生长障碍和受害的情况下,初期在绿色光区还没有发生什么变化时,在近红外波段就已出现减弱的趋势。通过对全波段植物反射光谱的研究,可以区分作物种类,并对作物的生长状况、病虫害、成熟程度进行调查,如图 5-12 所示。

如果叶绿素吸收边(即红边)向长波方向移动,这表示植被光合作用和植被活

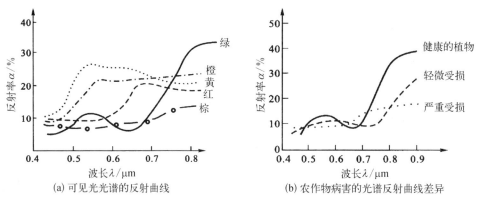

(a) 可见光光谱的反射曲线   (b) 农作物病害的光谱反射曲线差异

图 5‑12   全波段反射光谱分析农作物

力的增强。红边向短波方向移动引起光谱吸收深度的减少,往往代表了植被光合作用的减弱。也就是红光区外叶绿素吸收减少部位(小于 0.7 μm)到近红外高反射肩(大于0.7 μm)之间,健康植物的光谱响应陡然增加(亮度增加约 10 倍)的这一窄条带区。研究发现,作物快成熟时,其叶绿素吸收边(红边)向长波方向移动,即"红移"。当植物由受金属元素"毒害"、感染病虫害、污染受害或者缺水缺肥等原因而"失绿"时,则红边向波长短的方向移动,称为"蓝移"。有文献指出,生长在富含铜、钼等重金属元素土壤上的植物,受金属元素"毒害"影响,其光谱反射特性会发生一些变化,主要表现就是红边和绿峰会向短波区偏移 10~20 nm 的距离(图 5‑13)。这种矿化带植物光谱异常是植物遥感探矿的有用指标。

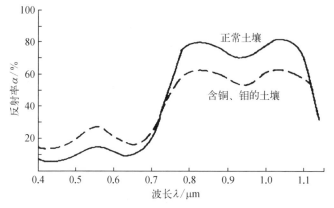

图 5‑13   土壤反射光谱的"蓝移"现象

5.3.2   城市

城市地物具有鲜明的人工特征,建筑物、街道、公园和广场是最普遍和最有特征的遥感目标。这些目标有一定的空间范围,在此范围内光谱特性相对均匀。不同种类的城市目标的光谱特征差别比目标本身的光谱不均匀性的差别要大得多。研究表明,城市主要目标,如建筑物、道路、植物的光谱特性差别较大,如 5 - 14(a)所示。在常见的建筑物顶中,灰白色的石棉瓦屋顶反射率最高,其次是沥青黏砂屋顶和水泥屋顶,铁皮屋顶反射率最低且起伏很小。绿色塑料棚顶的波谱曲线在绿色波段有一个反射值,这一点与植被相似,但是,它与植被的反射波谱也有区别,即它没有 $0.7\,\mu m$ 波长处的吸收峰和近红外波段的高反射区。城市道路的反射波谱形状大致相似,其反射率在 $0.4\sim0.6\,\mu m$ 缓慢上升,后趋于平缓,在 $0.9\sim1.1\,\mu m$ 逐渐下降。水泥路反射率最高,其次为土路,沥青路反射率较低。沥青路和水泥路面因为温度传导系数小,白天增温慢,而夜间发射辐射强,温度比周围地物高,在黎明前的热红外图像上,常显示为亮的线状网络。城市植被以人工绿化场所为主,具有图案规则、分布不均匀、普遍人工剪裁、栽种密度大等特点,如图 5 - 14(b)所示的城市园林地物光谱辐射谱线。参考相关资料,发现:在彩色红外航片上,植被显示为醒目的红色,

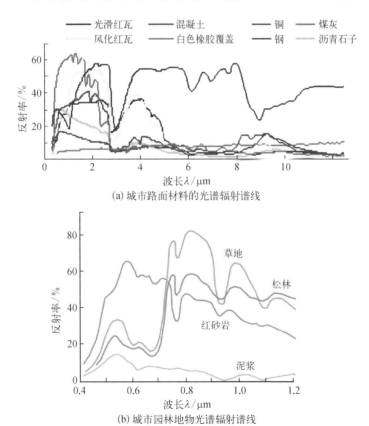

(a) 城市路面材料的光谱辐射谱线

(b) 城市园林地物光谱辐射谱线

图 5 - 14 城市典型地物光谱辐射谱线

极易与其他地物相区别。此外,根据花草树木的人工组合图案也很容易区分城市绿地与其他绿地。

5.3.3 水体

地表较纯净的自然水体对 $0.4\sim2.5\,\mu m$ 波段的电磁波吸收明显高于绝大多数其他地物。在可见光波段内,水体中的能量-物质相互作用比较复杂,光谱反射特性可能来自三方面:① 水的表面反射;② 水体底部物质的反射;③ 水中悬浮物质的反射。光谱吸收和透射特性不仅与水体本身的性质有关,而且明显受到水中各种类型和大小的物质——有机物和无机物的影响。水体的反射主要在蓝绿光波段,清水的反射率在可见光波段平均为 $4\%\sim5\%$,在 $0.6\,\mu m$ 波段处下降至 $2\%\sim3\%$,在 $0.75\,\mu m$ 波段后成了吸收体。在近红外和中红外波段,水几乎吸收了其全部的能量,较纯净的自然水体的反射率很低,近似于一个黑体。在遥感应用中,常使用近红外波段确定水体的轮廓。在此波段上,水体的色调很暗,与周围地物有明显反差,很容易被识别。当水中含有杂质时,光谱特征会发生变化。混浊水体的反射率明显偏高,随着悬浮泥沙浓度(图 5-15)的增加和粒径的增大,反射峰向长波移动,称为"红移"。城市中污染较大的黑臭水体,白天一般暖于洁净的自然水体,在热红外图像上呈亮色。水体中的悬浮物和浮游生物密度对反射波谱影响明显,富营养化水体中水生植物大量繁殖,根据叶绿素的特征光谱可以判断富营养化水体的范围和污染程度。

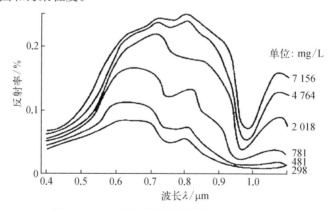

图 5-15 不同泥沙含量水体的反射光谱曲线

5.3.4 土壤

土壤的光谱信息量丰富,能反映土壤的各种属性信息。高光谱遥感可以快速获得土壤的反射光谱信息,同时光谱分辨率高,可以得到一条完整且连续的地物光谱曲线。该曲线能够提取特征参数构建土壤属性估测模型,有利于定量分析土壤有机质、氧化铁和水分等成分。

有研究发现,土壤有机质在 376 nm、616 nm 和 714 nm 三处的光谱反射率呈现高相关性。在 580~738 nm 为极显著负相关;经过一阶微分处理的光谱数据在 481~598 nm 与有机质为极显著负相关。同时,在 816~932 nm 和 1 039~1 415 nm 波段范围内具有极显著正相关性,可以选出特征波段范围构建模型估测土壤有机质含量。有研究结果表明:土壤氧化铁对土壤颜色有一定的影响,且氧化铁在可见光波段范围内含量越高,光谱反射率越低。由于土壤中铁大量存在,所以几乎所有土壤的光谱反射率都朝着蓝波段方向下降,这种下降甚至可以扩展到紫外。波段范围内的 950 nm、1 200 nm、1 400 nm、1 900 nm 和 2 700 nm 是土壤水分的主要特征波段,相关谱线可参考图 5 - 16。由于含有重金属的土壤光谱曲线和不受重金属污染的土壤光谱曲线之间存在差异,在可见光波段,土壤光谱吸收特征主要由 Fe^{2+}、Fe^{3+} 等金属离子的电子跃迁形成。在短波红外波段,土壤光谱吸收特征主要是由

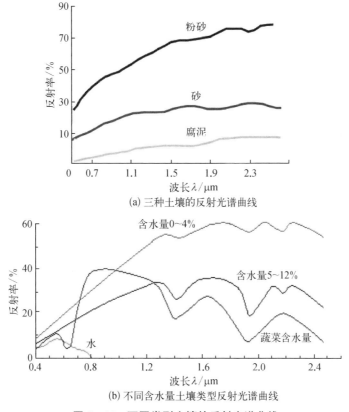

(a) 三种土壤的反射光谱曲线

(b) 不同含水量土壤类型反射光谱曲线

图 5 - 16　不同类型土壤的反射光谱曲线

Al-OH、Mg-OH、Fe-OH、CO_3^{2-}、OH^-、NH_4^+ 基团的弯曲振动而产生的倍频和谐频。当土壤中含有 Cd 元素时,土壤对 Cd 的吸附作用随着土壤中有机质含量的增多而增强。当土壤中含有 Zn 元素时,土壤中会含有较多的铁锰氧化物和碳元素。在可见光区域,锰的特征谱带主要为 450 nm、550 nm 及在 360~410 nm 附近的三处吸收带。

土壤质地影响反射特性的因素不仅是粒径组合及其表面状况,还与不同粒径组合物质的化学组成密切相关。此外,在土壤光谱数据采集时,易受到外界干扰,会造成大量的冗余信息,且光谱数据本身波段数多,光谱信息容易重叠。在建立估算模型时,使用全波段数据,建模过程复杂、计算量大、建模效率低、耗时长,建模精度也会受到一定的影响,甚至会降低建模精度。因此,在建立土壤属性估算模型过程中,最重要的是对光谱数据进行无关信息变量的消除和特征变量的选择。目前,常用的特征变量筛选方法主要包括无信息变量消除法、遗传算法、连续投影算法和竞争性自适应重加权算法等。往往是高光谱数据的缺乏,使得在基于遥感图像反演土壤元素上受到光谱分辨率、空间分辨率的限制,增大了反演结果的误差。相信随着高光谱成像技术的发展和数据资源的丰富,该问题将来会得到有效解决。

5.4　遥感大数据

随着对地观测技术的飞速发展,相关传感器的种类越来越多。这些不仅是二维图像,还包含三维和地理空间的信息,遥感数据日益多元化。遥感数据量显著增加,呈指数级增长,数据获取的速度加快,更新周期缩短,时效性越来越强。自然而然地,遥感数据呈现出明显的大数据特征。遥感大数据成为人们信息挖掘和科学发现的新资源及技术手段,但也面临不同类型和结构的数据整合、海量数据的高效能计算、智能算法的遥感适用性、数据准确性与结果验证等一系列挑战。遥感大数据是针对传统遥感数据处理和信息提取方式的一种变革,它是以多源遥感数据为主、综合其他多源辅助数据,运用大数据思维与手段,聚焦于更高价值的信息和知识规律的发现。相对遥感数字信号处理时代的统计模型和定量遥感时代的物理模型,遥感大数据时代的信息提取和知识发现是以数据模型为驱动,其本质是以大样本为基础。通过机器学习等智能方法自动学习地物对象的遥感化本征参数特征,进而实现对信息的智能化提取和知识挖掘。遥感图像的复杂性和遥感应用的多样性要求遥感图像样本库相对自然图像样本库具有更多的属性。遥感图像包含了丰富的地表自然属性和社会属性,从应用的角度来看,除了对单一地物目标信息的提取,很多情况下是对多种图像目标综合体的提取。

在研究遥感大数据的特征计算方法时,从光谱、纹理、结构等低层特征出发,抽取多元特征的本征表示,跨越从局部特征到目标特性的语义鸿沟,进而建立遥感大数据的目标一体化表达模型。为了从海量遥感大数据中检索出符合用户需求和感兴趣的数据,必须对数据间的相似性和相异性进行度量。在此基础上的高效遥感大数据组织、管理和检索,可以实现从多源多模态数据中快速地检索感兴趣的目标,提高遥感大数据的利用效率。遥感场景数据的处理已实现了由面向像素到面向对象处理方式的过渡,实现了对象层-目标层的目标提取与识别。遥感大数据云的概念也应运而生,它将各种空天地传感器及其获取的数据资源、数据处理的算法和软件资源及工作流程等进行整合,利用云计算的分布式特点,将数据资源的存储、处理及传输等分布在大量的分布式计算机上,使得用户能快速地获取服务。

如 5.3 节所述,光谱分析及遥感大数据的应用领域非常广泛,可应用于农业、工业、灾害应急、生态环境监测等各个方面。此外,遥感也在以下方面展示出了大数据分析的魅力:① 基于夜光遥感数据分析人口密度、国内生产总值(GDP)、水电量消耗,绘制全球贫困区专题图;② 通过高分影像、夜间灯光等多源遥感数据来分析城市入住率,反映建筑资源利用情况及其变化;③ 通过 Landsat、MODIS、夜间灯光及高分辨率影像等多源遥感数据来计算农业、工业及服务业的发展指数,这可以表征经济在广泛的时空维度上的发展水平,以反映全球经济政策在国际上的影响力与带动作用。

同样,遥感大数据的各国应用也面临着一些共性问题,有待突破。例如:① 当前数据量以几何倍数增长,但是大数据处理和分析能力远跟不上增长的态势。低成本高效率的存储技术、大数据的去冗降噪技术、数据挖掘技术和基于大数据的预测分析等都有待完善和发展。② 遥感技术发展初期,专业人员通过人工判译对信息进行解译及修正。当数据量小时,传统数据挖掘手段已经成功满足一定的应用需求,但是它们不能满足日益增长的数据量和日益复杂的应用模式需求。在数据规模不断增加、信息提取精度不断提高的情况下,复杂度的层与级深度也随着增大。传统的数据挖掘技术的扩展性遇到了很大的困难,对 PB 级(100 万 GB 的空间)以上的大数据分析还需要研究新的方法。③ 遥感大数据的来源及应用越来越广泛,为了把不同的遥感数据收集起来统一整理,就需要对遥感数据在数据存储、数据融合、数据清洗等方面进行必要的管理。传统的数据存储、管理方法已经不能满足大数据时代的处理需求,这就面临着新的挑战。④ 面对海量的遥感数据,数据的安全保护和恢复也越来越重要,传统的数据保护方法已经无法满足当前的需求。构建管理、运维支撑于一体的动态可控信息安全综合防御系统,需要从基础软硬件设施保护、数据传输、数据安全等方面提高数据的管理、防范、应急处理等能力。

【参考文献】

［1］王建宇,舒嵘,刘银年.成像光谱技术导论[M].北京：科学出版社,2011.

［2］冯学智,王结臣,周卫,等."3S"技术与集成[M].北京：商务印书馆,2007.

［3］赵英时.遥感应用分析原理与方法[M].2版.北京：科学出版社,2013.

第6章

时空遥感数据应用

6.1 遥感数据的预处理

在遥感数据定量化应用时,为了实现定位、保证精度、抑制噪声、消除测量设备的影响等,需要对采集的数据进行预处理,特别是航空航天光谱成像数据。一方面信号微弱,需要进行滤波、辐射校正;另一方面,为了消除飞机飞行姿态不稳定造成的图像扭曲,实现定位和成图,还需要进行几何校正。

高光谱成像数据和常规的图像相比,其数据特点和存储格式有所差别,除了数据本身和相关的定量化信息(仪器定标参数)外,还涉及数据采集过程中的时间、环境等信息,辅助数据完备的光谱遥感数据集才具有更多的应用价值。

6.1.1 图像立方体

高光谱成像数据(又称为高光谱数据),包含了目标表面的空间分布、辐射强度和光谱三重信息,是一种三维数据,称为图像立方体,如图6-1所示。空间维的每个单元称为像素或像元(pixel),对应空间位置,其属性信息包括穿轨(垂直飞行器运动方向)空间分辨力、沿轨(沿飞行器运动方向)空间分辨力、位置信息等;光谱维的每个单元称为波段(band),对应波长,由于光谱分辨力高和波段连续的特点,每个空间点的光谱都可以形成一条光谱曲线,图像的灰度则反映了探测器接收到的光的强弱[1-3]。

完整的高光谱成像数据包括图像数据和辅助数据,辅助数据是一系列文件或参数,这些文件或参数与光谱定量化、定位、元数据等有关,用于后续处理或进行数据描述。

1. 图像数据的格式

高光谱成像数据有三种数据排列格式:BIP、BIL、BSQ。

1) BIP(band interleaved by pixel)格式

在一行中每个像元各波段的值按波段次序排列,然后对该行的全部像元按上

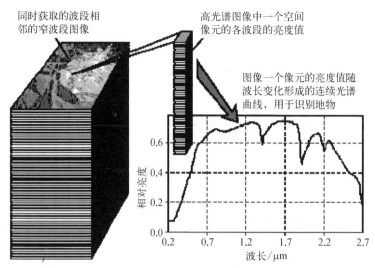

图 6-1　多光谱数据和高光谱图像立方体与地物光谱曲线

述顺序依次排列,排列完一行的全部像元后,进行下一行的排列……设某高光谱图像波段数为 b,像元数为 p,$[i, j, k]$ 表示第 i 行、第 j 列、第 k 波段的数据,则 BIP 格式如表 6-1(无底纹部分为数据)所示。

表 6-1　BIP 格式

行号	列　号	波段 1	波段 2	波段 3	…	波段 b
第一行	像元 1	$[1, 1, 1]$	$[1, 1, 2]$	$[1, 1, 3]$	…	$[1, 1, b]$
	像元 2	$[1, 2, 1]$	$[1, 2, 2]$	$[1, 2, 3]$	…	$[1, 2, b]$
	…	…	…	…		…
	像元 p	$[1, p, 1]$	$[1, p, 2]$	$[1, p, 3]$	…	$[1, p, b]$
第二行	像元 1	$[2, 1, 1]$	$[2, 1, 2]$	$[2, 1, 3]$		$[2, 1, b]$
	像元 2	$[2, 2, 1]$	$[2, 2, 2]$	$[2, 2, 3]$		$[2, 2, b]$
	…	…	…	…		…
	像元 p	$[2, p, 1]$	$[2, p, 2]$	$[2, p, 3]$	…	$[2, p, b]$
…	…	…				

2) BIL(band interleaved by line)格式

对一行中代表每一个波段的值分别进行排列,然后按照波段顺序排列该行,最后对各行进行重复,如表 6-2 所示。

表 6 - 2　BIL 格式

行号	波段	像元 1	像元 2	像元 3	…	像元 p
第一行	波段 1	[1, 1, 1]	[1, 2, 1]	[1, 3, 1]	…	[1, p, 1]
	波段 2	[1, 1, 2]	[1, 2, 2]	[1, 3, 2]	…	[1, p, 2]
	…	…	…	…	…	…
	波段 b	[1, 1, b]	[1, 2, b]	[1, 3, b]	…	[1, p, b]
第二行	波段 1	[2, 1, 1]	[2, 2, 1]	[2, 3, 1]	…	[2, p, 1]
	波段 2	[2, 1, 2]	[2, 2, 2]	[2, 3, 2]	…	[2, p, 2]
	…	…	…	…	…	…
	波段 b	[2, 1, b]	[2, 2, b]	[2, 3, b]	…	[2, p, b]
…	…			…		

3）BSQ（band sequential）格式

各波段的二维图像按波段顺序排列，如表 6 - 3 所示。

表 6 - 3　BSQ 格式

波段 1	二维图像
波段 2	二维图像
…	…

　　上述多波段图像的数据格式有时因为需要添加一些必要的辅助信息而有少许变化，如添加文件头（尾）和其他行辅助信息。

　　文件头（尾）：在光谱图像数据的开始（或结束）记录的与数据、飞行等有关的信息，是辅助打开文件或标记某些与数据有关的重要参数。

　　行辅助信息：在 BIP、BIL 或者 BSQ 格式数据中，在每个或者每隔几个完整的数据结构（BIP 格式的数据中每个像元的完整光谱数据，BIL 格式中每行的完整数据，或者 BSQ 格式的数据中每个波段的完整图像数据）的前或后添加的辅助信息，如每一行图像成像时刻的时间、GPS 数据、机上定标信息、系统工作状态、工作环境信息等。

　　2. 辅助数据

　　辅助数据应包含所有与遥感数据处理和应用相关的信息，包括图像数据本身的参数、定位信息、定标数据、飞行情况、任务描述、安装参数、数据处理过程等，在数据应用、查询、统计、校正等过程中可能用到的所有信息都应该作为数据集的必要组成部分。不同的数据产品应包含不同的辅助数据集,辅助数据集的具体内容也是数据产品定义的一部分。

数据处理过程中需要一些必要参数,这些参数包括:实验室定标数据如光谱定标数据、辐射定标数据、数据处理需要的仪器参数(如焦距、视场角等),以及根据定标数据生成的校正系数、传感器装机参数。这些参数用于数据的预处理,在预处理结束后,有些数据就不再需要了。

为了保证数据的有效性,往往为数据文件配置一个文件,提供这个数据文件应用时可能需要的相关信息,这个文件有时称为元数据文件。元数据文件一般用文本或其他方便读取的文件形式记录所有与图像数据、飞行、仪器、数据处理、数据提供与分发、与其他数据的关系等有关的信息,包括前述的图像参数、飞行时间、飞行地点、目标、天气描述、仪器描述、相关辅助数据文件名、已经进行的处理、备注等,事无巨细,可以全部放在该文件中,有时该文件可笼统地称为数据相关信息文件。海量数据管理中该文件非常重要,缺乏该文件,历史数据将变得难以使用。

元数据文件内容可以根据需要增加,有的内容则可缺省。下面是中国科学院上海技术物理研究所开发的机载推帚式高光谱成像仪(PHI‐3)的元数据文件包含的主要内容。

飞行信息:日期、时间、起飞机场、飞机型号、目标地点描述、用户名称、应用目标、操作员……天气状况、云量(粗略估计)、能见度(主观粗略估计的结果,非测量结果)、稳定平台型号(空为无)、GPS 型号/POS 型号、飞行高度、设计飞行速度、航线序号(该次飞行航线的序列号)、简单的飞行评价(如顺利、中间的设备状况等)等。

传感器信息:传感器名称、传感器型号、光圈、积分时间、空间像元数(每行像元数)、光谱数(波段数)、像元合并方式、帧采集频率、传感器控温设定等。

处理过程记录:完整性分析与处理、处理中采用的暗电流文件名称、采用的辐射校正系数文件名称、一级辐射校正完成情况、采用的光校与安装参数(或文件名称)、对应的 POS 数据文件名称、几何粗校正完成情况等。

上述信息中参数型信息的存储格式为参数名=参数值,必要时可建立元数据参数数据字典,并明确定义每一个参数及其取值,允许用户对数据字典中缺少的变量进行自定义。其他信息为文献[3]中的文本描述。以文本形式保存是为了让任何级别的用户都能够简便、直接地读取该文件。

6.1.2　高光谱成像数据的辐射校正

目标的辐射或反射能量来自高光谱成像系统的输入,而它输出的数值则是系统传递的结果。信息传递过程中有光学系统的传输、探测器阵列的光电转换、电子学系统的放大、模数转换（AD 转换）等，被记录下来的数据为数字（digital number，DN）值，无量纲，没有直接的物理意义，包含仪器本身在信息传输过程中的各类畸变。辐射校正需要高光谱成像仪的实验室定标数据或者机上定标数据的支持。辐射校正需要用到光谱定标和辐射定标的结果，校正后获得的是入瞳光谱辐射亮度值。

1. 常用辐射校正算法

根据系统的信号传递特征，可建立不同的输入输出数学模型，如图 6 - 2 所示。相关模型可采用不同的辐射校正算法，如线性法、多项式法、分段线性法和其他校正模型。

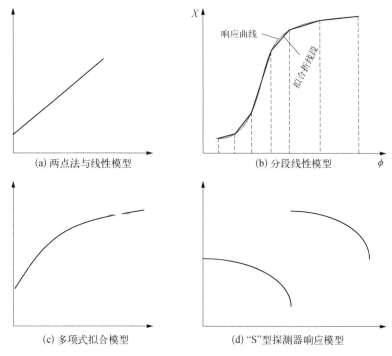

(a) 两点法与线性模型　　(b) 分段线性模型

(c) 多项式拟合模型　　(d) "S"型探测器响应模型

图 6 - 2　系统响应模型

1) 线性法

产生校正系数的等式如下：

$$G_{1(i, j)} L^{\text{std}}_p + G_{0(i, j)} = \text{DN}_{p(i, j)} - \text{DN}_{0(i, j)} \qquad (6 - 1)$$

式中，L^{std}_p 表示积分球的光谱辐射亮度，单位 $\text{mw}/(\text{cm}^2 \cdot \text{sr} \cdot \text{nm})$。当 $\text{DN}_{p(i, j)}$ 为积分球第 p 个能级、第 i 波段、第 j 像元的 DN 值时，$\text{DN}_{0(i, j)}$ 就是第 i 波段、第 j

像元的暗电平 DN 值(包括暗电平和电路偏置,即输入光信号为 0 时的仪器输出 DN 值),积分球的亮度参数已知,根据定标时的输出 $\mathrm{DN}_{p(i,\,j)}$、$\mathrm{DN}_{0(i,\,j)}$,则可以计算得到 $G_{1(i,\,j)}$ 和 $G_{0(i,\,j)}$。

从而得到辐射校正的公式:

$$L^{\mathrm{std}}_{(i,\,j,\,l)} = (\mathrm{DN}_{(i,\,j,\,l)} - \mathrm{DN}_{0(i,\,j)} - G_{0(i,\,j)})/G_{1(i,\,j)} \qquad (6-2)$$

式中,l 表示图像行数;i 表示波段数;j 表示像元数。

2)多项式法

多项式法原理与两点法相同,只是其输出与输入关系为二阶或二阶以上多项式,一般采用多项式拟和算法产生反演系数,这需要多个能级的定标数据,能级个数大于多项式阶数。有文章认为高阶多项式会带来额外的误差,因此实用的多项式法一般采用两阶多项式,其 DN 值与入射辐射量的关系为

$$G_{2(i,\,j)}(L^{\mathrm{std}}_{p})^2 + G_{1(i,\,j)}L^{\mathrm{std}}_{p} + G_{0(i,\,j)} = \mathrm{DN}_{p(i,\,j)} - \mathrm{DN}_{0(i,\,j)} \qquad (6-3)$$

3)分段线性法

当定标能级较多,且 DN 值与入射辐射量之间存在非线性关系时,采用分段线性法更好。分段线性法将 DN 值与入射辐射量的映射关系分段表达,相邻的两个能级定标数据之间采用两点法计算反演系数,反演时根据 DN 值的不同采用不同能段的系数。

4)其他校正模型

对探测元非线性的校正,人们提出了很多非线性模型,以求更准确地反映探测器的输入输出响应特性,如"S"型探测器响应模型,其数学模型如下:

$$X_n = \frac{A_n}{1 + \exp[B_n(\phi_n - C_n)]} + D_n \qquad (6-4)$$

式中,D_n、C_n 表示第 n 个探测元的平移系数;B_n、C_n 表示第 n 个探测元的拉伸系数,整个曲线体现了缓慢上升、线性增长和趋于饱和三个变化过程。

随着探测器技术的发展,探测器响应的动态范围扩大、线性度提高,使得更复杂的系统响应模型已不必要,很多性能良好的探测系统,采用线性模型的校正精度已经可以满足常规应用的需要。

其他辐射定标数据包括机上定标数据和现场定标数据,其原理和实验室辐射校正数据应用的原理相同,都是建立原始 DN 值和目标真正的辐射亮度值(甚至反射率)之间的数学关系(相关内容不再赘述)。因为实验室定标数据定标精度高、稳定性好,机载系统往往更倾向于利用实验室定标数据对数据进行校正。星载定标

更依赖星上定标和场地定标,是一个更复杂的系统工程问题,涉及的内容较多,本书不进行详细介绍。

2. 其他辐射缺陷的修正

均匀性校正是常见的遥感数据校正内容之一,主要校正空间维度上的畸变,主要体现在图像上有明暗条纹(称为条带)的情况下。在辐射校正较理想的情况下,非均匀性可直接得到很好的校正,但是如果探测器响应稳定性不理想,需要采取额外的均匀性校正算法。最常用的均匀性校正算法有基于平均统计的方法、局部均值法、低通滤波、自适应均匀性校正等。

有时需要处理坏像元的影响。坏像元又称哑像元或暗像元,大多响应较弱,比大多数像元平均响应率低 30% 以上,它们的辐射特性和大多数像元差别较大,信噪比(signal noise ratio, SNR)低。随着探测器制造技术的进步,坏像元的数量一般很少甚至没有,其校正方法往往采用消极的替代法,即用两边相邻正常像元的线性内差值代替。

电子学系统引入的噪声各种各样,如周期噪声、白噪声及其他类型的噪声,这些噪声可以利用各种滤波方法进行消除或减弱,如各种频域滤波、空间滤波方法与其他图像复原算法。

6.1.3　高光谱成像数据的几何校正

需要专题制图的成像数据处理要进行几何校正,以减小图像的变形,虽然遥感专题图的制图要求比测绘制图要求低,但是随着遥感技术应用的发展,直接成图的要求越来越普遍,很多测绘技术被直接引入遥感数据处理中。

航空遥感数据的几何校正是难度最大的几何校正,一般是在位置姿态数据(POS 数据)的支持下,依据相应的构象方程,对扭曲影像进行重采样,消除由飞机俯仰、侧滚、偏航引起的影像变形。图 6 - 3 是推帚式高光谱成像仪装载于轻型低空飞机 Y12 上采集的图像(没有大型稳定平台),其中,右图是严重扭曲的原始图像,左图是利用位置姿态数据进行几何校正后的图像。

本章节仅简要介绍基于 GPS/IMU 的高光谱成像影像几何校正方法。在已经有测区的 DEM 数据的情况下,可以进行初步的正射校正;没有 DEM 数据,则可将测区简化为平面处理,采用平均高程进行近似几何校正,但是此时影像的投影误差并未得到彻底改正,只能消除由飞机运动导致的几何变形。

1. 基本原理

几何校正采用的坐标变换函数为共线条件方程。任意一个像点 $p(x, y)$,如果已知影像的外方位元素($X_S, Y_S, Z_S, \varphi, \omega, \kappa$),则相当于在空间确定了一条投影光线 $\bar{S}_p$,它一定经过 p 对应的地面点 $P(X, Y, Z)$,如图 6 - 4 所示。

图 6-3   严重扭曲的高光谱影像及其校正结果

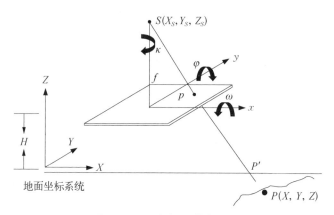

图 6-4   几何校正基本原理

据共线条件,像点 p 的像坐标(x,y)与地面点 P 的空间坐标(X,Y,Z)之间满足如下关系:

$$\begin{bmatrix} X-X_S \\ Y-Y_S \\ Z-Z_S \end{bmatrix} = \lambda R(\phi,\omega,\kappa) \begin{bmatrix} x \\ y \\ -f \end{bmatrix} \tag{6-5}$$

式中,R 表示外方位角元素(ϕ,ω,κ)构成的旋转矩阵;λ 表示与点位有关的比例因子。由于 λ 未知,所以仅依靠单条光线不能确定地面点的空间位置。式(6-5)可以改写成如下形式:

$$\begin{cases} X - X_S = (Z - Z_S) \dfrac{a_1 x + a_2 y - a_3 f}{c_1 x + c_2 y - c_3 f} \\[3mm] Y - Y_S = (Z - Z_S) \dfrac{b_1 x + b_2 y - b_3 f}{c_1 x + c_2 y - c_3 f} \end{cases} \qquad (6-6)$$

因此,只要给定地面点高程 Z,即可计算出地面点坐标 X、Y。如果没有高程 Z(DEM 数据),则可以指定一个高程为 H 的平面(H 最好近似等于地面平均高程),并将所有像点都投影到该平面上,经过重采样,也可以生成一个与实地基本相似的校正影像,从而消除由飞机运动造成的影像扭曲变形。

2. 外方位元素的计算

高光谱成像影像的几何校正,必须利用 GPS/IMU 系统获得的高光谱成像仪位置、姿态参数才能进行。GPS 定位结果与 IMU 数据进行卡尔曼滤波得到的高精度导航结果,主要包括 IMU 中心的 WGS-84 大地坐标(B, L, H)及 IMU 载体坐标系 b-xyz 在导航坐标系中 n-xyz 的航偏、俯仰和侧滚角等信息,并不是摄影测量定位所需的外方位元素。下面以 Applanix POS/AV 系统为例,讨论利用 GPS/IMU 的导航解计算外方位元素的方法。

数据处理中涉及多个坐标系统,主要有像空间坐标系(i)、传感器坐标系(c)、IMU 坐标系(b)、局部切面坐标系(g)、地心坐标系(E)和成图坐标系(m)。摄影测量学中所说的外方位元素(Xc, Yc, Zc, ϕ, ω, κ)既是曝光瞬间传感器镜头透视中心在成图坐标系(m)中的位置,也是成图坐标系(m)旋转到像空间坐标系(i)的旋转角。因为 Applanix 公司 POS/AV 数据后处理软件包 POSPac 输出的是 IMU 坐标系在局部切面坐标系(g)中的侧滚角(Φ)、俯仰角(Θ)和偏航角(Ψ),以及 IMU 坐标系原点在地心坐标系(E)中的坐标(X_{IMU}, Y_{IMU}, Z_{IMU}),所以需要进行坐标系统转换,以计算出各扫描行的外方位元素。

3. 角元素(ϕ, ω, κ)的计算

(ϕ, ω, κ)是成图坐标系(m)连动旋转到像空间坐标系(i)的三个角度,它可分解为多步坐标系统旋转:成图坐标系(m)→地心坐标系(E)→局部切面坐标系(g)→IMU 坐标系(b)→传感器坐标系(c)→像空间坐标系(i),其中的各个旋转矩阵分析如下。

1) 成图坐标系(m)到地心坐标系(E)的旋转矩阵 C_E^m

C_E^m 依赖用户对成图坐标系(m)的定义,为了简单起见,这里采用 WGS-84 地心坐标系,以 WGS-84 椭球作为参考椭球,以便与 POS/AV510 所采用的坐标系保持一致,即 $C_E^m = E$。如果采用其他参考椭球,则需要定义相应的坐标转换参数和椭球参数。

2）地心坐标系（E）到局部切面坐标系（g）的旋转矩阵 C_g^E

如果曝光瞬间 IMU 中心的纬度为 λ，经度为 l，则将地心坐标系（E）旋转到局部切面坐标系（g）要经过以下两个步骤：① 将地心坐标系（E）绕其 Z 轴逆时针旋转 $l°$；② 绕经过一次旋转后的 Y 轴顺时针旋转 $(90+\lambda)°$。

因此构成的旋转矩阵为

$$
\begin{aligned}
C_g^E &= \begin{bmatrix} \cos l & -\sin l & 0 \\ \sin l & \cos l & 0 \\ 0 & 0 & 1 \end{bmatrix} \begin{bmatrix} -\sin\lambda & 0 & -\cos\lambda \\ 0 & 1 & 0 \\ \cos\lambda & 0 & -\sin\lambda \end{bmatrix} \\
&= \begin{bmatrix} -\sin\lambda\cos l & -\sin l & -\cos\lambda\cos l \\ -\sin\lambda\sin l & \cos l & -\cos\lambda\sin l \\ \cos\lambda & 0 & -\sin\lambda \end{bmatrix}
\end{aligned} \tag{6-7}
$$

其中，IMU 中心纬度 λ 和经度 l 直接由 POS/AV 获取。

3）局部切面坐标系（g）到 IMU 坐标系（b）的旋转矩阵 C_b^g

将局部切面坐标系（g）旋转到 IMU 坐标系（b），需要进行以下三步：① 绕向下的坐标轴（Z）顺时针旋转偏航角 Ψ；② 绕经过一次旋转后向东的坐标轴（Y）顺时针旋转俯仰角 Θ；③ 绕经过两次旋转后的指向北的坐标轴（X）顺时针旋转侧滚角 Φ。

因此形成如下的旋转矩阵：

$$
\begin{aligned}
C_b^g &= \begin{bmatrix} \cos\Psi & -\sin\Psi & 0 \\ \sin\Psi & \cos\Psi & 0 \\ 0 & 0 & 1 \end{bmatrix} \begin{bmatrix} \cos\Theta & 0 & \sin\Theta \\ 0 & 1 & 0 \\ -\sin\Theta & 0 & \cos\Theta \end{bmatrix} \begin{bmatrix} 1 & 0 & 0 \\ 0 & \cos\Phi & -\sin\Phi \\ 0 & \sin\Phi & \cos\Phi \end{bmatrix} \\
&= \begin{bmatrix} \cos\Theta\cos\Psi & \sin\Phi\sin\Theta\cos\Psi-\cos\Phi\sin\Psi & \cos\Phi\sin\Theta\cos\Psi+\sin\Phi\sin\Psi \\ \cos\Theta\sin\Psi & \sin\Phi\sin\Theta\sin\Psi+\cos\Phi\cos\Psi & \cos\Phi\sin\Theta\sin\Psi-\sin\Phi\cos\Psi \\ -\sin\Theta & \sin\Phi\cos\Theta & \cos\Phi\cos\Theta \end{bmatrix}
\end{aligned} \tag{6-8}
$$

其中，侧滚角 Φ、俯仰角 Θ 和偏航角 Ψ 直接从 POSProc 软件的处理结果中得到。

4）IMU 坐标系（b）到传感器坐标系（c）的旋转矩阵 C_c^b

IMU 坐标系（b）到传感器坐标系（c）的方向余弦矩阵 C_c^b，由 IMU 和相机坐标系的固定的安装角度（Θ_x，Θ_y，Θ_z）构成，它们表示将传感器坐标系旋转到 IMU 坐标系的角度，旋转顺序描述如下：将传感器坐标系绕 z 轴顺时针旋转 Θ_z；将经过一次旋转后的 y 轴顺时针旋转 Θ_y；将经过两次旋转后的 z 轴顺时针旋转 Θ_x。

构成的旋转矩阵如下：

$$
C_c^b = \begin{bmatrix} 1 & 0 & 0 \\ 0 & \cos\Theta_x & \sin\Theta_x \\ 0 & -\sin\Theta_x & \cos\Theta_x \end{bmatrix} \begin{bmatrix} \cos\Theta_y & 0 & -\sin\Theta_y \\ 0 & 1 & 0 \\ \sin\Theta_y & 0 & \cos\Theta_y \end{bmatrix} \begin{bmatrix} \cos\Theta_z & \sin\Theta_z & 0 \\ -\sin\Theta_z & \cos\Theta_z & 0 \\ 0 & 0 & 1 \end{bmatrix}
$$

$$
= \begin{bmatrix} \cos\Theta_y\cos\Theta_z & \cos\Theta_y\sin\Theta_z & -\sin\Theta_y \\ \sin\Theta_x\sin\Theta_y\cos\Theta_z - \cos\Theta_x\sin\Theta_z & \sin\Theta_x\sin\Theta_y\sin\Theta_z + \cos\Theta_x\cos\Theta_z & \sin\Theta_x\cos\Theta_y \\ \cos\Theta_x\sin\Theta_y\cos\Theta_z + \sin\Theta_x\sin\Theta_z & \cos\Theta_x\sin\Theta_y\sin\Theta_z - \sin\Theta_x\cos\Theta_z & \cos\Theta_x\cos\Theta_y \end{bmatrix}
$$

$$(6-9)$$

5) 传感器坐标系(c)到像空间坐标系(i)的旋转矩阵 C_i^c

由于传感器坐标系(c)与像空间坐标系(i)之间只是 y、z 两坐标轴的方向不同，所以 C_i^c 可表示为

$$
C_i^c = \begin{bmatrix} 1 & 0 & 0 \\ 0 & -1 & 0 \\ 0 & 0 & -1 \end{bmatrix} \tag{6-10}
$$

利用以上五个步骤的连动旋转，就可以将成图坐标系(m)旋转到与像空间坐标系(i)三轴一致的指向，相应的旋转矩阵 C_i^m 可表示为

$$
C_i^m(\phi, \omega, \kappa) = C_E^m C_g^E C_b^g(\Phi, \Theta, \Psi) C_c^b C_i^c \tag{6-11}
$$

根据式(6-11)即可计算出外方位角元素(ϕ, ω, κ)。

6) 线元素(X_c, Y_c, Z_c)的计算

设传感器透视中心在 IMU 坐标系(b)中的坐标矢量为(x_l, y_l, z_l)，则成像瞬间传感器镜头透视中心在成图坐标系(m)中的坐标(X_c, Y_c, Z_c)可利用式(6-12)计算：

$$
\begin{bmatrix} X_c \\ Y_c \\ Z_c \end{bmatrix} = C_E^m \left(\begin{bmatrix} X_{\text{IMU}} \\ Y_{\text{IMU}} \\ Z_{\text{IMU}} \end{bmatrix} + C_g^E C_b^g(\Phi, \Theta, \Psi) \begin{bmatrix} x_l \\ y_l \\ z_l \end{bmatrix} \right) \tag{6-12}
$$

其中，偏心矢量(x_l, y_l, z_l)在传感器安装完毕后可以通过测量直接得到。

4. 校正影像参数的计算

几何校正输出影像(L_1影像)的范围可利用原始影像(L_0影像)的四边投影到校正平面上得到。如图 6-5 所示，将图 6-5(a)中所示的原始影像(矩形窗口 $abcd$)依据成像关系投影到校正平面上，得到图 6-5(b)中的 $ABCD$ 区域。

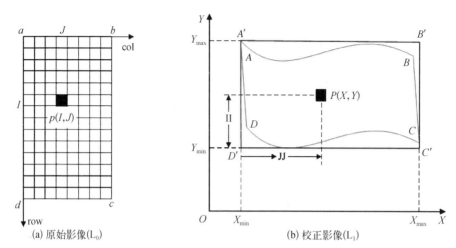

(a) 原始影像(L_0)　　　　　　(b) 校正影像(L_1)

图 6 - 5　校正影像(L_1)覆盖范围计算

投影计算采用的坐标变换函数为反解形式的共线条件方程,即

$$\begin{cases} X = X_S + (Z_0 - Z_S) \dfrac{a_1 x + a_2 y - a_3 f}{c_1 x + c_2 y - c_3 f} \\[2mm] Y = Y_S + (Z_0 - Z_S) \dfrac{b_1 x + b_2 y - b_3 f}{c_1 x + c_2 y - c_3 f} \end{cases} \tag{6-13}$$

式中,Z_0 表示用户指定的校正高度。由于线阵传感器的成像特性,投影后的窗口变成不规则的几何形状。

通过比较 $ABCD$ 区域边界的平面坐标,可得到 L_1 影像的地面覆盖范围,即 $\begin{bmatrix} X_{\min} & X_{\max} \end{bmatrix}$ 和 $\begin{bmatrix} Y_{\min} & Y_{\max} \end{bmatrix}$,如果 L_1 影像仍采用原始影像的地面分辨率,则可计算出其宽度和高度:

$$\begin{cases} \mathrm{WIDTH} = \mathrm{int}\left(\dfrac{X_{\max} - X_{\min}}{\mathrm{GSD}} + 0.5\right) \\[2mm] \mathrm{HEIGHT} = \mathrm{int}\left(\dfrac{Y_{\max} - Y_{\min}}{\mathrm{GSD}} + 0.5\right) \end{cases} \tag{6-14}$$

式中,GSD 表示原始影像的地面采样间隔,即地面像元的空间分辨率。如果飞机距离平均地面的高度为 H,传感器镜头的焦距为 f,CCD 器件的物理尺寸为 ps,则 GSD 的计算公式为

$$\mathrm{GSD} = \frac{H}{f} \times \mathrm{ps} \tag{6-15}$$

几何校正过程中生成的 $X_{\min}$、$Y_{\min}$、HEIGHT、WIDTH 及 GSD 是 L_1 影像的关键参数,在校正过程中需要将其写入 L_1 影像相应的辅助信息文件内,用于将 L_1 像点换算到 L_0 影像。针对更一般的情况,如果航线不是沿着南北方向,此时还需要利用平均航偏角 α 将校正影像进一步变换到东西方向,以便进行立体观测,此时 α 也成为 L_1 影像的关键参数。

5. 灰度重采样

根据灰度重采样方式的不同,几何校正可以分为直接法和间接法,如图 6-6 所示。

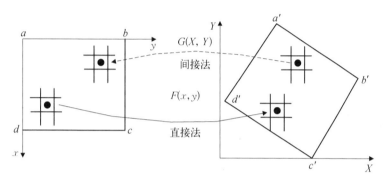

图 6-6　几何校正重采样方法

1) 直接法

直接法校正是从图 6-5 中原始影像像点 $p(R,C)$ 出发,计算其对应的地面点坐标 $P(X,Y,Z)$,并将像点 $p(I,J)$ 的灰度值赋予校正影像像点 $P(X,Y,Z)$。直接法校正的坐标变换函数为共线条件方程的反解形式,其中的外方位元素可根据像点 P 的扫描行号 R 直接在 GPS/IMU 定向数据文件中取得,像点 $p(R,C)$ 对应的焦平面坐标 (x,y),可利用其列号 C 在相机检校文件中内插得到。

根据地面像点 P 的平面坐标 (X,Y),可确定其在 L_1 影像上的像素坐标 $(\mathrm{II},\mathrm{JJ})$:

$$
\begin{cases}
\mathrm{II} = \dfrac{Y - Y_{\min}}{\mathrm{GSD}} \\[2mm]
\mathrm{JJ} = \dfrac{X - X_{\min}}{\mathrm{GSD}}
\end{cases}
\tag{6-16}
$$

按照式(6-16)计算出的 L_1 影像像点坐标 $(\mathrm{II},\mathrm{JJ})$ 一般不是整数值,所以 L_1 影像上整数像点位置的灰度值必须通过内插才能得到。由于直接计算出的校正影像像点坐标排列不规则,采用常规的重采样方法需要进行大量的搜索,校正效率很

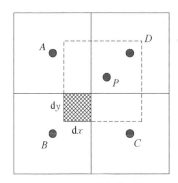

图 6-7　面积加权分配

低,所以可以采用按照面积、距离等进行灰度加权分配的方法。如图 6-7 所示,如果原始影像上的像点 p 所计算出的地面像点 P 位于校正影像的四个像元 A、B、C、D 之间,则可认为像点 p 是 A、B、C、D 共同作用的结果,因此可以将像点 p 的灰度值按照 P 位于像元 A、B、C、D 中的面积进行分配,如图 6-7 中分配给像元 B 的灰度比例为 $w = \mathrm{d}x \times \mathrm{d}y$。

2) 间接法

间接法校正是根据 L_1 影像像点 P 的坐标(X, Y, Z),反求其在原始影像上的像点 $p(R, C)$,并将 p 的灰度值赋给 P 的一种方法。间接法校正的坐标变换函数采用共线条件方程:

$$
\begin{cases}
x = -f \dfrac{a_1(X - X_{Si}) + b_1(Y - Y_{Si}) + c_1(Z - Z_{Si})}{a_3(X - X_{Si}) + b_3(Y - Y_{Si}) + c_3(Z - Z_{Si})} \\[2mm]
y = -f \dfrac{a_2(X - X_{Si}) + b_2(Y - Y_{Si}) + c_2(Z - Z_{Si})}{a_3(X - X_{Si}) + b_3(Y - Y_{Si}) + c_3(Z - Z_{Si})}
\end{cases}
\tag{6-17}
$$

同样,按照式(6-17)计算出的像点坐标一般也不是整数值,也必须进行灰度重采样。由于原始影像是规则排列的,所以重采样过程较直接法简单,常用的方法有最邻近点法、双线性内插、双三次卷积法等。

间接法校正的核心问题是确定地面像点所对应的成像时刻,并用它来获得其外方位元素。线阵电荷耦合器件(charge coupled device, CCD)传感器是连续摄影,没有固定的曝光时间,每个地面像点并没有对应一个曝光时刻。由于飞机的运动,特别是飞机飞行期间发生的侧滚和偏航,有可能导致记录下来的扫描线在地面上的投影产生不连续的现象。因此,需要在像空间进行连续搜索来确定该地面像点最接近的曝光时间,一旦确定了曝光时间,就可查找出对应的外方位元素以构建共线条件方程。下面介绍确定地面像点最佳成像扫描行的方法。

如图 6-8 所示,A、B 是相机焦平面上某线阵端点,如果地面像点 P 在 T 时刻成像,那么 P 与透视中心 S 的连线与焦平面的交点 p 必然位于 AB 上,即 p 到直线 AB 的距离 $\mathrm{d}x$ 为 0,这是判断成像扫描行的依据。针对更一般的情况,对任一扫描行 T_1 计算出的 $\mathrm{d}x$ 可以证明在飞机平稳飞行的情况下,$\mathrm{d}x$ 与 $(T_1 - T)$ 成正比。因此,可以采用二分法通过逐步缩小搜索窗口(由起始行 T_S 和结束行 T_E 构成)来最终确定最佳扫描行 T,具体步骤如下。

(1) 给定初始搜索窗口。如果影像由 N 条扫描行构成,则初始搜索窗口取为 $[1, N]$,即 $T_S^{(0)} = 1$,$T_E^{(0)} = N$,$T^{(0)} = N/2$。

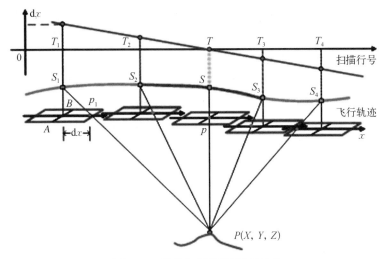

图 6-8 最佳扫描行搜索示意图

（2）分别利用 $T_S^{(0)}$、$T^{(0)}$、$T_E^{(0)}$ 计算 $\mathrm{d}x$，并记为 $\mathrm{d}x_S^{(0)}$ 和 $\mathrm{d}x_E^{(0)}$。如果 $(\mathrm{d}x_S^{(0)} \cdot \mathrm{d}x^{(0)}) \leqslant 0$，则令 $T_S^{(1)} = T_S^{(0)}$，$T_E^{(1)} = T^{(0)}$，$T^{(1)} = (T_E^{(1)} + T^{(1)})/2$；反之如果 $(\mathrm{d}x_E^{(0)} \cdot \mathrm{d}x^{(0)}) \leqslant 0$，则令 $T_S^{(1)} = T^{(0)}$，$T_E^{(1)} = T_E^{(0)}$，$T^{(1)} = (T_E^{(1)} + T^{(1)})/2$。迭代进行，直至 $\mathrm{d}x_S^{(0)}$ 至搜索窗口的宽度 $|T_S^{(i)} - T_E^{(i)}|$ 小于指定的阈值（如 20 个扫描行）。

（3）将最终的搜索窗口 $|T_S^{(i)}, T_E^{(i)}|$ 内每条扫描行的外方位数据代入共线条件方程，计算出每个 $\mathrm{d}x$，并寻找 $\mathrm{d}x$ 最小值对应的扫描行 $T_{\min}$。

（4）利用 $T_{\min} - 1$、$T_{\min} + 1$ 两扫描行的 $\mathrm{d}x$ 值建立线性关系式，并出此计算出 $\mathrm{d}x = 0$ 时对应的 T 值，此即 P 成像的最佳扫描行。

6.1.4 高光谱成像数据的大气校正

经过几何校正后的图像具有良好的可视性和初步的定位能力，但是每个像元的亮度值仍然会受到非目标因素——大气和太阳高度角变化的影响，需要进行大气校正，或者反射率反演，地表目标的反射率是地物本身的特征，与遥感仪器和天气、太阳照射无关[3]。

大气校正是高光谱成像数据处理中最具难度的内容之一，其精度也是影响成像遥感数据校正精度的主要因素之一，其校正精度不仅取决于所采用的大气粒子模式、地表特性假设和大气辐射传输理论的精度，也取决于大气结构的复杂和易变。本章仅抛砖引玉，针对遥感应用的基本需要做一些浅显的介绍，更多的内容读者可参考其他更专业的书籍。

对可见光、近红外、短波红外光谱区的遥感数据而言，研究大气辐射校正和反射率反演就是为了将这些遥感定标后的表观辐射亮度转换成反映地物真实信息的地表反射率。在常规遥感应用中,高光谱成像数据的大气校正有两种常用方法:辐射传输模型法、地面同步测量法[1-3]。

1. 基于辐射传输模型的校正方法

辐射传输模型法主要利用一些已知大气参数通过辐射传输模型计算出大气路径辐射并进行大气校正。光学传感器获取的信号主要来源于目标本身和大气介质对太阳光的反射与散射,因此建立辐射传输模型,确定大气路径辐射(大气影响)是该方法的核心。该方法计算过程较为复杂,但是使用范围较广,一般的遥感专业学生或者研究人员可利用辐射传输模型软件直接运算,常用的软件有如下几种。

1)低频谱分辨率传输(LOWTRAN7)

LOWTRAN 是美国地球物理管理局开发的大气效应计算软件,用于计算低频谱分辨率($20~\text{cm}^{-1}$)系统给定大气路径的平均透过率和程辐射亮度。LOWTRAN7 是最新型号,它把频谱扩充到近紫外到毫米波的范围。

2)快速大气信息码(FASCODE)

它利用美国地球物理管理局开发的算法,为单个种类的大气吸收线形状的计算建立模型,并进行逐线计算。所有谱线数据存于 HITRAN 数据库中。FASCODE 是一套实用的精确编码,比 LOWTRAN 的精度更高。但是,当需要进行复杂的逐线计算时,FASCODE 的计算速度远低于 LOWTRAN。FASCODE 可用于要求预测高分辨率的所有系统。

3)中频谱分辨率传输(MODTRAN)

MODTRAN 包括的谱带范围与 LOWTRAN 一致,且有 LOWTRAN 的全部功能。与 LOWTRAN7 相同,它包括一系列分子的谱带模型,但精度可达 $2~\text{cm}^{-1}$ 。与 FASCODE 不同的是,MODTRAN 拥有自己的光谱数据库。该光谱数据库既包括了直接的太阳辐射亮度,也包括了散射的太阳辐射亮度,所以它适用于低大气路径(从表面到 30 km)和中等大气路径,当路径大于 60 km 时,要谨慎使用 MODTRAN。

4)高频谱分辨率传输(HITRAN)

HITRAN 是国际公认的大陆大气吸收和辐射特性的计算标准,其数据库中有 30 种分子系列的谱参数及其各向同性变量,包括从毫米波到可见波的电磁波谱。除作为独立的数据库外,HITRAN 还可用作 FASCODE 的直接输入,以及谱带模型码如 LOWTRAM 和 MODTRAN 的间接输入。

2. 基于地面同步测量的校正方法

经验线性法,也就是地面定标法,要求在遥感数据获取时对一些典型的地面目标反射率进行同步测量,再利用线性回归算法来进行大气校正。

基于地面同步测量的校正方法是机载光谱遥感常用的方法。在同步测量点附近区域内的精度往往能够满足应用需要,但是因为光照条件和大气的变化,远离测量点的数据处理误差往往无法控制,所以多航带数据如果要使用该方法,需要布设多个地面同步测量点。

令 L_i 为高光谱成像仪接收到的信号,L_{ssp} 为大气对太阳辐射的单次散射,L_{mspi} 为与背景相互作用后大气多次散射部分,L_{oi} 为直接太阳辐射和太阳辐射通过大气分子与气溶胶的单次或多次散射经地面目标反射到高光谱成像仪方向的辐射,τ_i 为大气透过率,L_{pi} 为程辐射。g_i 为高光谱成像仪中不同的增益档,这可以使不同光照条件下的读数保持在一个合理范围内。L_{oig} 为高光谱成像仪的零输入响应,对遥感仪器的某一波段 i 而言存在下列关系:

$$\begin{aligned}
L_i &= g_i(L_{oi}\tau_i + L_{ssp} + L_{mspi}) + L_{oig} \\
&= g_i(L_{oi}\tau_i + L_{pi}) + L_{oig} \\
&= g_i\tau_i \cdot L_{oi} + (g_iL_{pi} + L_{oig})
\end{aligned} \tag{6-18}$$

假设目标表面为漫反射体(目标为朗伯体),目标上的辐照度为 E,目标上的反射率为 ρ,则 $L_{oi} = (\rho/\pi)E$。

那么对某一个窄波段而言,有

$$\begin{aligned}
L_i &= (g_i\tau_i) \cdot L_{oi} + g_iL_{pi} + L_{oig} \\
&= \left(\frac{g_iE_i}{\pi} \cdot \tau_i\right)\rho_i + g_iL_{pi} + L_{oig}
\end{aligned} \tag{6-19}$$

由式(6-18)和式(6-19)看出,高光谱成像仪的通道 i 接收的信号 L_i 与地面目标的有效亮度 L_{oi} 及目标反射率 ρ_i 为线性回归关系。因此,若能将大气影响因素(大气透过率 τ_i、程辐射 L_{pi})和高光谱成像仪自身的因素(增益 g_i 和零响应值 L_{oig})消除,即可对原始图像进行大气校正,进而可将高光谱成像数据转换成反射率反演图像。这样式(6-18)和式(6-19)可写为

$$\begin{cases}
L_{oi} = \dfrac{1}{(g_iE_i\tau_i)/\pi} \cdot L_i + \dfrac{g_iL_{pi} + L_{oig}}{g_i\tau_i} = a_i'L_i + b_i' \\
\rho_i = \dfrac{1}{(g_iE_i\tau_i)/\pi} \cdot L_i + \dfrac{g_iL_{pi} + L_{oig}}{(g_iE_i\tau_i)/\pi} = a_iL_i + b_i
\end{cases} \tag{6-20}$$

式中,a_i'、b_i'、a_i、b_i 表示线性回归系数,a_i'、a_i 包含了大气透过率成分,b_i'、b_i 包含了程辐射和空中遥感仪器零响应成分。

该方法简便、实用、可行,地面定标点的选择及光谱测量精度是影响反射率反演准确性的主要因素。进行定标点的野外光谱测量应与空中高光谱成像仪数据获取同步进行,地物光谱仪精度要高,测得的数据稳定可靠,这样可以方便地对高光

谱成像数据进行处理和分析。定标点应选择多个不同的、匀质、平坦、表观光学性质较稳定的地物,且需要面积足够大,最好有 10×10 个成像像元的面积,以便与图像匹配,同时减少地面背景的影响。定标点还需要选择反射率或辐射亮度能覆盖高光谱成像数据中动态范围的高、中、低灰度,如果考虑到双向反射特性的影响,还要考虑定标点和机下点的关系。

利用定标技术进行地物光谱反射率反演基于以下假定:高光谱成像数据获取时天气状况和仪器性能不变,也就是在大气透过率、大气程辐射、入射辐射能及仪器性能不变的前提下进行数据获取。因此,在小面积的实验区内,即空中遥感数据获取时间跨度不大的条件下,利用该定标技术对图像数据进行地物反射率反演更为理想。

其他数据处理内容还很多,如运动模糊、微笑和皱眉效应、BRDF 校正、水面耀斑处理等,有时候也作为预处理看待,在此不再赘述。

6.1.5   高光谱成像数据的分级输出

随着遥感数据应用越来越广泛,遥感数据处理出现流程标准化的趋势,实现分级输出,以满足不同用户的需要。

本小节分别提供航空航天两个遥感数据分级输出的案例。图 6 - 9 是中国科学院上海技术物理研究所机载推帚式高光谱成像仪 PHI - I 的数据处理流程和预处理数据产品的定义。

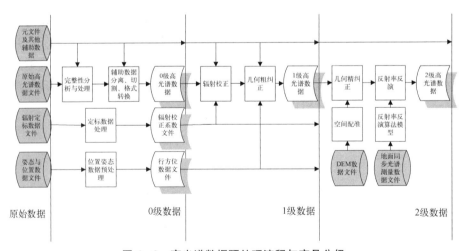

图 6 - 9   高光谱数据预处理流程与产品分级

表 6 - 4 是高分辨率推帚式国产卫星遥感影像预处理产品的分级模式,其中传感器校正产品是指经过相对或绝对辐射校正和传感器校正的产品,该级产品附带有影

像的严密成像模型参数(轨道、姿态、传感器参数)和广义成像模型(RPC 参数文件);
系统几何校正产品是指在传感器校正产品的基础上,按照选定的地图投影,以一定地
面分辨率投影在地球椭球面上的几何产品,该产品带有相应的投影信息,并附有 RPC
模型参数文件;精纠正产品是指在系统几何纠正产品或传感器校正产品的基础上,利
用地面控制点消除了部分轨道和姿态参数误差,将影像投影到地球椭球面上的影像
产品,该产品附带 RPC 模型参数文件;正射纠正产品是指利用 DEM 和控制点对传感
器校正产品、系统几何校正产品或精纠正产品进行正射纠正处理的产品,该产品附带
投影信息;数字正射影像产品是经过正射投影改正的影像数据集。

表 6‑4　高分辨率推帚式国产卫星遥感影像预处理产品的分级模式

序号	影像产品名称	提供产品模式			推 荐 用 户
		单片模式	立体模式	核线模式	
1	原始影像产品	提供	—	—	不推荐用户使用
2	传感器校正产品	提供	提供	提供	具备较高影像处理能力的用户使用
3	系统几何校正产品	提供 *	提供 *	提供	要求适中的绝对定位精度及大面积覆盖的用户使用
4	精纠正产品	提供 *	提供 *	提供	要求较高的绝对定位精度的用户
5	正射纠正产品	提供 *	—	—	可直接作为底图,更新入库和需要高地理定位精度分析应用的用户
6	数字正射影像产品	提供 *	—	—	根据用户定制的产品,可直接使用

注 1:带" * "影像产品可提供 CGCS2000、WGS‑84 坐标系、1954 年北京坐标系、1980 西安坐标系等投影坐标的产品,不带" * "产品为像素坐标系产品。
注 2:核线模式产品仅提供 RPC 模型参数。

6.2　高光谱遥感数据处理

　　遥感数据本身是对光谱信号的收集,因此除了人眼可直观解读的图像信息,光谱本身包含的目标信息需要通过一定的技术手段来提取,受遥感数据特征复杂、同物异谱、混合光谱、环境复杂等因素影响,现有的光谱遥感信息提取技术的自动应用效果并不理想,现场调查、先验知识、人工辅助是高光谱应用的必要手段,神经网

络很早就用于遥感数据的解读,人工智能可能是解决这个问题的途径,但限于本书定位和作者水平,本节将不涉及最新的信息反演算法,仅简要介绍常规的光谱遥感信息的提取手段,使读者建立常识性认识。

虽然不同处理级别的光谱数据都可用于信息提取,但是包含目标特性的数据主要是消除了仪器、大气等影响的目标反射率数据,因此如无特别说明,本节所说的光谱数据是指地物的反射率数据,光谱曲线为反射率数据的曲线。

6.2.1　光谱特征吸收参数

遥感光谱中包含的目标信息往往体现在目标对光谱的吸收作用上,利用光谱曲线上的吸收特征构建的参数,称为光谱特征吸收参数,它是利用高光谱遥感数据识别目标的常规途径,经常应用在矿物的定性和定量识别中。

图 6-10 是实验室测得的典型矿物的诊断性光谱特征,实验室经常利用物质

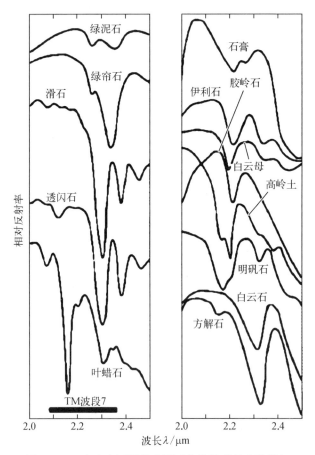

图 6-10　实验室测量的典型矿物的诊断性光谱特征

的精细光谱吸收特征来识别矿物成分,用于矿物调查的高光谱遥感技术利用了同样的原理。在我国的嫦娥三号中,降落在月球表面的玉兔月表巡视器就搭载了AOTF分光的高光谱成像仪,用以探测月球表面矿物组成。由于光的穿透性差,所以光学遥感只能探测目标的表面。

遥感探测和实验室探测有较大差别,除了环境更复杂、大气光谱影响大等因素外,遥感信息更加微弱,所以遥感探测的光谱分辨率比实验室低得多,这给遥感光谱分析带来了难题。光谱分辨率越高,越能准确体现光谱吸收特征,但是由于光谱通道变窄,遥感仪器能接收到的能量降低,信噪比也就相应降低,噪声甚至会淹没信号。图 6-11 所示为探测器光谱分辨率对光谱特征的影响。所以,成功的遥感应用一定是遥感仪器指标和遥感应用相匹配的。在遥感仪器探测能力限制下,采用算法提高提取目标信息的能力变得更加重要。

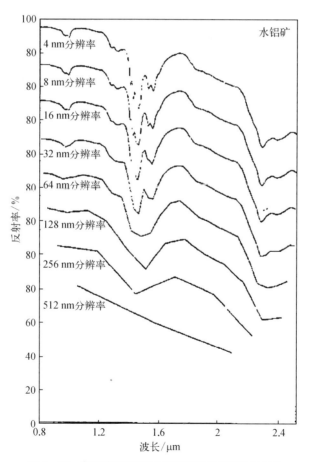

图 6-11　探测仪器光谱分辨率对光谱特征的影响

吸收特征在反射率曲线上表现为一个凹谷,局部最小值对应光谱吸收率的峰值,因此也称为吸收峰,光谱曲线上往往不止有一个吸收峰,能和其他物质进行区分的特征可以用于目标识别,吸收峰的深浅则可以用于分析矿物成分含量。

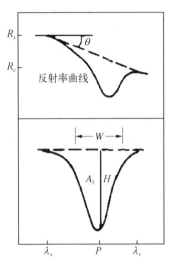

图 6-12　光谱曲线特征示意图

在图 6-12 所示的光谱曲线特征示意图上,光谱吸收特征参数包括吸收波段的波长位置(P)、深度(D)、宽度(W)、斜率(K)、对称性(S)、吸收面积(A)和反射率值。吸收波段的波长位置简称吸收波长,指反射率最小值对应的波长;吸收深度指目标的化学成分导致的反射率比相邻波段低的程度;宽度指吸收深度 1/2 时的波长范围;斜率可以有三个参数,分别是吸收峰斜率 K、最大下降沿斜率 K_1、最大上升沿斜率 K_2,矿物识别中常用的是 K;对称性指吸收峰吸收波长左侧面积和吸收波长右侧面积的比;吸收面积为吸收宽度和深度的综合参数。

实际光谱曲线的吸收峰,由于存在吸收峰斜率,参数计算受到影响,一般可以采用 Clark 和 Roush(1984)[3] 提出的连续统去除法或者光谱包络分析法,将光谱曲线进行归一化处理,便于光谱特征吸收参数的计算。连续统去除法用直线线段连接光谱曲线的峰值点,形成一些折线,使折线在峰值点上的外角值大于 180°,然后用实际光谱曲线的值除以折线上的值,这样得到的峰值处的值为 1,其他值小于 1。如图 6-13

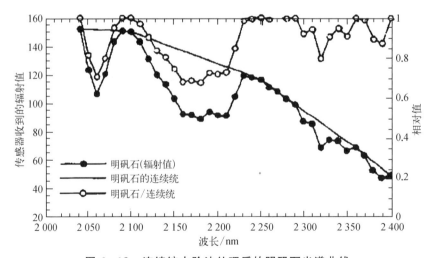

图 6-13　连续统去除法处理后的明矾石光谱曲线

所示,实心点为实际反射率曲线,空心点为连续统去除法处理后的曲线,这简化了光谱吸收特征参数的计算。连续统去除法是最简单的去除光谱包络的算法。

6.2.2　遥感光谱分析技术

高光谱遥感广泛用于资源普查和环境监测,但是从光谱遥感数据中提取地物类型分布信息和地物成分参数、植物生长情况指标等信息却不太容易,需要设计和采用遥感光谱分析技术,大部分遥感光谱分析技术只能解决一部分问题,神经网络和人工智能是目前研究最多的前沿应用技术,高光谱对地观测的应用问题还需要很多人工参与。这里仅介绍常用的基本方法和概念帮助初学者理解遥感光谱数据的应用模式。

光谱图像是三维数据,一个波段对应一幅图像,一个像元对应一条光谱曲线(多光谱遥感数据则是一个像元对应多个反射率值),不同波段同一像元的反射率值的运算称为光谱图像运算,这是多光谱图像常用的处理方法。这种方法一方面可以消除仪器和环境、光照条件等的残留影响或者噪声;另一方面也可以突出目标的光谱特征。

1) 算术运算

同一像元不同波段数值的加减乘除运算为算术运算,多个波段的加(或者平均)可以合并波段,减和除可以突出差异、突出某些特征。算术运算早期在谱遥感数据的应用中较多,例如,在气象卫星和地球观测卫星的多光谱遥感数据应用中,植被指数的提出就是算术运算的典型应用案例。植被指数是人为定义的、用于识别和表征植被特征的遥感参数,随着对地观测技术的发展,光谱分辨率越来越高,植被指数也发展出了更多计算方法,NVDI 参数是最早被提出且应用较广泛的一种植被指数:

$$\text{NDVI} = (\text{NIR} - \text{VIS})/(\text{NIR} + \text{VIS}) \tag{6-21}$$

式中,NIR 表示近红外波段的观测值;VIS 表示可见波段的观测值。减法运算突出了植被在可见波段和近红外波段中反射率差异特性,除法运算消除了环境、仪器传输过程的影响,所以,不采用反射率值,采用观测值也能将植被与其他地物区别开来,NVDI 曾被用于全球植被分布状况调查。

算术运算改变了数值分布范围,会出现负值或其他问题,如果需要显示或者进行其他运算,只要再进行简单的数值线性变换,将数值变换到需要的范围即可。

2）微分运算

光谱微分运算包括对反射光谱进行不同阶数的微分（差分）值计算，以迅速确定光谱曲线弯曲点及最大、最小反射率的波长位置。微分运算突出了曲线的变化，将均值的影响最小化，在光谱吸收特征的上下沿表现出正负极值，在最大、最小值表现出绝对值最小值，是高光谱遥感数据常用的特征检测算法。

微分运算相当于相邻波段的减法运算，一、二阶微分计算公式如下：

$$\rho'(\lambda_i) = [\rho(\lambda_{i+1}) - \rho(\lambda_{i-1})]/(2\Delta\lambda) \tag{6-22}$$

和

$$\begin{aligned}\rho''(\lambda_i) &= [\rho'(\lambda_{i+1}) - \rho'(\lambda_{i-1})]/(2\Delta\lambda)\\ &= [\rho(\lambda_{i+1}) - 2\rho(\lambda_i) + \rho(\lambda_{i-1})]/\Delta\lambda^2\end{aligned} \tag{6-23}$$

式中，λ_i 表示第 i 波段的中心波长；$\rho'(\lambda_i)$、$\rho''(\lambda_i)$ 分别表示波长 λ_i 的一阶和二阶光谱微分；$\Delta\lambda$ 表示相邻中心波长的间隔。

微分光谱技术可用于减弱大气的散射和吸收对目标光谱特征的影响，也用于提取水质和植被参数，在地质上主要用于提取光谱特征吸收参数（如波长位置、波段宽度等），也用于分解重叠的吸收峰等。根据光谱特征可采用不同的微分阶数，曾有学者利用 5 阶微分定位吸收波段的位置。但是微分运算对噪声非常敏感，在实际应用中低阶微分更常用，一般认为可用一阶微分消除部分线性或者接近线性的背景、噪声光谱对目标光谱的影响。

3）逻辑运算

逻辑运算往往用于图像分割，如遮掩或者选择某些区域，这些区域可以是具有某些特征的像元，在植被或者作物调查中，把所有具有植被特征的像元选择出来进行进一步的细致分类或者参数提取。在水体分析中，把水体区域选择出来进行水污染成分含量的反演等，也可以用于选择或遮掩人工定义的其他数据，如将行政区划图二值化、用于选择需要处理的图像区域等。

6.2.3 光谱匹配与光谱相似性

光谱匹配用于光谱相似性或差异性的判断，例如，用测量所得的光谱和光谱库中的光谱计算光谱匹配，找到最接近的光谱，一般可以认为所测得的光谱和光谱库光谱的地物类型是同类，这是基于光谱库的地物分类原理。但是怎样才能判断两个光谱的相似性呢？大部分情况下待比较的两条光谱曲线需要具有相同的光谱采样方式，也就是每个波段的中心波长和光谱分辨率相同，这样才可以直接计算，如果两者不同，则需要进行归一化处理，即对其中一个进行光谱重采样，使之具有相同的光谱采样间隔,必要时对幅值也要进行归一化处理,线性变换是常用的幅值归一化处理方法,具体采用什么处理方法,进行什么程度的归一化处理,需要根据算法的敏感性和对相似性判断的要求来设计。

1. 相关系数与光谱匹配

相关运算是常用的描述两条曲线相似性及实现配准的运算,两条光谱曲线也可以用相关系数来进行配准和表征相似性。

$$r_m = \frac{n \sum R_r R_t - \sum R_r \sum R_t}{\sqrt{\left[n \sum R_r^2 - \left(\sum R_r \right)^2 \right] \cdot \left[n \sum R_t^2 - \left(\sum R_t \right)^2 \right]}} \qquad (6-24)$$

式中,R_t、R_r 分别表示测量所得的光谱和参考光谱,一般情况下要求两者光谱分辨率相同;n 表示两光谱对应的波段数(两光谱的重合波段数);下标 m 表示光谱匹配位置(请参考相关运算的定义,即光谱错位移动的波段数)。如果两条光谱的中心波长定位有误差,则由 r_m 的最大值位置可以实现两者的光谱配准,即确定两组光谱曲线数据中心波长的偏差,并且可以用交叉相关系数表现其相关程度,常用的统计量 t 表示为

$$t = r_m \sqrt{\frac{n-2}{1-r_m^2}} \qquad (6-25)$$

两者相关性(也就是相似度)可用自由度为 $n-2$ 查 t 分布表来考察,得 t_0。如果 $t > t_0$,则两光谱在 m 处显著相关,否则认为两光谱不具相关性。对于两条待比较的光谱,如果两者能完美匹配,则相关曲线 r_m(m 为自变量)显示为抛物线峰值为 1,这是理想情况。一般不会遇到这么完美的情况,相关曲线形状最大值明显和有较多的 r_m 大于 t_0,那么就表示明显相关。具体的判据需要根据需求和数据运算结果的统计情况来确定。

光谱匹配算法还有一种编码匹配算法,用于高光谱图像高效地海量处理。光谱二值编码匹配算法如下:首先将高光谱数据进行二值化编码,指定一个波段数据的阈值,大于此阈值的数据赋值 1,否则赋值 0,这样光谱曲线形成二值编码矢量,如图 6-14 所示,阈值的确定要有利于保存光谱特征峰的位置和宽度;然后进行光谱匹配系数运算,将二值编码光谱数据和光谱库中的二值编码向量进行匹配并计算匹配系数,也就是二值化曲线的相关系数;最后根据匹配系数大小来判断测量光谱和参考光谱是否是同类地物。这种算法在编码过程中会丢失很多光谱细节信息,因为计算机处理能力的提高,所以现在这种算法已经很少使用。

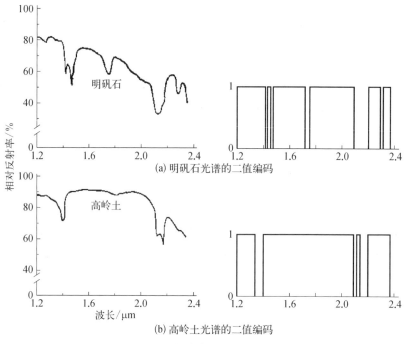

图 6 - 14   光谱的二值编码示意图

2. 光谱距离与光谱角

光谱距离与光谱角也是描述两个光谱相似性的量,无论是衡量测量光谱和参考光谱的相似性,还是同一次遥感数据中不同像元的光谱进行聚类(判断两个像元是否属于同一类地物类型)时的测度,都会用到这两个量。

大家都熟悉三维空间中两个点的距离,光谱距离的计算和空间中两个点的计算公式相同,都是欧氏距离。设光谱数据有 n_b 个波段,则光谱空间就是一个 n_b 维空间,n_b 维空间中的两个点 x_1 和 x_2 的欧氏距离计算公式,即光谱距离的计算公式为

$$d_{12} = \sqrt{\sum_{k=1}^{n_b} (x_{1k} - x_{2k})^2} \tag{6-26}$$

在光谱空间中距离越近的点,相似性越高,两个光谱更可能是一类地物。

光谱角是另一种可以衡量光谱相似性和差异的量,是 n_b 维空间两个光谱向量(以坐标系原点为起点,光谱所在的点为终点的向量)的空间角。当 $n_b = 2$,也就是光谱波段数为 2 时,其光谱空间为二维空间,其直观表示为图 6 - 15 中的 α 角。显然光谱角越小,两个光谱类别相同的可能性越大。当 $n_b > 2$ 时,通用计算公式为

$$\alpha = \arccos\left[\frac{\sum\limits_{i=1}^{n_b} t_i r_i}{\left(\sum\limits_{i=1}^{n_b} t_i^2\right)^{\frac{1}{2}}\left(\sum\limits_{i=1}^{n_b} r_i^2\right)^{\frac{1}{2}}}\right]$$

$$(6-27)$$

式中, t_i、r_i 分别表示测量光谱和参考光谱第 i 波段的值。用光谱角来衡量两个光谱之间的相似性,可以不受信号传输过程中增益因素的影响,也可以忽略地形对照度的影响,对预处理中辐射亮度的定量化处理精度要求低。

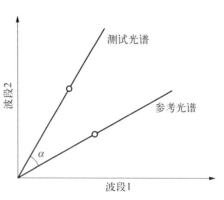

图 6-15 光谱角的定义示意图

3. 特征匹配

根据 6.2.1 节所介绍的吸收峰、反射峰的特征参数进行光谱相似性判断的方法为特征匹配。采用该方法需要有一些待识别地物的诊断性光谱特征的知识,如果待识别的地物包含这些诊断性特征,则可初步确定可能包含此成分,进而利用特征峰的深度分析其成分含量。这种方法常用于矿物识别,但是矿物混合物情况很多,给特征分析带来很大难度,需要先分离交叉混叠的特征峰。现在矿物探测在地表探测应用中比以前少,但是在深空探测中开始发挥作用,例如,在嫦娥计划中获取的月表高光谱图像数据,在利用这些数据对月表的矿物类型进行分析和分类时,光谱吸收特征匹配是最适合的分析方法。该方法可以不进行光谱归一化处理,直接提取特征参数进行比较和分析。

6.2.4 混合像元分解

遥感观测的地表目标非常复杂,一个像元总是包含一定的面积,星载光谱成像数据的一个像元可能覆盖数平方米到数平方千米不等,航空遥感数据的空间分辨率较高,一个像元覆盖面积一般是亚平方米级或者平方米级,也有的达十几平方米,因此一个像元对应的实际地物可能包含很多类型,且内容难以预测,对应的光谱是混合光谱。只包含一种地物类型的像元称为纯像元,其光谱称为纯光谱,含两种或者两种以上地物类型的像元称为混合像元,其光谱称为混合光谱。混合光谱普遍存在,给地物识别和目标分类带来干扰,需要设计混合光谱的分解算法。空间分辨率的提高和光谱分辨率的提高给混合像元分解带来了有利条件。这里简要介绍常用的混合像元模型及其分解方法。

1. 线性混合光谱模型

一个像元的反射光谱亮度如果可以表示为其不同光谱组成成分的线性和的形

式,则称为线性混合光谱模型,反之,混合像元的光谱和其光谱组成成分的关系不是线性的,而是非线性的,必须采用非线性混合光谱模型。混合光谱模型在实际环境中比较复杂,本章节不涉及模型的建立,仅简要介绍常用的线性混合光谱模型的概念。

线性混合光谱模型可用下述数学公式描述:

$$\boldsymbol{DN}_{ij} = \boldsymbol{EF}_{ij} + \varepsilon_{ij} \tag{6-28}$$

其中,

$$\sum_{l=1}^{L} F_l = 1, \ F_l \geqslant 0 \tag{6-29}$$

式中,向量$\boldsymbol{DN}_{ij}$表示第i行第j列像元的光谱向量(按照波长、频率排列的光谱辐射亮度值),即混合像元的光谱,为$K \times 1$向量,K为波段数,$\boldsymbol{F}_{ij}$是F_1组成的$L \times 1$向量;L表示组成成分个数;F_1表示该像元的第l个组成成分的含量;$\boldsymbol{E}$表示L个组成成分的特征光谱,是一个$K \times L$的矩阵;ε_{ij}表示残差,残差包含测量误差,也包含组成成分的不可预料变化,因为在实际情况中,地物组成复杂,有些成分未被考虑,而且有各种误差存在的可能,因此实际情况中,可能存在组成成分含量F_1的和不等于1的情况。

混合像元线性分解,即已知$\boldsymbol{DN}_{ij}$、$\boldsymbol{E}$,求解$\boldsymbol{F}_{ij}$,这是多元一次方程的求解问题。当方程数(K)大于等于未知数(L)时,可求解,当$K > L$时,一般利用最小二乘算法求解。

显然,混合像元分解的关键在于确定地物组成成分,这些成分一般是纯像元光谱,称为端元。确定端元一般先进行区域调查,找出存在的纯像元成分作为端元,分布或者存在较少的特殊成分,常常会被遗漏,这造成混合像元分解的错误结果,因此混合像元分解仍旧是光谱精细分类的难点,利用神经网络和人工智能进行分类和像元分解是重要研究方向。

2. 光谱吸收指数

任意光谱吸收特征可由光谱吸收谷点M和两个肩S_1、S_2组成,如图6-16所示。吸收谷点M与两个肩连成的基线的距离可以看作光谱吸收深度H。

图6-16中,ρ_{S_1}、λ_{S_1}为吸收左肩端S_1的反射率和波长位置;ρ_M、λ_M为吸收谷点M的反射率和波长位置;

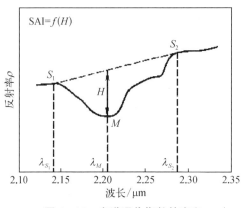

图6-16   光谱吸收指数的定义

ρ_{S_2}、λ_{S_2} 为吸收右肩端 S_2 的反射率和波长位置。

令 $W = \lambda_{S_2} - \lambda_{S_1}$，$d = (\lambda_{S_2} - \lambda_M)/W$，则光谱吸收指数定义为

$$\text{SAI} = [d\rho_{S_1} + (1 + d)\rho_{S_2}]/\rho_M \tag{6-30}$$

研究表明，光谱反射率 $\rho(\lambda)$ 不能直接进行线性混合，难于进行混合光谱分解与成分丰度反演，但平均单次散射反照率 ϖ 主要依赖成分含量，可以进行线性混合。利用平均散射反照率，光谱吸收指数可以表达为

$$\text{SAI} = [d\varpi_{S_1} + (1 - d)\varpi_{S_2}]/\varpi_M \tag{6-31}$$

ϖ 的线性混合模型反演为

$$\varpi = \frac{\sum_i \dfrac{m_i \varpi_i}{\delta_i D_i}}{\sum_i \dfrac{m_i}{\delta_i D_i}} \tag{6-32}$$

式中，m_i 表示成分 i 的百分含量；ϖ_i 表示该成分单次散射反照率；δ_i 表示密度；D_i 表示粒度。获得一系列典型吸收特征的 SAI 图像以后，可以用最小二乘法反演各种地物光谱混合成分的含量。

6.2.5　光谱空间变换

相邻波段的图像之间相关性强，数据冗余度较高，可以采用空间变换的方式将主要特征集中在少数波段中，减少波段数，降低数据量，主成分变换是目前常用的高光谱数据的空间变换算法。

主成分分析（principle component analyses，PCA）是一种投影变换，着眼于变量之间的相互关系，把各维度的测量值尽可能全面地聚集在 m 个维度的主成分中，因此称为主成分变换。

主成分变换算法原理可用二维数据的主成分变换简要说明。如图 6-17 所示，一个光谱数据，包含两个波段 x_1、x_2，两个波段的数据有相关性，数据分布如图中的各点所示，根据各点分布的形状，做出 z 轴，把所有数据投影到 z 轴上，形成一维数据，为了尽可能保证信息量的全面，就要将尽可能多的一维数据的信息量（方差大小）投影到 z 轴上，以此来确定 z 轴的方向，在

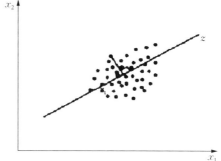

图 6-17　主成分变换算法的原理示意图

空间变换中,这个新轴(变量或者维度)用已有轴(变量、维度)的线性变换来表示,按照将新轴方向的方差最大化的原则来确定现行变换的系数。

这个新轴就是第一主成分,为了进一步聚集产生信息,可以求出与第一根轴正交且尽可能多地反映剩余信息的第二根轴,也就是第二主成分。图 6-17 所示的例子中,原数据是二维的,所以两个主成分就能表示出全部信息,在多维数据中,可以得到与原数据维度相同的主成分分量,随着主成分分量序号的增大,所获得的信息量减少,当获得的信息量(方差)累积到一定程度(如 80%),主成分提取可以停止,实现数据降维。

由于主成分变换过程中不考虑信息的价值,所以序号大的成分或者被抛弃的剩余信息中也可能存有价值的内容,这对高光谱数据的某些应用不利,另外一个不利因素是空间变换使主成分分量的物理意义不再明确,原始数据每个维度的物理意义非常明确,对应着不同波段光谱辐射、反射相关的物理量,如果变换过程中没有约束,则变换后的物理意义不再明确,变换后的数据应用不再以物理变量为基础,只能以数学关系来分类和计算相似性、差异性等。

在分类和检测种类较少时,主成分变换是很有用的降维工具,常用于高维数据的伪彩色显示中。例如,察看高光谱数据往往选择三个波段合成 RGB(Red、Green、Blue)伪彩色图像,并对它进行人工察看,通过主成分变换,选择三个成分分量进行 RGB 合成,则可以同时显示最多的信息供人眼识别。

其他空间变换还有 K-L 变换等,它也是线性空间变换,是研究人员在上述变换的基础上增加约束后构建的空间变换。

6.2.6   图像分类

遥感图像数据有两大类型:监督分类和非监督分类,两者的根本区别在于是否需要利用训练场地来获取先验的类别知识。监督分类可以从图像中已知的相应目标物(类别)的存在区域(训练区)内提取数据作为训练数据,并用这些数据进行总体特征及统计量的测定,这就是有监督测定,这种分类方法就是监督分类;非监督分类不需要人工参与,把随机采样的像元数据采用聚类等方法机械地分割为比较匀质的数据群,以这些数据群为训练数据测定类别总体的特征,这种测定称为无监督测定,这种分类方法称为非监督分类。监督分类优点是简单实用、运算量小;缺点是受训练场地数量和训练场典型性及环境影响较大,随机性大。非监督分类优点是事先不需要了解研究区,减少人为因素影响,缩短时间,降低成本;缺点是运算量大,而且因为各类别光谱特征随时间、地形等变化,所以不同图像间的光谱集群组无法保持其连续性,难以对比[3]。分类的算法有多种,传统的有以下几种。

(1)集群分析,是把特征相似的数据作为类似的东西进行分类(聚类),属于非监督分类,可分为分级法和非分级法(分级集群,是用"距离"评价个体间的相似程度,根据距离最近原则判定并归并到同一个类别中;非分级集群,是在初始状态下给出适当的类别,在类别间重新组合个体,求出分离度更高的类别方法)。

(2) 多级切割法,是根据设定在各轴上的值域分割多维特征空间的分类方法,属于监督分类,处理数据快。

(3) 决策树分类法,以各像元的特征值为设定的基准值,分层逐次进行比较。作为决策判据的特征值可以是光谱值、通过光谱值计算出的植被指数(normalized difference vegetation index,NDVI)、光谱值的算术运算、主成分变换后的值等。

(4) 最小距离分类法,是用特征空间中的距离表示像元数据和分类类别特征的相似程度,在距离最小(相似程度最大)的类别上对像元数据进行分类的方法,属于监督分类,包括欧氏距离、标准欧氏距离、马赫拉诺皮斯距离。

此外,还有模糊理论的方法、专家系统的方法等。这些方法实现相对复杂,一般来说,普通用户可采用商用或者通用软件直接进行处理,不需要掌握算法的细节,如果想了解相关内容,请参看相关内容的科学文献。

6.3　光谱遥感图像融合

6.3.1　多光谱图像特点

多光谱图像具有较高的光谱分辨率,能够较详细地描述地表辐射的光谱特性,但空间分辨率较低。全色光图像是具有高空间分辨率的单波段图像,能够更好地描述地表的空间信息。利用针对全色光图像与多光谱图像的图像融合技术是提高多光谱图像空间分辨率的有效手段,也是遥感图像处理领域的研究热点之一。相关研究成果可服务于地理信息系统、城市规划、地物分类及灾害评估等诸多应用,具有很高的学术研究价值和广阔的应用前景[4]。

具有超高分辨率的新一代光学卫星遥感图像以 WorldView - 2、WorldView - 3 等星载数据为代表,其空间分辨率得到大幅提升的同时,波段划分更细,光谱覆盖范围更宽,并且各波段间的光谱响应匹配出现了新的变化。如图 6 - 18 所示,WorldView - 2 的多光谱图像包含八个波段,即 Band1：Coastal（400～450 nm）、Band2：Blue （450 ～ 510 nm）、Band3：Green （510 ～ 580 nm）、Band4：Yellow（585～625 nm）、Band5：Red（630～690 nm）、Band6：Red Edge（705～745 nm）、Band7：NIR1（770～895 nm）、Band8：NIR2（860～1040 nm）,与较早的 IKONOS、QuickBird 传感器光谱响应(图 6 - 19、图 6 - 20)相比较,该新型遥感图

像的光谱响应呈现的新特点有：① 多光谱图像新增加了 Coastal、Yellow、Red Edge 及 NIR2 四个波段；② 多光谱各波段光谱响应之间的重叠（或干扰）减少；③ 全色光光谱响应覆盖范围缩小(450～800 nm)；④ Coastal 和 NIR2 两波段与全色光波段间的光谱响应出现严重误匹配；⑤ Blue 和 Green 波段与全色光之间的光谱响应匹配增强，且 NIR1 与全色光间光谱响应变为部分匹配。

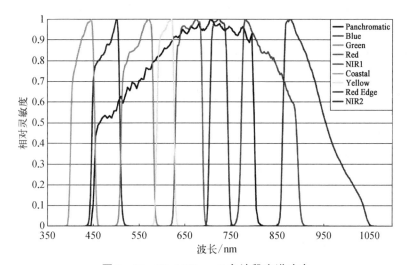

图 6‐18　WorldView‐2 各波段光谱响应

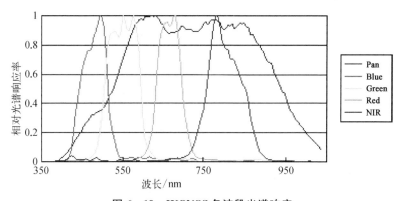

图 6‐19　IKONOS 各波段光谱响应

6.3.2　基于对应分析的图像融合方法

1. 多光谱图像的对应分析变换

多光谱图像数据的光谱-强度分离采取图 6‐21 所示的对应分析(correspondence analysis，CA)变换实现。CA 变换的基本思想是：对原始观测的数据矩阵进行适

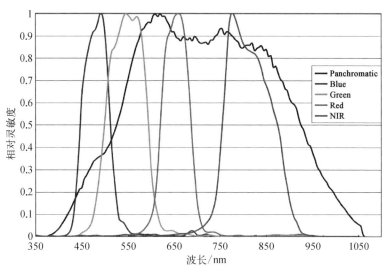

图 6 - 20　QuickBird 各波段光谱响应

当的变换,得到数据列联表,其中的行与列具有相同的比例大小,且具有对应关系,能够揭示多个变量之间的关联性和差异性。针对具有 N 个波段的多光谱数据,可以先将各波段按列(或行)展开,得到列数为 N 的数据表 DT,然后选择某种关联性计算方法对该表中的每个元素(像素点)进行修正,计算得到列联表 CT。进一步求解其特征向量,构造出特征向量矩阵 **EM**。最后,由 DT 和 EM 计算得到成分空间(N 列),选出成分图像。

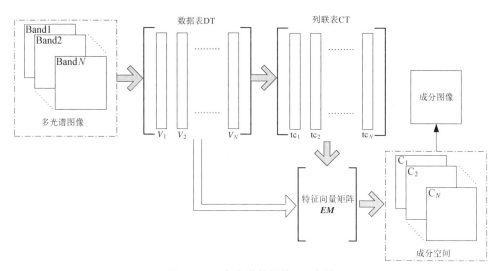

图 6 - 21　多光谱数据的 CA 变换

WorldView‐2全色光波段与多光谱波段之间的光谱响应匹配出现了显著的变化,导致基于色调饱和度(intensity hue saturation,IHS)变换的强度分量以及超球面彩色变换(hyperspherical color transform,HCT)的多光谱强度分量与原始全色光图像的光谱响应差异较大,因此基于IHS变换的融合方法及基于HCT的融合方法并不适用于此类新型遥感图像。而CA技术利用χ^2距离计算波段之间的关联性,其成分空间能够更好地保持与原始数据的一致性,进而更有利于保持多光谱数据的光谱信息。如图6‐22所示,在三种变换方法中,CA方法得到的成分图像最接近原始全色光图像,特别是在植被部分。

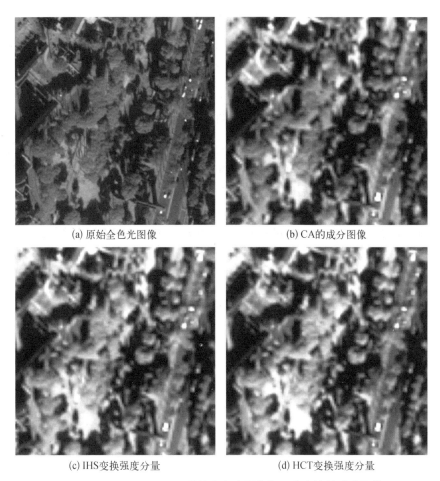

(a) 原始全色光图像　　　　　　　　(b) CA的成分图像

(c) IHS变换强度分量　　　　　　　(d) HCT变换强度分量

图6‐22　WorldView‐2原始全色光图像与三种变换的成分图像

1) 融合方法一

针对World View‐2(简称WV‐2)图像,首先利用八波段多光谱(multispectral,

MS)图像 Band1，Band2，…，Band8 构造输入矩阵 $\boldsymbol{X}_{in}$，$\boldsymbol{X}_{in}=[Band1，Band2，…，Band8]$。按照 CA 变换公式将输入矩阵 $\boldsymbol{X}_{in}$ 变换到成分空间，得到 $[C_1，C_2，…，C_8]$，其中，C_8 为成分图像。

其次，利用成分图像将单波段全色光图像(panchromatic，PAN)图像的空间细节信息注入成分空间。这里引入统计调整模型的方法来完成待匹配两幅图像在全局统计上的匹配，提出将全色光图像的平方 PAN^2 与成分图像的平方 $(C_8)^2$ 进行匹配调整，目的是进一步减少因统计调整模型可能带来的局部统计误匹配。融合过程如图 6-23 所示。

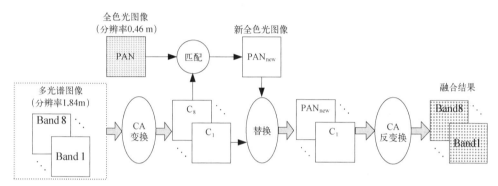

图 6-23　融合方法一流程图

采用 WorldView-2 数据集，该数据集包含空间分辨率为 1.84 m 的八波段 MS 图像和分辨率为 0.46 m 的单波段 PAN 图像，原始尺寸为 4 600×4 600 像素，拍摄场景为 2009 年 12 月的意大利罗马市区。多光谱图像与全色光图像已经进行配准，并且原始多光谱图像经 Bicubic 插值法重采样至全色光图像尺寸。为了方便显示，图 6-24 只给出部分场景，图像尺寸为 400×400 像素。

由图 6-24 可以看出，四种方法的融合结果与原始多光谱图像相比，其空间分辨率均有增强，如建筑物、道路、树木等空间细节信息有明显提高。广义 IHS (generalized IHS，GIHS)方法光谱失真最严重，特别是在绿色植被部分将原有的深绿色扭曲为浅黄绿色；HCT 方法在建筑物顶部的失真较明显，空间分辨率提高不够理想；改进的加性小波融合(improved additive wavelet pansharpening，IAWP)方法光谱信息保持最好，但是其空间信息损失最严重，视觉效果较差；本书方法无明显光谱失真，基本与原始多光谱图像保持一致，并且空间细节信息丰富，清晰程度接近原始全色光图像，整体视觉效果最优。

采用空间相关系数(spatial correlate coefficient，SCC)、相关系数(correlate coefficient，CC)、光谱角映射(spectral angle mapper，SAM)，以及相对全局维数综合误差(relative global dimensional synthesis error，ERGAS)等常用客观评价指

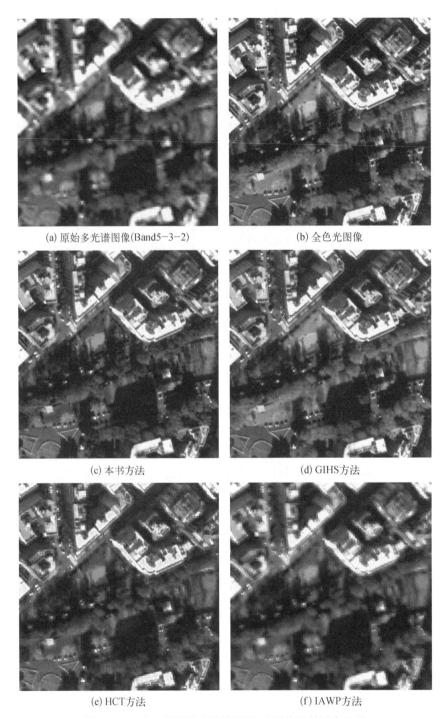

(a) 原始多光谱图像(Band5-3-2)

(b) 全色光图像

(c) 本书方法

(d) GIHS方法

(e) HCT方法

(f) IAWP方法

图 6-24 意大利罗马市区的 WV-2 图像及其融合结果

标对各种方法的融合结果进行评价(表 6‑5)。由表 6‑5 可以看出,在四种融合方法中 GIHS 方法的 CC、SAM 及 ERGAS 的评价值最差,说明其产生的光谱失真最严重。HCT 方法在光谱信息保持方面优于 GIHS 方法,但空间信息增强较弱。IAWP 方法的 SCC 最小,说明其空间信息损失最严重,CC 及 SAM 数值表明该方法的光谱保真能力最好。本书方法在 SCC、ERGAS 数值优势明显,CC 及 SAM 数值在 IAWP 方法与 HCT 方法之间,说明整体质量较高,在空间分辨率提高和光谱信息保持两方面达到更好的平衡,主观评价与客观分析结果能够达到一致。

表 6‑5 各种方法的客观评价结果

		SCC (理想值:1)	CC (理想值:1)	SAM (理想值:0)	ERGAS (理想值:0)
GIHS 方法	R	0.983	0.918	8.26	4.202
	G	0.993	0.924		
	B	0.984	0.935		
HCT 方法	R	0.906	0.961	2.36	2.989
	G	0.908	0.958		
	B	0.907	0.951		
IAWP 方法	R	0.873	0.991	1.01	1.506
	G	0.876	0.991		
	B	0.873	0.988		
本书方法	R	0.989	0.958	1.78	1.044
	G	0.989	0.956		
	B	0.986	0.952		

2)融合方法二

针对高分辨率 GeoEye‑1 星载图像传感器光谱响应特点(图 6‑25),提出利用 CA 变换将四波段重采样低分辨率多光谱图像 LRM_1,…,LRM_4 变换至成分空间,得到成分图像 C_4;再利用冗余小波变换(redundant wavelet transform,RWT)提取全色光图像的空间信息;最后将空间信息按比例地在空间域注入各个波段,得到融合结果 HRM_1,…,HRM_4。融合流程图如图 6‑26 所示。

将该方法与 IAWP 方法、IHSVE 方法以及 PDI 方法进行比较,采用 GeoEye‑1 数据集进行融合实验,该数据集包含空间分辨率为 1.64 m 的四波段 MS 图像和空间分辨率为 0.41 m 的单波段 PAN 图像,原始尺寸为 13 000×31 000 像素,拍摄场

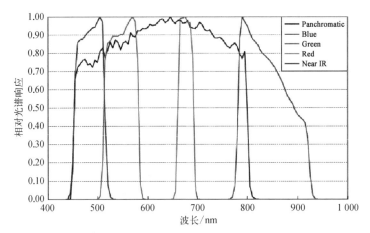

图 6 - 25　GeoEye - 1 各波段光谱响应

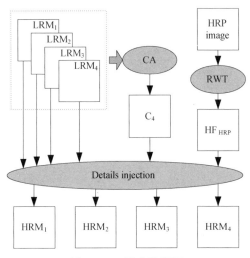

图 6 - 26　融合流程图

景为 2009 年 2 月的澳大利亚 Hobart 地区。多光谱图像与全色光图像已经进行配准,并且原始多光谱图像经 Bicubic 插值法重采样至全色光图像尺寸。为了方便显示,图 6 - 27 只给出部分场景,图像尺寸为 800×800 像素。

从图 6 - 27 不难看出,PDI 方法的光谱失真明显,尤其在建筑物顶部的高反射区域。基于 IHS 模型的植被增强(Intensity-Hue-Saturation based vegetation enhancement,IHSVE)方法视觉效果较按比例细节输入(proportional detail injection,PDI)方法好,尽管绿色植被部分有了显著的增强,但是其副作用表现在水中植被和红色屋顶的光谱失真。IAWP 方法的光谱保持能力最强,但是其空间分辨率损失也是最大的。相比之下,本书方法的整体目视效果占优。

(a) LRM RGB composite (Band 3－2－1)

(b) PAN

(c) PDI方法

(d) IHSVE方法

(e) IAWP方法

(f) 本书方法

图 6－27　澳大利亚 Hobart 地区的 GeoEye－1 图像及其融合结果

各种融合方法的客观评价结果如表 6-6 所示,其中 PDI 方法的客观评价最差,CC 和 SAM 的数值表明 IAWP 方法所产生的光谱失真最小,同时 SCC 数值也表明 IAWP 方法的空间信息失真最明显。IHSVE 方法和本书方法在空间分辨率提高方面优势明显,ERGAS 数值表明本书方法的整体光谱保持能力最好。

表 6-6　各种融合方法的客观评价结果

		PDI 方法	IHSVE 方法	IAWP 方法	本书方法
CC	R	0.917	0.972	0.971	0.966
	G	0.920	0.941	0.970	0.965
	B	0.948	0.969	0.981	0.974
	NIR	0.913	0.972	0.964	0.970
SCC	R	0.937	0.961	0.936	0.975
	G	0.964	0.988	0.954	0.975
	B	0.946	0.976	0.929	0.975
	NIR	0.912	0.956	0.939	0.970
SAM		3.59	2.51	1.37	2.14
ERGAS		1.49	1.36	1.03	0.998

2. 基于超球面彩色变换的图像融合方法

Padwick 等[4] 于 2000 年提出了超球面彩色融合(hyperspherical color sharpening,HCS)方法。通过超球面彩色变换技术将八波段 WV-2 多光谱数据变换至超球面彩色空间,分离出光谱信息和强度分量。尽管 HCS 方法解决了输入波段数量的限制,但是融合结果出现了明显的信息失真。

针对这一不足,本书也提出了一种基于超球面彩色变换的图像融合方法,融合流程如图 6-28 所示。首先利用最近邻插值法对原始多光谱图像 MS_1,MS_2,…,MS_8进行重采样放大,得到 LRM_1,LRM_2,…,LRM_8;再对其进行超球面彩色变换,得到强度分量 I。为了能够准确估计全色光图像的空间信息,利用多变量线性回归方法对原始多光谱图像以及降分辨率的全色光图像 P_L进行拟合,构造出低分辨率的全色光图像 PAN_L。通过简单的加性注入方式,经超球面彩色反变换得到各波段融合图像,再结合 RWT 变换除去块效应得到最终结果。

融合实验采用 WV-2 数据,场景为澳大利亚悉尼港口部分,数据集原始尺寸为 1 600×1 600 像素,如图 6-29 所示。为方便起见,图 6-30 给出了部分场景为 400×400 像素的融合结果。为证明本书方法的有效性,同时与 HCS 方法、GSA-

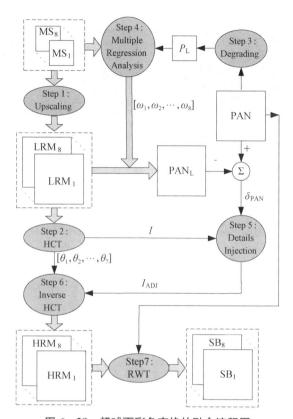

图 6-28　超球面彩色变换的融合流程图

图 6-29　澳大利亚悉尼港口的 WV-2 实验场景

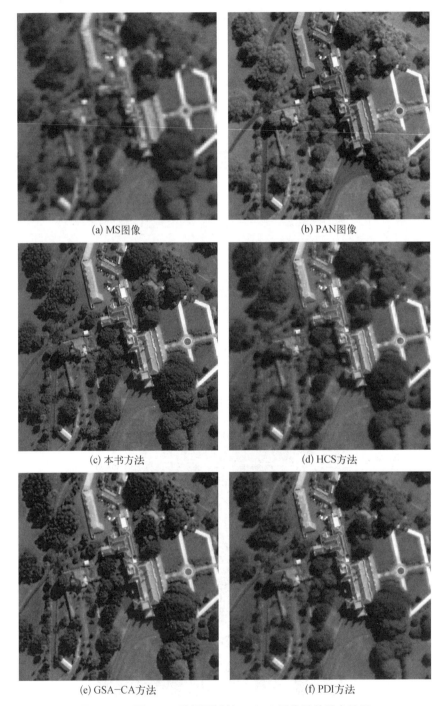

图 6‑30   图 6‑29 选择区域的 WV‑2 图像及其融合结果

CA 方法以及 PDI 方法进行比较,融合结果分别如图 6-30(c)～(f)所示,其客观评价结果如表 6-7 所示。结合主观评价与客观分析,本方法得到的融合结果优势明显。

表 6-7　各种方法的客观评价结果

	HCS 方法	GSA-CA 方法	PDI 方法	本书方法
CC	0.971 7	0.989 1	0.991 1	0.995 1
SCC	0.891 2	0.978 8	0.922 3	0.979 2
ERGAS	8.053	1.848	2.734	1.659
SID	2.321	1.867	1.534	1.232

3. 基于波段分组的融合策略

1) 融合方法一

考虑到 WV-2 各波段光谱响应的匹配特点,全色光 PAN 与多光谱 Band1 和 Band8 的光谱响应几乎无重叠,因此在利用多光谱图像构造低分辨率全色光图像时可采用波段分组策略。如图 6-31 所示,在融合流程的第二步和第三步中选择 $LRM_i(i=2,3,\cdots,7)$ 构造低分辨率全色光图像 LRP。将提取的空间信息以乘性的方式注入成分图像 C_8,经 CA 反变换和 RWT 去除块效应得到融合结果。

融合实验仍采用澳大利亚悉尼港口部分的 WV-2 数据。为方便起见,图 6-32 给出部分场景为 400×400 像素的融合结果。为证明本书方法的有效性,同时与 APS 方法、HCS 方法及 IAWP 方法进行比较,融合结果分别如图 6-33(c)～(f)所示,其客观评价结果如表 6-8 所示。由图 6-33 可以看出本书方法与 APS 方法在空间分辨率提升方面效果显著,图像的清晰程度基本能与全色光图像[图 6-33(b)]保持一致。但 APS 方法在光谱保持方面却略显不足,特别是在绿色植被区域将原有的深绿色扭曲为浅黄绿色,出现了色彩失真。HCS 方法的空间分辨率提高不够,并且在高亮度的白色屋顶部分出现了明显的光谱失真。IAWP 方法尽管具备出色的光谱保持能力,但是其细节信息注入不够,导致图像的空间信息失真严重,视觉效果较差。由表 6-8 的客观评价结果可以看出,IAWP 方法的 CC 数值说明其光谱保持能力强,但是 SCC 评价最差说明其空间分辨率提高能力最弱。APS 方法的 SCC 评价最高,但是其 ERGAS、SAM 和 CC 数值说明该方法的光谱保持能力及总体质量不是最优。本书方法在 ERGAS 和 SAM 数值优势明显,SCC 评价非常接近 APS 方法,说明本书方法在空间分辨率提高和光谱信息保持方面达到了更好的平衡,融合结果的整体质量最好,主观评价与客观分析结果能够达到一致。

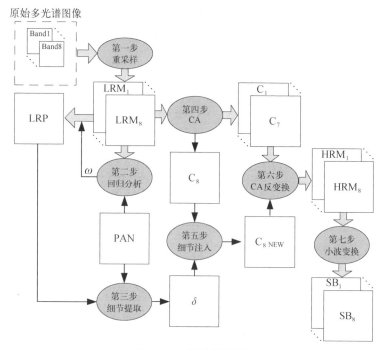

图 6‑31　融合流程图

图 6‑32　澳大利亚悉尼港口另一选择区域的
WV‑2 实验场景

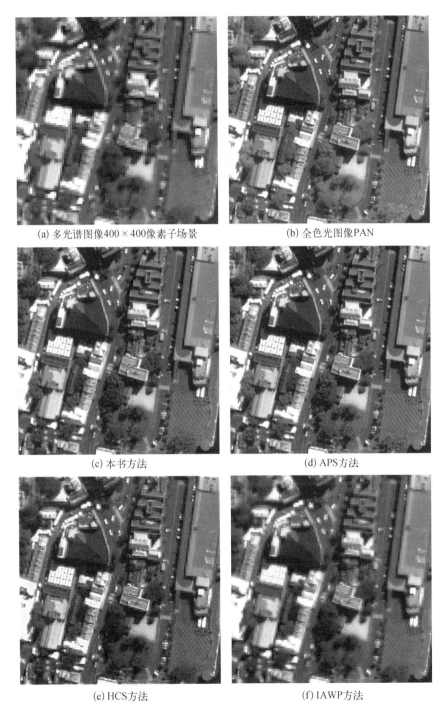

(a) 多光谱图像400×400像素子场景　　　　　(b) 全色光图像PAN

(c) 本书方法　　　　　　　　　　(d) APS方法

(e) HCS方法　　　　　　　　　　(f) IAWP方法

图 6‑33　图 6‑32 选择区域的 WV‑2 图像及其融合结果

表 6-8   各种方法的客观评价结果

融合方法	颜色值	CC	SCC	ERGAS	SAM
本书方法	R	0.942	0.995		
	G	0.945	0.993	1.421	0.200
	B	0.943	0.990		
APS 方法	R	0.935	0.996		
	G	0.937	0.996	1.640	0.256
	B	0.934	0.993		
HCS 方法	R	0.938	0.924		
	G	0.942	0.917	4.024	0.448
	B	0.939	0.913		
IAWP 方法	R	0.982	0.911		
	G	0.984	0.908	1.800	0.219
	B	0.983	0.904		

2) 融合方法二

针对 WV-2 传感器光谱响应特点,融合时可将八波段多光谱图像分成两组分别进行处理,即 Band2~Band7 六波段组加 Band1 和 Band8 两波段组。分组策略如图 6-34 所示。利用 Model-1 融合 LRM_1 和 LRM_8,利用 Model-2 融合 LRM_2,…,LRM_7。

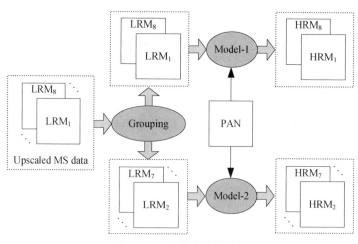

图 6-34   波段分组策略图

Model - 1 采用窗口注入模式,将全色光图像空间分辨率乘性地分别注入
LRM$_1$和 LRM$_8$中,再结合 RWT 去除块效应得到融合结果。Model - 2 则是基于
CA 变换的融合模型(图 6 - 35)。通过构造出低分辨率的全色光图像 PL,利用比
值的方法提取出空间信息,再将其注入成分空间中,经 CA 反变换得到融合结果。

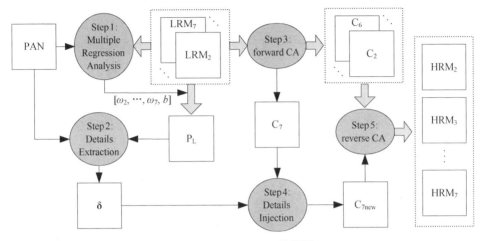

图 6 - 35　Model - 2 流程图

融合实验采用 2009 年 12 月的意大利罗马城区 WV - 2 数据集,原始尺寸
为 3 200×3 200 像素,如图 6 - 36 所示。为验证本书方法的有效性,同时与 APS 方
法、HCS 方法以及 PDI 方法进行比较。图 6 - 37 给出 800×800 像素的部分场景

图 6 - 36　意大利罗马城区的 WV - 2 实验数据

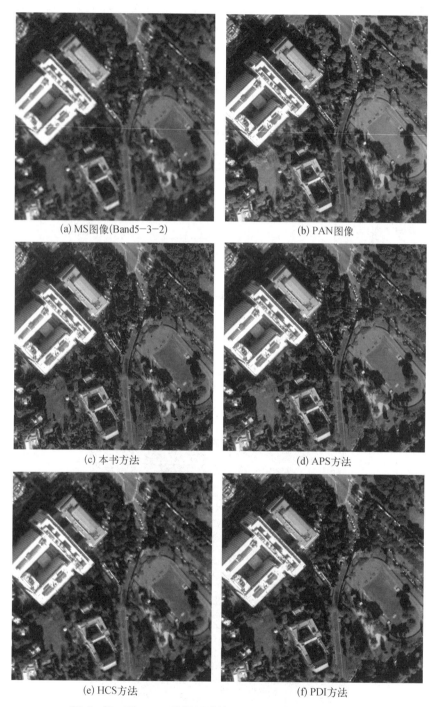

(a) MS图像(Band5-3-2)　　　　　　(b) PAN图像

(c) 本书方法　　　　　　(d) APS方法

(e) HCS方法　　　　　　(f) PDI方法

图 6-37　图 6-36 选择区域的 WV-2 图像及其融合结果

及其融合结果。表 6-9 和表 6-10 也给出各种方法客观评价结果。通过主观评价和客观分析可以看出,本书方法更适于处理 WV-2 图像数据。

表 6-9　各种方法的客观评价结果

融合方法	颜色值	SCC	ERGAS	SID
本书方法	B	0.977	2.16	0.302
	G	0.985		
	R	0.983		
APS 方法	B	0.981	2.25	0.353
	G	0.989		
	R	0.991		
HCS 方法	B	0.880	6.89	0.356
	G	0.865		
	R	0.850		
PDI 方法	B	0.940	4.32	0.520
	G	0.953		
	R	0.950		

表 6-10　各种方法的客观评价结果(Band1 和 Band8)

融合方法	band	CC	SCC	SF
本书方法	1	0.954	0.958	17.1
	8	0.968	0.953	18.5
APS 方法	1	0.932	0.967	17.5
	8	0.969	0.955	18.8
HCS 方法	1	0.966	0.880	6.96
	8	0.982	0.825	9.81
PDI 方法	1	0.932	0.921	7.42
	8	0.952	0.885	7.86

【参考文献】

[1] 森卡贝尔·普拉萨德·S,里昂·约翰·G,韦特·阿尔弗雷德.高光谱植被遥感[M].刘海

启,李召良译.北京：中国农业科学技术出版社,2015.

［2］赵学军.高光谱图像压缩与融合技术[M].北京：北京邮电大学出版社,2015.

［3］王建宇,舒嵘,刘银年.成像光谱技术导论[M].北京：科学出版社,2011.

［4］李旭,张雷,何明一.博士后中期研究报告[R].无锡：江苏物联网研究发展中心,2013.

第7章

时空定位测姿应用

7.1　高精度时空解算

7.1.1　GNSS 时空系统

目前,GNSS 由美国的 GPS,俄罗斯的 GLONASS,中国的 BD2、BD3 及欧盟的 Galileo 组成。随着全球卫星定位技术的发展,厘米级甚至毫米级的定位精度需求也越来越迫切。

星载原子钟是 GNSS 卫星的核心设备,不同卫星之间能够产生精确、相互同步的时间信号则是一个 GNSS 的核心[1]。中国北斗(BD2 和 BD3)、美国 GPS、欧盟 Galileo 与俄罗斯 GLONASS 的五系统所采用的时空坐标系如表 7 - 1 所示。

表 7 - 1　BD2、BD3、GPS、Galileo 与 GLONASS 系统的时空坐标系

时空系统项目	BD2/BD3	GPS	Galileo	GLONASS
系统时间	BDT 时间	GPS 时间	Galileo 系统时间	GLONASS 时间
系统时间参考	NTSC 的 UTC	USNO 的 UTC	—	莫斯科 UTC
系统时间跳秒情况	不存在	不存在	不存在	存在
空间坐标系	CGCS2000	WGS - 84	GTRF	PZ90.02

坐标值在对应的坐标系下才有意义,对拥有不同坐标系的卫星导航系统来说,统一的坐标系是多系统组合导航的必要条件,表 7 - 2 分别列举四个导航系统所对应坐标系的基本大地参数。

BD2/BD3 采用的坐标系是中国大地坐标系 2000(CGCS2000),它是全球坐标系在中国的具体体现。GPS 是美国国防部研制确定的大地坐标系,采用 WGS - 84

表 7-2　CGCS2000、WGS-84、PZ-90 和 GTRF 坐标系统的基本大地参数

基本大地参数	CGCS2000	WGS-84	PZ-90	GTRF
椭球体长半径 a/m	6 378 137.0	6 378 137.0	6 378 137.0	6 378 137.0
椭球体极扁率 f	1/298.257 222 101	1/298.257 223 563	1/298.257 839 303	1/298.257 223 563
地球自转角速度 /(rad/s)	7.292 115 0× 10^{-5}	7.292 115 146 7× 10^{-5}	2 921 151 467× 10^{-5}	7.292 115 0× 10^{-5}
地球引力与质量乘积/(m³/s²)	3.986 004 418× 10^{14}	3.986 005× 10^{14}	3.986 004 418× 10^{14}	3.986 004 418× 10^{14}
真空中光速 /(m/s)	299 792 458.0			

坐标系统,Galileo 采用的空间坐标系统称为 Galileo 地球参考框架(Galileo terrestrial reference frame,GTRF),GLONASS 采用 PZ-90 坐标系统,它们都是地心地固坐标系。

在以上坐标系统中,CGCS2000、WGS-84 与 GTRF 三个坐标系统的定义和参考椭球十分相近,其中的差异不会对同一个点在两个坐标系中的坐标产生影响。因此,本书不考虑这三个坐标系间的转换问题,选取 GPS 坐标系 WGS-84 作为统一参考坐标系。

因为 WGS-84 与 PZ-90 两坐标系之间的差异不能被忽略,所以在利用包含 GLONASS 系统的多个 GNSS 系统进行兼容定位时,需要进行 PZ-90 到 WGS-84 的坐标转换。假定 PZ-90 坐标系下坐标为(x, y, z),与其对应的 WGS-84 坐标为(x', y', z'),其转换关系如下:

$$
\begin{bmatrix} x' \\ y' \\ z' \end{bmatrix} = \begin{bmatrix} \Delta x \\ \Delta y \\ \Delta z \end{bmatrix} + (1+\delta s) \begin{bmatrix} 1 & \delta w & -\delta\Psi \\ -\delta w & 1 & \delta\varepsilon \\ \delta\Psi & -\delta\varepsilon & 1 \end{bmatrix} \begin{bmatrix} x \\ y \\ z \end{bmatrix}
\tag{7-1}
$$

式中,$(\Delta x, \Delta y, \Delta z)$表示坐标平移量;$\delta\varepsilon$、$\delta\Psi$ 和 δw 表示坐标系分别绕 X、Y 和 Z 坐标轴的旋转角度;δs 表示坐标尺度因子。

7.1.2　卫星位置计算

GPS/Galileo 卫星通过广播星历提供卫星参数来计算卫星位置,这一方法被各大卫星系统采用。BD2 系统为异构星座,其非静止卫星 MEO 和 IGSO 卫星星座

可以参见 GPS 卫星的计算过程得到卫星位置。但 BD2 的 GEO 卫星静止在轨道上,它的轨道倾角为零,这个特性与 GPS 卫星有差异,按照历书计算后的卫星位置需要进行坐标转换才能得到准确的位置。将 GEO 卫星坐标(X,Y,Z)先按 X 轴旋转$-5°$(根据北斗接口文件 2.0),然后按 Z 轴旋转 $w \cdot t_k$(w 为地球自转角速度,t_k 为观测历元到参考历元的时间差)获得新的卫星位置(X',Y',Z')。计算公式为

$$\begin{bmatrix} X' \\ Y' \\ Z' \end{bmatrix} = R_Z(wt_k)R_X(-5°) \begin{bmatrix} X \\ Y \\ Z \end{bmatrix} \qquad (7-2)$$

式中,

$$R_Z(\bullet) = \begin{bmatrix} \cos(\bullet) & \sin(\bullet) & 0 \\ -\sin(\bullet) & \cos(\bullet) & 0 \\ 0 & 0 & 1 \end{bmatrix}, R_X(\bullet) = \begin{bmatrix} 1 & 0 & 0 \\ 0 & \cos(\bullet) & \sin(\bullet) \\ 0 & -\sin(\bullet) & \cos(\bullet) \end{bmatrix}$$
$$(7-3)$$

GLONASS 是 PZ - 90 坐标系下参考时刻的卫星运动状态向量,每半个小时广播一次,如需要得到某个时间的卫星位置,必须借助于受力模型通过积分得到。

7.2　多接收天线观测模型

7.2.1　多接收天线双差模型

每个双差观测值涉及两个接收机在同一时刻对两颗卫星的测量值,它对两颗不同卫星的单差之间进行差分,即在站间和星间各求一次差分。

假设用户接收机 u 和基准站接收机 r 同时跟踪卫星 i 和卫星 j,则两个接收机对卫星 i 的单差载波相位观测值为[2]

$$\Delta \varphi_{ur}^i = \lambda^{-1} \Delta r_{ur}^i + f \Delta \delta t_{ur} + \Delta N_{ur}^i + \varepsilon_{\Delta \varphi_{ur}}^i \qquad (7-4)$$

而两个接收机对卫星 j 的单差载波相位观测值为

$$\Delta \varphi_{ur}^j = \lambda^{-1} \Delta r_{ur}^j + f \Delta \delta t_{ur} + \Delta N_{ur}^j + \varepsilon_{\Delta \varphi_{ur}}^j \qquad (7-5)$$

由它们组成的双差载波相位观测值定义如下:

$$\nabla \Delta \varphi_{ur}^{ij} = \Delta \varphi_{ur}^i - \Delta \varphi_{ur}^j \qquad (7-6)$$

从而得到双差观测值的观测方程：

$$\nabla\Delta\varphi_{ur}^{ij} = \lambda^{-1}\,\nabla\Delta r_{ur}^{ij} + \nabla\Delta N_{ur}^{ij} + \varepsilon_{\nabla\Delta\varphi_{ur}}^{ij} \tag{7-7}$$

式中，$\nabla\Delta r_{ur}^{ij} = \Delta r_{ur}^{i} - \Delta r_{ur}^{j}$；$\nabla\Delta N_{ur}^{ij} = \Delta N_{ur}^{i} - \Delta N_{ur}^{j}$；$\varepsilon_{\nabla\Delta\varphi_{ur}}^{ij} = \varepsilon_{\Delta\varphi_{ur}}^{i} - \varepsilon_{\Delta\varphi_{ur}}^{j}$。式（7-7）表明双差观测值能彻底消除接收机钟差和卫星钟差，然而它的代价是使得双差观测值的噪声 $\varepsilon_{\nabla\Delta\varphi_{ur}}^{ij}$ 的均方差增加到原来单差观测噪声 $\varepsilon_{\Delta\varphi_{ur}}^{i}$ 均方差的 $\sqrt{2}$ 倍。

双差载波相位观测值是确定基线向量 $\overset{\perp}{b}_{ur}$ 的关键测量值，对于卫星 j，有

$$\Delta r_{ur}^{j} = -\overset{\perp}{b}_{ur} \cdot \overset{\perp}{l}_{r}{}^{j} \tag{7-8}$$

进而可以得到

$$\nabla\Delta r_{ur}^{ij} = -\overset{\perp}{b}_{ur} \cdot \overset{\perp}{l}_{r}^{i} + \overset{\perp}{b}_{ur} \cdot \overset{\perp}{l}_{r}^{j} = -\left(\overset{\perp}{l}_{r}^{i} - \overset{\perp}{l}_{r}^{j}\right)\overset{\perp}{b}_{ur} \tag{7-9}$$

因此，得出双差观测值与基线向量之间的关系：

$$\nabla\Delta\varphi_{ur}^{ij} = -\lambda^{-1}\left(\overset{\perp}{l}_{r}^{i} - \overset{\perp}{l}_{r}^{j}\right) \cdot \overset{\perp}{b}_{ur} + \nabla\Delta N_{ur}^{ij} + \varepsilon_{\varphi_{ur}}^{ij} \tag{7-10}$$

式中，等号左边 $\nabla\Delta\varphi_{ur}^{ij}$ 是由同一历元的四个载波相位测量值计算出来的双差载波相位测量值，它是一个已知量，而等号右边 $\overset{\perp}{b}_{ur}$ 是一个待求的三维基线向量，双差整周模糊度 $\nabla\Delta N_{ur}^{ij}$ 是一个未知整数。

只有当用户和基准站接收机对两颗不同 GNSS 卫星的载波相位测量时，才能线性组合成一个双差测量值。因而若两接收机同时对 M 颗卫星有测量值，则这 M 对载波相位测量值的两两之间共能产生 $M(M-1)$ 个双差测量值，但只有其中 $M-1$ 个双差测量值相互独立[3]。假设这 $M-1$ 个相互独立的双差载波相位测量值表达成 $\nabla\Delta\varphi_{ur}^{21}$，$\nabla\Delta\varphi_{ur}^{31}$，$\cdots$，$\nabla\Delta\varphi_{ur}^{M1}$，而每个双差值有一个类似于式（7-10）所示的观测方程式，则这 $M-1$ 个双差观测方程集中在一起可以组成如下的矩阵方程式：

$$\begin{bmatrix} \nabla\Delta\varphi_{ur}^{21} \\ \nabla\Delta\varphi_{ur}^{31} \\ \cdots \\ \nabla\Delta\varphi_{ur}^{M1} \end{bmatrix} = \lambda^{-1}\begin{bmatrix} -\left(\overset{\perp}{l}_{r}^{2} - \overset{\perp}{l}_{r}^{1}\right)^{\mathrm{T}} \\ -\left(\overset{\perp}{l}_{r}^{3} - \overset{\perp}{l}_{r}^{1}\right)^{\mathrm{T}} \\ \cdots \\ -\left(\overset{\perp}{l}_{r}^{M} - \overset{\perp}{l}_{r}^{1}\right)^{\mathrm{T}} \end{bmatrix}\overset{\perp}{b}_{ur} + \begin{bmatrix} \nabla\Delta N_{ur}^{21} \\ \nabla\Delta N_{ur}^{31} \\ \cdots \\ \nabla\Delta N_{ur}^{M1} \end{bmatrix} \tag{7-11}$$

式中，双差观测噪声 $\varepsilon_{\nabla\Delta\varphi_{ur}}^{ij}$ 被省略了。若接收机能确定上述矩阵方程式中的各个双差整周模糊度值 $\nabla\Delta N_{ur}^{ij}$，则基线向量 $\overset{\perp}{b}_{ur}$ 就能够从该方程式中求解出来，从而实现基线解算。式（7-11）选择了编号 1 的卫星作为双差运算的参考卫星，故它的单

差值 $\Delta \varphi_{ur}^1$ 进入以上所有 $M-1$ 个双插值。为了确保各个双差观测值的精确性，参考卫星的单差值应当尽可能精确，而具有高仰角的卫星通常成为参考卫星的首选。

类似于双差载波相位测量值的组合机制，对应于不同站间和星间的伪距测量值也可组成双差伪距。在短基线情形下，用户接收机 u 和基准站接收机 r 对卫星 i 的单差伪距观测方程式为

$$\Delta \rho_{ur}^i = \Delta r_{ur}^i + c \delta t_{ur} + \varepsilon_{\Delta \rho_{ur}}^i \qquad (7-12)$$

而对卫星 j 的单差伪距观测方程式可写成

$$\Delta \rho_{ur}^j = \Delta r_{ur}^j + c \Delta \delta t_{ur} + \varepsilon_{\Delta \rho_{ur}}^j \qquad (7-13)$$

因而，用户接收机 u 和基准站接收机 r 对卫星 i 和 j 的双差伪距观测值的定义及其观测方程式为

$$\nabla \Delta \rho_{ur}^{ij} = \Delta \rho_{ur}^i - \Delta \rho_{ur}^j = r_{ur}^{ij} + \varepsilon_{\nabla \Delta \rho_{ur}}^{ij} \qquad (7-14)$$

对比式(7-14)与式(7-7)可知，双差伪距的优点在于其不含整周模糊度，但其测量噪声 $\varepsilon_{\nabla \Delta \rho_{ur}}^{ij}$ 的均方差远远高于双差载波相位测量噪声 $\varepsilon_{\nabla \Delta \varphi_{ur}}^{ij}$ 的均方差。

如果两接收机对 M 颗卫星有伪距观测值，那么 $M-1$ 个相互独立的双差伪距观测方程式可组成一个如下的矩阵方程式：

$$\begin{bmatrix} \nabla \Delta \rho_{ur}^{21} \\ \nabla \Delta \rho_{ur}^{31} \\ \vdots \\ \nabla \Delta \rho_{ur}^{M1} \end{bmatrix} = \lambda^{-1} \begin{bmatrix} -\left(\overset{\perp}{l}_r^2 - \overset{\perp}{l}_r^1 \right)^{\mathrm{T}} \\ -\left(\overset{\perp}{l}_r^3 - \overset{\perp}{l}_r^1 \right)^{\mathrm{T}} \\ \vdots \\ -\left(\overset{\perp}{l}_r^M - \overset{\perp}{l}_r^1 \right)^{\mathrm{T}} \end{bmatrix} \overset{\perp}{b}_{ur} \qquad (7-15)$$

在给出足够多个双差伪距测量值的条件下，接收机可从上述矩阵方程式中求解出基线向量 $\overset{\perp}{b}_{ur}$。双差载波相位 $\nabla \Delta \varphi_{ur}^{ij}$ 可以用来平滑相应的双差伪距 $\nabla \Delta \rho_{ur}^{ij}$，从而降低双差伪距观测值的测量噪声，被平滑或滤波后的双差伪距观测值既有较低的测量噪声，又保持着无整周模糊度的优点。

7.2.2　多接收天线观测量组合模型

以支持三频载波相位测量为例，对三频载波相位测量值 φ_1、φ_2 和 φ_3 进行线性组合的通用公式可表达为

$$\varphi_{k_1, k_2, k_3} = k_1 \varphi_1 + k_2 \varphi_2 + k_3 \varphi_3 \qquad (7-16)$$

式中,系数 k_1、k_2 和 k_3 既可以是整数,也可以是非整数,将此组合标记为 (k_1, k_2, k_3),则组合测量值 φ_{k_1, k_2, k_3} 中的整周模糊度 N_{k_1, k_2, k_3} 为

$$N_{k_1, k_2, k_3} = k_1 N_1 + k_2 N_2 + k_3 N_3 \qquad (7-17)$$

当系数 k_1、k_2 和 k_3 为整数时,整周模糊度 N_{k_1, k_2, k_3} 必定是整数。与组合测量值 φ_{k_1, k_2, k_3} 相对应的波长为

$$\lambda_{k_1, k_2, k_3} = \frac{1}{\dfrac{k_1}{\lambda_1} + \dfrac{k_2}{\lambda_2} + \dfrac{k_3}{\lambda_3}} \qquad (7-18)$$

由此可知,系数 k_1、k_2 和 k_3 可以构建不同长短的组合测量值波长 λ_{k_1, k_2, k_3}。因为波长常定义为一个正数,所以对系数 k_1、k_2 和 k_3 进行取值的一个限制条件为

$$\frac{k_1}{\lambda_1} + \frac{k_2}{\lambda_2} + \frac{k_3}{\lambda_3} > 0 \qquad (7-19)$$

由组合观测值 φ_{k_1, k_2, k_3} 可计算出其中以周为单位的电离层延迟 I_{k_1, k_2, k_3} 为

$$I_{k_1, k_2, k_3} = \left(\frac{k_1}{\lambda_1} + \frac{k_2 \lambda_2}{\lambda_1^2} + \frac{k_3 \lambda_3}{\lambda_1^2} \right) I_1 \qquad (7-20)$$

它显然也是关于 k_1、k_2 和 k_3 的函数。为了提高定位精度和有利于整周模糊度的求解,应该适当选择这些系数,从而尽可能最小化 I_{k_1, k_2, k_3}。

双差几何距离 γ、双差卫星星历误差 g 和双差对流层延迟 T 的总和常称为双差几何误差 G,组合观测值 φ_{k_1, k_2, k_3} 中以周为单位的组合几何误差 G_{k_1, k_2, k_3} 为

$$G_{k_1, k_2, k_3} = \left(\frac{k_1}{\lambda_1} + \frac{k_2}{\lambda_1} + \frac{k_3}{\lambda_3} \right) (\gamma + g + T) \qquad (7-21)$$

若系数 k_1、k_2 和 k_3 满足条件:

$$\frac{k_1}{\lambda_1} + \frac{k_2}{\lambda_1} + \frac{k_3}{\lambda_3} = 0 \qquad (7-22)$$

则组合几何误差为零,表示为几何无关组合。

不同系数值的组合 (k_1, k_2, k_3) 能产生具有不同特性的组合测量值 φ_{k_1, k_2, k_3},而对多频测量值进行线性组合的一个重要任务是在所有有效组合中进行筛选,使相应的组合测量值具有或者接近低噪声、电离层无关、几何无关和长波长等众多良好特性,这些特性有利于求解整周模糊度和提高相对定位精度[4]。

以 BD2 系统为例,该系统拥有 B1、B2 和 B3 三个频点,其中,$(0, -1, 1)$ 组合

为超宽巷组合,其波长与频率分别为

$$\lambda_{(0,-1,1)} = (\lambda_3^{-1} - \lambda_2^{-1})^{-1} = \frac{c}{f_2 - f_3} = 488.42 \text{ cm} \qquad (7-23)$$

$$f_{(0,-1,1)} = f_3 - f_2 = 61.38 \text{ MHz} \qquad (7-24)$$

超宽巷测量值有很小的以周为单位的测量噪声,这对整周模糊度的固定极为有利,但是超宽巷测量值以米计的噪声均方差较高,一般不宜直接应用于精密定位的计算中。

由 B1、B3 双频双差载波相位观测值 φ_1 和 φ_3 所组成的双差宽巷载波相位组合为$(1,0,-1)$,其波长与频率分别为

$$\lambda_{(1,0,-1)} = (\lambda_1^{-1} - \lambda_3^{-1})^{-1} = \frac{c}{f_1 - f_3} = 97.59 \text{ cm} \qquad (7-25)$$

$$f_{(1,0,-1)} = f_1 - f_3 = 292.578 \text{ MHz} \qquad (7-26)$$

由式(7-20)与式(7-22)可知,宽巷组合的电离层无关和几何无关程度在可以接受的范围之内。

考虑到整周模糊度的固定效率,组合观测值的电离层无关和几何无关程度,数据处理模块将超宽巷组合$(0,-1,1)$、宽巷组合$(1,0,-1)$及 B3 载波相位观测量$(0,0,1)$排列在一起一并求解各个整周模糊度值。在双频应用场景下,可将宽巷组合$(1,0,-1)$及 B3 载波相位观测量$(0,0,1)$排列在一起求解。此方法的优点在于:

(1) 一定程度上,对超宽巷组合或宽巷组合观测量的利用减弱了电离层与几何构成对整周模糊度固定的影响,提高了整周模糊度固定的效率及可靠性;

(2) 能够同时固定宽巷模糊度和单个频点的整周模糊度,通过简单的线性变换即可得到各个频点的整周模糊度值。

7.3　多接收天线卡尔曼滤波模型

载波相位与伪距观测方程分别为

$$\lambda\varphi = r + c(t_u - t^s) + T_{\text{trop}} - I_{\text{iono}} + \lambda N + \varepsilon_\varphi \qquad (7-27)$$

$$\rho = r + c(t_u - t^s) + T_{\text{trop}} + I_{\text{iono}} + \varepsilon_\rho \qquad (7-28)$$

式中,ρ 表示伪距观测值;φ 表示载波相位观测值;r 表示站星距离;t_u 表示接收机

钟差；t^s 表示卫星钟差；T_{trop} 表示对流层延迟；I_{iono} 表示电离层延迟；λ 表示载波波长；N 表示载波整周模糊度。

由式(7 - 27)与式(7 - 28)分别得到基于伪距与载波相位的双差观测方程：

$$\lambda \nabla\Delta\varphi_{ur}^{ij} = \nabla\Delta r_{ur}^{ij} + \nabla\Delta T_{trop, ur}^{ij} - \nabla\Delta I_{iono, ur}^{ij} + \lambda \nabla\Delta N^{ij} + \varepsilon_{\nabla\Delta\varphi}^{ij} \qquad (7 - 29)$$

$$\nabla\Delta\rho_{ur}^{ij} = \nabla\Delta r_{ur}^{ij} + \nabla\Delta T_{trop, ur}^{ij} + \nabla\Delta I_{iono, ur}^{ij} + \varepsilon_{\nabla\Delta\rho} \qquad (7 - 30)$$

当进行实时动态(real time kinematics，RTK)定位时，一般通过对流层模型完成对 $\nabla\Delta T_{trop, ur}^{ij}$ 的修正，在超短基线情况下，可以认为两天线之间的大气误差（$\nabla\Delta T_{trop, ur}^{ij}$ 与 $\nabla\Delta I_{iono, ur}^{ij}$）相同从而直接消除。接下来要求解基线的值，采用的是卡尔曼滤波方法。在进行卡尔曼滤波之前必须将观测方程线性化，这是卡尔曼滤波的前提之一。

分别对式(7 - 29)与式(7 - 30)进行线性化，可得

$$\lambda \nabla\Delta\varphi_{ur}^{ij} - \nabla\Delta R_{ur}^{ij} = -[e_x^{ij} \quad e_y^{ij} \quad e_z^{ij}][dX \quad dY \quad dZ]^T$$
$$+ \lambda \nabla\Delta N^{ij} + \varepsilon_{\nabla\Delta\varphi}^{ij} \qquad (7 - 31)$$

$$\lambda \nabla\Delta\rho_{ur}^{ij} - \nabla\Delta R_{ur}^{ij} = -[e_x^{ij} \quad e_y^{ij} \quad e_z^{ij}][dX \quad dY \quad dZ]^T + \varepsilon_{\nabla\Delta\varphi}^{ij} \qquad (7 - 32)$$

式中，$\nabla\Delta R$ 表示站星距离的双差值；$[e_x^{ij} \quad e_y^{ij} \quad e_z^{ij}]$ 表示卫星方向矢量的单差值；$[dX \quad dY \quad dZ]^T$ 表示用户接收机 u 与基准站接收机 r 在地心地固坐标系下的坐标差。其中，$e_{xu}^j = \dfrac{X^j - X_u}{R_u^j}$，$e_{yu}^j = \dfrac{Y^j - Y_u}{R_u^j}$，$e_{zu}^j = \dfrac{Z^j - Z_u}{R_u^j}$，$e_x^{ij} = e_{xu}^i - e_{xr}^j$，$e_y^{ij} = e_{yu}^i - e_{yr}^j$，$e_z^{ij} = e_{zu}^i - e_{zr}^j$，$(X^j, Y^j, Z^j)$ 表示卫星 j 坐标，(X_u, Y_u, Z_u) 表示用户接收机概略坐标。

假设 $\nabla\Delta L_{\varphi}^{ij} = \lambda \nabla\Delta\varphi_{ur}^{ij} - \nabla\Delta R_{ur}^{ij}$，$\nabla\Delta L_{\rho}^{ij} = \lambda \nabla\Delta\rho_{ur}^{ij} - \nabla\Delta R_{ur}^{ij}$，对于单个导航系统，观测 M 颗卫星，载波相位组合观测量选取(1，-1，0)与(1，0，0)组合，由双差伪距和载波可列出 $4(M-1)$ 个双差观测方程：

$$\begin{bmatrix} L_{\nabla\Delta\varphi}^{21} \\ L_{\nabla\Delta\varphi}^{31} \\ \vdots \\ L_{\nabla\Delta\varphi}^{M1} \\ L_{\nabla\Delta\rho}^{21} \\ L_{\nabla\Delta\rho}^{31} \\ \vdots \\ L_{\nabla\Delta\rho}^{M1} \end{bmatrix} = - \begin{bmatrix} e_x^{21} & e_y^{21} & e_z^{21} \\ e_x^{31} & e_y^{31} & e_z^{31} \\ \vdots & \vdots & \vdots \\ e_x^{M1} & e_y^{M1} & e_z^{M1} \\ e_x^{21} & e_y^{21} & e_z^{21} \\ e_x^{31} & e_y^{31} & e_z^{31} \\ \vdots & \vdots & \vdots \\ e_x^{M1} & e_y^{M1} & e_z^{M1} \end{bmatrix} \begin{bmatrix} dX \\ dY \\ dZ \end{bmatrix}$$

$$+\begin{bmatrix} \lambda_w & -\lambda_w & & & & -\lambda_w & & & \\ \lambda_w & & -\lambda_w & & & -\lambda_w & -\lambda_w & & \\ \vdots & \vdots & \vdots & \vdots & & \vdots & \vdots & \vdots & \vdots \\ \lambda_w & & & -\lambda_w & -\lambda_w & & & & -\lambda_w \\ \lambda_1 & -\lambda_1 & & & & & & & \\ \lambda_1 & & & -\lambda_1 & & & & & \\ \vdots & \vdots & \vdots & \vdots & & & & & \\ \lambda_1 & & & -\lambda_1 & & & & & \\ 0 & & & & & & & & \\ & 0 & & & & & & & \\ & & \vdots & & & & & & \\ & & & 0 & & & & & \\ & & & & 0 & & & & \\ & & & & & 0 & & & \\ & & & & & & \vdots & & \\ & & & & & & & 0 & \end{bmatrix} \begin{bmatrix} \Delta N_{f_1}^1 \\ \Delta N_{f_1}^2 \\ \vdots \\ \Delta N_{f_1}^{M1} \\ \Delta N_{f_2}^1 \\ \Delta N_{f_2}^2 \\ \vdots \\ \Delta N_{f_2}^{M1} \end{bmatrix} + \begin{bmatrix} \varepsilon_{\nabla\Delta\varphi}^{21} \\ \varepsilon_{\nabla\Delta\varphi}^{31} \\ \vdots \\ \varepsilon_{\nabla\Delta\varphi}^{M1} \\ \varepsilon_{\nabla\Delta\rho}^{21} \\ \varepsilon_{\nabla\Delta\rho}^{31} \\ \vdots \\ \varepsilon_{\nabla\Delta\rho}^{M1} \end{bmatrix}$$

$$\tag{7-33}$$

用矩阵方程可以表示为

$$L = AX + BN + \boldsymbol{\varepsilon} \tag{7-34}$$

式中，L 表示载波相位与伪距双差残差向量；A 表示双差方向余弦矩阵；B 表示整周模糊度系数矩阵；X 表示待估基线向量；N 表示单差模糊度向量；$\boldsymbol{\varepsilon}$ 表示双差噪声向量，由此确立了卡尔曼滤波进行解算时的观测方程。

卡尔曼滤波分为六步，首先要计算状态向量 $\boldsymbol{X}_k$ 的预测值 $\hat{\boldsymbol{X}}_{k|k-1}$：

$$\hat{\boldsymbol{X}}_{k|k-1} = \boldsymbol{\Phi}_{k|k-1}\hat{\boldsymbol{X}}_{k-1} \tag{7-35}$$

式中，$\boldsymbol{\Phi}_{k|k-1}$ 表示状态转移矩阵，处于地心地固坐标系下的状态向量为

$$\boldsymbol{X} = [\text{d}X \quad \text{d}Y \quad \text{d}Z \quad \Delta N_{f_1}^1 \quad \Delta N_{f_1}^2 \quad \cdots$$
$$\Delta N_{f_1}^M \quad \Delta N_{f_2}^1 \quad \Delta N_{f_2}^2 \quad \cdots \quad \Delta N_{f_2}^M]^\text{T} \tag{7-36}$$

然后计算 $\hat{\boldsymbol{X}}_{k|k-1}$ 的协方差矩阵：

$$\boldsymbol{P}_{k|k-1} = \boldsymbol{\Phi}_{k|k-1}\boldsymbol{P}_{k-1}\boldsymbol{\Phi}_{k|k-1}^\text{T} + \boldsymbol{Q}_{k-1} \tag{7-37}$$

式中，$\boldsymbol{Q}_{k-1}$ 表示过程噪声矩阵。在此之后，计算滤波增益矩阵 $\boldsymbol{K}_k$，可以比较原始观测量与预测值的增益情况：

$$K_k = \frac{P_{k|k-1} A_k^{\mathrm{T}}}{A_k P_{k|k-1} A_k^{\mathrm{T}} + R_k} \tag{7-38}$$

式中，R_k 表示量测噪声矩阵。

在算出增益矩阵后，就可以根据增益矩阵对状态向量进行滤波，得到 X_k 的滤波值：

$$\hat{X}_k = \hat{X}_{k|k-1} + K_k \cdot L \tag{7-39}$$

接着可以计算 $\hat{X}_k$ 的协方差矩阵 P_k：

$$P_k = (I - K_k A_k) P_{k|k-1} \tag{7-40}$$

由卡尔曼滤波算法计算出的 $\hat{X}_k$ 包含了基线向量与各个频点的单差整周模糊度值，此时的 $\hat{X}_k$ 为浮点解。为计算出固定解，需要将浮点解 $\hat{X}_k$ 及其对应的方差-协方差矩阵进行转换，将单差整周模糊度值转换为双差整周模糊度，转换矩阵为

$$
D =
\begin{bmatrix}
1 & 0 & 0 & & & & & \\
0 & 1 & 0 & & & 0 & & \\
0 & 0 & 1 & & & & & \\
& & & 1 & -1 & & -1 & 1 \\
& & & 1 & & -1 & -1 & & 1 \\
& & & \vdots & \vdots & \vdots & \vdots & \vdots & \vdots & \vdots & \vdots \\
& & & 1 & & -1 & -1 & & 1 & 1 \\
& & & 1 & -1 & & 0 & & \\
0 & & & 1 & & -1 & & 0 & & \\
& & & 1 & \vdots & & \vdots & \vdots & & 0 \\
& & & 1 & & -1 & & & 0
\end{bmatrix}
\tag{7-41}
$$

由此可得，双差浮点解为

$$\delta X_k = D \cdot X_k \tag{7-42}$$

与双差浮点解对应的方差-协方差矩阵为

$$\delta P_k = D \cdot P_k \cdot D^{\mathrm{T}} \tag{7-43}$$

将整周模糊双差浮点解及其对应的方差-协方差矩阵代入 LAMBDA 算法，即可解出整周模糊度的固定解。此时，通过最小二乘模糊度降相关平差法（least-square ambiguity decorrelation adjustment，LAMBDA）算法搜索出的双差模糊度为宽巷组合 $(1，-1，0)$ 与 $(1，0，0)$ 对应的模糊度值，经过进一步的线性变换可得到每个频点所对应的双差整周模糊度值。

7.4　实时动态差分定位

7.4.1　实时动态差分基本原理

实时动态(real time kinematics，RTK)定位技术是基于载波相位观测值的实时动态定位技术,它能够实时地提供测站点在指定坐标系中的三维定位结果,并达到厘米级精度。在 RTK 作业模式下,基准站通过数据链将其观测值和测站坐标信息一起传送给用户接收机。该用户接收机不仅通过数据链接收来自基准站的数据,还要采集卫星观测数据,并在系统内组成差分观测值进行实时处理,同时给出厘米级定位结果,历时不到 1 s。该用户接收机可处于静止状态,也可处于运动状态;可在固定点上先进行初始化后再进入动态作业,也可在动态条件下直接开机,并在动态环境下完成整周模糊度的搜索求解[1,5,6]。在整周模糊度固定后,即可进行每个历元的实时处理,只要能保持四颗以上卫星相位观测值的跟踪和必要的几何图形,该用户接收机就可随时给出厘米级定位结果,RTK 定位示意图如图 7-1 所示。

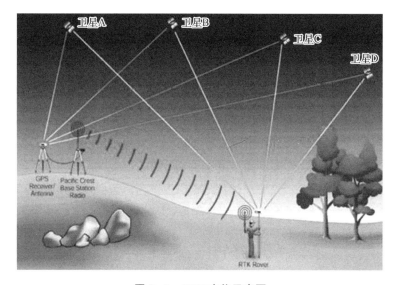

图 7-1　RTK 定位示意图

RTK 技术的关键在于数据处理技术和数据传输技术,RTK 定位时要求基准站接收机实时地把观测数据(伪距观测值、相位观测值)及已知数据传输给用户接收机,RTK 工作流程图如图 7-2 所示。

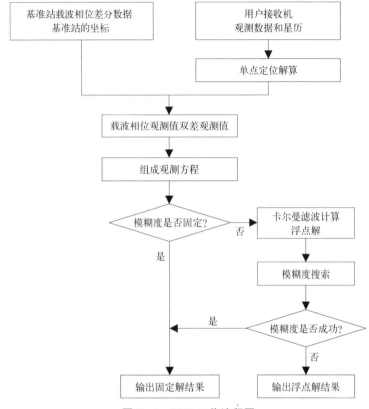

图 7-2 RTK 工作流程图

7.4.2 实时动态差分快速定位

GNSS RTK 技术仍然是获得厘米级甚至是毫米级精度的最主要、最常用的定位技术,而 RTK 定位技术的关键点就是整周模糊度的固定。通过一定的搜索算法,把由最小二乘或者卡尔曼滤波估计的模糊度的浮点解固定到原本的整数解,可以发挥出载波相位观测量毫米级精度的优势,实现高精度定位[6,7]。因此,如何缩短 RTK 初始化的时间是很重要的。

在通常情况下,采用对 180°相位(半周)跳变不敏感的跟踪环,接收机就可以对 GNSS 信号实现载波跟踪。因而,在刚开始跟踪到 GNSS 信号时,跟踪环输出的载波相位具有半周不确定性。接收机需要在解得 GNSS 信号的同步头之后,才能完成极性判断,消除半周不确定性,得到正常的载波相位观测量。对于 GPS 或 BD2 的 MEO/IGSO 卫星信号,该过程一般需要 6 s 才能实现。而这 6 s 由于载波相位观测量可能存在半周模糊度,传统的算法建模无法实现整周模糊度的固定,所以这就延长了 RTK 初始化的时间,降低了 RTK 的使用效率。因此,使得 RTK 在极性判断完成前,即使可能含有半周模糊度,也能够实现整周模糊度的固定,是非常有必要的。为解决此问题,采用两种方式:① 基带频率间跟踪;② 基于半周模糊度的模糊度固定方法。这两种方式能够使得 RTK 在极性判断完成前快速完成模糊度的固定,缩短了 RTK 初始化时间。

7.4.3　基带频率间跟踪

在基于 7.2 节的多接收天线 GNSS 基带处理过程中,可以同时跟踪来自同一卫星不同频点的导航信号,跟踪过程以其中任一频点为主频点,其他频点的跟踪过程依附于主频点的跟踪,从而保持主频点与其他频点的一致性。当主频点存在半周不确定度时,其他频点同样存在半周不确定度,在进行观测值线性组合时,两者作差以后,半周不确定度的影响被完全消除。

以 $(1,0,-1)$ 观测值组合为例:

$$\varphi'_{w(1,0,-1)} = \varphi'_{f_1} - \varphi'_{f_3} = (\varphi_{f_1} + 0.5) - (\varphi_{f_3} + 0.5)$$
$$= \varphi_{f_1} - \varphi_{f_3} = \varphi_{w(1,0,-1)} \tag{7-44}$$

式中, φ_{f_1} 、 φ_{f_3} 和 $\varphi_{w(1,0,-1)}$ 分别表示判断半周模糊度之前的主从天线对应的载波相位观测量和组合观测量; φ'_{f_1} 、 φ'_{f_3} 和 $\varphi'_{w(1,0,-1)}$ 分别表示判断半周模糊度之后主从天线对应的载波相位观测量和组合观测量。

因此,在使用组合观测值时,无须考虑半周模糊带来的影响。

7.4.4　半周模糊度的固定

在实现 RTK 的过程中,待估的载波相位双差值包含了组合观测值与单频观测值,其中组合观测值无须考虑半周模糊带来的影响,但是单频双差载波相位观测值依然受到半周模糊度的影响。

对于单频双差载波相位观测值,在极性判断完成之前,无法确定是否存在半周模糊度,式(7-29)可改写为

$$\lambda\,\nabla\Delta\varphi_{ur}^{ij} = \nabla\Delta r_{ur}^{ij} + \nabla\Delta T_{\text{trop},\,ur}^{ij} - \nabla\Delta I_{\text{iono},\,ur}^{ij}$$
$$+ \lambda(\nabla\Delta N^{ij} + \delta) + \varepsilon_{\nabla\Delta\varphi}^{ij} \tag{7-45}$$

式中,若存在半周不确定度,则 $\delta = 0.5$,否则 $\delta = 0$ 。

此时,可将式(7-45)中含半周双差模糊度向量 $(\nabla\Delta N^{ij} + \delta)$ 乘以 2,获得双差模糊度整周向量 $(2\nabla\Delta N^{ij} + 1)$,从而获得具有整数特性的双差模糊度模型。为保证观测方程依然成立,对应的波长 λ 变为原来的 $1/2$,即 $\lambda/2$,式(7-45)可写成

$$\lambda \, \nabla\Delta\varphi_{ur}^{ij} = \nabla\Delta r_{ur}^{ij} + \nabla\Delta T_{\text{trop},\,ur}^{ij} - \nabla\Delta I_{\text{iono},\,ur}^{ij} + \left(\frac{\lambda}{2}\right)\nabla\Delta M^{ij} + \varepsilon_{\nabla\Delta\varphi}^{ij} \quad (7-46)$$

式中，$\nabla\Delta M^{ij} = 2\nabla\Delta N^{ij} + 1$，$\nabla\Delta M^{ij}$ 为具有整数特性的模糊度向量，可以通过卡尔曼滤波估计，获得 $\nabla\Delta M^{ij}$ 双差整周模糊度向量的浮点解及其对应的方差-协方差矩阵，进而通过 LAMBDA 或者修改的 LAMBDA（modified LAMBDA，MLAMBDA）算法搜索双差整周模糊度向量并完成浮点解的固定。

7.4.5   实时动态差分定位误差分析

以美国 Trimble BD982 系统为例，其 L_1 和 L_2 载波相位观测值噪声在 1 Hz 频宽内，能够达到 1 mm 的精度，载波相位差分测量精度指标如表 7-3 所示[7]。

表 7-3   Trimble BD982GNSS 系统载波相位差分测量精度指标

测　量　模　式	水　平　误　差	垂　直　误　差
动　态　测　量	$\pm 8\,\text{mm} + 1\times 10^{-6}$	$\pm 16\,\text{mm} + 1\times 10^{-6}$

如表 7-3 所示，引起水平误差或垂直误差的因素包括卫星轨道误差、对流层延迟和电离层延迟，且这些误差随着基线距离的增加而逐渐变大。

1）卫星轨道误差

卫星轨道误差是指卫星星历中表示的卫星轨道与真正轨道之间的不符值。轨道误差大小取决于轨道计算的数学模型、所用的软件、所采用的跟踪网的规模、跟踪站的分布及跟踪站数据观测时间的长短。轨道误差对基线解算结果的影响程度与基线长度相关。

2）对流层延迟

在 RTK 过程中，由于基线距离比较短及对流层的空间相关性，对流层模型改正后的双差残差非常小，对载波相位和伪距差分定位基本不会造成影响。

对流层折射影响通常表示为天顶方向的对流层折射量和同高度角相关的投影函数 M 的乘积。并且对流层延迟的 90% 是由大气中干燥气体引起的，称为干分量；其余 10% 是由水汽引起的，称为湿分量。因此，对流层延迟可用天顶方向的干、湿分量延迟及其相应的投影函数表示，即

$$\Delta P_{\text{trop}} = \Delta P_{z,\,\text{dry}} M_{\text{dry}}(E) + \Delta P_{z,\,\text{wet}} M_{\text{wet}}(E) \quad (7-47)$$

式中，ΔP_{trop} 表示对流层总延迟；$\Delta P_{z,\,\text{dry}}$ 表示天顶方向对流层干分量延迟；$M_{\text{dry}}(E)$ 表示相应的对流层干分量投影函数；$\Delta P_{z,\,\text{wet}}$ 表示天顶方向对流层湿分量延迟；$M_{\text{wet}}(E)$ 表示相应的对流层湿分量投影函数。

改进的 Hopfied 模型直接给出在传播路径上干分量和湿分量折射改正量(不再需要映射函数):

$$\Delta D_{\text{trop}} = \Delta D_{\text{dry}} + \Delta D_{\text{wet}} \tag{7-48}$$

令 $i = \text{dry}, \text{wet}$, 则干湿分量用式(7-49)表示:

$$\Delta D_i = 10^{-6} N_i \left(\sum_{k=1}^{9} \frac{\alpha_{k,i}}{k} r_i^k \right) \tag{7-49}$$

其中,折射指数公式为

$$\begin{cases} N_{\text{dry}} = 0.776 \times 10^{-4} P / T \\ N_{\text{wet}} = 0.373 e / T^2 \end{cases} \tag{7-50}$$

式中,T、P、e 分别表示大气温度(K)、大气压力(MPa)和水汽压(MPa);r_{dry}、r_{wet} 分别表示测站到传播路径与干湿折射指数趋于零的边界面之交点的距离(m),相应的计算公式为

$$r_i = \sqrt{(r_0 + h_i)^2 - (r_0 \cos E)^2} - r_0 \sin E \tag{7-51}$$

其中,干湿折射指数趋于零的边界面的高度(m)为

$$\begin{cases} h_{\text{dry}} = 40\,136 + 148.72(T - 273.16) \\ h_{\text{wet}} = 11\,000 \end{cases} \tag{7-52}$$

上面各式中的系数为

$$\begin{cases} \alpha_{1,i} = 1 \\ \alpha_{2,i} = 4a_i \\ \alpha_{3,i} = 6a_i^2 + 4b_i \\ \alpha_{4,i} = 4a_i(a_i^2 + 3b_i) \\ \alpha_{5,i} = a_i^4 + 12a_i^2 b_i + 6b_i^2 \\ \alpha_{6,i} = 4a_i b_i(a_i^2 + 3b_i) \\ \alpha_{7,i} = b_i^2(6a_i^2 + 4b_i) \\ \alpha_{8,i} = 4a_i b_i^3 \\ \alpha_{9,i} = b_i^4 \\ a_i = -\dfrac{\sin E}{h_i} \\ b_i = -\dfrac{\cos^2 E}{2h_i r_0} \end{cases}$$

以上各式中，E 表示卫星的高度角；r_0 表示测站的地心向径（m）；P、e 分别表示以毫巴[①]为单位的测站大气压和水汽压；T 表示测站的 K 氏温度。

在一般条件下，无法知道测站的准确气象元素，可采用标准气象元素来推算出测站的准确气象元素。设海平面上的温度、气压和相对湿度分别为 T_0、P_0、RH_0，则海拔高 h 处的温度、气压和相对湿度为

$$\begin{cases} T = T_0 - 0.006\,5h \\ P = P_0(1 - 2.26 \times 10^{-5}h)^{5.25} \\ RH = RH_0 \exp(-6.396 \times 10^{-4}h) \end{cases} \quad (7-53)$$

标准气象元素 $T_0 = 18℃$，$P_0 = 1\,013.25\,\text{mbar}$[①]，$RH_0 = 0.5$。另外，可以根据测站上的相对湿度 RH 来计算水汽压 e。

$$e = RH \times \exp(-37.246\,5 + 0.213\,166 \times T - 0.000\,256\,908 \times T \times T)$$
$$(7-54)$$

3）电离层延迟

电离层具有空间相关性，双差电离层延迟残差大小与基线长度相关。因此，RTK 通常通过缩小基线距离来增强电离层的相关性，从而减弱电离层的影响。电离层除了双差减弱外，还可以通过模型来加以改正。

7.5 载波相位测姿

7.5.1 载波相位测姿基本原理

在载体上安装多个 GNSS 接收天线，相对于载体坐标系，这些基线是不变且已知的，再利用载波间的差分原理可求解出在当地水平坐标系中天线间的基线矢量。同一基线在两个坐标系中位置矢量之间的关系反映了载体坐标系和当地水平坐标系的旋转关系，通过这个旋转关系就可以得到载体的姿态，这就是载波相位测姿的基本原理。可见，载波相位测姿的关键在于求解当地水平坐标系中的基线矢量。

以在载体上安装一副天线（天线 A 和天线 B）为例，天线 A 和天线 B 连接到同一个 GNSS 接收主机，形成基线矢量 b_{AB}。基线长度一般不超过 10 m，这相对于星站间距离是极短的，可以认为卫星 S 的载波信号到达两台接收机时，信号是平面波。

---

① 1毫巴=100帕。

如图 7 - 3 所示,根据两个天线 A、B 观测量方程,忽略观测误差,载波相位双差方程为

$$\nabla\Delta\varphi_{BA}^{ij} = \frac{f}{c}S^{ij} \cdot b_{AB} + \nabla\Delta N_{BA}^{ij} \qquad (7 - 55)$$

整理后为

$$\lambda(\nabla\Delta\varphi_{BA}^{ij} - \nabla\Delta N_{BA}^{ij}) = S^{ij} \cdot b_{AB} \qquad (7 - 56)$$

设当前共有 n 颗卫星,则由此双差观测值构成的观测方程组为

$$\lambda\begin{bmatrix}\nabla\Delta\varphi_{BA}^{12}\\\nabla\Delta\varphi_{BA}^{13}\\\vdots\\\nabla\Delta\varphi_{BA}^{1n}\end{bmatrix} - \lambda\begin{bmatrix}\nabla\Delta N_{BA}^{12}\\\nabla\Delta N_{BA}^{13}\\\vdots\\\nabla\Delta N_{BA}^{1n}\end{bmatrix} = \begin{bmatrix}S^{12}\\S^{13}\\\vdots\\S^{1n}\end{bmatrix} \cdot b_{AB} \qquad (7 - 57)$$

由观测方程组(7 - 57)可知,方程组的左边是载波观测值,右边是要求解的基线矢量。在求解载体姿态时,整周模糊度的固定是一个极为关键的部分。在求解出整周模糊度之后,就能由式(7 - 57)求解出基线矢量。

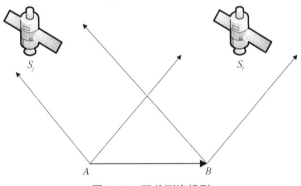

图 7 - 3　双差测姿模型

7.5.2　载波相位姿态快速测量

在载波相位姿态测量过程中,整周模糊度的固定极为关键,尤其在动态环境下,导航信号极易受到遮挡而造成信号丢失。当信号恢复后,载波相位测量存在半周模糊度的问题,如果不进行处理,则会导致模糊度无法固定,从而造成姿态测量的失败。

一般情况下,当信号恢复后,首先需要根据原始导航电文信息判断电文的极性,这通常耗时几秒到十几秒,在此之后,才能判断出载波相位观测量是否存在

半周模糊度。在多接收天线的基带处理过程中,能够实现对主从天线信号相位差的跟踪,因此,主从天线的电文极性始终保持一致。当主天线存在半周模糊度时,从天线同样存在半周模糊度,两者作差以后,半周模糊度的影响被完全消除,即

$$\varphi'_{AB} = \varphi'_A - \varphi'_B = (\varphi_A + 0.5) - (\varphi_B + 0.5)$$
$$= \varphi_A - \varphi_B = \varphi_{AB} \qquad (7-58)$$

式中,φ_A、φ_B 分别表示判断半周模糊度之前的主从天线对应的载波相位观测量;φ'_A、φ'_B 分别表示判断半周模糊度之后的主从天线对应的载波相位观测量。

因此,在导航信号受到遮挡而恢复后,即使无法判断当前载波相位是否存在半周模糊度,也依然可以直接利用当前的载波相位值进行计算,进而固定模糊度,以此保证对姿态信息进行快速准确的计算。

7.5.3 载波相位姿态测量的误差分析

载波相位姿态测量技术的精度受到多方面的影响,为了分析误差的来源,首先需要引入姿态精度因子(attitude dilution of precision,ADOP)的概念。ADOP 用来评估星座分布对姿态测量的影响。用 ADOP 可以表征三个姿态角的估计误差,表示为

$$\sigma_a = \text{ADOP} \cdot \frac{\sigma_n}{b} \qquad (7-59)$$

式中,σ_a 表示角度误差;σ_n 表示接收机噪声;b 表示基线长度。接下来从以下几个方面分析姿态测量误差。

1) 基线的配置

由式(7-59)可知,姿态精度与基线长度成反比,也就是说,基线长度越长,越有利于姿态角的求解。但受限于载体的大小,基线通常较短,要想获得高精度的姿态就必须尽量拉长基线的长度。同时,运动的载体容易造成天线的松动从而导致姿态角求解的偏差,因此要尽量固定天线,确保基线的刚性。

2) 接收机噪声

测姿精度与观测值的精度成正比,接收机噪声越小,测姿精度越高。接收机由于环境、工艺等各种问题会产生接收机噪声,导致观测值的精度下降。

3) 整周模糊度

载波相位的精度远高于伪距测量,但是载波相位会存在整周模糊度解算的问题。由式(7-57)可知,只有正确的整周模糊度才能解算出准确的基线矢量,获得

高精度的姿态角。

4）多路径误差

多路径误差的形成与所处的环境有关，树木、高楼、墙壁等遮挡都会造成多路径误差的产生。这种误差成因复杂，对姿态测量的影响较大，并且没有很好的模型可以消除全部的多路径误差影响。但由于姿态测量时所用的基线通常为短基线，采用差分模型可以消除大部分的多路径误差，并且目前的 GNSS 测姿系统大都采用扼流圈天线，对多路径误差有较好的抑制作用。

7.6 坐标系转换及姿态角定义

7.6.1 坐标系定义

基于 GNSS 信号的姿态测量技术指的是，通过在载体上安置多个天线，利用载波相位技术精确地测量多个天线间的基线矢量，以此来计算载体的姿态。载体的姿态角反映的是载体相对于当地坐标系的姿态情况，而接收机位置、卫星位置都是根据 WGS‑84 参考坐标系给出的，要确定载体的姿态，需要进行载体坐标系（body frame system，BFS）、当地水平坐标系（local level system，LLS）和地心地固坐标系（Earth-centered Earth-fixed，ECEF）三者之间的转换。

1）地心地固坐标系

本节的参考坐标系是 WGS‑84 坐标系，它与当地水平坐标系的示意图如图 7‑4 所示。

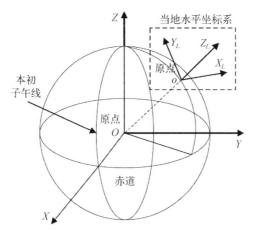

图 7‑4　WGS‑84 坐标系和当地水平坐标系示意图

2）当地水平坐标系

当地水平坐标系是一种站心直角坐标系，如图7-4所示。坐标系的原点一般与接收机的天线相位中心重合，Y_L 轴指向地理的正北方，X_L 轴指向东方，Z_L 轴与两轴成右手系。因此当地水平坐标系也称为东北天坐标系。

3）载体坐标系

载体坐标系可以自己定义。一般定义 X_B 轴指向载体的右侧，Y_B 轴指向载体的运动方向，Z_B 轴与 X_B 轴和 Y_B 轴垂直。图7-5为典型载体坐标系，载体坐标系的原点位于主天线1，从天线2和从天线3为测姿天线。从天线2、从天线3分别与主天线1形成基线矢量 b_{12} 和 b_{13}。

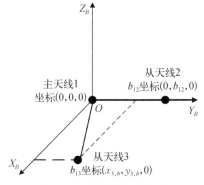

图7-5　典型载体坐标系

7.6.2　姿态角的定义

姿态角指的是载体坐标系相对于当地水平坐标系形成的三个角，姿态角定义及正负如图7-6所示。参考图7-5，b_{12}定义为载体的主基线，将主基线b_{12}投影到当地水平坐标系，投影基线与 Y_L 轴，也就是与正北方向的夹角称为偏航角 y，即图7-6中的角度$\angle Y_B'OY_L$。主基线和当地水平面的夹角为俯仰角 p，即图7-6中的$\angle Y_BOY_B'$，载体坐标系的 X_B 轴投影到当地水平坐标系，X_B 轴与投影 X_B' 的夹角为横滚角 ν，即图7-6中的$\angle X_BOX_B'$，三个角度的正负如图7-6右图所示[6,7]。

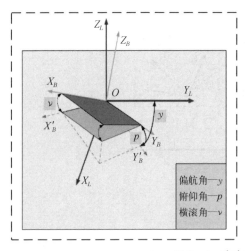

图7-6　姿态角定义及正负

7.6.3　坐标系之间的转换

在求解出基线矢量后,还需进行坐标系的旋转,使得两个坐标系中的基线矢量能够重合或是平行,这个旋转的角度就是需要求解的载体姿态。

1) 坐标系间的转换关系

选用的地心地固坐标系、当地水平坐标系和载体坐标系均为直角坐标系。笛卡尔直角坐标系之间的转换需要通过平移、缩放和旋转这三个动作完成。现有不同坐标系 A 和 B 中的两个点,对应坐标为 $(X,Y,Z)_A$ 和 $(X,Y,Z)_B$。两者的转换公式为

$$
\begin{bmatrix} X \\ Y \\ Z \end{bmatrix}_A = \begin{bmatrix} X \\ Y \\ Z \end{bmatrix}_O + K\boldsymbol{R} \begin{bmatrix} X \\ Y \\ Z \end{bmatrix}_B \tag{7-60}
$$

式中,$(X,Y,Z)_O$ 表示通过坐标转换后,B 坐标系的原点在 A 坐标系中的对应坐标值;K 表示缩放因子;$\boldsymbol{R}$ 表示旋转矩阵。旋转矩阵中包含了姿态角信息,姿态角求解的关键在于求解坐标系间的旋转矩阵。

坐标轴的旋转次序并没有严格的规定,不同的次序都可以完成两个坐标系之间的转换。可以按照 X 轴-Y 轴-Z 轴的顺序旋转,这样组合而成的旋转矩阵为 $\boldsymbol{R} = \boldsymbol{R}_Z(y)\boldsymbol{R}_Y(v)\boldsymbol{R}_X(p)$,也可以按照 Z 轴-X 轴-Y 轴顺序旋转,相应的姿态旋转矩阵为 $\boldsymbol{R} = \boldsymbol{R}_Y(v)\boldsymbol{R}_X(p)\boldsymbol{R}_Z(y)$,旋转顺序不同,姿态旋转矩阵的结果就不同,姿态角的顺序也不同。例如,B 坐标系沿 Z 轴旋转了 y 角度,再绕 X 轴旋转了 p 角度,最后绕 Y 轴旋转了 v 角度,绕三个轴的旋转矩阵分别为

$$
\boldsymbol{R}_Z(y) = \begin{bmatrix} \cos y & \sin y & 0 \\ -\sin y & \cos y & 0 \\ 0 & 0 & 1 \end{bmatrix} \tag{7-61}
$$

$$
\boldsymbol{R}_X(p) = \begin{bmatrix} 1 & 0 & 0 \\ 0 & \cos p & \sin p \\ 0 & -\sin p & \cos p \end{bmatrix} \tag{7-62}
$$

$$
\boldsymbol{R}_Y(v) = \begin{bmatrix} \cos v & 0 & -\sin v \\ 0 & 1 & 0 \\ \sin v & 0 & \cos v \end{bmatrix} \tag{7-63}
$$

$$
\boldsymbol{R}_B^A = \boldsymbol{R}_Y(v)\boldsymbol{R}_X(p)\boldsymbol{R}_Z(y) \tag{7-64}
$$

姿态旋转矩阵还具有正交矩阵的特性，即

$$\boldsymbol{R}_B^A\left[\boldsymbol{R}_B^A\right]^{\mathrm{T}}=\boldsymbol{I}$$
$$\left[\boldsymbol{R}_B^A\right]^{-1}=\left[\boldsymbol{R}_B^A\right]^{\mathrm{T}}$$

$$(7-65)$$

2) 地心坐标系到当地水平坐标系的转换

与姿态角直接相关的坐标系是载体坐标系和当地水平坐标系。基线矢量的参考坐标系是地心地固坐标系。所以，在求解出基线矢量后，需要先转换到当地水平坐标系。

假设 $(X_{\mathrm{WGS}}, Y_{\mathrm{WGS}}, Z_{\mathrm{WGS}})_0$ 是当地水平坐标系的原点在 WGS‑84 坐标系中的坐标表示，它的经度和纬度为 L_0 和 B_0，经度和纬度可以由接收机给出，也可以按照 WGS‑84 坐标系的坐标值换算得到。WGS‑84 坐标系中的坐标，分别通过平移、绕 Z_{WGS} 轴旋转 $L_0+90°$，再绕 X_{WGS} 轴转 $90°-B_0$ 得到它在当地水平坐标系中的坐标。地心地固坐标系到当地水平坐标系的转换公式为

$$
\begin{bmatrix} X_{\mathrm{ENU}} \\ Y_{\mathrm{ENU}} \\ Z_{\mathrm{ENU}} \end{bmatrix} =
\begin{bmatrix}
-\sin L_0 & \cos L_0 & 0 \\
-\cos L_0 \sin B_0 & -\sin L_0 \sin B_0 & \cos B_0 \\
\cos L_0 \cos B_0 & \sin L_0 \cos B_0 & \sin B_0
\end{bmatrix}
$$
$$
\cdot \left(\begin{bmatrix} X_{\mathrm{WGS}} \\ Y_{\mathrm{WGS}} \\ Z_{\mathrm{WGS}} \end{bmatrix} - \begin{bmatrix} X_{\mathrm{WGS}} \\ Y_{\mathrm{WGS}} \\ Z_{\mathrm{WGS}} \end{bmatrix}_0 \right)
$$

$$(7-66)$$

3) 当地水平坐标系到载体坐标系的转换

通过 WGS‑84 坐标系到当地水平坐标系的转换，得到了当地水平坐标系中的坐标。为了求解载体坐标系相对于当地水平坐标系的姿态，还需进行当地水平坐标系到载体坐标系的转换。

在姿态系统中，当地水平坐标系与载体坐标系的原点重合且具有相同的比例缩放因子。因此，当地水平坐标系中任意一点只需按三个坐标轴旋转就能得到载体坐标系。当按照 Z 轴‑X 轴‑Y 轴顺序旋转时，旋转的三个角度便是偏航角 y、俯仰角 p 和横滚角 ν，即

$$
\begin{bmatrix} X_{\mathrm{BFS}} \\ Y_{\mathrm{BFS}} \\ Z_{\mathrm{BFS}} \end{bmatrix} =
\begin{bmatrix}
\cos \nu & 0 & -\sin \nu \\
0 & 1 & 0 \\
\sin \nu & 0 & \cos \nu
\end{bmatrix}
\begin{bmatrix}
1 & 0 & 0 \\
0 & \cos p & \sin p \\
0 & -\sin p & \cos p
\end{bmatrix}
\begin{bmatrix}
\cos y & \sin y & 0 \\
-\sin y & \cos y & 0 \\
0 & 0 & 1
\end{bmatrix}
\begin{bmatrix} X_{\mathrm{LLS}} \\ Y_{\mathrm{LLS}} \\ Z_{\mathrm{LLS}} \end{bmatrix}
$$
$$
=
\begin{bmatrix}
\cos \nu \cos y - \sin \nu \sin p \sin y & \cos \nu \sin y + \sin \nu \sin p \cos y & -\sin \nu \cos p \\
-\cos p \sin \nu & \cos p \cos y & \sin p \\
\sin \nu \cos y + \cos \nu \sin p \sin y & \sin \nu \sin y - \cos \nu \sin p \cos y & \cos \nu \cos p
\end{bmatrix}
$$

$$
\begin{bmatrix} X_{\text{LLS}} \\ Y_{\text{LLS}} \\ Z_{\text{LLS}} \end{bmatrix} \tag{7-67}
$$

姿态旋转矩阵为

$$
\boldsymbol{R}_{\text{LLS}}^{\text{BFS}} = \boldsymbol{R}_Y(\nu)\boldsymbol{R}_X(p)\boldsymbol{R}_Z(y)
$$

$$
= \begin{bmatrix} \cos\nu\cos y - \sin\nu\sin p\sin y & \cos\nu\sin y + \sin\nu\sin p\cos y & -\sin\nu\cos p \\ -\cos p\sin\nu & \cos p\cos y & \sin p \\ \sin\nu\cos y + \cos\nu\sin p\sin y & \sin\nu\sin y - \cos\nu\sin p\cos y & \cos\nu\cos p \end{bmatrix} \tag{7-68}
$$

利用姿态矩阵的正交性可知,载体坐标系到当地水平坐标系的旋转矩阵为

$$
\boldsymbol{R}_{\text{LLS}}^{\text{BFS}} = \left[\boldsymbol{R}_{\text{BFS}}^{\text{LLS}} \right]^{\text{T}} \tag{7-69}
$$

假设当地水平坐标系的原点位于主天线 1 的位置,坐标为 $(0,0,0)$,其余两条基线上的测姿天线坐标为 $(X_2^{\text{LLS}}, Y_2^{\text{LLS}}, Z_2^{\text{LLS}})$、$(X_3^{\text{LLS}}, Y_3^{\text{LLS}}, Z_3^{\text{LLS}})$。 可以得到三个姿态角为

$$
y = -\arctan\left(\frac{X_2^{\text{LLS}}}{Y_2^{\text{LLS}}}\right) \tag{7-70}
$$

$$
p = \arctan\left[\frac{Z_2^{\text{LLS}}}{\sqrt{(Y_2^{\text{LLS}})^2 + (X_2^{\text{LLS}})^2}} \right] \tag{7-71}
$$

$$
\nu = -\arctan\left(\frac{X_3^{\text{LLS}}\sin y\sin p - Y_3^{\text{LLS}}\cos y\sin p + Z_3^{\text{LLS}}\cos p}{X_3^{\text{LLS}}\cos y + Y_3^{\text{LLS}}\sin y} \right) \tag{7-72}
$$

式(7-70)~式(7-72)利用旋转矩阵和基线矢量求解姿态角,该方法称为直接法。由偏航角和俯仰角的公式可知,只要知道单条基线在当地水平坐标系中的分量,就能求出载体的两个角度。采用直接法进行姿态角求解,通过在当地水平坐标系下求解基线分量就能求解出载体的俯仰角和偏航角。

7.6.4　姿态测量系统的测姿流程

姿态测量中的关键技术主要包括载波相位双差测姿原理、共时钟多双差高精度实时定位测姿系统基线模型的建立、基线和模糊度估计值的解算、周跳探测与修

复方法、双差模糊度固定算法以及测姿系统中的坐标转换问题。姿态测量系统的
测姿流程图如图 7-7 所示。

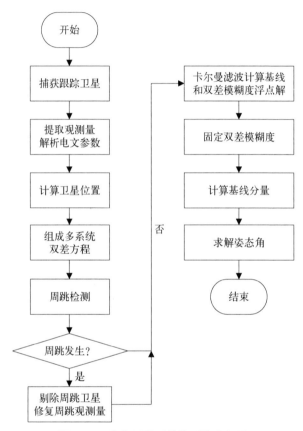

图 7-7 姿态测量系统的测姿流程图

【参考文献】

[1] 周乐韬,黄丁发,冯威,等.北斗卫星导航系统/美国全球定位系统载波相位相对定位全球精
    度分析[J].中国科学(地球科学),2019,49(4):671-686.

[2] 张斌.BD1 与 BD2 卫星接收机信息处理软件的集成[D].武汉:华中科技大学,2009.

[3] Li Y, Zhang K, Roberts C, et al. On-the-fly GPS-based attitude determination using single-
    and double-differenced carrier phase measurements[J]. Gps Solutions, 2004, 8(2):
    93-102.

[4] Oh S H, Hwang D H, Park C, et al. Attitude determination GPS/INS integrated
    navigation system with FDI algorithm for a UAV[J]. Journal of Mechanical Science &
    Technology, 2005, 19(8): 1529-1543.

[5] 艾奇,王向,武静,等.基于多天线的星间 GPS 高精度相对定位方法[J].航天控制,

2018,36(2)：65-69.

[6] 楼明明.基于 GPS 多天线的无人机姿态测量系统研究与设计[D].上海：华东师范大学,2018.

[7] 黄夔夔,蒋玉东,张雷,等.高精度定位于姿态测量技术报告[R].合肥：合肥航芯电子科技有限公司,2018.

第 8 章

时空协作定位应用

8.1　时空协作定位原理

　　传统定位技术,如图 8 - 1 所示,都只针对单个节点,如 GNSS 定位,待定位节点只接收来自参考节点的位置及观测信息,并独立地完成自身定位[1]。因此,要实现高精度的定位,传统定位技术需要在有大量参考节点或提高参考节点信号发射功率的情况下才能完成。另外,如果待定位节点在参考位置信息不足,将无法进行定位。

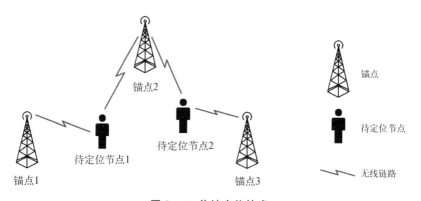

锚点

待定位节点

无线链路

图 8 - 1　传统定位技术

　　时空协作定位技术作为一种新型的定位技术,如图 8 - 2 所示,在时空协作定位中,待定位节点除了利用参考节点来定位之外,还与其他待定位节点协作测距并进行信息交换,最终实现整个网络中的节点定位。与传统定位技术相比,时空协作定位技术可以克服基准不足的条件、降低对节点发射功率的要求,并提高定位的可用性、鲁棒性和准确性。时空协作定位技术具有无须增加额外基础设施的优点,在密集无线传感器网络中具有很大的应用前景。

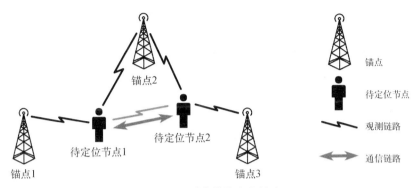

图 8‑2 时空协作定位技术

8.1.1 基本原理及要素

利用时空协作定位技术,可以将个体与整体联系起来:一方面,个体从自身定位的角度出发,从整体获取相应的定位信息;另一方面,个体也将自身的定位信息通过协作发布出去,提高整体的定位能力。

以图 8‑3 所示的大雁群示意图为例,从生物学的角度来看,这个大雁群的导航定位,往往只需要很少的外部信息,而大多数位于中间的大雁,只需要确定与其他相邻大雁的相对位置,就可以很好地完成自身的导航与定位[2,3]。在这种定位模式下,多节点网络中所有节点基于协作与信息交互,可以:① 通过不断获取外部观测量,并给予该外部观测量获取整体的绝对位置;② 通过不断获取内部观测,并以

图 8‑3 大雁群示意图

此确定节点间的相对位置;③ 通过将绝对信息和相对信息融合起来,确定每个节点的绝对位置。因此,时空协作定位技术不仅可以用来提高单个及整体的绝对位置获取能力,也可以用来确定节点间的相对位置。

从仿生学的角度出发,可以将多节点时空协作定位过程分解为以下三个方面。

1) 观测量获取

节点根据既定目标,利用自身设备获取相应观测量。在此阶段,节点与锚节点,以及节点与节点间将进行数据交换,之后,接收方根据接收到的数据提取相应的观测量。而观测量的固有误差,则会影响最终定位结果的精度。下面将简要描述定位中常用的观测量。

(1) 接收信号强度(received signal strength, RSS)。在已知发射机发射功率的情况下,接收机可以通过接收信号功率来计算距离发射机的位置,通常,可以用式(8-1)来表示该观测量:

$$z^{i,j} = h_{RSS}(\parallel p^i - p^j \parallel) + v^{ij} \tag{8-1}$$

式中,p^i 表示节点位置;v^{ij} 表示观测噪声;h_{RSS} 表示相应的观测函数。一般来说,可由一个只与节点间距离相关的 Okumura-Hata 模型给出:

$$z^{i,j} = K - 10\alpha \lg(\parallel p^i - p^j \parallel) + v^{ij} \tag{8-2}$$

式中,K 表示常数。

(2) 到达时间(time of arrival, TOA),在同步网络中,可以通过计算信号到达时间来计算节点间的距离,通常该观测量可以表示为

$$z^{i,j} = h_{TOA}(\parallel p^i - p^j \parallel) + v^{ij} = K(\parallel p^i - p^j \parallel) + v^{ij} \tag{8-3}$$

式中,K 表示常数。在非同步网络中,一般采用往返到达时间(round triptime of arrival, RTOA)来计算节点间的距离,此时,观测方将带时间标签的信号发送给被观测方,被观测方收到信号后,将该信号发回给观测方,观测方通过前后接收信号的时间差来计算与被观测方之间的距离,此时,观测量表达式和 TOA 类似。

(3) 到达时间差(time difference of arrival, TDOA),通过将 TOA 进行差分,就可以得到相应的到达时间差观测量,通常,这个观测量是指两个节点同时收到来自某第三节点 t 的信号的时间差:

$$\begin{aligned} z^{i,j} &= h_{TDOA}(p^i, p^j, p^t) + v^{it} - v^{jt} \\ &= K(\parallel p^i - p^t \parallel - \parallel p^j - p^t \parallel) + v^{it} - v^{jt} \end{aligned} \tag{8-4}$$

式中,p^t 表示某第三节点 t 的位置。在差分后,通常情况下可以消除钟差等共模误差。

(4) 到达角度(angle of arrival, AOA)测量。该测量通常利用方向敏感天线

测量节点间的相对角度：

$$z^{i,j} = h_{\text{AOA}}(p^i, p^j) + v^{ij} \tag{8-5}$$

2）信息交互

邻居节点间进行简单的信息交互，丰富定位信息。在这个阶段中，节点需要根据网络的通信协议以及带宽与精度需求，确定交互内容与交互方式[4]。一般来说，该部分内容与推理计算过程息息相关，需要根据具体推理计算算法进行有针对性的设计。

3）推理计算

所有节点根据自身获取的信息，以及来自邻居节点的定位信息，进行自身的位置估计。其中涉及的技术主要是信息融合及推理技术。此部分的内容，将是本章讨论的重点。

前面的三个方面具有自下而上的层次关系，也是相辅相成的。观测量获取决定着信息交互与推理计算的内容与方法，信息交互量决定着推理计算的精度和复杂度，而推理计算结果也会反过来影响节点间信息交互的信息量和频次。同时，三个方面都会受到目标的制约，一般来说，这个目标设定为在尽量降低通信开销和功耗的条件下，对所需精度和鲁棒性的满足。

8.1.2　定位解算方法概述

不管是传统单节点定位，还是多节点时空协作定位，都可以看作在已知观测量 z 的情况下，求出节点位置状态（参数）估计 x 的问题。对于这样一个状态（参数）估计问题，可大致分为以下几类方法。

1）贝叶斯和非贝叶斯

根据将待定位节点位置状态 x 看作确定性参数还是随机变量，可将推理解算方法分为非贝叶斯类和贝叶斯类。

非贝叶斯估计将待定位节点的状态 x 看作确定性参数。常用的非贝叶斯估计器主要有最小二乘估计器和最大似然估计器。

（1）最小二乘估计器认为观测量 $z \in \mathbb{R}^N$，且 $z = h(x) + v$，其中，$h(\cdot)$ 为已知函数，v 为观测噪声。此时，对于 x 的最小二乘估计，通过解以下优化问题得到

$$\hat{x}_{\text{LS}} = \arg\min_x \| z - h(x) \|^2 \tag{8-6}$$

显然，最小二乘估计器并没有考虑任何关于观测噪声 v 的统计特性。

（2）最大似然估计器则考虑了观测噪声 v 的统计特性，对于 x 的最大似然估计，可以通过最大化似然分布 $p(z \mid x)$ 得到

$$\hat{x}_{\text{ML}} = \arg\max_x p(z \mid x) \tag{8-7}$$

贝叶斯估计则将待估计参数 x 看作某个具有先验信息的随机变量。假设需要从噪声污染的观测数据 z 中提出相应的随机变量 x，贝叶斯估计通过两个步骤可以完成这个过程：首先，得到条件概率分布 $p(x \mid z)$ 的估计 $\hat{p}(x \mid z)$；然后根据该估计分布，进行相应推理，得到关于 x 的估计 $\hat{x}$：

$$\hat{x} = \arg \max_x \hat{p}(x \mid z) \tag{8-8}$$

一般情况下，将条件概率分布 $p(x \mid z)$ 称为后验分布（观测收到之后），而将基于后验分布的估计称为贝叶斯估计，这是因为这个后验分布的计算，往往需要借助于贝叶斯规则：

$$p(x \mid z) = \frac{p(z \mid x) p(x)}{p(z)} \tag{8-9}$$

式中，$p(x)$ 称为先验分布（观测收到之前）；$p(z \mid x)$ 称为似然分布。通常情况下，贝叶斯估计方法，将先验信息与似然信息相结合，从而可以更好地确定后验分布，而在得到后验分布之后，利用各种推理方法就可以得到需要的参数。虽然贝叶斯方法看起来形式简单，但在实际应用中，推理过程中涉及的积分只对某些特殊先验和似然分布（如线性、高斯）可解，而且，常用的数值积分方法在多数的高维分布积分中往往失效。因此，在实际中，需要对该后验概率进行近似。

2）集中式和分布式

根据是否利用中心处理器进行解算，可将时空协作定位技术区分为集中式和分布式两种。在集中式时空协作定位中，所有节点和锚节点将自身收到的观测量通过网络传输到处理中心，处理中心利用所有观测量估计出所有节点的位置，并将该位置估计结果传回每个节点。因此，集中式时空协作定位技术可扩展性较差，需要较高的通信开销，并且会有因处理中心故障而瘫痪的风险。相反，分布式时空协作定位技术中，每个节点根据自身收到的本地观测估计自身的位置，同时，每个节点只与邻近节点进行信息交互，因此，这种定位方法具有很好的扩展性和鲁棒性，尤其适用于大规模网络。

3）非序贯和序贯

根据节点状态是否随时间的变化而快速变化，是否需要进行实时连续定位输出，可将定位算法分为非序贯和序贯两种。

在某些静止或者低动态的多节点网络中，伴随时间的变化，节点位置或状态的变化相对比较缓慢，对定位输出频率要求较低，输出不连续。此时，在每次定位时，所有节点只能利用当前时刻的观测量估计节点位置。因此，相应的位置估计问题就变成了一个基于当前时刻观测量的统计推理问题。

另外,在一些高动态的场景中,节点位置随时间变化较快,需要连续、实时的定位输出。此时,不仅可以利用当前时刻的观测量,还可以利用之前所有时刻的观测量。因此,相应的位置估计问题,则变成了一个序贯滤波估计过程。

8.1.3 贝叶斯分布式时空协作定位

对于一个包含 $|N|$ 个节点(节点序号索引集合 $\mathbb{N}=\{1, 2, \cdots, |N|\}$)的网络,从贝叶斯估计出发,时空协作定位的目标可以描述为:在已知所有节点的 k 以及之前所有时刻所有观测集 $\mathbb{Z}_{1,k}=\{\mathbb{Z}_1, \mathbb{Z}_2, \cdots, \mathbb{Z}_k\}$ 的情况下,求出关于所有节点 k 时刻状态集 $X_k=\{x_k^{(n)} \mid \forall n \in N\}$ 的状态估计[5,6]。

一般来说,从贝叶斯估计的角度出发,这类问题的目标是求出该节点状态集的最大后验概率(maximum a posterior,MAP)估计:

$$\hat{X}_k = \arg \max_{X_k} p(X_k \mid \mathbb{Z}_{1,k}) \tag{8-10}$$

然而,式(8-10)中:① 在网络中节点数目较多时,联合概率分布 $p(X_k \mid \mathbb{Z}_{1,k})$ 是一个高维分布;② 观测函数通常是非线性的。在这两方面的作用下,求上述概率最大化的准确值通常是一个 NP 难问题。因此,一般来说,退而求单个节点状态的最大边际后验概率估计:

$$\hat{x}_k^{(n)} = \arg \max_{x_k^{(n)}} p(x_k^{(n)} \mid \mathbb{Z}_{1,k}) \tag{8-11}$$

而其中的边际后验概率,可以通过对联合后验概率 $p(X_k \mid \mathbb{Z}_{1,k})$ 进行边际化得到

$$p(x_k^{(n)} \mid \mathbb{Z}_{1,k}) = \int p(X_k \mid \mathbb{Z}_{1,k}) \partial X_k^{N\backslash n} \tag{8-12}$$

式中,$X_k^{N\backslash n}$ 表示 X_k 中除了 $x_k^{(n)}$ 以外的所有变量。

然而,这个积分过程:① 由于观测函数的非线性和连续性,直接进行计算,复杂度很高,且增大趋势呈几何倍数增长,在高维情况下,是一个 NP 难问题;② 如果采用集中式计算,那么计算过程中任何一个节点都需要用到所有的观测量,在实际应用中,尤其是在多节点分布式网络中,因其巨大通信损耗而变得不可实现。

8.2 非序贯、分布式、贝叶斯时空协作定位

8.2.1 因子图与消息传递

考虑一个包含 N 个随机变量的集合 $X=\{x_1, x_2, \cdots, x_N\}$,其相应的变量索

引集合为 $I = \{1, 2, \cdots, N\}$，x_i 为其中第 i 个变量。假设所有节点的联合后验概率为

$$p(X \mid \mathbb{Z}) = p\{x_1, x_2, \cdots, x_N \mid \mathbb{Z}\} \tag{8-13}$$

可以表示为如下的一般形式：

$$p(X \mid \mathbb{Z}) = \frac{1}{Q} \prod_{a \in A} \psi_a(X_a) \tag{8-14}$$

式中，$A = \{A, B, \cdots, M\}$ 表示其中涉及的 M 个函数 $\Psi_A, \Psi_B, \cdots, \Psi_M$ 的索引集合，$X_a \subseteq X$；而 Q 则为归一化常量。

因子图是一种用来表示如图 8-4 所示的因式分解结构的双边图。在因子图中：

(1) 每个变量 x_i 对应一个变量节点 i（用圆圈表示）；

(2) 每个函数 ψ_a 对应一个因子节点 a（用矩形表示）；

(3) 当且仅当 x_i 为函数 ψ_a 的自变量（$x_i \in X_a$）时，x_i 对应的变量节点 i 和 Ψ_a 对应的因子节点 a 之间存在一个边将两者联结起来。

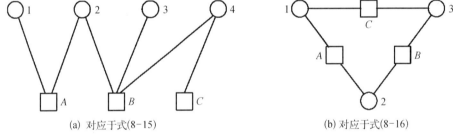

(a) 对应于式(8-15)　　　　　　(b) 对应于式(8-16)

图 8-4　分别对应于式(8-15)和式(8-16)的因子图

对于任意一个变量节点 i，将所有与之有边相连的因子节点构成的集合称为该变量节点的邻居因子节点集合，记为 $N(i)$；同样，对于任意一个因子节点 a，将所有与之有边相连的变量节点构成的集合称为该因子节点的邻居变量节点集合，记为 $N(a)$。

对于一个含有四个变量，并可以进行如下分解的后验分布：

$$p(x_1, x_2, x_3, x_4 \mid \mathbb{Z}) = \frac{1}{Q} \psi_A(x_1, x_2) \psi_B(x_2, x_3, x_4) \psi_C(x_4)$$

$$\tag{8-15}$$

其相应的因子图如图 8-4(a)所示。而对于一个含有三个变量，并可以进行如下分解的后验分布：

$$p(x_1, x_2, x_3 \mid \mathbb{Z}) = \frac{1}{Q}\psi_A(x_1, x_2)\psi_B(x_2, x_3)\psi_C(x_3, x_1) \qquad (8-16)$$

其相应的因子图如图 8-4(b)所示。

消息传递(message passing，MP)算法是一种用来计算边际概率函数的方法。该算法可以基于因子图来进行描述。

在 MP 算法中，通常包含两类消息：一类消息是因子节点 a 传往变量节点 i 的消息，称为入消息，写为 $m_{a\to i}(x_i)$，这个消息可以看作因子节点 a 给变量节点 i 的相对概率声明，表示在给定函数 Ψ_a 的情况下，节点 i 在某个状态 x_i 的概率[7]。相反，另一类消息是变量节点 i 传往因子节点 a 的消息，写为 $M_{i\to a}(x_i)$，称为出消息，这个消息可以看作变量节点 i 给因子节点 a 的相对概率声明，表示在已知除了来自因子节点 Ψ_a 之外的所有关于节点 i 状态信息的情况下，节点 i 在某个状态 x_i 的概率。这些消息通过以下方式进行更新：

$$M_{i\to a}(x_i) \stackrel{\sim}{\propto} \prod_{b\in N(i)\backslash a} m_{b\to i}(x_i) \qquad (8-17)$$

以及

$$m_{a\to i}(x_i) \stackrel{\sim}{\propto} \int_{X_a^{\backslash x_i}} \psi_a(X_a) \prod_{j\in N(a)\backslash i} M_{j\to a}(x_j) \mathrm{d}X_a^{\backslash x_i} \qquad (8-18)$$

式中，符号 $\stackrel{\sim}{\propto}$ 表示这些消息需要进行非强制归一化处理(某些情况下，为防止算法溢出，可以进行归一化处理)；$N(i)^{\backslash a}$ 表示所有除了 a 之外的，变量节点 i 的邻居因子节点构成的集合；同样，$N(a)^{\backslash i}$ 表示所有除了 i 之外的，因子节点 a 的邻居变量节点构成的集合；$X_a^{\backslash x_i}$ 表示 X_a 中除 x_i 外的所有节点状态构成的集合；积分 $\int_{X_a^{\backslash x_i}}$ 表示对 X_a 中除 x_i 外的所有节点状态变量求积分。

对于一个变量节点 i，其置信度 $b_i(x_i)$，也就是 MP 算法得到的对 x_i 的边际概率分布的近似，可由式(8-19)得到

$$b_i(x_i) \propto \prod_{a\in N(i)} m_{a\to i}(x_i) \qquad (8-19)$$

式中，$\propto$ 表示该置信度需要进行强制归一化处理，以确保该置信度是一个合理的概率分布。

一般来说，MP 算法是一个迭代算法，因此需要进行消息初始化。对所有的变量节点 $i\in I$，因子节点 $a\in A$，消息初始化为 $M_{i\to a}(x_i)=m_{a\to i}(x_i)=1$。当然，MP 算法对初始化并没有严格的要求，其他形式的初始化也是可以的。初始化以后，需要反复利用相关算式进行消息传播与更新迭代，直至收敛。最后，对节点的

边际后验概率函数进行近似,也就是置信度,可求解得到。

在对应的因子图无环的情况下(如树状结构),利用 MP 算法可以最终得到准确的边际概率密度函数[8]。利用 MP 算法,可以将一个复杂的问题通过本地消息更新,以及通过与邻居节点消息传递的方式进行简单化处理,使不可解问题变得可解。

当对应的因子图存在环状结构时,利用 MP 算法得到的置信度将不能保证等于准确的边际概率密度函数。然而,在大多数情况下,利用 MP 算法仍然可以得到很好的近似解。在这种情况下,消息的初始化对最终的结果将产生比较大的影响。

8.2.2 消息传递时空协作定位

如前所述,时空协作定位需要实现如式(8-20)所示的边际化:

$$p(x_k^{(n)} \mid \mathbb{Z}_{1:k}) = \int p(X_k \mid \mathbb{Z}_{1:k}) \partial X_k^{N \setminus n} \qquad (8-20)$$

首先,节点运动无记忆假设以及不同时间观测独立性假设,利用贝叶斯规则,有

$$p(X_k \mid \mathbb{Z}_{1:k}) \propto p(X_k \mid \mathbb{Z}_k) p(X_k \mid \mathbb{Z}_{1:k-1}) = p(X_k \mid \mathbb{Z}_k) p_{\text{prior}}(\mathbb{Z}_k) \qquad (8-21)$$

式中,$p(X_k \mid \mathbb{Z}_k)$ 表示 k 时刻的观测似然函数;而 $p_{\text{prior}}(X_k) = p(X_k \mid \mathbb{Z}_{1:k-1})$ 表示 k 时刻状态的先验信息。利用观测独立性假设,可得

$$p(X_k \mid \mathbb{Z}_{1:k}) \propto \prod_{n \in N} \left[p_{\text{prior}}(x_k^{(n)}) \prod_{j \in M^{\to(n)}} p(z_{\text{N2A}, k}^{j \to (n)} \mid x_k^{(n)}) \right.$$
$$\left. \prod_{i \in N^{\to(n)}} p(z_{\text{N2N}, k}^{(i) \to (n)} \mid x_k^{(i)}, x_k^{(n)}) \right] \qquad (8-22)$$

此时,可以看到,式(8-22)为多个因子乘积的形式,根据前面关于因子图的描述可以知道,该式可以用相应的因子图表示。具体的因子图化过程分为以下三个步骤:

(1) 每个节点状态的变量 $x_k^{(n)}$ 对应一个变量节点;

(2) 每个节点状态的先验分布 $p_{\text{prior}}(x_k^{(n)})$ 对应一个因子节点 $\phi_{\text{prior} \to (n)}$,该因子节点与变量 $x_k^{(n)}$ 对应的变量节点间存在一条将两者连接起来的边,如图 8-5 所示;

(3) 每个 N2A 观测似然函数 $p(z_{\text{N2A}, k}^{j \to (n)} \mid x_k^{(n)})$ 对应一个因子节点 $\phi_{\text{N2A}, k}^{j \to (n)}$,该因子节点与变量 $x_k^{(n)}$ 对应的变量节点间存在一条将两者连接起来的边;

（4）每个 N2N 观测似然函数 $p\left(z_{\mathrm{N2N},\,k}^{(i)\to(n)}\mid x_k^{(i)},\,x_k^{(n)}\right)$ 对应一个因子节点 $\phi_{\mathrm{N2N},\,k}^{(i)\to(n)}$，该因子节点与变量 $x_k^{(n)}$ 和 $x_k^{(i)}$ 对应的变量节点之间分别存在一条将两者连接起来的边。

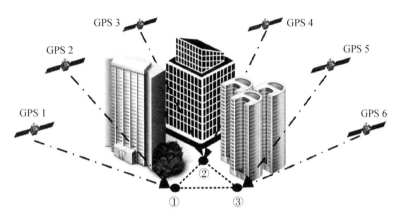

图 8-5　简单时空协作定位场景

图 8-6 为与简单时空协作定位场景相应的因子图。基于因子图表示，可以利用消息传递算法，求解式(8-12)，也就是关于该节点边际后验分布的近似，其中传递的消息主要分为以下四类：

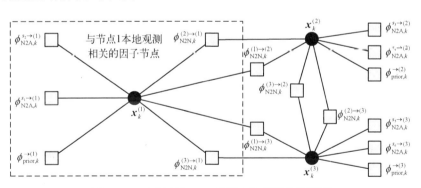

图 8-6　对应于图 8-5 所示定位场景的因子图

（1）先验分布对应因子节点传给相应变量节点的消息，如图 8-7 中红色虚线箭头所示。其中，任意节点 n 的先验分布对应因子节点 $\phi_{\mathrm{prior}\to n}$ 传往相应变量节点 $x_k^{(n)}$ 的消息表示为

$$m_{\phi_{\mathrm{prior},\,k}^{\to(n)}\to x_k^{(n)}}\left(x_k^{(n)}\right)\propto p_{\mathrm{prior}}\left(x_k^{(n)}\right) \tag{8-23}$$

（2）本地 N2A 观测函数对应因子节点传给相应变量节点的消息，如图 8-7 中

绿色虚线箭头所示。其中,任意节点 $n \in \mathbb{N}$ 的本地 N2A 观测 $z_{\mathrm{N2A},\,k}^{j \to (n)}$ 的观测似然函数 $p\left(z_{\mathrm{N2A},\,k}^{j \to (n)} \mid x_k^{(n)}\right)$ 对应因子节点 $\phi_{\mathrm{N2A},\,k}^{j \to (n)}$ 传往变量节点 $x_k^{(n)}$ 的消息为

$$m_{\phi_{\mathrm{N2A},\,k}^{j \to (n)} \to x_k^{(n)}}\left(x_k^{(n)}\right) \propto p\left(z_{\mathrm{N2A},\,k}^{j \to (n)} \mid x_k^{(n)}\right) \qquad (8-24)$$

(3) 本地 N2N 观测函数对应因子节点,传给该观测量的观测节点对应变量节点的消息,如图 8-7 中蓝色虚线箭头所示。其中,任意节点 $n \in \mathbb{N}$ 的本地 N2N 观测量 $z_{\mathrm{N2N},\,k}^{(i) \to (n)}$ 的观测函数 $p\left(z_{\mathrm{N2N},\,k}^{(i) \to (n)} \mid x_k^{(i)},\, x_k^{(n)}\right)$ 对应因子节点 $\phi_{\mathrm{N2N},\,k}^{(i) \to (n)}$ 传往相应变量节点 $x_k^{(n)}$ 的消息为

$$m_{\phi_{\mathrm{N2N},\,k}^{(i) \to (n)} \to x_k^{(n)}}\left(x_k^{(n)}\right) \propto \int_{x_k^{(i)}} p\left(z_{\mathrm{N2N},\,k}^{(i) \to (n)} \mid x_k^{(i)},\, x_k^{(n)}\right) M_{x_k^{(i)} \to \phi_{\mathrm{N2N},\,k}^{(i) \to (n)}}\left(x_k^{(i)}\right) \mathrm{d} x_k^{(i)}$$

$$(8-25)$$

在本章中,称该消息为节点 n 的入消息。

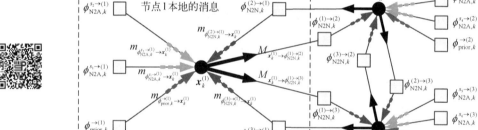

图 8-7　对应于图 8-5 所示定位场景的因子图消息传递示意图

(4) 被观测未知节点对应的变量节点,传往其相应观测函数对应因子节点的消息。如图 8-7 中黑色箭头所示。其中,任意被观测未知节点 $n \in \mathbb{N}$ 对应变量节点 $x_k^{(n)}$ 传往观测似然 $p\left(z_{\mathrm{N2N},\,k}^{(n) \to (i)} \mid x_k^{(i)},\, x_k^{(n)}\right)$ 对应因子节点 $\phi_{\mathrm{N2N},\,k}^{(n) \to (i)}$ 的消息为

$$M_{x_k^{(n)} \to \phi_{\mathrm{N2N},\,k}^{(n) \to (i)}}\left(x_k^{(n)}\right) \propto m_{\phi_{\mathrm{prior},\,k}^{\to (n)} \to x_k^{(n)}}\left(x_k^{(n)}\right) \prod_{j \in \mathbb{M}^{\to (n)}} m_{\phi_{\mathrm{N2A},\,k}^{j \to (n)} \to x_k^{(n)}}\left(x_k^{(n)}\right)$$

$$\prod_{i \in \mathbb{N}^{\to (n)}} m_{\phi_{\mathrm{N2N},\,k}^{(i) \to (n)} \to x_k^{(n)}}\left(x_k^{(n)}\right) \qquad (8-26)$$

本章中,称该消息为节点 n 的出消息。而 $x_k^{(n)}$ 的置信度可由式(8-27)得到

$$b_{x_k^{(n)}}\left(x_k^{(n)}\right) \propto m_{\phi_{\text{prior},\,k} \to x_k^{(n)}}\left(x_k^{(n)}\right) \prod_{j \in \mathbb{M}^{\to(n)}} m_{\phi_{\text{N2A},\,k}^{j \to(n)} \to x_k^{(n)}}\left(x_k^{(n)}\right)$$

$$\prod_{i \in \mathbb{N}^{\to(n)}} m_{\phi_{\text{N2N},\,k}^{(i)\to(n)} \to x_k^{(n)}}\left(x_k^{(n)}\right) \qquad (8-27)$$

为了能更直观地将这种算法应用在时空协作定位中,注意到消息式(8-23)和式(8-24)在迭代运算中保持不变,将其代入式(8-26)中,并注意到

$$b\left(x_k^{(n)}\right) \propto M_{x_k^{(n)} \to \phi_{\text{N2N},\,k}^{(n)\to(i)}}\left(x_k^{(n)}\right) \qquad (8-28)$$

就可以将"变量节点-因子节点"间的消息传递过程重新表述为"网络节点-网络节点"间的置信度传播与更新过程:

(1) 节点根据所有的入消息、本地先验分布和 N2A 观测似然函数,更新自身置信度,并将其广播给邻居节点:

$$b\left(x_k^{(n)}\right) \propto p_{\text{prior}}\left(x_k^{(n)}\right) \prod_{j \in \mathbb{M}^{\to(n)}} p\left(z_{\text{N2A},\,k}^{j \to(n)} \mid x_k^{(n)}\right) \prod_{i \in \mathbb{N}^{\to(n)}} m_{(i)\to(n)}\left(x_k^{(n)}\right)$$

$$(8-29)$$

(2) 节点将收到的来自邻居节点的置信度,转换为相应的入消息:

$$m_{(i)\to(n)}\left(x_k^{(n)}\right) \propto \int_{x_k^{(i)}} p\left(z_{\text{N2N},\,k}^{(i)\to(n)} \mid x_k^{(i)},\,x_k^{(n)}\right) b\left(x_k^{(n)}\right) \qquad (8-30)$$

图 8-8 表示与图 8-5 对应的时空协作定位场景中节点间置信度传播示意图。

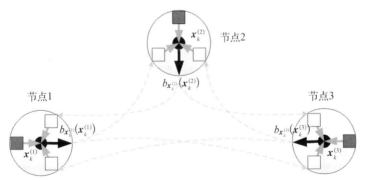

**图 8-8　与图 8-5 对应的时空协作定位场景中
节点间置信度传播示意图**

其中,节点间传递的是置信度,消息的转换、置信度的更新都在本地完成。虚线表示置信度的传递方向,灰色实心方框是先验分布和 N2A 观测似然函数因子的集

合,基于式(8-29)和式(8-30)可以得到相应的迭代算法。通常情况下,给出一定的初始条件,经过一定次数的迭代,最终置信度会收敛。这个过程可以描述如下。

(1) 初始化。对所有节点 $n(n \in \mathbb{N})$,初始化消息为 $m_{(n)\to(i)}^0 \left(x_k^{(i)} \right) = 1$,并利用式(8-29)初始化置信度:

$$b^0 \left(x_k^{(n)} \right) \propto p_{\text{prior}} \left(x_k^{(n)} \right) \prod_{j \in M \to (n)} p \left(z_{\text{N2A},\,k}^{j\to(n)} \mid x_k^{(n)} \right) \tag{8-31}$$

(2) 置信度传播与更新。迭代索引 $l = 0,\,1,\,2,\,\cdots$,直至满足收敛条件,所有节点 $n \in \mathbb{N}$ 进行如下迭代操作:

① 将自身置信度 $b^l \left(x_k^{(n)} \right)$ 广播给所有邻居节点 $i \in \mathbb{N}^{(n)}$,并监听和接收来自邻居节点 $i \in \mathbb{N}^{(n)}$ 广播的置信度。② 针对所有邻居节点 $i \in \mathbb{N}^{\to(n)}$,基于接收到的 $b^l \left(x_k^{(i)} \right)$,以及节点间 N2N 观测似然函数 $p \left(z_{\text{N2N},\,k}^{(i)\to(n)} \mid x_k^{(i)},\,x_k^{(n)} \right)$,计算相应入消息 $m_{(i)\to(n)}^{l+1} \left(x_k^{(n)} \right)$。

$$m_{(i)\to(n)}^{l+1} \left(x_k^{(n)} \right) \propto \int_{x_k^{(i)}} p \left(z_{\text{N2N},\,k}^{(i)\to(n)} \mid x_k^{(i)},\,x_k^{(n)} \right) b^l \left(x_k^{(n)} \right) \mathrm{d}x_k^{(i)} \tag{8-32}$$

(3) 利用所有邻居可观测节点 $i \in \mathbb{N}^{\to(n)}$ 对应的入消息,以及节点自身先验分布和本地 N2A 观测似然函数,更新自身置信度 $b^{l+1} \left(x_k^{(n)} \right)$:

$$b^{l+1} \left(x_k^{(n)} \right) \propto p_{\text{prior}} \left(x_k^{(n)} \right) \prod_{j \in M \to (n)} p \left(z_{\text{N2A},\,k}^{j\to(n)} \mid x_k^{(n)} \right) \prod_{i \in \mathbb{N}^{\to(n)}} m_{(i)\to(n)}^{l+1} \left(x_k^{(n)} \right)$$

$$\tag{8-33}$$

前面给出了贝叶斯时空协作定位的基本框架,其中涉及了以下几个方面。

(1) 置信度更新、广播与接收。在每个迭代过程中,每个节点需要根据所有来自邻居节点的入消息,计算自身位置估计的置信度,将该位置估计的置信度广播给邻居节点,并接收来自邻居节点的广播。由于这个置信度是一个复杂分布,需要近似后才能传递。而不同的近似方法,则会带来不同的通信开销、收敛速度及计算复杂度。

(2) 消息转换。任意节点收到来自邻居节点广播的置信度后,需要利用节点间的观测量得到相应的入消息。由于该过程涉及非线性非规则连续函数积分,也需要进行近似计算,不同的近似方法,计算精度和复杂度不同,同时,该消息计算过程中也会受到置信度近似方法的制约。

8.2.3 高斯置信度传播与更新

参数化消息传递的核心思想是利用一系列特征参数来表征置信度,在这个基础上,节点间将传递关于该置信度的特征参数。因此,消息转换和更新过程也可以基于这些表征参数来完成,从而在一定程度上降低通信开销和计算复杂度[8,9]。

在上述置信度传播的迭代过程中,理论上来说,在将所有节点的先验分布 $p_{\text{prior}}\left(x_k^{(n)}\right)$ 给定为高斯分布,并假设所有的观测函数均为线性函数的情况下,迭代中生成的消息和置信度都可以用高斯分布的形式表示,因此消息和置信度的更新也可以通过简单的基于均值和方差的加减乘除计算完成。然而,如上所述,在定位中观测函数一般都是非线性函数,因此需要采用近似的方法,而一个自然的选择,就是对观测函数进行线性化处理。

在假设观测函数为线性函数的条件下,如果所有节点的先验分布为高斯分布,那么算法中传递的节点置信度也是高斯分布,下面将对其进行相应讨论。

根据假设,已知先验分布为高斯分布 $p_{\text{prior}}\left(x_k^{(n)}\right) \propto \mathbb{N}\left(x_k^{(n)}; \mu_{x,k,(n)}^{\text{prior}},\right.$ $\left.\Sigma_{x,k,(n)}^{\text{prior}}\right)$ 在第 l 次迭代中,假设对任意节点 $n \in \mathbb{N}$ 来说,自身置信度 $b^l\left(x_k^{(n)}\right)$ 表示为

$$b^l\left(x_k^{(n)}\right) \propto \mathbb{N}\left(x_k^{(n)}; \mu_{x,k,(n)}^l, \Sigma_{x,k,(n)}^l\right) \tag{8-34}$$

已收到来自所有邻居节点 $i \in \mathbb{N}^{\rightarrow(n)}$ 广播的置信度,其中,任意邻居节点 i 的置信度 $b^l\left(x_k^{(i)}\right)$ 可表示为高斯分布:

$$b^l\left(x_k^{(i)}\right) \propto \mathbb{N}\left(x_k^{(i)}; \mu_{x,k,(i)}^l, \Sigma_{x,k,(i)}^l\right) \tag{8-35}$$

此时,节点 n 要根据上述置信度和消息,进行如下操作:① 对所有邻居节点 $i \in \mathbb{N}^{\rightarrow(n)}$,利用式(8-32)将收到的来自该邻居节点的置信度转换为相应的入消息 $m_{(i)\rightarrow(n)}^{l+1}\left(x_k^{(n)}\right)$;② 基于本地信息和所有第①步转换得到的入消息,利用式(8-33)更新得到节点自身的置信度 $b^{l+1}\left(x_k^{(n)}\right)$。

(1)进行步骤①,即利用式(8-32),将收到的来自邻居节点 i 的置信度 $b^l\left(x_k^{(i)}\right)$ 转换为相应的入消息 $m_{(i)\rightarrow(n)}^{l+1}\left(x_k^{(n)}\right)$:

$$m_{(i)\to(n)}^{l+1}\left(x_k^{(n)}\right) \propto \int_{x_k^{(i)}} p\left(z_{\text{N2N},\,k}^{(i)\to(n)} \mid x_k^{(i)},\, x_k^{(n)}\right) b^l\left(x_k^{(i)}\right) \mathrm{d}x_k^{(i)} \qquad (8-36)$$

可以将式(8-36)改写为

$$m_{(i)\to(n)}^{l+1}\left(x_k^{(n)}\right) \propto \frac{\int_{x_k^{(i)}} p\left(z_{\text{N2N},\,k}^{(i)\to(n)} \mid x_k^{(i)},\, x_k^{(n)}\right) b^l\left(x_k^{(n)}\right) b^l\left(x_k^{(i)}\right) \mathrm{d}x_k^{(i)}}{b^l\left(x_k^{(n)}\right)}$$

$$(8-37)$$

在式(8-37)中,将分子写为

$$b_{x_k^{(n)} \mid z}^{(i)\to(n)}\left(x_k^{(n)}\right) = \int_{x_k^{(i)}} p\left(z_{\text{N2N},\,k}^{(i)\to(n)} \mid x_k^{(i)},\, x_k^{(n)}\right) b^l\left(x_k^{(n)}\right) b^l\left(x_k^{(i)}\right) \mathrm{d}x_k^{(i)} \qquad (8-38)$$

此时,只要求出 $b_{x_k^{(n)} \mid z}^{(i)\to(n)}\left(x_k^{(n)}\right)$,就可以很容易计算出 $m_{(i)\to(n)}^{l+1}\left(x_k^{(n)}\right)$,注意,式(8-38)中,$b^l\left(x_k^{(i)}\right)$、$b^l\left(x_k^{(n)}\right)$ 为高斯分布。

在式(8-38)中,如果观测量 $z_{\text{N2N},\,k}^{(i)\to(n)}$ 对应的观测函数为如下线性函数:

$$z_{\text{N2N},\,k}^{(i)\to(n)} = \bar{H}_{\text{N2N},\,(n)}^{(i)\to(n)} x_k^{(n)} + \bar{H}_{\text{N2N},\,(i)}^{(i)\to(n)} x_k^{(i)} + \bar{b}_{\text{N2N}}^{(i)\to(n)} + \bar{v}_{\text{N2N}}^{(i)\to(n)} \qquad (8-39)$$

且 $\bar{v}_{\text{N2N}}^{(i)\to(n)} \sim \mathbb{N}\left(0,\, \bar{R}_{\text{N2N}}^{(i)\to(n)}\right)$,则 $b_{x_k^{(n)} \mid z}^{(i)\to(n)}\left(x_k^{(n)}\right)$ 为高斯分布,其相应均值和方差可由式(8-40)给出:

$$\Sigma_{x_k^{(n)} \mid z}^{(i)\to(n)} = \left[\left(\Sigma_{x,\,k,\,(n)}^l\right)^{-1} + \left(\bar{H}_{\text{N2N},\,(n)}^{(i)\to(n)}\right)^{\mathrm{T}}\left(\breve{R}_{\text{N2N}}^{(i)\to(n)}\right)^{-1} \bar{H}_{\text{N2N},\,(n)}^{(i)\to(n)}\right]^{-1} \qquad (8-40)$$

$$\mu_{x_k^{(n)} \mid z}^{(i)\to(n)} = \Sigma_{x_k^{(n)} \mid z}^{(i)\to(n)}\left[\left(\Sigma_{x,\,k,\,(n)}^l\right)^{-1}\mu_{x,\,k,\,(n)}^l + \left(\bar{H}_{\text{N2N},\,(n)}^{(i)\to(n)}\right)^{\mathrm{T}}\left(\breve{R}_{\text{N2N}}^{(i)\to(n)}\right)^{-1}\right.$$

$$\left.\left(z_{\text{N2N},\,k}^{(i)\to(n)} - \breve{b}_{\text{N2N}}^{(i)\to(n)}\right)\right] \qquad (8-41)$$

其中,

$$\breve{R}_{\text{N2N}}^{(i)\to(n)} = \left(\bar{H}_{\text{N2N},\,(i)}^{(i)\to(n)}\right)^{\mathrm{T}} \Sigma_{x,\,k,\,(i)}^l \left(\bar{H}_{\text{N2N},\,(i)}^{(i)\to(n)}\right) + \bar{R}_{\text{N2N}}^{(i)\to(n)} \qquad (8-42)$$

$$\breve{b}_{\text{N2N}}^{(i)\to(n)} = \bar{H}_{\text{N2N},\,(i)}^{(i)\to(n)}\mu_{x,\,k,\,(i)} + \bar{b}_{\text{N2N}}^{(i)\to(n)} \qquad (8-43)$$

最后,利用高斯分布的性质,基于 $b_{x_k^{(n)} \mid z}^{(i)\to(n)}\left(x_k^{(n)}\right)$ 和 $b^l\left(x_k^{(n)}\right)$,可以将该入消息表

示为以下形式(注意:此处没有用高斯分布 $N\left(x_k^{(i)};\ \mu_{x,k,(i)\to(n)}^l,\ \left(\Pi_{x,k,(i)\to(n)}^l\right)^{-1}\right)$ 来表示该消息,因为该消息不一定非得是分布函数。通常情况下,$\Pi_{x,k,(i)\to(n)}^l$ 可以看作节点间观测带给节点 n 的关于节点位置的信息,一般为半正定矩阵[10-12]。在某些情况下,如果节点间观测的维度低于节点状态的维度(如节点间测距为一维量),那么经过映射后得到的信息维度也低于状态变量的维度,从而导致 $\Pi_{x,k,(i)\to(n)}^l$ 不是正定矩阵):

$$m_{(i)\to(n)}^l\left(x_k^{(n)}\right)\propto\exp\left[-\frac{1}{2}\left(x_k^{(n)}-\mu_{x,k,(i)\to(n)}^{l+1}\right)^{\mathrm{T}}\Pi_{x_k,(i)\to(n)}^{l+1}\left(x_k^{(n)}-\mu_{x,k,(i)\to(n)}^{l+1}\right)\right]$$

$$(8-44)$$

式中,

$$\Pi_{x_k,(i)\to(n)}^{l+1}\mu_{x,k,(i)\to(n)}^{l+1}=\left(\bar{H}_{\mathrm{N2N},(n)}^{(i)\to(n)}\right)^{\mathrm{T}}\left(\breve{R}_{\mathrm{N2N}}^{(i)\to(n)}\right)^{-1}\left(z_{\mathrm{N2N},k}^{(i)\to(n)}-\breve{b}_{\mathrm{N2N}}^{(i)\to(n)}\right)$$

$$(8-45)$$

$$\Pi_{x_k,(i)\to(n)}^{l+1}=\left(\bar{H}_{\mathrm{N2N},(n)}^{(i)\to(n)}\right)^{\mathrm{T}}\left(\breve{R}_{\mathrm{N2N}}^{(i)\to(n)}\right)^{-1}\bar{H}_{\mathrm{N2N},(n)}^{(i)\to(n)}$$

$$(8-46)$$

引理 1 对于如下形式所表示的分布:

$$b_{x_1\mid z}(x_1)=\int_{x_1}p(z\mid x_1,x_2)p(x_1)p(x_2)\mathrm{d}x_2$$

$$(8-47)$$

如果 $p(x_1)\propto\mathbb{N}(x_1;\mu_{x,1},\Sigma_{x,1})$,$p(x_2)\propto\mathbb{N}(x_2;\mu_{x,2},\Sigma_{x,2})$,则观测量 z 对应的观测函数为如下线性函数:

$$z=H_1x_1+H_2x_2+b+v$$

$$(8-48)$$

式中,H_1、H_2 表示相应观测矩阵;b 表示常数,观测噪声 $v\sim\mathbb{N}(0,R)$,那么该分布为高斯分布,即

$$b_{x_1\mid z}(x_1)\propto\mathbb{N}(x_1;\mu_{x_1\mid z},\Sigma_{x_1\mid z})$$

$$(8-49)$$

其均值和方差由式(8-50)给出:

$$\mu_{x_1\mid z}=\Sigma_{x_1\mid z}\left[H_1^{\mathrm{T}}\left(\breve{R}\right)^{-1}\left(z-\breve{b}\right)+\Sigma_{x,1}^{-1}\mu_{x,1}\right]$$

$$(8-50)$$

$$\Sigma_{x_1\mid z}=H_1^{\mathrm{T}}\left(\breve{R}\right)^{-1}H_1+\Sigma_{x,1}^{-1}$$

$$(8-51)$$

式中,

$$\check{R} = H_2^{\mathrm{T}} \Sigma_{x,2} H_2 + R \tag{8-52}$$

$$\check{b} = b + H_2 \mu_{x,2} \tag{8-53}$$

证明见 8.4 节。

（2）在对所有节点 $i \in \mathbb{N}^{\to(n)}$ 都完成了置信度到入消息的转换后，进行步骤②，也就是利用所有节点 n 的入消息进行本地先验分布，以及所有本地 N2A 观测似然函数利用式（8-33）计算置信度。

$$b^{l+1}\left(x_k^{(n)}\right) \propto p_{\mathrm{prior}}\left(x_k^{(n)}\right) \prod_{j \in \mathbb{M}^{\to(n)}} p\left(z_{\mathrm{N2A},k}^{j \to (n)} \mid x_k^{(n)}\right) \prod_{j \in \mathbb{N}^{\to(n)}} m_{(j) \to (n)}^{l+1}\left(x_k^{(n)}\right)$$
$$\tag{8-54}$$

将式（8-54）写为

$$b^{l+1}\left(x_k^{(n)}\right) \propto p_{\backslash \mathrm{M}}^{l+1}\left(x_k^{(n)}\right) \prod_{j \in \mathbb{M}^{\to (n)}} p\left(z_{\mathrm{N2A},k}^{j \to (n)} \mid x_k^{(n)}\right) \tag{8-55}$$

式中，

$$p_{\backslash \mathrm{M}}^{l+1}\left(x_k^{(n)}\right) = p_{\mathrm{prior}}\left(x_k^{(n)}\right) \prod_{i \in \mathbb{N}^{\to(n)}} m_{(i) \to (n)}^{l+1}\left(x_k^{(n)}\right) \tag{8-56}$$

由高斯分布的性质易知，$p_{\backslash \mathrm{M}}^{l+1}\left(x_k^{(n)}\right)$ 为高斯分布，即

$$p_{\backslash \mathrm{M}}^{l+1}\left(x_k^{(n)}\right) \propto N\left(x_k^{(n)}; \mu_{x,k,(n),\backslash \mathrm{M}}^{l+1}, \Sigma_{x,k,(n),\backslash \mathrm{M}}^{l+1}\right) \tag{8-57}$$

其均值 $\mu_{x,k,(n),\backslash \mathrm{M}}^{l+1}$ 和方差 $\Sigma_{x,k,(n),\backslash \mathrm{M}}^{l+1}$ 由式（8-58）和式（8-59）得到

$$\Sigma_{x,k,(n),\backslash \mathrm{M}}^{l+1} = \left[\left(\Sigma_{x,k,(n)}^{\mathrm{prior}}\right)^{-1} + \prod_{i \in \mathbb{N}^{\to(n)}} \Pi_{x_k,(i) \to (n)}^{l+1}\right]^{-1} \tag{8-58}$$

$$\mu_{x,k,(n),\backslash \mathrm{M}}^{l+1} = \left(\Sigma_{x,k,(n),\backslash \mathrm{M}}^{l+1}\right)^{-1} \left[\left(\Sigma_{x,k,(n)}^{\mathrm{prior}}\right)^{-1} \mu_{x,k,(n)}^{\mathrm{prior}}\right.$$
$$\left. + \prod_{i \in \mathbb{N}^{\to(n)}} \Pi_{x_k,(i) \to (n)}^{l+1} \mu_{x,k,(i) \to (n)}^{l+1}\right] \tag{8-59}$$

此时，在式（8-55）中，如果对所有 $j \in \mathbb{M}^{\to(n)}$，观测量 $z_{\mathrm{N2A},k}^{j \to (n)}$ 对应的观测函数可以表示为如下线性函数：

$$z_{\mathrm{N2A},k}^{j \to (n)} = \bar{H}_{\mathrm{N2A}}^{j \to (n)} x_k^{(n)} + \bar{b}_{\mathrm{N2A}}^{j \to (n)} + \bar{v}_{\mathrm{N2A}}^{j \to (n)} \tag{8-60}$$

且 $\bar{v}_{\mathrm{N2A}}^{j \to (n)} \sim N(0, \bar{R}_{\mathrm{N2A}}^{j \to (n)})$，式（8-55）表示的分布等效为如下高斯分布：

$$b^l\left(x_k^{(n)}\right) \propto \mathbb{N}\left(x_k^{(n)}\,;\,\mu_{x,\,k,\,(n)}^{l+1},\,\Sigma_{x,\,k,\,(n)}^{l+1}\right) \tag{8-61}$$

式中，

$$\Sigma_{x,\,k,\,(n)}^{l+1} = \left[\sum_{j \in \mathbb{M}^{\rightarrow(n)}}\left(\bar{H}_{\text{N2A}}^{j\rightarrow(n)}\right)^{\text{T}}\left(\bar{R}_{\text{N2A}}^{j\rightarrow(n)}\right)^{-1}\bar{H}_{\text{N2A}}^{j\rightarrow(n)} + \left(\Sigma_{x,\,k,\,(n),\backslash\mathbb{M}}^{l+1}\right)^{-1}\right]^{-1} \tag{8-62}$$

$$\mu_{x,\,k,\,(n)}^{l+1} = \Sigma_{x,\,k,\,(n)}^{l+1}\left[\sum_{j \in \mathbb{M}^{\rightarrow(n)}}\left(\bar{H}_{\text{N2A}}^{j\rightarrow(n)}\right)^{\text{T}}\left(\bar{R}_{\text{N2A}}^{j\rightarrow(n)}\right)^{-1}\left(z_{\text{N2A},\,k}^{j\rightarrow(n)} - \bar{b}_{\text{N2A}}^{j\rightarrow(n)}\right)\right.$$
$$\left. + \left(\Sigma_{x,\,k,\,(n),\backslash\mathbb{M}}^{l+1}\right)^{-1}\mu_{x,\,k,\,(n),\backslash\mathbb{M}}^{l+1}\right] \tag{8-63}$$

引理 2　对于形如：

$$b(x \mid z) \propto p(x)\prod_{j \in \mathbb{J}}p(z^j \mid x) \tag{8-64}$$

的分布函数(其中，$\mathbb{J}$ 为所有观测序号的集合)，如果 $p(x) \propto \mathbb{N}(x\,;\,\mu_x,\,\Sigma_x)$，且所有观测量 z^j 对应的观测函数可以用如下线性函数表示：

$$z^j = H^j x + b^j + v^j \tag{8-65}$$

式中，H^j 表示已知观测矩阵；b^j 表示已知常数；观测噪声 $v^j \sim \mathbb{N}(0,\,R^j)$。那么，该分布等效为如下高斯分布：

$$b(x \mid z) \propto \mathbb{N}(x\,;\,\mu_{x\mid z},\,\Sigma_{x\mid z}) \tag{8-66}$$

其中，

$$\Sigma_{x\mid z} = \left[\sum_{j \in \mathbb{J}}\left(H^j\right)^{\text{T}}\left(R^j\right)^{-1}H^j + \Sigma_x^{-1}\right]^{-1} \tag{8-67}$$

$$\mu_{x\mid z} = \Sigma_{x\mid z}\left[\sum_{j \in \mathbb{J}}\left(H^j\right)^{\text{T}}\left(R^j\right)^{-1}\left(z^j - b^j\right) + \Sigma_x^{-1}\mu_x\right] \tag{8-68}$$

证明见 8.5 节。

至此，可以看到，在时空协作定位中，如果 N2N 观测对应的观测函数为如式(8-39)所示的线性函数，而 N2A 观测对应的观测函数为如式(8-60)所示的线性函数，那么在置信度传播迭代中，就可以用高斯分布表示节点间广播的置信度，也就是说，节点间只需要传递节点位置估计的均值和方差，以此可以大大降低通信损耗；而在迭代中，对置信度的更新过程则可以基于以下方法完成，即对节点位置估计的均值和方差以及入消息的表征参数进行加减乘除运算，这就可以大大降低计算复杂度[13-15]。

　　然而,在时空协作定位中,观测函数几乎都为非线性函数,无法直接应用上述结论。然而,结合统计线性回归理论,可以对相应观测函数进行线性化,从而将上述结论应用在实际时空协作定位场景中。下面将首先对统计线性化方法进行介绍,然后根据该方法描述观测函数线性化过程。

8.2.4　统计线性化

　　以节点 n 第 l 次迭代为例。下面将分别描述:① 节点 n 与邻居节点 $i \in \mathbb{N}^{\to(n)}$ 间的 N2N 观测 $z_{\mathrm{N2N},\, k}^{(i)\to(n)}$ 对应观测函数的线性化过程;② 节点 n 与可观测锚节点 $j \in \mathbb{M}^{\to(n)}$ 间的 N2A 观测 $z_{\mathrm{N2N},\, k}^{j\to(n)}$ 对应观测函数的线性化过程。

　　1) N2N 观测函数方程的线性化

　　在式(8-38)中可以看到,对 $z_{\mathrm{N2N},\, k}^{(i)\to(n)}$ 对应的观测函数进行线性化,目的是求出联合后验概率分布:

$$p_{\mathrm{N2N}}\left(x_k^{(i)},\, x_k^{(n)} \mid z_{\mathrm{N2N},\, k}^{(i)\to(n)}\right) \propto p\left(z_{\mathrm{N2N},\, k}^{(i)\to(n)} \mid x_k^{(i)},\, x_k^{(n)}\right) b^l\left(x_k^{(n)}\right) b^l\left(x_k^{(i)}\right)$$

$$(8-69)$$

式中,

$$b^l\left(x_k^{(n)}\right) \propto \mathbb{N}\left(x_k^{(n)};\, \mu_{x,\, k,\, (n)}^l,\, \Sigma_{x,\, k,\, (n)}^l\right) \qquad (8-70)$$

$$b^l\left(x_k^{(i)}\right) \propto \mathbb{N}\left(x_k^{(i)};\, \mu_{x,\, k,\, (i)}^l,\, \Sigma_{x,\, k,\, (i)}^l\right) \qquad (8-71)$$

此时需要进行线性化的目标非线性函数为

$$z_{\mathrm{N2N},\, k}^{(i)\to(n)} = h_{\mathrm{N2N}}^{(i)\to(n)}\left(x_k^{(i)},\, x_k^{(n)},\, v_{\mathrm{N2N}}^{(i)\to(n)}\right) \qquad (8-72)$$

式中, $v_{\mathrm{N2N}}^{(i)\to(n)} \sim \mathbb{N}\left(0,\, R_{\mathrm{N2N}}\right)$ 。

　　可以将 $b^l\left(x_k^{(n)}\right)$ 和 $b^l\left(x_k^{(i)}\right)$ 分别看作 $x_k^{(n)}$ 和 $x_k^{(i)}$ 的先验分布,在此先验分布下对目标函数进行线性化。

　　2) 目标函数线性化

　　首先,将 $x_k^{(n)}$ 、 $x_k^{(i)}$ 及 $v_{\mathrm{N2N}}^{(i)\to(n)}$ 合并在一起,定义一个增广向量 $\boldsymbol{a}$:

$$X_{\mathrm{N2N}}^a = \left[\left(x_k^{(n)}\right)^{\mathrm{T}},\, \left(x_k^{(i)}\right)^{\mathrm{T}},\, \left(v_{\mathrm{N2N}}^{(i)\to(n)}\right)^{\mathrm{T}}\right]^{\mathrm{T}} \qquad (8-73)$$

其均值和方差分别由式(8-74)和式(8-75)给出

$$\mu^a_{X,\,\mathrm{N2N}} = \left[\left(\mu^l_{x,\,k,\,(n)} \right)^{\mathrm T},\; \left(\mu^l_{x,\,k,\,(i)} \right)^{\mathrm T},\; (0)^{\mathrm T} \right]^{\mathrm T} \qquad (8-74)$$

$$\Sigma^a_{X,\,\mathrm{N2N}} = \mathrm{diag}\{\Sigma^l_{x,\,k,\,(n)},\; \Sigma^l_{x,\,k,\,(i)},\; R_{\mathrm{N2N}}\} \qquad (8-75)$$

据此,可以将目标非线性函数改写为

$$z^{(i)\to(n)}_{\mathrm{N2N},\,k} = h^{(i)\to(n)}_{\mathrm{N2N}}\left(X^a_{\mathrm{N2N}} \right) \qquad (8-76)$$

基于式(8-76),可以对目标非线性函数式(8-72)进行线性化,具体步骤如下。

(1) 状态粒子生成。基于增广向量 X^a_{N2N} 的均值和方差,生成 N_{sp} 个加权粒子构成的粒子集合,表示为 $\{X^a_{\mathrm{N2N},\,s},\,W^a_{\mathrm{N2N},\,s}\}^{N_{sp}}_{s=1}$。

(2) 状态粒子映射得到观测粒子。$\{X^a_{\mathrm{N2N},\,s}\}^{N_{sp}}_{s=1}$ 中的所有状态粒子经过非线性方程式(8-76)映射,得到相应的观测量粒子集合 $\{Z^{(i)\to(n)}_{\mathrm{N2N},\,s}\}^{N_{sp}}_{s=1}$,其中,第 s 个状态粒子对应的观测粒子为

$$Z^{(i)\to(n)}_{\mathrm{N2N},\,s} = h^{(i)\to(n)}_{\mathrm{N2N}}\left(X^a_{\mathrm{N2N},\,s} \right) \qquad (8-77)$$

(3) 二阶统计信息获取。利用所有加权粒子 $\{X^a_{\mathrm{N2N},\,s},\,Z^{(i)\to(n)}_{\mathrm{N2N},\,s},\,W^a_{\mathrm{N2N},\,s}\}^{N_{sp}}_{s=1}$,求出如下所示的二阶统计信息:

$$\hat{\mu}^{(i)\to(n)}_{z,\,\mathrm{N2N}} = \sum^{N_{sp}}_{s=1} W^a_{\mathrm{N2N},\,s} Z^{(i)\to(n)}_{\mathrm{N2N},\,s} \qquad (8-78)$$

$$\hat{\Sigma}^{(i)\to(n)}_{zz,\,\mathrm{N2N}} = \sum^{N_{sp}}_{s-1} W^a_{\mathrm{N2N},\,s} \left(Z^{(i)\to(n)}_{\mathrm{N2N},\,s} - \hat{\mu}^{(i)\to(n)}_{z,\,\mathrm{N2N}} \right)\left(Z^{(i)\to(n)}_{\mathrm{N2N},\,s} - \hat{\mu}^{(i)\to(n)}_{z,\,\mathrm{N2N}} \right)^{\mathrm T} \qquad (8-79)$$

$$\hat{\Sigma}^{(i)\to(n)}_{Xz,\,\mathrm{N2N}} = \sum^{N_{sp}}_{s=1} W^a_{\mathrm{N2N},\,s} \left(X^a_{\mathrm{N2N},\,s} - \mu^a_{X,\,\mathrm{N2N}} \right)\left(Z^{(i)\to(n)}_{\mathrm{N2N},\,s} - \hat{\mu}^{(i)\to(n)}_{z,\,\mathrm{N2N}} \right)^{\mathrm T} \qquad (8-80)$$

并根据 X^a_{N2N} 的定义式(8-73),将 X^a_{N2N} 与 $z^{(i)\to(n)}_{\mathrm{N2N},\,k}$ 的协方差矩阵式(8-80)写为

$$\hat{\Sigma}^{(i)\to(n)}_{Xz,\,\mathrm{N2N}} = \begin{bmatrix} \hat{\Sigma}^{(i)\to(n)}_{xz,\,\mathrm{N2N},(n)} \\ \hat{\Sigma}^{(i)\to(n)}_{xz,\,\mathrm{N2N},\,(i)} \\ \hat{\Sigma}^{(i)\to(n)}_{vz,\,\mathrm{N2N}} \end{bmatrix} \qquad (8-81)$$

式中,$\hat{\Sigma}^{(i)\to(n)}_{xz,\,\mathrm{N2N},\,(n)}$、$\hat{\Sigma}^{(i)\to(n)}_{xz,\,\mathrm{N2N},\,(i)}$ 和 $\hat{\Sigma}^{(i)\to(n)}_{vz,\,\mathrm{N2N}}$ 分别表示估计量 $x^{(n)}_k$、$x^{(i)}_k$ 及 $v^{(i)\to(n)}_{\mathrm{N2N}}$ 与观测量 $z^{(i)\to(n)}_{\mathrm{N2N},\,k}$ 之间的协方差。

(4) 统计线性化。利用第(3)步求出的二阶统计信息,根据统计线性化方法,可以将(8-72)线性化为

$$z^{(i)\to(n)}_{\mathrm{N2N},\,k} = \tilde{H}^{(i)\to(n)}_{\mathrm{N2N},\,(n)} x^{(n)}_k + \tilde{H}^{(i)\to(n)}_{\mathrm{N2N},\,(i)} x^{(i)}_k + \tilde{b}^{(i)\to(n)}_{\mathrm{N2N}} + \tilde{v}^{(i)\to(n)}_{\mathrm{N2N}} \qquad (8-82)$$

式中,状态转移矩阵:

$$\widetilde{H}_{\text{N2N, }(n)}^{(i)\to(n)} = \hat{\Sigma}_{xz,\ \text{N2N, }(n)}^{(i)\to(n)} \left(\Sigma_{zz,\ \text{N2N}}^{(i)\to(n)} \right)^{-1} \tag{8-83}$$

$$\widetilde{H}_{\text{N2N, }(i)}^{(i)\to(n)} = \hat{\Sigma}_{xz,\ \text{N2N, }(i)}^{(i)\to(n)} \left(\Sigma_{zz,\ \text{N2N}}^{(i)\to(n)} \right)^{-1} \tag{8-84}$$

线性化偏移常量:

$$\widetilde{b}_{\text{N2N}}^{(i)\to(n)} = \mu_{z,\ \text{N2N}}^{(i)\to(n)} - \widetilde{H}_{\text{N2N, }(n)}^{(i)\to(n)} \mu_{x,\ k,\ (n)}^{l} - \widetilde{H}_{\text{N2N, }(i)}^{(i)\to(n)} \mu_{x,\ k,\ (i)}^{l} \tag{8-85}$$

等效观测噪声:

$$\widetilde{v}_{\text{N2N}}^{(i)\to(n)} \sim \mathbb{N}\left(0,\ \widetilde{R}_{\text{N2N}}^{(i)\to(n)} \right) \tag{8-86}$$

式中,$\widetilde{R}_{\text{N2N}} = \hat{\Sigma}_{zz,\ \text{N2N}}^{(i)\to(n)} - \widetilde{H}_{\text{N2N, }(n)}^{(i)\to(n)} \Sigma_{x,\ k,\ (n)}^{l} \left(\widetilde{H}_{\text{N2N, }(n)}^{(i)\to(n)} \right)^{\text{T}} - \widetilde{H}_{\text{N2N, }(i)}^{(i)\to(n)} \Sigma_{x,\ k,\ (i)}^{l} \left(\widetilde{H}_{\text{N2N, }(i)}^{(i)\to(n)} \right)^{\text{T}}$。

（5）对 N2A 观测函数方程的线性化。此时,目的是求出分布:

$$b^{l+1}\left(x_k^{(n)} \right) \propto p_{\backslash \text{M}}^{l+1}\left(x_k^{(n)} \right) \prod_{j \in \text{M}\to(n)} p\left(z_{\text{N2A, }k}^{j\to(n)} \mid x_k^{(n)} \right) \tag{8-87}$$

式中,

$$b^{l+1}\left(x_k^{(n)} \right) \propto p_{\backslash \text{M}}^{l+1}\left(x_k^{(n)} \right) \prod_{j \in \text{M}\to(n)} p\left(z_{\text{N2A, }k}^{j\to(n)} \mid x_k^{(n)} \right) \tag{8-88}$$

而在此目的下,需要线性化的目标函数是

$$z_{\text{N2A, }k}^{j\to(n)} = h_{\text{N2A}}^{j\to(n)}\left(x_k^{(n)},\ v_{\text{N2A}}^{j\to(n)} \right) \tag{8-89}$$

因此,可以将 $p_{\backslash \text{M}}^{l+1}\left(x_k^{(n)} \right)$ 看作 $x_k^{(n)}$ 的先验分布,在此先验分布下,对目标函数进行线性化。线性化的具体步骤和前述 N2N 观测函数线性化方法相同。经过线性化,可得到线性化函数如下:

$$z_{\text{N2A, }k}^{j\to(n)} = \widetilde{H}_{\text{N2A, }(n)}^{j\to(n)} x_k^{(n)} + \widetilde{b}_{\text{N2A}}^{j\to(n)} + \widetilde{v}_{\text{N2A}}^{j\to(n)} \tag{8-90}$$

8.2.5　算法流程

将前述的线性观测假设下的高斯置信度传播以及基于统计线性化的观测函数线性化方法进行综合,就可以得到相应的统计线性化置信度传播的集群协作导航定位算法[16]。为简便起见,对基于统计线性化置信度传播的集群协作导航定位算法流程总结如下:

1) 观测量及先验信息获取

对所有节点与可观测锚节点以及邻居节点间进行观测量获取,得到相应的 N2A 及 N2N 观测,相应的观测量可能有节点间 TOA、TDOA、AOA、RSS 等多种类型,同时,需要给定这些观测量相应的观测噪声方差的经验值。

所有节点获取关于节点位置的先验分布 $p_{\text{prior}}\left(x_k^{(n)}\right) \approx \mathbb{N}\left(x_k^{(n)}; \mu_{x,k,(n)}^{\text{prior}},\right.$ $\left.\Sigma_{x,k,(n)}^{\text{prior}}\right)$。 对任意节点 $n \in \mathbb{N}$ 来说,如果该节点有关于节点位置的先验信息,则相应的高斯分布的 3δ 区域要足够大,保证可以包括已知的该节点可能出现的区域;如果该节点没有相应的先验信息,则需要将该高斯分布的 3δ 区域设定为能够包括所有节点可能出现的区域,例如 $\Sigma^{\text{prior}} \to \infty$。

2) 迭代初始化

(1) 对所有节点 n, $i \in \mathbb{N}$,初始化入消息为 $m_{(n)\to(i)}^0\left(x_k^{(i)}\right) = 1$。

(2) 对所有节点 $n \in \mathbb{N}$,令 $b^0\left(x_k^{(n)}\right) \propto p_{\text{prior}}\left(x_k^{(n)}\right) \approx \mathbb{N}\left(x_k^{(n)}; \mu_{x,k,(n)}^0, \Sigma_{x,k,(n)}^0\right)$。

3) 高斯置信度传播与更新迭代

初始化 $l = 0$,所有节点 $n \in \mathbb{N}$ 同时依次进行如下操作:

第一步,将自身位置估计的均值 $\mu_{x,k,(n)}^l$ 和方差 $\Sigma_{x,k,(n)}^l$ 广播给所有邻居节点 $i \in \mathbb{N}^{\to(n)}$,监听和接收来自邻居节点的广播,直到所有邻居节点的广播均已被接收(在该次迭代中,在设定的时间范围内,排除未收到广播的邻居节点)。

第二步,对所有 $i \in \mathbb{N}^{\to(n)}$,基于收到的节点 i 位置估计的均值 $\mu_{x,k,(i)}^l$ 和方差 $\Sigma_{x,k,(i)}^l$,以及节点 n 自身当前位置均值 $\mu_{x,k,(n)}^l$ 和方差 $\Sigma_{x,k,(n)}^l$,利用前述的统计线性化方法,对节点 n 与节点 i 间的本地 N2N 观测函数进行线性化,再利用相关算式计算,进一步计算表征消息 $m_{(i)\to(n)}^{l+1}\left(x_k^{(n)}\right)$ 的参数 $\mu_{x,k,(i)\to(n)}^{l+1}$ 和 $\Pi_{x,k,(i)\to(n)}^{l+1}$。

第三步,基于第二步得到的所有入消息对应的参数 $\mu_{x,k,(i)\to(n)}^{l+1}$ 和 $\Pi_{x,k,(i)\to(n)}^{l+1}$ 及节点 n 的先验分布,利用统计线性化方法对节点 n 的所有本地 N2A 观测函数进行线性化。然后基于相关算式,更新节点 n 的位置估计均值 $\mu_{x,k,(n)}^{l+1}$ 和方差 $\Sigma_{x,k,(n)}^{l+1}$。

第四步,如果得到的置信度满足收敛条件或者迭代次数达到上限,退出迭代;否则令 $l = l + 1$,返回第一步。

8.2.6　算法仿真

本小节将通过协作导航定位场景,对协作与非协作的差别、参数化置信度传播时空协作定位与非参数化置信度传播时空协作定位的差别进行仿真分析比较。其中,采用的统计线性化方法是基于无迹变换得到的,而参数化置信度传播算法为前述的高斯置信度传播,简写为统计高斯置信度传播(statistical Gaussian belief propagation, SGBP)。而非参数化置信度传播(Non-parametric belief propagation, NBP)算法则分别为基于高斯混合置信表征的 NBP 算法,称为 NBP - 1,以及基于蒙特卡罗粒子的空间感知无线网络(space aware wireless network, SPAWN)SPAWN 算法,称为 NBP - 2。

本小节用均方根误差(root mean squar eerror,RMSE)来衡量所有算法的性能,所有图中的误差都由 1 000 次蒙特卡罗仿真得到。其中,某节点 n 的单次位置估计误差由真实位置减去估计位置得到。比较的内容主要分三个方面:① 精度;② 通信开销;③ 计算复杂度。

本小节中仿真场景设置如图 8-9 所示,具体如下:

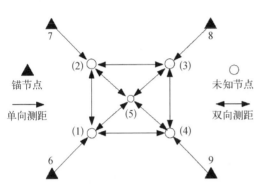

图 8-9   小规模网络时空协作定位仿真场景

(1) 5 个未知节点,每个未知节点状态包含横轴坐标和纵轴坐标,$x_k^{(n)} = [x_{k,1}^{(n)}, x_{k,2}^{(n)}]$;序号分别为 1、2、3、4、5,相应真实坐标 $\bar{x}_k^{(n)}$ 分别为 [−200,−200]、[−200,200]、[200,200]、[200,−200]、[0,0];4 个锚节点,序号分别为 6、7、8、9,相应坐标为 [−500,−500]、[−500,500]、[500,500]、[500,−500],单位为 m。

(2) 未知节点与锚节点,以及未知点与未知点之间观测量为相互测距,即观测方程为

$$z^{i,j} = \sqrt{\left(x_{k,1}^i - x_{k,1}^j\right)^2 + \left(x_{k,2}^i - x_{k,2}^j\right)^2} + v^{ij} \tag{8-91}$$

式中,$x_{k,1}^i$、$x_{k,2}^i$ 分别表示节点 i 的横轴坐标和纵轴坐标;v^{ij} 表示高斯观测噪声,$v^{ij} \sim \mathbb{N}\left(v^{ij}; 0, \mathbf{R}\right)$,所有节点间测距,如图 8-9 中箭头所示。可以看到,未知节点 1、2、3、4 每个节点只能收到一个锚节点测距,而未知节点 5 则收不到锚节点观测,此时传统定位手段将失效。

(3) 假设所有节点都有相应的先验信息,用高斯分布来表示,其方差为 P_0。其中,某节点 n 的初始位置估计由式(8-92)给出:

$$\bar{x}_k^{(n)} = \bar{x}_k^{(n)} + \delta^{(n)}; \quad \delta^{(n)} \sim N\left(\delta^{(n)}; 0, P_0\right) \tag{8-92}$$

(4) 在状态估计过程中,所有节点的初始状态均值为准确位置加上相应的随

机误差,该随机误差的方差为先验方差 P_0。

具体仿真内容及结果如下。

(1)给定观测噪声方差 $R = 1$,先验方差 $P_0 = 100$,在迭代次数 $L = 5$ 的情况下,三种算法得到的全局 RMSE(横轴加纵轴)如图 8-10 所示。

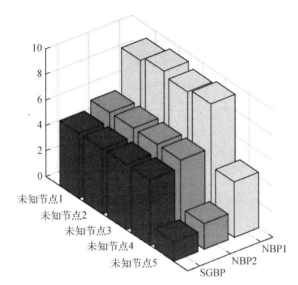

图 8-10 所有节点的 RMSE

(2)给定观测噪声方差 $R = 1$,先验方差 $P_0 = 100$,在迭代次数 $L = 5$ 的情况下,基于四种算法得到的误差累积分布函数如图 8-11 所示。其中,NBP 算法的粒子数目分别为 100、300 和 1 000。

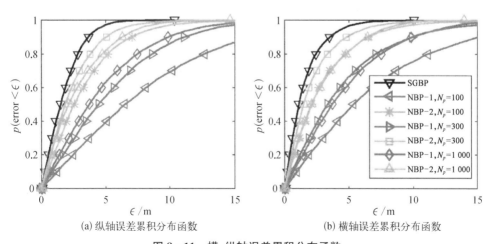

(a)纵轴误差累积分布函数　　　　　(b)横轴误差累积分布函数

图 8-11 横、纵轴误差累积分布函数

（3）给定观测噪声方差 $R=1$，在迭代次数 $L=5$ 的情况下，不同初始方差下 SGBP 得到的误差累积分布函数如图 8-12 所示（图中没有给出 NBP 算法的仿真结果，在初始方差比较大、粒子数 $N_p=1\,000$ 时，NBP 算法不稳定）。

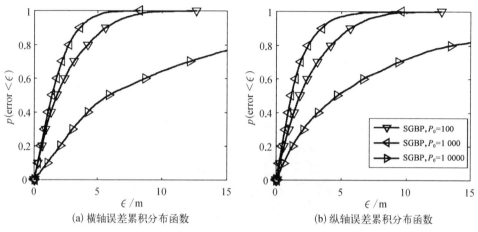

图 8-12　不同初始方差下横、纵轴误差累积分布函数

（4）给定观测噪声方差 $R=1$，分别给定状态初始分布方差 $P_0=100$ 和 $P_0=1\,000\,000$ 的情况下，SGBP 得到的 RMSE 与迭代次数的关系如图 8-13 所示。

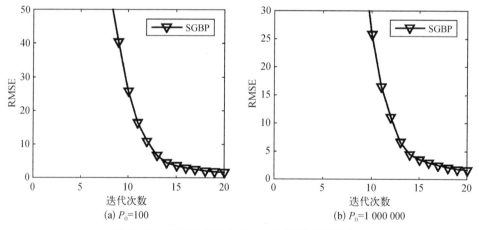

图 8-13　不同初始方差 RMSE 与迭代次数的关系

（5）每次迭代，每个节点需要广播的信息量（假设每个数占 4 个字节）如表 8-1 所示。

（6）给定迭代次数 $L=5$，在 Intel(R)Core(TM)2DuoP8400CPU 的 MATLAB 仿真环境下，不同算法单次仿真运算总耗时如表 8-2 所示。

表 8 - 1　不同算法每次迭代需要广播的信息量

SGBP	NBP ($N_p = 100$)	NBP ($N_p = 1\,000$)
24	200	2 000

表 8 - 2　不同算法单次仿真运算总耗时(s)

SGBP	NBP - 1		NBP - 2	
	$N_p = 100$	$N_p = 1\,000$	$N_p = 100$	$N_p = 1\,000$
0.08	0.04	1.22	0.06	2.58

基于上面的仿真结果,可分析如下:

(1) 在上述仿真场景下,所有节点最多只可以与一个锚节点进行测距,传统定位方法失效,但从图 8 - 10 中可以看到,在时空协作定位中,借助于节点间的协作所有节点都可以得到定位。

(2) 从图 8 - 11 中可以看到,NBP 算法的性能与其所使用的粒子数目密切相关,随着粒子数目的增加,其精度也会相应提升,但是结合表 8 - 1 和表 8 - 2 可以看到,粒子数目的增加带来了通信开销和计算复杂度的增加。但是,本章提出的算法性能比较稳定,不受粒子数目的制约,同时还可以看到,在同样粒子数目下,NBP - 1算法的性能比 NBP - 2 差。

(3) 对比图 8 - 10 和图 8 - 11 可以发现,虽然参数化算法 SGBP 与粒子数 $N_p = 1\,000$ 时的 NBP - 2 算法得到的误差累积函数很接近,但均方根误差却要小得多,这说明在低计算复杂度约束下,参数化算法的鲁棒性要比 NBP 算法好。

(4) 在图 8 - 12 中可以看到,在给定迭代次数的情况下,SGBP 的性能与初始分布方差有很大关系,也就是与算法初始化有很大关系。当然,随着迭代次数的增加,最终算法都可以收敛,并得到比较稳定的结果。

(5) 从图 8 - 13 中可以看出,在 MATLAB 仿真环境下,即使初始方差很大,SGBP 仍然可以很好地收敛,也就是说,在观测量充足、问题可解的情况下,该算法的可收敛性与初始方差无关,而算法的迭代收敛速度与初始方差密切相关。

根据上面的分析,可以得到如下结论:

(1) 在多节点网络中,通过节点协作,在锚节点较少、传统定位无法定位时,可以较好地进行定位。也就是说,在节点互相通信和观测的辅助下,时空协作定位可以有效提高整体的定位能力,尤其在可见锚节点较少的情况下。

(2) NBP 算法的精度、鲁棒性、通信开销和复杂度,都受制于相应的粒子数目,因此很难将其应用在实际环境中。

（3）相比于 NBP 算法,高斯置信度传播算法能够在大大降低通信损耗的情况下,保持较高的精度和鲁棒性。其精度主要和初始分布方差及迭代次数相关。其迭代收敛性和集群网络拓扑结构相关,和初始分布方差无关。

8.3　序贯、分布式、贝叶斯协作方法

8.3.1　集中式序贯定位

如前所述,时空协作定位的目标是求后验概率分布: $p(X_k \mid \mathbb{Z}_{1:k})$。 根据节点运动无记忆假设和观测独立性假设,利用贝叶斯规则可以将该分布写为

$$p(X_k \mid \mathbb{Z}_{1:k}) = p(\mathbb{Z}_k \mid X_k) \int p(X_k \mid \mathbb{Z}_{k-1}) \times p(X_{k-1} \mid \mathbb{Z}_{1:k-1}) dX_{k-1}$$

$$(8-93)$$

从而以序贯式,基于之前时刻的状态估计,利用最新的观测量得到当前时刻的状态估计。

状态预测:

$$p(X_k \mid \mathbb{Z}_{1:k-1}) = \int p(X_k \mid X_{k-1}) \times p(X_{k-1} \mid \mathbb{Z}_{1:k-1}) dX_{k-1} \quad (8-94)$$

观测更新:

$$p(X_k \mid \mathbb{Z}_{1:k}) = C \times p(\mathbb{Z}_k \mid X_k) p(X_k \mid \mathbb{Z}_{1:k-1}) \quad (8-95)$$

式中,归一化常数:

$$C = \int p(\mathbb{Z}_k \mid X_k) p(X_k \mid \mathbb{Z}_{1:k-1}) dX_k \quad (8-96)$$

注意,在时空协作定位中未知节点数目较多,状态 X_k 的维度很高,同时,状态转移函数和观测函数也往往是非线性的,在此情况下,式(8-94)和式(8-95)所示的积分无法得到最优解,需要采用近似方法得到相应的次优解。

目前,近似方法主要分两类:一类是全局近似,即利用粒子或者核函数去表征后验分布并计算相应如式(8-94)和式(8-95)所示的积分,这种近似方法在遇到高维问题时常因复杂度太高而难以投入实际应用;另一类是局部近似,这种方法通常假设后验分布服从某种已知分布类型,并将问题转换为提取相应的表征分布参数,从而得到相应的闭式解,大大降低了复杂度[15-17]。

　　如果假设观测噪声、状态噪声为高斯噪声,在此基础上,把所有的节点状态、观测量、状态转移噪声及观测噪声都近似建模为高斯随机变量,此时,节点状态的后验分布本身也就成为一个高斯分布[17-19]。在这种情况下,MAP 估计就等效成了 MMSE 估计,在这种局部近似假设下,上述的贝叶斯滤波就转换为对均值和方差的递归估计,即 MMSE 滤波过程。

　　状态预测:

$$\hat{X}_{k\,|\,k-1} = E[X_k \mid \mathbb{Z}_{1:\,k-1}] \tag{8-97}$$

$$P_{XX,\,k\,|\,k-1} = \left[\left(X_k - \hat{X}_{k\,|\,k-1} \right) \left(X_k - \hat{X}_{k\,|\,k-1} \right)^{\mathrm{T}} \right] \tag{8-98}$$

$$p(X_k \mid \mathbb{Z}_{1:\,k-1}) = \int p(X_k \mid X_{k-1}) \,\mathbb{N}(X_{k-1};\, \hat{X}_{k-1\,|\,k-1},\, P_{XX,\,k-1\,|\,k-1}) \mathrm{d}X_{k-1} \tag{8-99}$$

　　观测更新:

$$\hat{X}_{k\,|\,k} = E[X_k \mid \mathbb{Z}_{1:\,k}] \tag{8-100}$$

$$P_{XX,\,k\,|\,k} = E\left[(X_k - \hat{X}_{k\,|\,k})(X_k - \hat{X}_{k\,|\,k})^{\mathrm{T}} \right] \tag{8-101}$$

式中, $p(X_k \mid \mathbb{Z}_{1:\,k}) = \int p(\mathbb{Z}_k \mid X_k) \,\mathbb{N}(X_k;\, \hat{X}_{k\,|\,k-1},\, P_{XX,\,k\,|\,k-1}) \mathrm{d}X_k$, 一般称为 MMSE 滤波。

　　注意,上面只是给出了时空协作定位最优 MMSE 集中式滤波框架,并没有给出具体的实现过程,在时空协作定位中,上述数学期望中涉及的函数是非线性的,因此该期望通常得不到准确解,需要基于近似方法来求解。

　　首先,将 k 时刻所有节点的状态合并成一个增广状态向量,记为

$$X_k \triangleq \left[\left(x_k^{(1)} \right)^{\mathrm{T}}, \left(x_k^{(2)} \right)^{\mathrm{T}}, \cdots, \left(x_k^{(|\mathbb{N}|)} \right)^{\mathrm{T}} \right]^{\mathrm{T}} \tag{8-102}$$

并把所有节点的状态转移方程,相应合并为一个增广状态转移方程:

$$X_k = \begin{bmatrix} f^{(1)}\left(X_{k-1},\, w_{k-1}^{(1)} \right) \\ \vdots \\ f^{(|\mathbb{N}|)}\left(X_{k-1},\, w_{k-1}^{(|\mathbb{N}|)} \right) \end{bmatrix} \tag{8-103}$$

　　同样, k 时刻所有节点收到观测集合 $\mathbb{Z}_k$ 中的任意第 j 个观测量 $z_k^j \in \mathbb{Z}_k$, 可以看作这个增广向量的观测,对应的观测方程可以写为

$$z_k^j = h^j \left(X_k, \, v_k^j \right) \tag{8-104}$$

在已知所有节点状态的初始分布独立且均服从高斯分布的条件下，X_k 的初始分布也服从高斯分布，其均值和方差可由式(8-105)给出：

$$\hat{X}_{0\,|\,0} = \begin{bmatrix} \hat{x}_{0\,|\,0}^{(1)} \\ \vdots \\ \hat{x}_{0\,|\,0}^{(|N|)} \end{bmatrix}, \; P_{XX,\,0\,|\,0} = \begin{bmatrix} P_{xx,\,0\,|\,0}^{(1)} & \cdots & 0 \\ \vdots & & \vdots \\ 0 & \cdots & P_{xx,\,0\,|\,0}^{(|N|)} \end{bmatrix} \tag{8-105}$$

此时，就可以利用高斯假设下的非线性滤波算法，以递归的方式求 k 时刻增广向量 X_k 的估计均值：

$$\hat{X}_{k\,|\,k} = E(X_k \mid \mathbb{Z}_{1:\,k}) \triangleq \left[\left(\hat{x}_{k\,|\,k}^{(1)} \right)^{\mathrm{T}}, \, \cdots, \, \left(\hat{x}_{k\,|\,k}^{(|N|)} \right)^{\mathrm{T}} \right]^{\mathrm{T}} \tag{8-106}$$

和相应方差：

$$P_{XX,\,k\,|\,k} = E\left[\left(X_k - \hat{X}_{k\,|\,k} \right) \left(X_k - \hat{X}_{k\,|\,k} \right)^{\mathrm{T}} \mid \mathbb{Z}_{1:\,k} \right] \triangleq \begin{bmatrix} P_{xx,\,k\,|\,k}^{(1,\,1)} & \cdots & P_{xx,\,k\,|\,k}^{(1,\,|N|)} \\ \vdots & & \vdots \\ P_{xx,\,k\,|\,k}^{(|N|,\,1)} & \cdots & P_{xx,\,k\,|\,k}^{(|N|,\,|N|)} \end{bmatrix} \tag{8-107}$$

如图 8-14 所示，具体分为两个步骤。

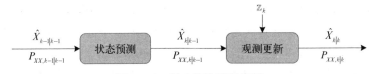

图 8-14　增广滤波器示意图

1) 状态预测

基于状态转移方程，对 X_k 进行预测，得到预测变量 $X_{k|k-1}$，其均值和方差由式(8-108)和式(8-109)得到

$$\hat{X}_{k\,|\,k-1} = \begin{bmatrix} E\left[f^{(1)} \left(X_{k-1}, \, w_{k-1}^{(1)} \right) \right] \\ \vdots \\ E\left[f^{(|N|)} \left(X_{k-1}, \, w_{k-1}^{(|N|)} \right) \right] \end{bmatrix} \tag{8-108}$$

$$P_{XX,\,k\,|\,k-1} = E\left[\left(X_{k\,|\,k-1} - \hat{X}_{k\,|\,k-1} \right) \left(X_{k\,|\,k-1} - \hat{X}_{k\,|\,k-1} \right)^{\mathrm{T}} \right] \tag{8-109}$$

上面数学期望式内的随机变量 X_{k-1} 服从高斯分布,其均值和方差为上一时刻滤波输出,即 $X_{k-1} \sim \mathbb{N}\left(X_{k-1};\ \hat{X}_{k-1\,|\,k-1},\ P_{XX,\,k-1\,|\,k-1}\right)$,且已知 $w_{k-1}^{(n)} \sim \mathbb{N}\left(w_{k-1}^{(n)};\right.$ $\left. 0,\ Q_{k-1}^{(n)}\right)$。

2) 观测更新

假设在给定当前时刻所有节点状态的情况下,所有当前时刻的观测独立,如图 8-15 所示,此时可以将整个观测更新过程拆分成序贯观测更新过程,每次更新只利用一个观测量。

图 8-15　增广滤波器序贯观测更新示意图

按观测集 $\mathbb{Z}_k$ 中观测量的先后顺序,进行序贯观测更新。其中,第 j 个观测 $z_k^j \in \mathbb{Z}_k$ 对应的观测更新步骤如下。

(1) 利用最新的节点状态估计均值和方差,基于 z_k^j 对应的观测方程进行观测量预测,得到观测量预测变量 $z_{k\,|\,k-1}^j$ 的均值、方差,以及其与当前节点状态的协方差:

$$\hat{z}_{k\,|\,k-1}^j = E\left[h^j\left(X_{k\,|\,k-1},\ w_{k-1}^j\right)\right] \qquad (8-110)$$

$$P_{zz,\,k\,|\,k-1}^j = E\left[(z_{k\,|\,k-1}^j - \hat{z}_{k\,|\,k-1}^j)(z_{k\,|\,k-1}^j - \hat{z}_{k\,|\,k-1}^j)^{\mathrm{T}}\right] \qquad (8-111)$$

$$P_{Xz,\,k\,|\,k-1}^j = E\left[(X_{k\,|\,k-1} - \hat{X}_{k\,|\,k-1})(z_{k\,|\,k-1}^j - \hat{z}_{k\,|\,k-1}^i)^{\mathrm{T}}\right] \qquad (8-112)$$

上面的式子中随机变量 $X_{k\,|\,k-1}$ 服从高斯分布,其均值和方差为最新的节点估计均值和方差,即 $X_{k\,|\,k-1} \sim \mathbb{N}(X_{k\,|\,k-1};\ \hat{X}_{k\,|\,k-1},\ P_{XX,\,k\,|\,k-1})$,且已知 $v_k^j \sim \mathbb{N}(v_k^j;\ 0,\ R_{k-1}^j)$。

(2) 基于上面得到的结果,利用观测 z_k^j,对当前的状态估计均值和方差进行更新:

$$\hat{X}_{k\,|\,k-1} \leftarrow \hat{X}_{k\,|\,k-1} + P_{Xz,\,k\,|\,k-1}^j (P_{zz,\,k\,|\,k-1}^j)^{-1}(z_k^j - \hat{z}_{k\,|\,k-1}^j) \qquad (8-113)$$

$$P_{XX,\,k\,|\,k-1} \leftarrow P_{XX,\,k\,|\,k-1} - P_{Xz,\,k\,|\,k-1}^j (P_{zz,\,k\,|\,k-1}^j)^{-1}(P_{Xz,\,k\,|\,k-1}^j)^{\mathrm{T}} \qquad (8-114)$$

当基于所有当前时刻观测量的更新结束后,将更新后的均值和方差作为当前时刻增广状态向量估计均值和方差输出:

$$\hat{X}_{k\,|\,k} = \hat{X}_{k\,|\,k-1} \qquad (8-115)$$

$$P_{XX, k|k} = P_{XX, k|k-1} \tag{8-116}$$

此时,任意节点 $n \in \mathbb{N}$ 的状态估计均值 $\hat{x}_{k|k}^{(n)}$ 及其相应方差 $P_{xx, k|k}^{(n)}$,可以由增广状态向量估计均值和方差得到。

8.3.2 基于分布式 MMSE 滤波的序贯时空协作定位

在得到前面的增广滤波器后,需要对其进行解耦,以得到相应的分布式结构。注意,上述增广滤波器,在观测更新过程中,观测的顺序对结果不产生影响。而且,INN 和 N2A 观测只与观测节点的状态相关,并且 N2N 观测同时与观测节点和被观测节点的状态相关。为方便解耦,此处按先进行中间网络节点(intermediate network node, INN)和节点弧段(node to arc, N2A)观测更新,后进行 N2N 观测更新的顺序进行,相应的增广状态估计对应的流程如图 8-16 所示。

图 8-16 序贯观测更新增广滤波器示意图

1. 状态预测过程解耦

在前面的增广滤波器中,得到的估计结果是在已知观测下对节点状态的后验估计 $\hat{X}_{k|k} = E(X_k \mid \mathbb{Z}_{1:k})$。节点间观测的存在使得估计结果中节点状态是相关的,即状态估计相应方差矩阵中非对角线元素值不为零。

假设所有节点的运动都是独立的,也就是说,在给定初始独立假设的条件下,任意 k 时刻所有节点的状态都应该是独立的[20]。可以把这作为状态估计的先验知识,并根据这个先验知识对 k 时刻的估计结果进行相应限定,即对每次增广滤波器输出的方差进行对角化处理:

$$P_{XX, k|k} = \begin{bmatrix} P_{xx, k|k}^{(1, 1)} & \cdots & 0 \\ \vdots & & \vdots \\ 0 & \cdots & P_{xx, k|k}^{(|\mathbb{N}|, |\mathbb{N}|)} \end{bmatrix} \tag{8-117}$$

在经过这样处理后,由于各节点的状态转移方程只与该节点相关,就可以把相关状态预测式相应解耦为

$$\begin{bmatrix} \hat{x}_{k|k-1}^{(1)} \\ \vdots \\ \hat{x}_{k|k-1}^{(|\mathbb{N}|)} \end{bmatrix} = \begin{bmatrix} E[f^{(1)}(x_{k-1}^{(n)}, w_{k-1}^{(1)})] \\ \vdots \\ E[f^{(|\mathbb{N}|)}(x_{k-1}^{(n)}, w_{k-1}^{(|\mathbb{N}|)})] \end{bmatrix} \tag{8-118}$$

$$\begin{pmatrix} P_{xx,k|k-1}^{(1)} \\ \vdots \\ P_{xx,k|k-1}^{(|\mathbb{N}|)} \end{pmatrix} = \begin{pmatrix} E\big[(x_{k|k-1}^{(1)}-\hat{x}_{k|k-1}^{(1)})(x_{k|k-1}^{(1)}-\hat{x}_{k|k-1}^{(1)})^{\mathrm{T}}\big] \\ \vdots \\ E\big[(x_{k|k-1}^{(|\mathbb{N}|)}-\hat{x}_{k|k-1}^{(|\mathbb{N}|)})(x_{k|k-1}^{(|\mathbb{N}|)}-\hat{x}_{k|k-1}^{(|\mathbb{N}|)})^{\mathrm{T}}\big] \end{pmatrix} \quad (8-119)$$

式中,对任意 $n \in \mathbb{N}$, $x_{k|k-1}^{(n)}$ 表示节点 n 对应的状态预测变量,而在式(8-119)的数学期望中, $x_{k-1}^{(n)} \sim \mathbb{N}(x_{k-1}^{(n)}; \hat{x}_{k-1|k-1}^{(n)}, P_{xx,k-1|k-1}^{(n)})$。

注意到,在解耦后任意节点 n 的状态预测均值和方差的计算,只与该节点的状态转移方程,以及上一时刻状态估计均值和方差相关,将所有节点状态预测的均值和方差式组合到一起,从而得到 $|\mathbb{N}|$ 个相应的子状态预测过程,如图8-17所示,其中,对应于节点 n 的子状态预测过程可以由式(8-120)和式(8-121)描述:

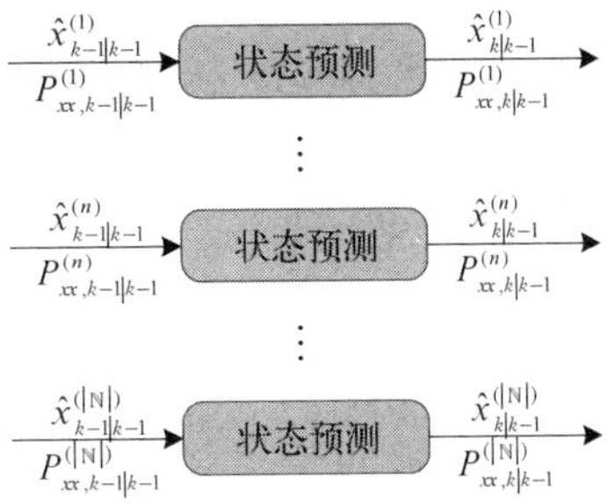

图 8-17　状态预测解耦结果

$$\hat{x}_{k|k-1}^{(n)} = E\big[f^{(n)}(x_{k-1}^{(n)}, w_{k-1}^{(n)})\big] \quad (8-120)$$

$$P_{xx,k|k-1}^{(n)} = E\big[(x_{k|k-1}^{(n)}-\hat{x}_{k|k-1}^{(n)})(x_{k|k-1}^{(n)}-\hat{x}_{k|k-1}^{(n)})^{\mathrm{T}}\big] \quad (8-121)$$

2. 观测更新过程解耦

对应于图8-16,观测更新过程的解耦分为两部分: ① INN/N2A 观测更新解耦; ② N2N 观测更新解耦。

1) INN/N2A 观测更新解耦

假设当前第 j 个观测 z_k^j 对应的观测节点为 $n \in \mathbb{N}$, 即 $z_k^j \in \mathbb{Z}_{\mathrm{INN},k}^{\to(n)} \bigcup \mathbb{Z}_{\mathrm{INN},k}^{\to(n)}$。

首先注意到,可以把增广状态向量与观测量预测量 $z_{k|k-1}^j$ 的协方差矩阵写为如下表达式:

$$P_{Xz,k|k-1}^j = \big[(P_{xz,k|k-1}^{(1),j})^{\mathrm{T}}, (P_{xz,k|k-1}^{(2),j})^{\mathrm{T}}, \cdots, (P_{xz,k|k-1}^{(|\mathbb{N}|),j})^{\mathrm{T}}\big]^{\mathrm{T}} \quad (8-122)$$

式中, $P_{xz,k|k-1}^{(n),j}$ 表示节点 n 的状态估计与观测量预测 $z_{k|k-1}^j$ 的协方差。

根据假设可以得知,在给定所有节点状态的情况下,INN 和 N2A 观测量只与观测节点的状态相关,而与其他节点无关,也就是说,此时在给定节点状态预测 $X_{k|k-1}$ 的情况下,观测量预测 $z_{k|k-1}^j$ 只与该状态预测 $X_{k|k-1}$ 中节点 n 对应的状态量相关,即

$$P_{Xz,k|k-1}^j = \big[(0)^{\mathrm{T}}, (0)^{\mathrm{T}}, \cdots, (P_{xz,k|k-1}^{(n),j})^{\mathrm{T}}, \cdots, (0)^{\mathrm{T}}\big]^{\mathrm{T}} \quad (8-123)$$

将式(8-123)代入式(8-113)中,可将式(8-113)写为

$$\begin{bmatrix} \hat{x}_{k\,|\,k-1}^{(1)} \\ \vdots \\ \hat{x}_{k\,|\,k-1}^{(n)} \\ \vdots \\ \hat{x}_{k\,|\,k-1}^{(|\mathbb{N}|)} \end{bmatrix} \leftarrow \begin{bmatrix} \hat{x}_{k\,|\,k-1}^{(1)} \\ \vdots \\ \hat{x}_{k\,|\,k-1}^{(n)} - P_{xz,\,k\,|\,k-1}^{(n),\,j}\,(P_{zz,\,k\,|\,k-1}^{j})^{-1}(z_k^j - \hat{z}_{k\,|\,k-1}^j) \\ \vdots \\ \hat{x}_{k\,|\,k-1}^{(|\mathbb{N}|)} \end{bmatrix} \quad (8-124)$$

可以看到,该观测量 z_k^j 只更新了增广状态向量节点 n 对应的状态估计均值。同理,将式(8-123)代入式(8-114)中可以看出,观测量 z_k^j 同时只更新了节点 n 对应的状态估计的方差。

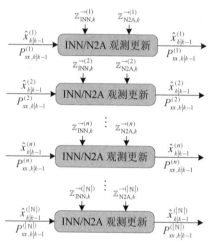

图 8-18　INN/N2A 观测更新解耦结果

至此,可以将关于增广向量的 INN/N2A 观测更新过程解耦成 $|\mathbb{N}|$ 个子 INN/N2A 观测更新过程,每个子过程对应一个节点,所有子过程基于本地观测量独立完成。相应的解耦结果如图 8-18 所示。其中,对应于任意节点 $n \in \mathbb{N}$ 的子 INN/N2A 观测更新由下面几步完成。

(1) 状态初始化。根据状态预测获得最新状态估计均值 $\hat{x}_{k\,|\,k-1}^{(n)}$ 和方差 $P_{xx,\,k\,|\,k-1}^{(n)}$。

(2) 针对所有本地 INN/N2A 观测 $z_k^j \in \mathbb{Z}_{\text{INN},\,k}^{\to(n)} \bigcup \mathbb{Z}_{\text{N2A},\,k}^{\to(n)}$,依次进行如下迭代操作:

① 利用最新的节点状态估计均值和方差进行观测量预测,得到相应观测量预测量的均值、方差,以及与节点状态估计的协方差:

$$\hat{z}_{k\,|\,k-1}^j = E\big[h^j(x_{k\,|\,k-1}^{(n)},\,v_k^j)\big] \quad (8-125)$$

$$P_{zz,\,k\,|\,k-1}^j = E\big[(z_{k\,|\,k-1}^j - \hat{z}_{k\,|\,k-1}^j)(z_{k\,|\,k-1}^j - \hat{z}_{k\,|\,k-1}^j)^{\mathrm{T}}\big] \quad (8-126)$$

$$P_{xz,\,k\,|\,k-1}^{(n),\,j} = E\big[(x_{k\,|\,k-1}^{(n)} - \hat{x}_{k\,|\,k-1}^{(n)})(z_{k\,|\,k-1}^j - \hat{z}_{k\,|\,k-1}^i)^{\mathrm{T}}\big] \quad (8-127)$$

随机变量 $x_{k\,|\,k-1}^{(n)}$ 服从高斯分布,其均值和方差为最新的节点估计均值和方差,即 $x_{k\,|\,k-1}^{(n)} \sim \mathbb{N}(x_{k\,|\,k-1}^{(n)};\,\hat{x}_{k\,|\,k-1}^{(n)},\,P_{xx,\,k\,|\,k-1}^{(n)})$,$v_k^j$ 为相应的高斯观测噪声。

② 基于式(8-125)~式(8-127)得到的结果,利用观测量 $\hat{z}_k^j$ 对状态估计均值和方差进行更新:

$$\hat{x}_{k\,|\,k-1}^{(n)} \leftarrow \hat{x}_{k\,|\,k-1}^{(n)} + P_{xz,\,k\,|\,k-1}^{(n),\,j}\,(P_{zz,\,k\,|\,k-1}^{j})^{-1}(z_k^j - \hat{z}_{k\,|\,k-1}^j) \quad (8-128)$$

$$P_{xx,\,k\,|\,k-1}^{(n)} \leftarrow P_{xx,\,k\,|\,k-1}^{(n)} - P_{xz,\,k\,|\,k-1}^{(n),\,j}(P_{zz,\,k\,|\,k-1}^{j})^{-1}(P_{xz,\,k\,|\,k-1}^{(n),\,j})^{\mathrm{T}} \quad (8-129)$$

2) N2N 观测更新解耦

因为每个 N2N 观测量同时与一对观测和被观测节点的状态相关,这种相关性导致各节点的状态估计结果之间也产生了相关性,在这种情况下,对于 N2N 观测的解耦,要比 INN/N2A 复杂得多[21]。首先,为方便解耦,假定:

(1) 在增广滤波器中,所有的 N2N 观测按已知顺序 $j=1, 2, \cdots, |\mathbb{Z}_{\mathrm{N2N},\,k}|$ 更新。

(2) 当前第 j 个 N2N 观测 z_k^j 对应的观测节点为 n,被观测节点为 $i(i<n; i, n\in\mathbb{N})$,即 $z_k^j=z_{\mathrm{N2N}}^{(i)\to(n)}\in\mathbb{Z}_{\mathrm{INN},\,k}^{\to(n)}$。

(3) 在增广滤波器完成 INN/N2A 观测更新后,得到了关于增广状态向量 X_k 的最新估计,其均值和方差仍然用 $\hat{X}_{k|k-1}$ 和 $P_{XX,\,k|k-1}$ 表示。

根据假设,在给定所有节点状态的情况下,N2N 观测量只与观测节点和被观测节点的状态相关,而与其他节点的状态无关,也就是说,在给定节点状态估计 $X_{k|k-1}$ 的情况下,当前观测量 $z_k^j=z_{\mathrm{N2N}}^{(i)\to(n)}$ 对应的观测量预测 $z_{k|k-1}^j$ 只与该状态估计 $X_{k|k-1}$ 中节点 n 和节点 i 对应的状态量相关,即协方差矩阵:

$$P_{Xz,\,k|k-1}^j=[(0)^{\mathrm{T}}, \cdots, (P_{xz,\,k|k-1}^{(i),\,j})^{\mathrm{T}}, \cdots, (0)^{\mathrm{T}}, \cdots,$$
$$(P_{xz,\,k|k-1}^{(n),\,j})^{\mathrm{T}}, \cdots, (0)^{\mathrm{T}}]^{\mathrm{T}} \quad (8-130)$$

式中,$P_{xz,\,k|k-1}^{(i),\,j}$ 表示节点 i 的状态估计与观测量预测 $z_{k|k-1}^j$ 的协方差;$P_{xz,\,k|k-1}^{(n),\,j}$ 表示节点 n 的状态估计与观测量预测 $z_{k|k-1}^j$ 的协方差。

将式(8-130)代入式(8-113)中,可将式(8-113)写为

$$\begin{bmatrix}\hat{x}_{k|k-1}^{(1)}\\\vdots\\\hat{x}_{k|k-1}^{(i)}\\\vdots\\\hat{x}_{k|k-1}^{(n)}\\\vdots\\\hat{x}_{k|k-1}^{(|\mathbb{N}|)}\end{bmatrix}\leftarrow\begin{bmatrix}\hat{x}_{k|k-1}^{(1)}\\\vdots\\\hat{x}_{k|k-1}^{(i)}-P_{xz,\,k|k-1}^{(i),\,j}(P_{zz,\,k|k-1}^j)^{-1}(z_k^j-\hat{z}_{k|k-1}^j)\\\vdots\\\hat{x}_{k|k-1}^{(n)}-P_{xz,\,k|k-1}^{(n),\,j}(P_{zz,\,k|k-1}^j)^{-1}(z_k^j-\hat{z}_{k|k-1}^j)\\\vdots\\\hat{x}_{k|k-1}^{(|\mathbb{N}|)}\end{bmatrix} \quad (8-131)$$

可以看到,此时观测量 z_k^j 只更新了增广状态向量中节点 n 和节点 i 对应的状态估计均值。

同理,将式(8-130)代入式(8-114)中可以看出,观测量 z_k^j 同时只更新了增广状态向量协方差矩阵中节点 n 和节点 i 分别对应的方差,以及两个节点状态的协

方差。

根据以上分析可知，与 INN/N2A 观测更新解耦过程类似，每个 N2N 观测 z_k^j 只更新相关节点的状态。可以将针对每个 N2N、z_k^j 的观测更新简化为同时更新节点 n 和节点 i 的状态估计均值和方差：

$$\hat{x}_{k|k-1}^{(n)} \leftarrow \hat{x}_{k|k-1}^{(n)} + P_{xz,k|k-1}^{(n),j}(P_{zz,k|k-1}^j)^{-1}(z_k^j - \hat{z}_{k-1}^j) \qquad (8-132)$$

$$P_{xx,k|k-1}^{(n)} \leftarrow P_{xx,k|k-1}^{(n)} - P_{xz,k|k-1}^{(n),j}(P_{zz,k|k-1}^j)^{-1}(P_{xz,k|k-1}^{(n),j})^T \qquad (8-133)$$

$$\hat{x}_{k|k-1}^{(i)} \leftarrow \hat{x}_{k|k-1}^{(i)} + P_{xz,k|k-1}^{(i),j}(P_{zz,k|k-1}^j)^{-1}(z_k^j - \hat{z}_{k-1}^j) \qquad (8-134)$$

$$P_{xx,k|k-1}^{(i)} \leftarrow P_{xx,k|k-1}^{(i)} - P_{xz,k|k-1}^{(i),j}(P_{zz,k|k-1}^j)^{-1}(P_{xz,k|k-1}^{(i),j})^T \qquad (8-135)$$

上式中观测量预测均值、方差，以及与相应状态量的协方差可由下式得到

$$\hat{z}_{k|k-1}^j = E[h^j(x_{k-1}^{(i)}, x_{k|k-1}^{(n)}, v_k^j)] \qquad (8-136)$$

$$P_{zz,k|k-1}^j = E[(z_{k|k-1}^j - \hat{z}_{k|k-1}^j)(z_{k|k-1}^j - \hat{z}_{k|k-1}^j)^T] \qquad (8-137)$$

$$P_{xz,k|k-1}^{(n),j} = E[(x_{k|k-1}^{(n)} - \hat{x}_{k|k-1}^{(n)})(z_{k|k-1}^j - \hat{z}_{k|k-1}^i)^T] \qquad (8-138)$$

$$P_{xz,k|k-1}^{(i),j} = E[(x_{k|k-1}^{(i)} - \hat{x}_{k|k-1}^{(i)})(z_{k|k-1}^j - \hat{z}_{k|k-1}^i)^T] \qquad (8-139)$$

上述的数学期望函数中，变量 $x_{k|k-1}^{(i)}$、$x_{k|k-1}^{(j)}$ 的均值和方差与式(8-136)～式(8-139)中的相应均值和方差相同，都是之前第 $j-1$ 个 N2N 观测更新完成后得到的节点 n 和节点 i 最新状态估计均值和方差。

需要注意的是，上述式(8-136)～式(8-139)是对式(8-110)～式(8-112)的近似，相当于在每次 N2N 观测更新后，对得到的增广状态向量对应的方差矩阵进行块对角化(每个节点的方差对应一个块)处理。理论上来说，由于每次 N2N 观测更新后，对应两个节点的协方差也得到了更新，所以这样做会带来一定的信息损失。

至此，可以把 N2N 观测更新也分解成 $|\mathbb{Z}_{N2N,k}|$ 个顺序 N2N 观测更新过程，每个观测更新过程同时对应于两个节点，这次输入就是上一次更新过程的输出。由此可见，每个观测需要同时更新两个节点的状态，但是这个观测只是其中某个节点的本地观测，如果在每次观测更新时，观测量对应的本地节点能够获得邻居节点的最新状态估计结果，则这个节点就可以利用所有该节点的本地 N2N 观测进行状态更新，并将该节点及其他被更新的邻居节点的状态发送给邻居节点。在这种情况下，每个节点完成基于本地 N2N 观测量的观测更新后，需要将最新的状态估计信息广播给邻居节点，而下一个节点只有在收到相应的消息后才能进行该节点的本地 N2N 观测更新[22-24]。这种按顺序广播与更新，往往会带来很大的时间延迟，

尤其在通信条件较差、不够活跃的多节点网络中。

如果将节点 i 的状态估计输入用节点 i 的 INN/N2A 观测更新输出代替,则节点 n 关于观测 $z_{\mathrm{N2N}}^{(i)\to(n)}$ 的更新,就不需要等节点 i 的 N2N 观测更新完成后再进行。同理,对所有节点的 N2N 更新做同样处理,并将所有的状态预测、INN/N2A 观测更新,以及 N2N 观测更新联结起来,就可以得到如图 8-19 所示的平行分布式结构,称为平行 N2N 观测更新分布式滤波器。

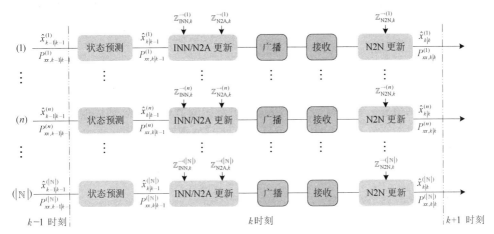

图 8-19　平行分布式 MMSE 滤波时空协作定位流程示意图

3. 算法流程

根据图 8-19 所示的分布式 MMSE 滤波器,可以很容易得到相应的序贯时空协作定位算法,其流程如下。

（1）初始化。所有节点 $n\in\mathbb{N}$。

（1.1）获取相应的状态先验估计值 $\hat{x}_{\mathrm{prior}}^{(n)}$ 和相应方差 $P_{\mathrm{prior}}^{(n)}$（如果没有先验分布信息,则将方差设为一个比较大的值,或者说趋近于无穷大）。

（1.2）获取并设定节点状态转移方程,以及可能收到的观测方程。

（1.3）将节点状态的均值和方差初始化为相应的先验均值和方差,即 $\hat{x}_{0|0}^{(n)}=\hat{x}_{\mathrm{prior}}^{(n)}$, $P_{xx,0|0}^{(n)}=P_{\mathrm{prior}}^{(n)}$。

（2）序贯递归状态估计。从时刻 $k=1$ 开始,进行递归操作。

（2.1）信息与观测获取。所有节点 $n\in\mathbb{N}$,同时获取关于自身运动的观测;获取与可观测锚节点 $j\in\mathbb{M}^{\to(n)}$ 间的 N2A 观测;获取与可观测邻居节点 $i\in\mathbb{N}^{\to(n)}$ 间的 N2N 观测更新。

（2.2）状态预测。所有节点 $n\in\mathbb{N}$ 利用上一时刻状态估计的均值和方差,基于节点的状态转移方程,利用式（8-120）和式（8-121）预测节点状态,得到相应的状态估计均值和方差。

(2.3) INN/N2A 观测更新。所有节点 $n \in \mathbb{N}$ 基于预测得到的状态估计均值和方差,依次利用所有 k 时刻本地 INN 和 N2A 观测集 $\mathbb{Z}_{\text{INN}, k}^{\rightarrow(n)} \bigcup \mathbb{Z}_{\text{N2A}, k}^{\rightarrow(n)}$ 中的观测,对节点状态估计的均值和方差进行更新。每次更新后的节点状态估计输出就是下一个观测更新的节点状态输入。其中,关于第 j 个观测量 $z_k^j \in \mathbb{Z}_{\text{INN}, k}^{\rightarrow(n)} \bigcup \mathbb{Z}_{\text{N2A}, k}^{\rightarrow(n)}$ 的状态更新过程,由式(8-125)~式(8-129)给出。

(2.4) 状态广播与接收。所有节点 $n \in \mathbb{N}$ 将 INN/N2A 观测更新后的节点状态估计的均值和方差广播给邻居节点 $i \in \mathbb{N}^{(n)}$;所有节点 $n \in \mathbb{N}$ 接收所有来自邻居节点 $i \in \mathbb{N}^{(n)}$ 的广播。

(2.5) N2N 观测更新。所有节点 $n \in \mathbb{N}$ 基于 INN/N2A 观测更新后的状态估计均值和方差,依次利用所有 k 时刻本地 N2N 观测集 $\mathbb{Z}_{\text{N2N}, k}^{\rightarrow(n)}$ 中的观测,对节点 n 状态估计的均值和方差进行更新。将每次更新后的节点 n 状态估计输出作为下一个观测更新时节点 n 的状态输入,而每次更新时被观测节点的状态输入则来自接收该被观测节点广播相应节点的 INN/N2A 观测更新后均值和方差。其中,关于第 j 个观测量 $z_k^j \in \mathbb{Z}_{\text{N2N}, k}^{\rightarrow(n)}$ 的状态更新过程由式(8-131)和式(8-132),以及(8-135)~式(8-137)给出。

(2.6) 输出。所有节点将自身 N2N 观测更新后得到的状态估计的均值和方差输出,进入下一时刻。

在上述时空协作定位框架下,每个时刻所有节点只需要进行一次广播,而且,在此广播的辅助下,各节点独立、平行地完成自身的状态估计。因此,这种框架的实时性较强、通信损耗较低。

4. 低复杂度实现

在上述算法流程框架中,各节点在进行状态预测、INN/N2A 观测更新以及 N2N 观测更新时,都需要计算相应状态预测变量及观测预测变量的二阶统计量,如均值、方差和协方差。而由于其中涉及的状态转移函数或者观测函数通常为非线性函数,无法直接得到解析表达式[26-28]。因此,需要利用相应的近似方法求解。基于不同的近似方法,可以得到不同的时空协作定位算法。

1) 一阶线性化算法实现

在计算上述二阶统计量时,如果将其中涉及的非线性函数用泰勒展开并一阶线性化,就会得到相应的一阶线性化时空协作定位算法。由于整个导航算法框架在前面已经做了详细的介绍,此处只对如何利用这种一阶线性化对非线性函数进行线性化,并对在状态预测以及观测更新过程中的相关数学期望进行简要介绍。

首先对基于一阶泰勒展开的随机变量函数线性化过程进行相应的简单介绍。

考虑一个服从高斯分布的变量 $x \sim \mathbb{N}(\hat{x}, P_{xx})$，目标是计算变量：

$$y = f(x, v) \tag{8-140}$$

的均值和方差以及 y 与 x 的协方差。其中，$f(\cdot)$ 为已知非线性解析函数，v 为零均值高斯噪声，其方差为 Q。

把 x 写作 $\hat{x} + \delta_x$，其中 δ_x 为零均值随机变量，其方差为 P_{xx}。而将 $y = f(x, v)$ 在 $x = \hat{x}$、$v = 0$ 处进行泰勒展开，有

$$y = f(x, v) = f(\hat{x}, 0) + \nabla_x^f \delta_x + \nabla_v^f v + \cdots \tag{8-141}$$

式中，∇_x^f 表示函数 $f(\cdot)$ 关于 x 的雅各比矩阵在 $x = \hat{x}$ 处的值；而 ∇_v^f 表示函数 $f(\cdot)$ 关于 v 的雅各比矩阵在 $v = 0$ 处的值。舍弃二阶及以上展开项，就可以将 y 近似为

$$y \approx f(\hat{x}, 0) + \nabla_x^f \delta_x + \nabla_v^f x \tag{8-142}$$

从而可以利用式(8-142)，近似求得 y 的均值和方差：

$$\hat{y} \approx f(\hat{x}, 0) \tag{8-143}$$

$$P_{yy} \approx \nabla_x^f P_{xx} (\nabla_x^f)^{\mathrm{T}} + \nabla_v^f Q (\nabla_x^f)^{\mathrm{T}} \tag{8-144}$$

而此时，也可以求得 y 与 x 的协方差：

$$P_{xy} = E[(x - \hat{x})(y - \hat{y})^{\mathrm{T}}] \approx E[\delta_x (\nabla_x^f \delta_x)^{\mathrm{T}}] \approx P_{xx} (\nabla_x^f)^{\mathrm{T}} \tag{8-145}$$

应用上述的一阶线性化方法，可以计算：① 状态预测；② INN/N2A 观测更新；③ N2N 观测更新中的二阶统计量。

(1) 式(8-120)和式(8-121)所示的状态预测中的二阶统计量计算。则线性化目标函数为

$$x_{k|k-1} = f^{(n)}(x_{k-1}^{(n)}, w_{k-1}^{(n)}) \tag{8-146}$$

式中，$x_{k-1}^{(n)}$ 服从高斯分布，其均值和方差为上一时刻的输出，即 $x_{k-1}^{(n)} \sim \mathbb{N}(x_{k-1}^{(n)}; \hat{x}_{k-1|k-1}^{(n)}, P_{xx,k-1|k-1}^{(n)})$，状态转移噪声 $w_{k-1}^{(n)} \sim \mathbb{N}(w_{k-1}^{(n)}; 0, Q_{k-1}^{(n)})$。

直接用式(8-146)替代式(8-140)，就可以基于式(8-143)和式(8-144)得到相应的均值和方差：

$$\hat{x}_{k|k-1}^{(n)} = f^{(n)}(\hat{x}_{k-1|k-1}^{(n)}, 0) \tag{8-147}$$

$$P_{xx,k|k-1}^{(n)} = \nabla_x^{f,(n)} P_{xx,k-1|k-1}^{(n)} (\nabla_x^{f,(n)})^{\mathrm{T}} + \nabla_w^{f,(n)} Q_{k-1}^{(n)} (\nabla_w^{f,(n)})^{\mathrm{T}} \tag{8-148}$$

式中，$\nabla_x^{f,(n)}$ 表示状态转移函数 $f^{(n)}(\cdot)$ 关于 $x_{k-1}^{(n)}$ 的雅各比矩阵在 $x_{k-1}^{(n)} = \hat{x}_{k-1|k-1}^{(n)}$

处的值。而 $\nabla_w^{f,(n)}$ 表示状态转移函数 $f^{(n)}(\cdot)$ 关于 $w_{k-1}^{(n)}$ 的雅各比矩阵在 $w_{k-1}^{(n)}=0$ 处的值。

(2) 式(8-125)~式(8-129)所示 INN/N2A 观测更新中的二阶统计量计算。此时,线性化目标函数为

$$z_{k\,|\,k-1}^{j}=h^{j}(x_{k\,|\,k-1}^{(n)},\ v_{k}^{j}) \tag{8-149}$$

式中,$x_{k\,|\,k-1}^{(n)}$ 服从高斯分布,其均值和方差由上一次更新得到,即 $x_{k-1}^{(n)} \sim \mathbb{N}(x_{k-1}^{(n)};$ $\hat{x}_{k\,|\,k-1}^{(n)},\ P_{xx,\,k\,|\,k-1}^{(n)})$,观测噪声 $v_k^j \sim \mathbb{N}(v_k^j;\ 0,\ R_k^j)$。

直接用式(8-149)替代式(8-140),就可以基于式(8-143)和式(8-144)得到相应的均值、方差和协方差:

$$\hat{z}_{k\,|\,k-1}^{j}=h^{j}(\hat{x}_{k\,|\,k-1}^{(n)},\ 0) \tag{8-150}$$

$$P_{zz,\,k\,|\,k-1}^{j}=\nabla_x^{h,\,j} P_{xx,\,k\,|\,k-1}^{(n)}(\nabla_x^{h,\,j})^{\mathrm{T}}+\nabla_v^{h,\,j} R_k^j (\nabla_v^{h,\,j})^{\mathrm{T}} \tag{8-151}$$

$$P_{xz,\,k\,|\,k-1}^{(n),\,j}=P_{xx,\,k\,|\,k-1}^{(n)}(\nabla_x^{h,\,j})^{\mathrm{T}} \tag{8-152}$$

式中,$\nabla_x^{h,\,j}$ 表示观测函数 $h^j(\cdot)$ 关于 $x_{k\,|\,k-1}^{(n)}$ 的雅可比矩阵在 $x_{k\,|\,k-1}^{(n)}=\hat{x}_{k\,|\,k-1}^{(n)}$ 处的值;$\nabla_v^{h,\,j}$ 表示观测函数 $h^j(\cdot)$ 关于 v_k^j 的雅可比矩阵在 $v_k^j=0$ 处的值。

(3) 式(8-131)和式(8-132)所示的 N2A 观测更新中的二阶统计量计算。此时,线性化目标函数是

$$z_{k\,|\,k-1}^{j}=h^{j}(x_{k\,|\,k-1}^{(i)},\ x_{k\,|\,k-1}^{(n)},\ v_{k}^{j}) \tag{8-153}$$

式中,$x_{k\,|\,k-1}^{(i)}$ 和 $x_{k\,|\,k-1}^{(n)}$ 服从高斯分布,其均值和方差由上一次更新得到,即 $x_{k-1}^{(i)} \sim$ $\mathbb{N}(x_{k-1}^{(i)};\ \hat{x}_{k\,|\,k-1}^{(i)},\ P_{xx,\,k\,|\,k-1}^{(i)})$,$x_{k-1}^{(n)} \sim \mathbb{N}(x_{k-1}^{(n)};\ \hat{x}_{k\,|\,k-1}^{(n)},\ P_{xx,\,k\,|\,k-1}^{(n)})$,观测噪声 $v_k^j \sim \mathbb{N}(v_k^j;\ 0,\ R_k^j)$。

与此类似,可以得到

$$\hat{z}_{k\,|\,k-1}^{j}=h^{j}(\hat{x}_{k\,|\,k-1}^{(i)},\ \hat{x}_{k\,|\,k-1}^{(n)},\ 0) \tag{8-154}$$

$$P_{zz,\,k\,|\,k-1}^{j}=\nabla_{x,\,(n)}^{h,\,j} P_{xx,\,k\,|\,k-1}^{(n)}(\nabla_{x,\,(n)}^{h,\,j})^{\mathrm{T}}+\nabla_{x,\,(i)}^{h,\,j} P_{xx,\,k\,|\,k-1}^{(i)}(\nabla_{x,\,(i)}^{h,\,j})^{\mathrm{T}}+\nabla_v^{h,\,j} R_k^j (\nabla_v^{h,\,j})^{\mathrm{T}}$$

$$\tag{8-155}$$

$$P_{xz,\,k\,|\,k-1}^{(n),\,j}=P_{xx,\,k\,|\,k-1}^{(n)}(\nabla_{x,\,(n)}^{h,\,j})^{\mathrm{T}} \tag{8-156}$$

式中,$\nabla_{x,\,(n)}^{h,\,j}$ 表示观测函数 $h^j(\cdot)$ 关于 $x_{k\,|\,k-1}^{(n)}$ 的雅可比矩阵在 $x_{k\,|\,k-1}^{(n)}=\hat{x}_{k\,|\,k-1}^{(n)}$ 处的值;$\nabla_{x,\,(i)}^{h,\,j}$ 表示观测函数 $h^j(\cdot)$ 关于 $x_{k\,|\,k-1}^{(i)}$ 的雅可比矩阵在 $x_{k\,|\,k-1}^{(i)}=\hat{x}_{k\,|\,k-1}^{(i)}$ 处的值;$\nabla_v^{h,\,j}$ 表示观测函数 $h^j(\cdot)$ 关于 v_k^j 的雅可比矩阵在 $v_k^j=0$ 处的值。

一阶线性化过程简单,所以计算复杂度较低。然而,这种方法在线性化过程中

没有考虑到节点的统计特性,也就是说,在线性化过程中没有用到随机变量的方差。因此,这种线性化往往有偏差,会带来算法性能的下降,尤其在强非线性情况下更是如此。

2) 统计线性化算法实现

同样,在计算二阶统计量时,如果将其中涉及的非线性函数用统计线性化方法进行线性化,就可以得到相应的统计线性化时空协作定位算法。

首先对统计线性化方法进行简单回顾。与一阶线性化一样,考虑一个服从高斯分布的变量 $x \sim \mathbb{N}(\hat{x}, P_{xx})$,目标还是计算变量:

$$y = f(x, v) \tag{8-157}$$

的均值和方差以及 y 与 x 的协方差。其中,$f(\cdot)$ 为已知非线性解析函数,v 为 N_v 零维均值高斯噪声,方差为 Q。定义一个增广向量 $x^a = [x^T, v^T]^T$,其均值和方差为

$$\hat{x}^a = \begin{bmatrix} \hat{x} \\ 0 \end{bmatrix}, \quad P_{xx}^a = \begin{bmatrix} P_{xx} & 0 \\ 0 & Q \end{bmatrix} \tag{8-158}$$

从而将式(8-157)写为

$$y = f(x^a) \tag{8-159}$$

统计线性化方法利用一些专门设计的样点,能够抓住变量 x^a 统计特性的加权样点 $\{x_l, w_l\}_{l=1}^L$ 来表征高斯随机变量 x^a,样点均值为 $\sum_{l=1}^L w_l x_l = \hat{x}^a$,方差为 $\sum_{l=1}^L w_l (x_l - \hat{x}^a)(x_l - \hat{x}^a)^T = P_{xx}^a$。

将这些样点通过函数式(8-159)映射后,可以得到一些 y 的样点集 $\{y_l | y_l = f(x_l), \forall l = 1:L\}$。用所有这些加权样点,可以近似计算 y 的均值、方差,以及其和 x^a 的协方差:

$$\hat{y} \approx \sum_{l=1}^L w_l y_l \tag{8-160}$$

$$P_{yy} \approx \sum_{l=1}^L w_l (y_l - \hat{y})(y_l - \hat{y})^T \tag{8-161}$$

$$P_{x^a y} \approx \sum_{l=1}^L w_l (x_l - \hat{x}^a)(y_l - \hat{y})^T \tag{8-162}$$

其中,根据定义式(8-158),可将 $P_{x^a y}$ 写为

$$P_{x^a y} = [P_{xy}^T, P_{vy}^T]^T \tag{8-163}$$

式中，P_{xy} 表示 x 和 y 的协方差的近似估计。

同理，应用上述统计线性化方法，就可以计算：① 状态预测；② INN/N2A 观测更新；③ N2N 观测更新中的二阶统计量。

① 式(8-120)和式(8-121)所示为状态预测中的二阶统计量计算。对比目标式(8-146)与式(8-157)，可以发现两者的形式完全相同。因此，简单用式(8-146)替代式(8-157)，就可以计算出相应的变量 $x_{k|k-1}$ 的均值和方差。

② 式(8-125)～式(8-129)所示为 INN/N2A 观测更新中的二阶统计量计算。同样，由于此时的线性化目标函数式(8-149)的形式和式(8-157)相同，所以计算方法也相同，在此不做赘述。

③ 式(8-131)和式(8-132)所示为 N2A 观测更新中的二阶统计量计算。此时，定义一个增广向量：

$$x_{k|k-1}^a = \left[(x_{k|k-1}^{(i)})^{\mathrm{T}}, \ (x_{k|k-1}^{(n)})^{\mathrm{T}}, \ (v_k^j)^{\mathrm{T}} \right]^{\mathrm{T}} \tag{8-164}$$

然后将目标式(8-153)写为

$$z_{k|k-1}^j = h^j(x_{k|k-1}^a) \tag{8-165}$$

对比式(8-165)和式(8-159)可发现两者的形式相同，因此可以用相同的方法产生表征 $x_{k|k-1}^a$ 的加权样点集 $\{x_l, w_l\}_{l=1}^L$，并将该样点集中的样点经过式(8-165)中的函数映射，得到表征 $z_{k|k-1}^j$ 的样点集 $\{L_l\}_{l=1}^L$，最后，根据所有的样点，利用式(8-160)近似计算观测量预测量 $z_{k|k-1}^j$ 的均值 $\hat{z}_{k|k-1}^j$，利用式(8-161)近似该变量的方差 $P_{zz,k|k-1}^j$；并利用式(8-162)近似计算增广向量 $x_{k|k-1}^a$ 与观测量预测量 $z_{k|k-1}^j$ 的协方差 $P_{xz,k|k-1}^{a,j}$。根据定义式(8-164)，可将协方差 $P_{xz,k|k-1}^{a,j}$ 写为

$$P_{xz,k|k-1}^{a,j} = \begin{bmatrix} P_{xz,k|k-1}^{(n),j} \\ P_{xz,k|k-1}^{(i),j} \\ P_{vz,k|k-1}^{j} \end{bmatrix} \tag{8-166}$$

那么，节点 n 的状态 $x_{k|k-1}^{(n)}$ 与观测量预测量 $z_{k|k-1}^j$ 的协方差 $P_{xz,k|k-1}^{(n),j}$，就可从 $P_{xz,k|k-1}^{a,j}$ 的相应部分取出。

使用不同的样点生成方法，得到的样点不同，因而对 x 的表征效果也不同，得到的线性化效果也就不同。

8.3.3　算法仿真与比较

本小节将基于一个包含四个未知节点的小规模网络，对所提出的两种分

布式滤波器及相应的增广滤波器进行精度和鲁棒性比较,并与迭代算法进行比较[28]。

仿真中涉及的算法如下。

(1) 基于无迹变换统计线性化的增广 MMSE 滤波算法,由于其核心思想是将无迹卡尔曼滤波(unscented Kalman filtering,UKF)应用在集中式导航中,所以称其为增广无迹卡尔曼滤波(augmented unscented Kalman filtering,AUKF)。

(2) 基于式(8-117)对上一时刻估计得到的方差进行块对角化处理的 AUKF,简写为 AUKF1。

(3) 无协作下的 AUKF(此时无节点间测距,每个节点每个时刻只能与对应的锚节点进行观测),简写为 AUKF-NonCoop。

(4) 基于一阶线性化和无迹变换统计线性化的平行 N2N 观测更新分布式滤波器,前者称其为分布式平行扩展卡尔曼滤波(distributed parallel extended Kalman filtering,DPEKF)。后者称为分布式平行无迹卡尔曼滤波(distributed parallel unscented Kalman filtering,DPUKF)。

(5) 混合协作无迹卡尔曼滤波(hybrid collaboration UKF,hcUKF),算法后面显示的数字,表示相应的单时隙内迭代次数。

1. 仿真场景与内容

首先,基于图 8-20 所示的包含 4 个未知节点,4 个锚节点的小规模集群,对提出的算法框架的合理性进行了仿真验证,相关仿真设置如下。

(1) 4 个未知节点的序号集合为 $N=\{1,2,3,4\}$;四个锚节点的序号集合为 $M=\{5,6,7,8\}$,未知节点状态包含位置和速度,即 $x_k^{(n)} \triangleq [(p_k^{(n)})^{\mathrm{T}},(v_k^{(n)})^{\mathrm{T}}]^{\mathrm{T}}$,其中,$p_k^{(n)} \triangleq (x_k^{(n)},y_k^{(n)})^{\mathrm{T}}$,$v_k^{(n)} \triangleq (v_{x,k}^{(n)},v_{y,k}^{(n)})^{\mathrm{T}}$。

(2) 任意时刻 $k=1$:30,4 个未知节点间可以互相通信和测距;而每个未知节点只能和相应的 1 个锚节点进行测距,对应的序号对为 15、26、37、48。所有测距方程均为 $z_k^{n\to m} = \| p_k^{(n)} - p_k^{(n)} \| + v_k^{n\to m}$,$v_k^{(n\to m)} \sim N(0,1)$。

(3) 未知节点的运动方程如下:

$$x_k^{(n)} = Fx_{k-1}^{(n)} + Gw_{k-1}^{(n)} \tag{8-167}$$

式中,

$$G = \begin{bmatrix} 0.5 & 0 \\ 0 & 0.5 \\ 1 & 1 \\ 0 & 1 \end{bmatrix},\ F = \begin{bmatrix} 1 & 0 & 1 & 0 \\ 0 & 1 & 0 & 1 \\ 0 & 0 & 1 & 0 \\ 0 & 0 & 0 & 1 \end{bmatrix},\ w_{k-1}^{(n)} \sim N(0,I_{2\times 2})$$

（4）在状态估计过程中，$k=0$ 时，所有节点的初始状态估计误差的方差设为 $P_{xx,0|0}^{(n)}=\text{diag}\{1\,000,1\,000,100,100\}$，相应的均值为准确位置加上相应的随机误差，该随机误差的方差为初始状态估计方差。

图 8-20 和图 8-21 给出基于节点协作的集群导航定位中横轴 RMSEs 及相应的误差累计函数对比图，涉及的算法如前面所述。其中，x 轴 RMSEs 基于所有节点在 1 000 次蒙特卡罗仿真中的误差得到。相应的累计误差函数，基于所有节点、时刻 $k=11\sim k=30$，以及 1 000 次蒙特卡罗仿真中的误差得到。

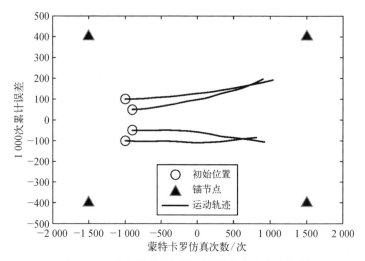

图 8-20   小规模动态网络时空协作定位仿真场景

从图 8-21 中，可以看到：

（1）如果没有节点间的协作，AUKF 位置和速度估计都会发散。而在基于节点间协作的集群导航定位中，AUKF 会很快收敛并得到较好的实时状态估计结果。

（2）经过估计方差块对角化处理的 AUKF-1 和 AUKF 的性能相差不大，这就验证了解耦的可行性和正确性。

（3）序贯 N2N 观测更新结构（dual standard UKF，DSUKF）的收敛速度和精度都要高于平行 N2N 观测更新结构（update prediction UKF，DPUKF）。

（4）与集中式滤波相比，分布式滤波的精度和收敛速度有不同程度的下降。

（5）在仿真中，基于协作的所有集群导航定位算法的速度估计差异不明显，主要是因为锚节点离未知节点较近，节点间的位置变化较快，因此所有算法对速度的估计都可以达到较好的效果。

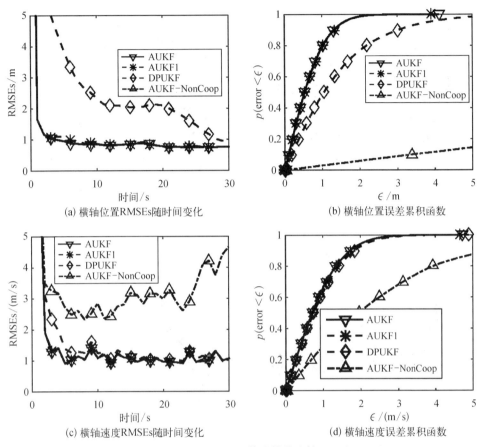

(a) 横轴位置RMSEs随时间变化　　　　(b) 横轴位置误差累积函数

(c) 横轴速度RMSEs随时间变化　　　　(d) 横轴速度误差累积函数

图 8-21　不同算法性能比较

从图 8-22 中,可以看到:

(1) 在节点运动非线性特性较小的情况下,基于统计线性化的方法(DPUKF)与基于一阶线性化(DPEKF)的方法相比,二者精度相当。

(2) 随着每个时隙内节点间迭代次数的增加,hcUKF 算法的位置估计精度会不断提高,但是其速度估计精度反而在下降,主要原因在于随着迭代次数的增加,hcUKF 算法之间反复迭代,会造成信息的重复利用并因此引入误差。

(3) 与 hcUKF 算法相比,DPUKF 的精度和通信复杂度都具有较大优势。

8.4　引理 1 的证明

首先,在参考相关文献的基础上可以直接引出以下定理:

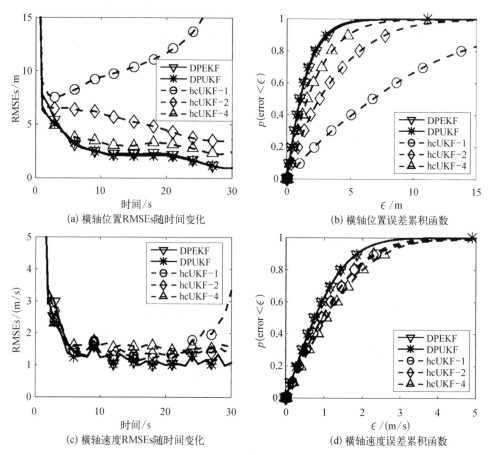

图8-22   不同算法性能比较

已知 $x \in \mathbb{R}^n$ 和 $y \in \mathbb{R}^m$ 为随机变量,且

$$x \sim N(x; \mu, \Sigma) \tag{8-168}$$

$$p(y \mid x) = N(x; Hx, R) \tag{8-169}$$

式中,$H \in \mathbb{R}^{m \times n}$ 和 $R \in \mathbb{R}^{m \times m}$ 分别表示给定状态转移矩阵和噪声方差。那么,有

$$p(x \mid y) = N(x; \mu_{x \mid y}, \Sigma_{x \mid y}) \tag{8-170}$$

其中,

$$\Sigma_{x \mid y} = (H^T R^{-1} H + \Sigma^{-1})^{-1} \tag{8-171}$$

$$\mu_{x \mid y} = \Sigma_{x \mid y} (H^T R^{-1} y + \Sigma^{-1} \mu) \tag{8-172}$$

关于该定理的详细推导过程,可参考相关文献。在此基础上,将分三步进行本引理的证明。

1. 问题转换

令

$$x = [x_1^{\mathrm{T}}, x_2^{\mathrm{T}}]^{\mathrm{T}} \tag{8-173}$$

由先验分布 $p(x_1) \propto N(x_1; \mu_{x,1}, \Sigma_{x,1})$, $p(x_2) \propto N(x_2; \mu_{x,2}, \Sigma_{x,2})$,易知:

$$x \sim N(x; \mu_x, \Sigma_x) \tag{8-174}$$

式中,

$$\mu_x = [\mu_{x,1}^{\mathrm{T}}, \mu_{x,2}^{\mathrm{T}}]^{\mathrm{T}} \tag{8-175}$$

$$\Sigma_x = \mathrm{diag}\{\Sigma_{x,1}, \Sigma_{x,2}\} \tag{8-176}$$

在此基础上,利用贝叶斯定理,在给定观测量的条件下,可以目标边缘积分写为

$$
\begin{aligned}
m(x_1) &= \int_{x_2} p(z \mid x_1, x_2) p(x_1) p(x_2) \mathrm{d}x_2 \\
&= \int_{x_2} p(z \mid x) p(x) \mathrm{d}x_2 \propto \int_{x_2} p(x \mid z) \mathrm{d}x_2
\end{aligned} \tag{8-177}
$$

从而将目标转换为求出 $p(x \mid z)$ 关于 x_2 的边缘分布。

2. 求联合分布 $p(x \mid z)$

令

$$H = [H_1^{\mathrm{T}}, H_2^{\mathrm{T}}]^{\mathrm{T}} \tag{8-178}$$

则观测量 z 对应的线性观测函数可写为

$$z = Hx + b + v \tag{8-179}$$

此时,由于观测噪声 $v \sim N(0, R)$,易知

$$p(z \mid x) = N(x; Hx + b, R) \tag{8-180}$$

至此,基于式(8-174)和式(8-180),利用上面的定理可以很容易得到

$$p(x \mid z) = N(x; \mu_{x|z}, \Sigma_{x|z}) \tag{8-181}$$

其中,

$$\Sigma_{x|z} = (H^{\mathrm{T}} R^{-1} H + \Sigma_x^{-1})^{-1} \tag{8-182}$$

$$\mu_{x|z} = \Sigma_{x|z} [H^{\mathrm{T}} R^{-1} (z - b) + \Sigma_x^{-1} \mu_x] \tag{8-183}$$

最后,利用矩阵求逆引理,可以把式(8-182)和式(8-183)中的均值和方差化为如下等效形式:

$$\Sigma_{x|z} = (H^{\mathrm{T}}R^{-1}H + \Sigma_x^{-1})^{-1} = \Sigma_x - \Sigma_x H^{\mathrm{T}}(H^{\mathrm{T}}\Sigma_x H + R)^{-1}H\Sigma_x \tag{8-184}$$

$$\mu_{x|z} = \mu_x + \Sigma_x H^{\mathrm{T}}(H^{\mathrm{T}}\Sigma_x H + R)^{-1}(z - b - H\mu_x) \tag{8-185}$$

将式(8-173)、式(8-175)、式(8-176)和式(8-178)代入式(8-184)和式(8-185),有

$$\Sigma_{x|z} = \begin{bmatrix} \Sigma_{x,1} - \Sigma_{x,1}H_1^{\mathrm{T}}\left(\sum_{i=1}^{2}H_i^{\mathrm{T}}\Sigma_{x,i}H_i + R\right)^{-1}H_1\Sigma_{x,1} \\ -\Sigma_{x,1}H_1^{\mathrm{T}}(H^{\mathrm{T}}\Sigma_x H + R)^{-1}H_2\Sigma_{x,2} \\ -\Sigma_{x,2}H_2^{\mathrm{T}}(H^{\mathrm{T}}\Sigma_x H + R)^{-1}H_1\Sigma_{x,1} \\ \Sigma_{x,2} - \Sigma_{x,2}H_2^{\mathrm{T}}\left(\sum_{i=1}^{2}H_i^{\mathrm{T}}\Sigma_{x,i}H_i + R\right)^{-1}H_2\Sigma_{x,2} \end{bmatrix} \tag{8-186}$$

$$\mu_{x|z} = \begin{bmatrix} \mu_{x,1} + \Sigma_{x,1}H_1^{\mathrm{T}}\left(\sum_{i=1}^{2}H_i^{\mathrm{T}}\Sigma_{x,i}H_i + R\right)^{-1}(z - b - H_1\mu_{x,1} - H_2\mu_{x,2}) \\ \mu_{x,2} + \Sigma_{x,2}H_2^{\mathrm{T}}\left(\sum_{i=1}^{2}H_i^{\mathrm{T}}\Sigma_{x,i}H_i + R\right)^{-1}(z - b - H_1\mu_{x,1} - H_2\mu_{x,2}) \end{bmatrix} \tag{8-187}$$

3. 根据联合分布求边际分布

根据高斯分布的性质,易知:

$$m(x_1) \propto \int_{x_2} p(x|z)\mathrm{d}x_2 = N(x_1; \mu_{x_1|z}, \Sigma_{x_1|z}) \tag{8-188}$$

其中,

$$\Sigma_{x_1|y} = \Sigma_{x,1} - \Sigma_{x,1}H_1^{\mathrm{T}}\left(\sum_{i=1}^{2}H_i^{\mathrm{T}}\Sigma_{x,i}H_i + R\right)^{-1}H_1\Sigma_{x,1} \tag{8-189}$$

$$\mu_{x_1|z} = \mu_{x,1} + \Sigma_{x,1}H_1^{\mathrm{T}}\left(\sum_{i=1}^{2}H_i^{\mathrm{T}}\Sigma_{x,i}H_i + R\right)^{-1}$$
$$(z - b - H_1\mu_{x,1} - H_2\mu_{x,2}) \tag{8-190}$$

再次利用矩阵求逆引理,可将式(8-189)和式(8-190)均值和方差写为

$$\Sigma_{x_1|z} = [H_1^{\mathrm{T}}(\breve{R})^{-1}H_1 + \Sigma_{x,1}^{-1}]^{-1} \tag{8-191}$$

$$\mu_{x_1 \mid z} = \Sigma_{x_1 \mid z} \big[H_1^{\mathrm{T}} (\breve{R})^{-1} (z - \bar{b}) + \Sigma_{x,1}^{-1} \mu_{x,1} \big] \qquad (8\text{-}192)$$

其中，$\breve{R} = H_2^{\mathrm{T}} \Sigma_{x,2} H_2 + R$，$\breve{b} = b + H_2 \mu_{x,2}$

证毕。

8.5　引理 2 的证明

首先，将所有的观测量、对应观测矩阵、常数、观测噪声，都分别合并成如下向量：

$$\begin{cases} z = \big[(z^1)^{\mathrm{T}}, \ (z^2)^{\mathrm{T}}, \ \cdots, \ (z^j)^{\mathrm{T}}, \ \cdots, \ (z^{|J|})^{\mathrm{T}} \big]^{\mathrm{T}} \\ H = \big[(H^1)^{\mathrm{T}}, \ (H^2)^{\mathrm{T}}, \ \cdots, \ (H^j)^{\mathrm{T}}, \ \cdots, \ (H^{|J|})^{\mathrm{T}} \big]^{\mathrm{T}} \\ b = \big[(b^1)^{\mathrm{T}}, \ (b^2)^{\mathrm{T}}, \ \cdots, \ (b^j)^{\mathrm{T}}, \ \cdots, \ (b^{|J|})^{\mathrm{T}} \big]^{\mathrm{T}} \\ v = \big[(v^1)^{\mathrm{T}}, \ (v^2)^{\mathrm{T}}, \ \cdots, \ (v^j)^{\mathrm{T}}, \ \cdots, \ (v^{|J|})^{\mathrm{T}} \big]^{\mathrm{T}} \end{cases} \qquad (8\text{-}193)$$

于是得出如下观测方程：

$$z = Hx + b + v \qquad (8\text{-}194)$$

其中，$v \sim N(v; 0, R)$，$R = \mathrm{diag}\{R^1, R^2, \cdots, R^j, \cdots, R^{|J|}\}$。易知：

$$p(z \mid x) = N(z; Hx + b, R) \qquad (8\text{-}195)$$

此时，根据贝叶斯定理，在给定观测量的情况下，目标分布可写为

$$b(x) \propto p(x) \prod_{j \in J} p(z^j \mid x) \propto p(x) p(z \mid x) \propto p(x \mid z) \qquad (8\text{-}196)$$

又因为 x 已有先验分布 $p(x) \propto N(x; \mu_x, \Sigma_x)$，此时，直接利用 8.4 节引出的定理有

$$p(x \mid z) = N(x; \mu_{x \mid z}, \Sigma_{x \mid z}) \qquad (8\text{-}197)$$

其中，

$$\begin{cases} \mu_{x \mid z} = \Sigma_{x \mid z} (H^{\mathrm{T}} R^{-1} (z - b) + \Sigma_x^{-1} \mu_x) \\ \qquad = \Sigma_{x \mid z} \Big(\sum_{j \in J} (H^j)^{\mathrm{T}} (R^j)^{-1} (z^j - b^j) + \Sigma_x^{-1} \mu_x \Big) \\ \Sigma_{x \mid z} = (H^{\mathrm{T}} R^{-1} H + \Sigma_x^{-1})^{-1} \\ \qquad = \Big(\sum_{j \in J} (H^j)^{\mathrm{T}} (R^j)^{-1} H^j + \Sigma_x^{-1} \Big)^{-1} \end{cases} \qquad (8\text{-}198)$$

证毕。

【参考文献】

[1] Boukerche A, Oliveira H A B F, Nakamura E F, et al. Vehicular adhoc networks: a new challenge for localization-based systems [J]. Computer Communications, 2008, 31(12): 2838 - 2849.

[2] Sayed A H, Tarighat A, Khajehnouri N. Network-based wireless location: challenges faced in developing techniques for accurate wireless location information [J]. IEEE Signal Processing Magazine, 2005, 22(4): 24 - 40.

[3] Caffery J J, Stuber G L. Overview of radio locationin CDMA cellular systems[J]. IEEE Communications Magazine, 1998, 36(4): 38 - 45.

[4] Alam N, Dempster A G. Cooperative positioning for vehicular networks: fact sandfuture [J]. IEEE Transactionson Intelligent Transportation Systems, 2013, 14(4): 1708 - 1717.

[5] Burgard W, Moors M, Fox D, et al. Collaborative multi-robot exploration[J]. IEEE International Conferenceon Robotics & Automation, 2000, (1): 476 - 481.

[6] Burgard W, Moors M, Stachniss C, et al. Coordinated multi-robot exploration[J]. IEEE Transactions on Robotics, 2005, 21(3): 376 - 386.

[7] Mu H, Bailey T, Thompson P, et al. Decentralised solutions to the cooperative multi-platform navigation problem [J]. IEEE Transactions on Aerospace and Electronic Systems, 2011, 47(2): 1433 - 1449.

[8] Mao G, Fidan B, Anderson B D O. Wireless sensor network localization techniques[J]. Computer Networks, 2007, 51(10): 2529 - 2553.

[9] Wymeersch H, Lien J, Win M Z. Cooperative localization in wireless networks [J]. Proceedings of the IEEE, 2009, 97(2): 427 - 450.

[10] Zhang Y H, Cui Q M, Tao X F. Cooperative group localization for 4G wireless networks [C]. 2009 IEEE 70th Vehicular Technology Conference Fall, Anchorage, 2009.

[11] Yuan W, Wu N, Etzlinger B, et al. Cooperative joint localization and clock synchronization based on gaussian message passing in asynchronous wireless networks [J]. IEEE Transactions on Vehicular Technology, 2016, 65(9): 7258 - 7273.

[12] Savic V, Zazo S. Cooperative localization in mobile networks using nonparametric variants of belief propagation[J]. AdHoc Networks, 2013, 11(1): 138 - 150.

[13] Patwari N, Ash J N, Kyperountas S, et al. Locating the nodes: cooperative localization in wireless sensor networks[J]. IEEE Signal Processing Magazine, 2005, 22(4): 54 - 69.

[14] Gustafsson F, Gunnarsson F. Mobile positioning using wireless networks: possibilities and fundamental limitations based on available wireless network measurements[J]. IEEE Signal Processing Magazine, 2005, 22(4): 41 - 53.

[15] Niewiadomska-Szynkiewicz E. Localization in wireless sensor networks: classification an deva-luation of techniques[J]. International Journal of Applied Mathematic Sand Computer Science, 2012, 22(2): 281 - 297.

[16] Kschischang F R，Frey B J，Loeliger H A. Factor graphs and the sum-product algorithm [J]. IEEE Transactionson Information Theory，2001，47(2)：498 - 519.

[17] Yedidia J S，Freeman W T，Weiss Y. Constructing free-energy approximations and generalized belief propagation algorithms [J]. IEEE Transactions on Information Theory，2005，51(7)：2282 - 2312.

[18] Julier S，Uhlmann J，Durrant-Whyte H. A new method for the nonlinear transformation of means and covariances in filters and estimators[J]. IEEE Transactionson Automatic Control，2000，45(3)：477 - 482.

[19] Ihler A T，Fisher J W，Moses R L，et al. Nonparametric belief propagation for self-localization of sensor networks [J]. IEEE Journal on Selected Areas in Communications，2005，23(4)：809 - 819.

[20] Lien J，Ferner U J，Srichavengsup W，et al. A comparison of parametric and sample-based message representation incooperative localization [J]. International Journal of Navigation and Observation，2012，2012：281592.

[21] Merwe R，Wan E . Sigma-point Kalman filters for probabilistic inference in dynamic state-space models[C]. 2003 IEEE International Conference on Acoustics，Speech，and Signal Processing，Hong Kong，2003.

[22] Cattivelli F，Sayed A. Diffusion strategies for distributed Kalman filtering and smoothing [J]. IEEE Transactions on Automatic Control，2010，55(9)：2069 - 2084.

[23] Julier S，Uhlmann J. Unscented filtering and nonlinear estimation[J]. Proceedings of the IEEE，2004，92(3)：401 - 422.

[24] Gustafsson F，Hendeby G. Some relations between extended and unscented Kalman filters [J]. IEEE Transactions on Sigma Processing，2012，60(2)：545 - 555.

[25] Arasaratnam I，Haykin S. Cubature Kalman filters[J]. IEEE Transactions on Automatic Control，2009，54(6)：1254 - 1269.

[26] Caceres M A，Sottile F，Garello R，et al. Hybrid GNSS-ToA localization and tracking via cooperative unscented Kalman filter[C]. 2010 IEEE 21st International Symposium on Personal，Indoor and Mobile Radio Communications Workshops，Instanbul，2010.

[27] 李晓鹏.无线网络中的协作定位技术研究[D].北京：北京邮电大学,2016.

[28] 陈曦等.协作定位技术报告[R].北京：清华大学,2018.

第 9 章

视觉时空建模应用

9.1 视觉 SLAM 技术

即时定位与地图构建(simultaneous localization and mapping,SLAM),也称为并发建图与定位(concurrent mapping and localization,CML)。研究问题可以描述为:将一个机器人放入未知环境中的未知位置,是否有办法让机器人一边移动一边逐步描绘出完全的此环境的地图。完全的地图(a consistent map)是指不受障碍限制行进到房间可进入的每个角落。它早期用于军事核潜艇中的海底定位,现在广泛应用于机器人、无人机、自动驾驶、虚拟现实(virtual reality,VR)和增强现实(augmented reality,AR)领域[1]。

对于机器人、无人驾驶,SLAM 技术能够在建图和路径规划方面提供解决方案,所以 SLAM 技术在机器人、无人驾驶等领域中扮演着非常重要的角色。若 SLAM 的主要传感器为相机,则可称为视觉 SLAM。

9.1.1 视觉 SLAM 技术的分类与基本框架

按视觉 SLAM 的传感器类型与数量,将视觉 SLAM 分为单目 SLAM、双目立体 SLAM、多目 SLAM 及红外单目相结合的 RGBD - SLAM。在本章中,由于大多数手持设备多搭载单个摄像头且没有红外线测距功能,考虑到易用性原则,所以采用单目视觉 SLAM 算法。

传统的视觉 SLAM 框架如图 9 - 1 所示,分为传感器传入信息、前端视觉里程计、后端非线性优化、回环检测、建图五大部分[1]。视觉 SLAM,即主要传感器为视觉传感器的 SLAM 方法,传感器传入信息部分为摄像机图像的读取、惯性传感器位姿信息的传入及红外传感器距离信息的读取,传感器传入信息部分是整个视觉 SLAM 的信息采集、获取部分。视觉里程计的主要作用是:通过两幅图像的信息估算这两个图像间的运动关系。视觉里程计分为直接法和特征点法(以是否提取特征点作为划分标准),经典的直接法应用有大范围直接单目 SLAM(large-scale direct monocular SLAM, LSD-SLAM),作为典型的特征点法的应用是尺度不变特征变换 SLAM(oriented FAST and rotated BRIEF SLAM, ORB-SLAM)。后端非线性优化针对前端视觉里程计在估算过程中产生的偏差及传感器获取外界信息时产生的误差,利用滤波器或非线性优化的方法估计状态的不确定性与均值。前端视觉里程计通过估算图像间的运动关系,能够得到粗略的运动轨迹和点云,但是,累积漂移现象会造成误差的积累,为了减小甚至消除累积误差,回环检测就利用图像的相似性给出相邻帧之外的间隔较大的约束[1,2]。建图是指构建地图,SLAM 算法构建的地图通常是 2D 栅格地图、2D 拓扑地图、3D 点云地图、3D 网格地图的形式。本章中由于采用的是三维视觉点云图,所以选择可构建 3D 点云地图的相关算法。

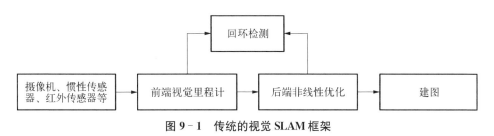

图 9-1 传统的视觉 SLAM 框架

9.1.2 单目 LSD-SLAM 算法

LSD-SLAM 算法是一种基于直接法的单目 SLAM 方法。与之前的直接法相比较,该算法能够构建大尺度、全局一致性的半稠密环境地图。该算法使用 sim(3)来表示近似变换。通过一种概率的方法对深度的不确定性进行估计。该算法首次将直接法应用到单目 SLAM 中,可以在 CPU 上实现半稠密场景重建,拥有实时构建地图及离线输入图像序列构建地图两种模式[2]。在本章中,使用该算法的离线模式进行场景重建符合课题的要求。

1. LSD-SLAM 原理

LSD-SLAM 算法由三个部分组成(图 9-2):图像跟踪、深度估计、地图优化。图像间的刚体运动关系可通过获取新图像帧并与前一个关键帧进行对比计算得出,这个过程称为图像跟踪。

在图像跟踪过程中,当系统监测到新的相机图像输入时,认为新图像与上一帧作为关键帧的图像存在的 SE(3)变换关系,参考关键帧以当前关键帧来表示,通过对最小化归一光度误差的计算,可获取参考关键帧与当前帧的变换关系[方程见式(9-2)~式(9-4)],第 i 个图像关于实数的映射记作 I_i,反向深度方差为 V_i,深

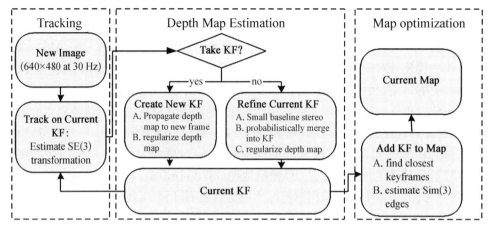

图 9 - 2　单目 LSD - SLAM 算法框架图

度使用 z 表示，d 表示反向深度，图像或空间点从第 i 帧到第 j 帧的变换记作 ε_{ij}，p 定义为图像上的某点，该点为该帧图像上的任一对应点，反向深度图为 D_i，r 为图像上的误差，投影函数 ω 表示该帧图像映射到 KF 关系 [式(9-1)]，σ 表示图像的不确定程度，E 为整体的误差，那么设。为 $SE(3) \times SE(3) \rightarrow SE(3)$，即 $\varepsilon_{ki} := \varepsilon_{kj} \circ \varepsilon_{ji} := \log_{SE(3)}[\exp_{SE(3)}(\varepsilon_{kj}) \cdot \exp_{SE(3)}(\varepsilon_{ji})]$。

$$\omega(p, d, \varepsilon) := \begin{vmatrix} \dfrac{x'}{z'} \\ \dfrac{y'}{z'} \\ \dfrac{1}{z'} \end{vmatrix}, \begin{vmatrix} x' \\ y' \\ z' \\ 1 \end{vmatrix} := \exp_{SE(3)}(\varepsilon) \begin{vmatrix} \dfrac{p_x}{d} \\ \dfrac{p_y}{d} \\ \dfrac{1}{d} \\ 1 \end{vmatrix} \tag{9-1}$$

$$E_p(\varepsilon_{ij}) = \sum_{p \in \Omega D_i} \left|\left| \dfrac{r_p^2(p, \varepsilon_{ij})}{\sigma_{r_p}^2(p, \varepsilon_{ij})} \right|\right|_\delta \tag{9-2}$$

$$r_p(p, \varepsilon_{ij}) := I_i(p) - I_j\{\omega[p, D_i(p), \varepsilon_{ij}]\} \tag{9-3}$$

$$\sigma_{r_p}^2(p, \varepsilon_{ij}) := 2\sigma_I^2 + \left[\dfrac{\partial r_p(p, \varepsilon_{ij})}{\partial D_i(p)}\right]^2 V_i(p) \tag{9-4}$$

利用迭代加权 Gauss - Newton 法，计算目标函数可得最小值。

在深度估计过程中，根据相机移动的距离来判断是否应该选择新的关键帧，若无须选择新的图像作为下一个关键帧，则利用当前图像帧估算深度信息并将其更新到地图中[3,4]。若需要选择关键帧,则首先采用一种自适应的方法,使差异收缩范围和观测角度尽可能小地选择参考帧。选择参考帧之后,将上一个关键帧的点投影到新的关键帧上,得到这一帧的有效点,通过变换投影的均值和缩放因子来传递深度,最后替换之前的关键帧。深度估计是利用三角测量来实现的,得到估值的同时计算可靠度[式(9-5)]。

$$d^* = d(I_0, I_1, \varepsilon, \pi) \quad \sigma_d^2 = J_d \sum J_d^T \tag{9-5}$$

$$L := \left[l_0 + \lambda \begin{pmatrix} l_x \\ l_y \end{pmatrix} \mid \lambda \in S \right] \tag{9-6}$$

$$\lambda * (l_0) = \frac{\langle g, g_0 - l_0 \rangle}{\langle g, l \rangle} \tag{9-7}$$

$$\sigma_\lambda^2(\varepsilon, \pi) = J_{\lambda*(l_0)} \begin{pmatrix} \sigma_l^2 & 0 \\ 0 & \sigma_l^2 \end{pmatrix} J_{\lambda*(l_0)}^T = \frac{\sigma_l^2}{\langle g, l \rangle^2} \tag{9-8}$$

$$\sigma_{d, obs}^2 = \alpha^2 \left[\sigma_{\lambda(\varepsilon, \pi)}^2 + \sigma_{\lambda(I)}^2 \right], \quad \alpha := \frac{\delta_d}{\delta_\lambda} \tag{9-9}$$

之后,计算来源于相对朝向以及投影矩阵的几何误差[在式(9-6)和式(9-7)中,$\begin{pmatrix} l_x \\ l_y \end{pmatrix}$ 为它的方向向量,l_0 对应无限深度的点,g 表示图像梯度朝向,l 表示当前方向,s 为差异区间]。灰度梯度计算过程中所引起的图像误差,并将误差量化,得出深度值不确定性的程度[式(9-8)],并使用贝叶斯迭代算法来更新修正深度的估计[式(9-9)和式(9-10)]。同理,迭代每一帧图像,当满足误差的要求时,保留深度信息,否则就进行相应的修正处理。

$$N\left(\frac{\sigma_p^2 d_0 + \sigma_0^2 d_p}{\sigma_p^2 + \sigma_0^2}, \frac{\sigma_p^2 \sigma_0^2}{\sigma_0^2 + \sigma_p^2} \right) \tag{9-10}$$

$$d_1(d_0) = (d_0^{-1} - t_z)^{-1}, \quad \sigma_{d_1}^2 = J_{d_1} \sigma_{d_0}^2 J_{d_1}^T + \sigma_p^2 = \left(\frac{d_1}{d_0} \right)^4 \sigma_{d_0}^2 + \sigma_p^2 \tag{9-11}$$

地图优化环节,是引入单目算法以解决尺度漂移的方法。该方法的思想就是插入帧、定义阈值,若距离超过该阈值,则插入关键帧。sim(3)可以用来表达插入的关键帧与前一帧的转换关系。利用相似度寻找所有相似的关键帧,计算出最相似几帧的 sim(3)关系,并选择相似度最高的帧插入地图。然后采用通用图优化(general graph optimization,G2O)算法对整个过程进行优化。

$$e(\varepsilon_{jki}, \varepsilon_{ijk}) := (\varepsilon_{jki} \circ \varepsilon_{ijk})^{\mathrm{T}} \Big(\sum jki + Adj_{jki} \sum_{ijk} Adj_{jki}^{T} \Big)^{-1} (\varepsilon_{jki} \circ \varepsilon_{ijk})$$

$$(9-12)$$

2. LSD‑SLAM 算法实际表现

　　本章采用的是 LSD‑SLAM 算法的离线模式,运行的平台为 Ubuntu14.04 系统下的 ROS Indigo 系统,硬件设备采用的是 Intel Core i7‑4720HQ 处理器,该处理器的频率为 2.60 GHz,搭载的 RAM 为 8 G。该算法离线模式的输入为相机参数和图像序列组成的数据集。其中,拍摄视频的设备为普通的智能手机 iPhone6S 型号,拍摄视频的分辨率为 1 334×750 像素,拍摄视频时长为 1~5 min,帧率为 30 帧/s。通过对视频进行采样,制成由 600~3 000 张图像组成的图像序列数据集。其中,采样频率为 3 Hz,组成数据集的图像序列降采样为分辨率 853×640 像素的图像序列集,对图像的分辨率进行转换的目的是减少图像的冗余信息以提高系统运行速度。相机参数可通过张正友标定法获得,标定图像示意图如图 9‑3 所示,图中棋盘为 13×13 规格的专业标定板。

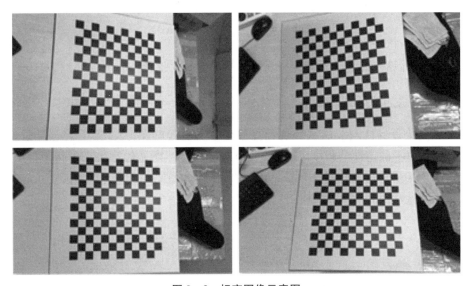

图 9‑3　标定图像示意图

　　本章分别选取室内、室外两个典型的场景对 LSD‑SLAM 算法的建图效果进行测试,场景如图 9‑4 和图 9‑5 所示,分别是实验室的桌椅电脑等日常摆设及室外环境[1,5]。建图效果如图 9‑5 所示,通过直观性观察,可以看出由 LSD‑SLAM 离线模式构建出的点云地图存在噪声较大且物体轻微变形的情况。根据测试结果得出以下结论:

（1）LSD - SLAM 算法解决的是实时环境中定位和导航的问题,因此该算法构建环境点云图的时间取决于视频长度;

（2）SLAM 考虑实时性问题,设计之初舍弃了许多运行效率低下的优化算法,这造成环境点云图噪声偏大;

（3）LSD - SLAM 算法是比较成功的单目 SLAM 算法,因为采用的是直接法,所以对相机的参数敏感度

图 9 - 4　室外选景

高,对标定精度有一定的要求,即便同一型号的相机也需使用专业的标定板另行标定方可达到 LSD - SLAM 算法的要求;

（4）LSD - SLAM 算法在剧烈运动的场景下极易丢失关键帧,相机运动的轨迹应尽可能平缓,离线模式下视频的拍摄需要一定的经验积累。

图 9 - 5　单目 LSD - SLAM 算法室内环境真实场景与建模对比

9.2　运动恢复结构三维场景构建

9.1 节介绍了 LSD - SLAM 算法的原理,分别选择室内、室外两个场景进行了图像序列数据集的构建。此外,利用张氏机标定法对拍摄的摄像机进行标定,经过对两个场景的点云地图重建测试,发现 LSD - SLAM 算法具有对相机内参精度要求高、点云噪声过大、对拍摄视频场景要求过高等问题[1,6]。因此,在本章

引入原理近似的运动恢复结构(structure from motion,SFM)技术进行场景三维构建的比较。本节由两小节组成,分别介绍 SFM 技术的基本原理及 SFM 技术的实际表现。

9.2.1 SFM 技术的基本原理

SFM 实质上是指通过图像集以及根据图像提取出的特征,估算出点在空间中位置的一种技术。如图 9 - 6 所示,SFM 由图像序列的构建、特征点提取、特征点描述、匹配、矩阵计算、3D 重建,以及参数优化七部分构成。图像序列可以通过拍摄视频下采样获得,特征点相关部分属于图像特征的处理部分,特征点含有丰富的信息,可以用来代表图像;特征点描述是用来表示特征携带的关键信息,不同的描述算法具有不同的信息表达能力,可根据实际情况进行选择。特征匹配的原理可使用价值函数来表示:

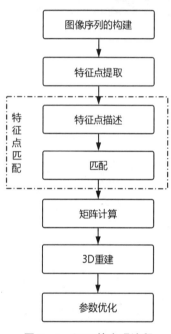

图 9 - 6 SFM 的实现流程

$$\text{FeaturePair} = f(S_R, S_T) \qquad (9-13)$$

式中,S 代表特征点集,R 代表参考图片、T 代表目标图片。

SFM 常常使用最邻近点搜索算法作为特征匹配方法。该方法匹配后的特征点,形成的点对往往比较粗糙,需要进一步删除错误的点对、确认正确的点对,最常使用的优化方法是几何约束法。因为 SFM 涉及图像的姿态信息,所以该算法采用五点法求取相机内、外参数,并据此求取相机本征矩阵、相对变换矩阵。选择匹配的特征点数较多的图像进行重建,根据相机内、外参数以及图像间的匹配关系得出空间点的坐标。之后,选择与已知坐标点匹配最多的图片并添加进来。将全部正确匹配的点对连起来,形成特征点初始的运动轨迹,然后使用 Bundle Adjustment 算法将全部的轨迹描绘出来。待优化之后便可以得到稀疏 3D 点云[1,7-10]。

SFM 算法的基础是特征点的提取、检索、配对方法。SFM 算法能从不同的图像中寻找可代表图像主要信息的关键点,匹配包括特征点描述以及特征向量的匹配两部分内容。常见的特征点提取算法如表 9 - 1 所示,其中尺度不变特征变换(scale-invariant feature transform,SIFT)算法精度最高并且在抵抗相机旋转尺度变换等方面拥有良好的表现,但缺点是提取速度较慢。Harris 算法虽然运行花

费时间较短,但在精度上较差。加速稳健特征(speeded up robust features,
SURF)算法虽然精度、计算时间及光照变换等三方面具有良好的表现,但抗旋转
方面比 SIFT 差。本章中,需要用 SFM 算法得到的 3D 点云与激光点云构成的环
境信息库进行匹配,用以查询用户当前的位置。由于目前针对非刚体变换的点云
的相关配准算法尚不成熟,需要选择尽可能精确的算法来提高生成的 3D 点云的精
确度。因此,本章选择精度最高的 SIFT 算法作为 SFM 的特征点获取算法。下面
是对 SIFT 算法基本原理的介绍。

表 9-1 特征点提取算法比较

算 法	精 度	尺 度	光 照	旋 转	时 间
Harris	差	无	一般	无	快
FAST	一般	无	一般	无	快
SIFT	很高	优秀	一般	优秀	一般
PCA-SIFT	较高	好	好	好	较快
SURF	高	一般	优秀	一般	快
BRISK	较高	优秀	好	有	较快
FREAK	一般	好	好	有	快

SIFT 算法由以下几部分组成:生成图像的高斯金字塔并构建尺度空间、消除
边缘响应、极值点检测、特征点赋值方向参数、生成关键点的描述子、匹配。

图像金字塔是通过改变分辨率而获取图片包含的信息。在多个不同尺度下,
对输入的图像采样得到多个不同分辨率的图片,最底部为最清晰的图像,从底部到
顶部分辨率、清晰度逐渐降低,由此产生图像金字塔[1,9-12]。生成图像金字塔分为
两个步骤:平滑图像、采样。根据摄影常识可知,图像伴随观测距离的增大而变得
模糊,在金字塔中,对应观测照片尺度的增大导致图像模糊度的增加。假设以 σ 表
示图像平滑度,则根据定义可知,σ 不同,尺度不同。定义尺度空间 $L(x,y,\sigma)$,代
表图像和变尺度 Gauss 函数的卷积,图像以 $I(x,y)$ 表示,Gauss 函数为

$$G(x_i,y_i,\sigma)=\frac{1}{2\pi\sigma^2}\exp\left[-\frac{(x-x_i)^2+(y-y_i)^2}{2\sigma^2}\right] \tag{9-14}$$

则图像尺度空间为

$$L(x,y,\sigma)=G(x,y,\sigma)*I(x,y) \tag{9-15}$$

式中,* 表示 Gauss 卷积,这是表现尺度空间的一种数学形式;(x,y) 表示尺度坐

标。在图像表达中,小尺度与细节特征对应,大尺度与全局特征对应。Gauss 尺度差分空间的提出,为稳定特征点的查找提供优秀的方案。Gauss 尺度差分空间由式(9-16)得到

$$D(x, y, \sigma) = \left[G(x, y, k\sigma) - G(x, y, \sigma) \right] * I(x, y)$$
$$= L(x, y, k\sigma) - L(x, y, \sigma) \tag{9-16}$$

Gauss 卷积的作用是平滑图像,使图像特征边缘变得模糊。图像平滑之后,灰度值的变化趋于平缓,变化轻微的点将被滤除,这更有利于计算机特征点的提取。Gauss 图像金字塔的创建步骤简要如下:① 将输入图像扩大一倍作为第一组(Octave)第一层(Interval),通过高斯卷积之后作为第一组第二层。② 将 σ 乘上常数 k,利用新的因子平滑第一组第二层图像结果作为下一层图像。③ 依照上面所示得到最终的 L 层,每一组对应的平滑系数:0,σ,$k\sigma$,$k^{2\sigma}$,$k^{3\sigma}$,…,$k^{(L-2)\sigma}$。④ 将第一组倒数第三层的图片进行 2 倍的减采样,结果为下一组第一层的图片,然后对第二组执行与第一组相同的平滑处理。⑤ 按照上面步骤反复执行,共得到每组有 L 层的 N 组图像,以上获得的所有图像构成高斯图像金字塔。该结构模拟图像在不同尺度下的效果,为关键点的检测做了充分的准备工作。

局部极值点组成了关键点。通过对局部极值点进行检测,可获得关键点。极值点是通过把当前点同相邻的像素点做比较,灰度值明显大于或小于周边所有相邻点的中心像素点。根据像素点的离散性特点,可利用泰勒展开式得到

$$D(x) = D + \frac{\partial D^{\mathrm{T}}}{\partial x} x + \frac{1}{2} x^{\mathrm{T}} \frac{\partial^2 D}{\partial x^2} x \tag{9-17}$$

计算极值点,得到偏移量:

$$\hat{x} = -\frac{\partial^2 D^{-1}}{\partial x^2} \frac{\partial D}{\partial x} \tag{9-18}$$

可得方程:

$$D(\hat{x}) = D + \frac{1}{2} \frac{\partial D^{\mathrm{T}}}{\partial x} \hat{x} \tag{9-19}$$

式中,$\hat{x}$ 代表插值中心偏移量,当满足条件 x、y、σ 中任意一个维度偏移超过 0.5 时,就表明插值中心偏移到了邻近点,需改变当前关键点位置,更换位置后需要执行以上步骤直到符合条件为止。通过以上过程获得更加精准的特征点和相对应的 σ。

经过极值点检测,得到较精准的极值点,但是其中有些极值点无法在算法中

有效使用,这些无法使用的极值点大部分产生于边缘区域。SFM 中利用极值点不同边缘区域曲率不同的特点,剔除无用点,极值点的主曲率通过式(9-20)得出

$$H = \begin{bmatrix} D_{xx} & D_{xy} \\ D_{yx} & D_{yy} \end{bmatrix} \tag{9-20}$$

假定 H 特征值是 α、β,两者代表 x、y 方向的梯度,并且有 $\beta < \alpha$。令 $\alpha = r\beta$,则有

$$T_r(H) = D_{xx} + D_{yy} = \alpha + \beta \tag{9-21}$$

$$\mathrm{Det}(H) = D_{xx}D_{yy} - D_{xy}D_{yx} = \alpha\beta \tag{9-22}$$

式中,$T_r(H)$ 表示求得 H 的对角元素之和;$\mathrm{Det}(H)$ 表示求得 H 的行列式值。

$$\frac{T_r(H)^2}{\mathrm{Det}(H)} = \frac{(\alpha + \beta)^2}{r\beta^2} = \frac{(r+1)^2}{r} \tag{9-23}$$

根据式(9-23),梯度伴随着比值的增大而变大,则另一方向的梯度会变小。为剔除无用点,只需检验该比值是否小于设定的阈值即可,见式(9-24),此处应设置合理的阈值。

$$\frac{T_r(H)^2}{\mathrm{Det}(H)} < \frac{(r+1)^2}{r} \tag{9-24}$$

通过 Harris 角点提取算法处理后,得到较为精确的特征点,下一步需要计算该点的方向。找到与图像对应的尺度,利用该尺度对图像的关键点进行有限差分,由式(9-25)和式(9-26)可得 $3 \times 1.5\sigma$ 范围内的梯度幅值与辐角。

$$m(x, y) = \sqrt{[L(x+1, y) - L(x-1, y)]^2 + [L(x, y+1) - L(x, y-1)]^2} \tag{9-25}$$

$$\theta(x, y) = \arctan\left[\frac{L(x, y+1) - L(x, y-1)}{L(x+1, y) - L(x-1, y)}\right] \tag{9-26}$$

梯度方向与幅值的直方图如图 9-7 所示,直方图纵轴代表次数,横轴代表方向,直方图峰值定义为主方向。

关键点已经获得了方位、尺度,下面介绍描述子的构建过程。为展示特征点邻近区域梯度的统计分布,以向量 $h(x, y, \theta)$ 代表描述子。将点的邻域进一步划分

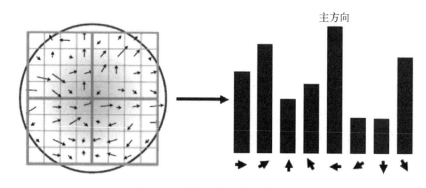

图 9-7 关键点梯度方向直方图

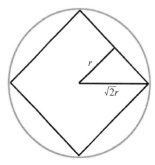

图 9-8 旋转效应示意图

为 $d×d$ 个子域,所以子域都拥有 $m\sigma$ 个像元,定义 $d=4$、$m=3$。考虑到引入双线性插值及旋转效应,该区域应为 $\sqrt{2}\,m\sigma(d+1)$,如图9-8所示。此外,对图像梯度方向进行旋转,以保证旋转不变性,旋转至图像横轴与主方向一致即可,利用式(9-27)完成以上操作:

$$\begin{bmatrix} x' \\ y' \end{bmatrix} = \begin{bmatrix} \cos\theta & -\sin\theta \\ \sin\theta & \cos\theta \end{bmatrix} \begin{bmatrix} x \\ y \end{bmatrix} \qquad (9-27)$$

子域内共算出八个角度的梯度直方图,子域的直方图把 $360°$ 分为每区间 $45°$ 的八个角度子区间。因为每区域包含 $d×d$ 个子域,所以一共得到 128 项数据,也就构成了 128 维 SIFT 特征向量,如图9-9所示。

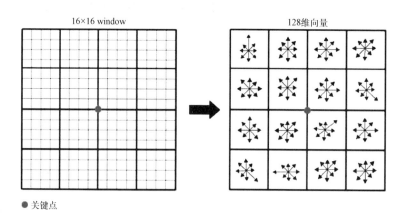

图 9-9 128 维 SIFT 特征向量示意图

特征点的匹配是为了在目标图片中查询出与参考图片中某特征点对应的点,即判断两个点的相似程度。常常以欧氏距离式(9-28)作为相似性的判断依据,其中 d 代表距离,x_1、x_2 代表两个 N 维的向量。SFM 中引入最邻近查找算法,通过多次迭代回溯查询,得到最小距离点,之后通过随机抽样一致(random sample consensus,RANSAC)算法剔除错误匹配点。

$$d_{12} = \sqrt{\sum_{i=1}^{n} (x_{1i} - x_{2i})^2} \qquad (9-28)$$

在 SFM 中,可以通过多张相关图像取得物体相对深度及空间信息。在 SFM 中,使用自标定算法得出摄像机内参数,该方法的优点在于无须借助特殊标定物便可以方便灵活地使用。SFM 的矩阵计算环节就是对本征矩阵、基础矩阵等的求取。本征矩阵用 E 表示,它包含了图像之间的旋转和平移信息。基础矩阵用 F 来表示,它涵盖了本征矩阵的内容,还包括摄像机内参数。SFM 使用八点法求取基本矩阵,假设点 $x = (u, v, 1)^T$ 到点 $x' = (u', v', 1)^T$ 为一对匹配点。一组匹配点可得到方程式(9-29),当给定超过七个点时,便可计算出基础矩阵 F。

$$\begin{bmatrix} u & v & 1 \end{bmatrix} \begin{bmatrix} f_{11} & f_{12} & f_{13} \\ f_{21} & f_{22} & f_{23} \\ f_{31} & f_{32} & f_{33} \end{bmatrix} \begin{bmatrix} u' \\ v' \\ 1 \end{bmatrix} = 0 \qquad (9-29)$$

当给定 n 组匹配点时,将方程组以向量相乘的方式表现出来为

$$\begin{bmatrix} x_1'x_1 & x_1'y_1 & x_1' & y_1'x_1 & y_1'y_1 & y_1' & x_1 & y_1 & 1 \\ \vdots & \vdots & \vdots & \vdots & \vdots & \vdots & \vdots & \vdots & \vdots \\ x_n'x_n & x_n'y_n & x_n' & y_n'x_n & y_n'y_n & y_n' & x_n & y_n & 1 \end{bmatrix} \begin{bmatrix} f_{11} \\ f_{12} \\ f_{13} \\ f_{21} \\ f_{22} \\ f_{23} \\ f_{31} \\ f_{32} \\ f_{33} \end{bmatrix} = 0 \qquad (9-30)$$

通过奇异值分解(singular value decomposition,SVD)来求解用以应对点对坐标有噪声的状况。由于匹配点可能存在噪声,可通过多次选择八点法,多次计算基础矩阵 F,取验证成功点数最大的 F 为最终的基础矩阵。得到基础矩阵后,利用五点法求取本征矩阵 E,通过展开本征方程,化简后得到高阶的多项式方程,根据

该方程实数解中的一个得到的本征矩阵就是真实的本征矩阵,其他的解剔除。然后对本征矩阵进行 SVD,可得旋转 R 和平移量 T,剔除错误解并最终完成图像相对位置运动关系的估计。深度信息可通过三角形定位法计算得出。

　　上面得到了不同图像间的运动关系及特征点在空间中的位置,但得到的位置信息有可能存在误差。若按照得到的位置进行重投影,则得到的新投影位置也可能存在误差,此处引入 Bundle Adjustment 来减小这个误差。以上便是整个运动恢复结构的原理及过程。

9.2.2　SFM 技术的实际表现

　　在使用视觉 SLAM 算法的同时,已构建了可以由单目 LSD‑SLAM 算法执行的图像序列数据集。利用 SFM 算法三维重建的前提是构建 SFM 图像序列数据集。考虑到本章使用的 SFM 算法中利用 SIFT 算子提取特征点,该方法能够达到较高的精度但运行速度较慢,所以在构建本章的 SFM 图像序列数据集的过程中,应该以较低的采样频率处理拍摄视频。视频长度同样在 1~5 min,应当将输入图像数量控制在 60~300 张,本次实验视频采样频率为 1 Hz,输入图像的分辨率采用 853×480 像素。数据集包含的场景与 SLAM 相同,同样覆盖室内与室外场景,针对室内与室外的拍摄,相机轨迹应当近似圆形,拍摄轨迹半径应大于 1 m,拍摄过程中相机应尽量避免剧烈运动。室外场景选择室外环境中的标志性建筑进行尝试,拍摄轨迹为围绕中心物体的近圆形,拍摄半径约 6.4 m。图 9‑10 为 SFM 建图过程与实际情景对比,可以看出 SFM 精度较高,不存在观察可辨识的结构变动。经过实际场景的实验,得出以下结论:基于 SIFT 算子的 SFM 算法具有较高的精度,构建的点云地图为稀疏点云地图;实际测试过程中,输入图像 63 张,用 164 s 进行特征的提取,用 45 s 进行三维的构建,共用 209 s,时间长度与图片数量的平方呈正比例关系,可见 SFM 算法的不足之处在于运行时间较长,而这正是视觉 SLAM 技术的优势所在。

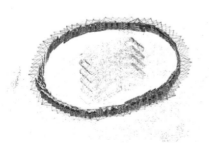

图 9‑10　SFM 建图与室外实景对照

　　对比单目 LSD-SLAM 算法与基于 SIFT 算子的 SFM 算法的效果,如图9-11所示。左图为单目 LSD-SLAM 算法生成的雕塑中心部分半稠密点云图,该点云图的点数为 777 844 个;右图为 SFM 算法生成的中心部分稀疏点云图,该点云图的点数为 49 778 个。通过与图 9-10 中的实物图进行对比,可以直观看出与右侧点云图相比,左侧点云图中的噪声较大,而且目标物体的整体形状发生观察可辨识的改变。由于目前对于非刚体变换的点云匹配的研究处于极不成熟的阶段,左图的生成结果在接下来的匹配配准环节中无法使用,所以本章选择 SFM 算法作为查找点云的构建方法。在以下章节中,将会对 SFM 算法精度做进一步分析。

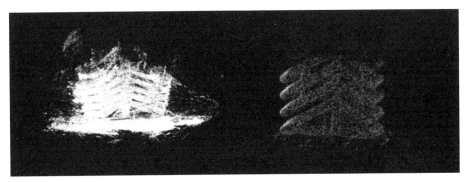

图 9-11　单目半稠密点云图(左)与稀疏点云图(右)对比

9.3　三维激光成像系统及设备参数分析

9.3.1　三维激光扫描系统

　　三维激光扫描系统是根据三维激光测绘技术的原理发展出来的一种工程系统,称为激光成像系统。该系统的核心目的是取得目标物体的三维空间结构及其特征。三维激光测绘技术诞生之初用于精确测定空间内某一个点的位置信息和空间特征,随着技术的发展,目前该技术常用来计算空间中某一物体的复杂几何特征。

　　三维激光扫描系统通常包含激光扫描仪、相机及周边供电支持设备等,可以不接触目标物体而获取其三维点云数据及图像信息,经过一系列的处理进而生成被扫描物体的三维点云。从使用的角度来看,通常可把三维激光成像系统分为以下几类。

　　(1) 机载激光扫描仪。该设备与飞机相结合,通常结合惯性测量单元(inertial measurement unit, IMU)、GPS 定位系统及相机装置等设备。该激光扫描仪获得地面扫描点的距离信息,GPS 提供精确的设备空间坐标,IMU 给出载具的行进姿态信息,再利用几何原理估算出地面点的空间位置信息。

（2）手持式激光扫描设备。它的主要优点是机动性强,使用者能在极短时间内得到较为精确的小型目标空间信息。

（3）地面激光扫描设备。地面激光扫描设备又分为可移动设备和固定式设备,常见的全站仪即为固定式设备。固定式设备由激光扫描仪、摄像机及电源等其他设备组成。设备的选择根据测量精度的要求及环境来决定,本章中所使用的设备为固定式地面三维激光扫描设备。

地面激光扫描设备的工作原理如下：通过记录激光从发出到反射回来的时间、相位差,估算设备到目标的距离,集成时钟编码器,可有效提高扫描仪测量的激光扫描的横向角度以及纵向角度的精度。利用扫描仪进行测量的基础是拥有目标适用的空间坐标系。激光扫描仪具有设备坐标系,该坐标系属于右手坐标系,初始激光发出点为坐标系原点,设备的竖直轴为 Z 轴,水平方向上初始状态激光发射方向到水平面的投影指向为 X 轴。假设水平角度为 α,竖直角度为 θ,激光发出点到物体距离设为 s,则根据图 9-12,得式(9-31)：

$$
\begin{aligned}
x &= s\cos\theta\sin\alpha \\
y &= s\cos\theta\cos\alpha \\
z &= s\sin\theta
\end{aligned}
\qquad (9-31)
$$

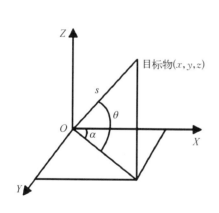

图 9-12   扫描坐标系示意图

图 9-13   地面式固定三维激光扫描设备

9.3.2   激光雷达设备简介

本章采用地面式固定三维激光扫描设备,如图 9-13 所示。该设备为奥地利 Rigel 公司的产品,该产品型号为 vz - 1000,该型设备具有快速、安全、无须接触便可获取数据的优点,设备中集成了多面多角棱镜,可在电动机的带动下快速精确转动,提供较为优秀的线式无序点云。该设备提供两种扫描模式:高速模式和低速模式,高速模式是利用棱镜发出的激光进行线扫描,低速模式是通过光学头的转动进行 360° 的面扫描,以上两种扫描模式的扫描角度均可提前设置。此外,该设备在扫描过程中会产生多个回波,该特性可用来进行植被覆盖下的地形探测。

Rigel vz - 1000 的主要参数如表 9 - 2 所示,在实际使用过程中,该设备扫描速度极快,在很短的时间内可获取到大量的信息。该设备每秒能扫近 300 000 个点,水平方向能覆盖 360° 的范围,竖直方向上最大扫描角度为 270°,角度的分辨率可达 0.000 5°。该型号设备具有扫描迅速、测量精确、方便携带、使用简便、可利用普通野外作业电池供电等优点,并集成了 GPS、无线局域网(wireless local area network,WLAN)、水平传感器等设备,非常利于外业采集工作。同时该设备还集成了彩色摄像机,可采集场景的图像信息,为后期的处理提供素材。

表 9 - 2　Rigel vz - 1000 扫描仪设备参数

扫描仪参数	最大测距范围 $p = > 90\%/ > 20\%$	100 m 处点云分布密度 360°(水平角)×100°(垂直角)			
		Pattern80/ 140 mm	Pattern60/ 100 mm	Pattern40/ 70 mm	Pattern20/ 40 mm
长距离模式	1 400 m/700 m	21 s	5 min 8 s	12 min	48 min
高速模式	450 m/350 m	7 s	1 min 17 s	3 min	12 min
每个测站之点云数数量		约 99 万	约 1 000 万	约 2 000 万	约 4 000 万

9.4　三维激光建模及点云的处理

9.4.1　精度的分析

本章采用激光扫描仪得到的数据作为参考点云,则激光扫描仪输出的数据就需要较精确才能够保证利用查询点云位置查找的正确性。本小节将分析影响参考点云精度的因素,并对数据采集的流程进行阐述。参考点云的精度由扫描仪的测量精度来保证,通常该精度与扫描的角度、目标的距离,以及点位有一定的关系,下面将对距离及角度的误差模型进行分析[1,12-15]。

点的坐标精度与扫描测得的水平角度、竖直角度有关,由于电动机的转动及环境的影响,角度的测量总会存在一定的误差。在实际使用中,激光光线并不是理想的射线,而是有尺寸、有宽度的光柱。有时接收器接收到的返回信号可能并非来自光斑的中心点。这个角度的偏差可通过图 9 - 14 和图 9 - 15 表示,其中,d 定义为斑点半径,θ_B 定义为偏离轴线的最大水平角度,α_B 定义为偏离轴线的最大竖直角度,s 表示接收器激光边缘的光线距离。根据此模型可得式(9 - 32)和式(9 - 33),由于角度差与目标物体存在一定的关系,若假设角度测量误差为 m_A,角度系统误差为 m_{system},角度随机误差为 m_{random},偏离轴线误差为 $m_{\text{BeamWidth}}$,则角度误差可以使用式(9 - 34)表示:

$$\theta_B = \frac{d}{s} \tag{9 - 32}$$

$$\alpha_B = \frac{d}{s} \tag{9 - 33}$$

$$m_A = \sqrt{(m_{\text{system}})^2 + (m_{\text{random}})^2 + (m_{\text{BeamWidth}})^2} \tag{9 - 34}$$

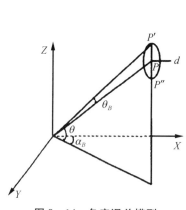

图 9 - 14   角度误差模型

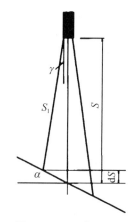

图 9 - 15   距离误差模型

距离是通过计算发射时间与接收时间的时间差来确定(图 9 - 15),而距离的精度直接关系到点坐标的精度,所以不可忽视距离测量的误差。距离测量的误差往往由激光柱与物体表面的不垂直而造成,定义 γ 为激光柱最大偏离角度,S 和 S_1 为激光柱中心和边缘到目标物的距离,可得最大距离误差式(9 - 35),若定义 m_S 为距离测量产生的误差,m_{S_system} 代表距离测量产生的系统误差,m_{S_random} 代表距离测量产生的随机误差,m_{Slant} 代表激光和目标物不正交而产生的误差,则可得式(9 - 36)。

$$dS = S_1 - S = -\frac{S \times \gamma \times \tan\dfrac{\gamma}{2}}{2} \tag{9-35}$$

$$m_S = \sqrt{(m_{S\_system})^2 + (m_{S\_random})^2 + (m_{Slant})^2} \tag{9-36}$$

由激光扫描的原理可计算点位误差,令 m_p 表示激光的点位误差,m_θ、m_a 分别表示垂直方向上和水平方向上的角度误差,则可得点位误差为

$$m_p = \sqrt{(m_X)^2 + (m_Y)^2 + (m_Z)^2} \tag{9-37}$$

其中,

$$m_X = \sqrt{(\cos\theta\cos\alpha)^2 m_S^2 + (S\sin\theta\cos\alpha)^2 m_\theta^2 + (S\cos\theta\sin\alpha)^2 m_a^2} \tag{9-38}$$

$$m_Y = \sqrt{(\cos\theta\sin\alpha)^2 m_S^2 + (S\sin\theta\sin\alpha)^2 m_\theta^2 + (S\cos\theta\cos\alpha)^2 m_a^2} \tag{9-39}$$

$$m_Z = \sqrt{(\sin\theta)^2 m_S^2 + (S\cos\theta)^2 m_\theta^2} \tag{9-40}$$

经过上述误差模型的分析能够估算出激光扫描设备的测量精度。在本章中,采集的场景尺度都是几十米级的,而本设备在一百米处的扫描精度为毫米级,所以完全能够满足本章对精度的要求。

9.4.2　数据的采集

本章选取室外环境一角作为室外场景,选取信息楼大厅作为室内测量场地[1]。使用室外场景对激光扫描仪设备进行实际测试及设备操作的学习,使用激光扫描仪的具体步骤如下:

(1) 选取合适的扫描位置,避免对目标物体产生较大的遮挡,通常选择多个不同的角度进行测量之后拼接多站数据以保证覆盖目标物体的各个角度;

(2) 设置扫描参数,根据目标物的种类、表面特点选择采样的间隔以及激光频率等,由于本章使用的场景是在室内,所以需要选择适合的建筑物参数;

(3) 拍摄周边图像信息,赋予点云 RGB 信息,为后期处理预留数据。

激光扫描仪采集操作流程见图 9-16,室外环境一角激光建图效果如图 9-17 所示。

图 9-16　激光扫描仪采集操作流程

图 9 - 17   室外环境一角激光建图效果

本章对应的应用场景是在较大的建筑物内（商场、大厅、建筑物天井等）获得行人的高度信息及位置信息（图 9 - 18）。由图 9 - 18 可以看出,该场景符合场景需求,所以选择室内大厅作为实验场景,建图效果如图 9 - 19 所示。

图 9 - 18   室内场景示意图

图 9 - 19   室内场景建图效果示意图

9.5   激光点云数据的拼接与 K - D 树的构建

由于激光属于光的一种,光线只能沿着直线传播,所以就不可避免地造成遮挡。针对这个问题,需要选取多个角度对数据进行采集,以补全被遮挡的部分。以室外雕塑为例,分别选取三个不同的角度对雕塑部分进行了扫描,扫描结果如图 9 - 20 所示[1]。经过扫描后为获得较为完整饱满的雕塑附近区域的模型,本章利用选点法对三个点云进行了两次拼接,拼接后引入最小二乘法进行误差的优化。经过两次拼接及优化后的效果如图 9‑21 所示,算得的点对距离分布如图 9‑22 所示,平均距离为 0.0043 m,而距离主要分布在 −0.005～0.005 m,三站数据最终的拼接效果几近完美,该结果从侧面也能反映出三维激光建图的精确度[1]。

图 9‑20　三个不同角度扫描室外花园场景建图效果

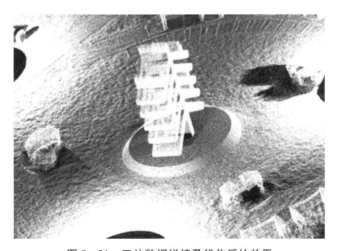

图 9‑21　三站数据拼接及优化后的效果

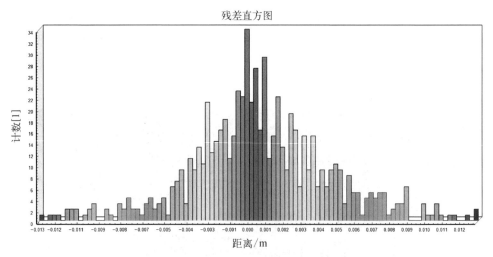

图 9‑22　拼接后的对应点对距离分布

经过上面的拼接,点云的数量达到了惊人的 9 866 669 个,为了提高搜索与存储点云的效率,本章引入 K‑D 树方法对点云的空间进行切割。K‑D 树构建流程如图 9‑23 所示,在此处不再赘述。

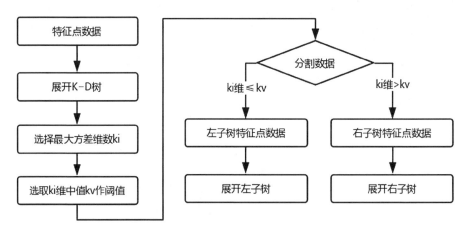

图 9‑23　K‑D 树构建流程

K‑D 树的构建极大地提高了查询效率,使用 K‑D 树检索目标点分为以下几步:首先,从根节点出发向下收缩整棵树,如果目标点的坐标小于当前维度的分割,则超平面对应坐标就查询左子树,否则查询右子树,以此不断向下搜索,直到叶节点为止;得到最邻近点后,计算目标点与当前邻近点的距离;之后,沿着查找路径反向搜索分割面另一侧的更邻近点,若查找到更邻近的点则更新最邻近点,不断查找直到回溯到根节点为止。K‑D 树的加速效果如表 9‑3 所示。

表 9-3　不同数量的点云查询 n 个点花费时间

点云点数 n	1	3	5	7	9
40000	0.64 s	0.109 s	0.109 s	0.14 s	0.125 s
400000	1.093 s	1.093 s	1.109 s	1.187 s	1.109 s
400000	14.578 s	14.485 s	14.656 s	14.672 s	14.953 s

9.6　点云预处理策略的提出

由前面的章节可知,三站数据拼接后的三维激光点云点数达到 9 866 669 个,而使用 LSD - SLAM 算法生成的稠密点云点数达到 777 844 个,点云稀疏时基于 SFM 方法获得的点云点数也达到 49 778 个。无论是激光点云还是两种基于视觉方法生成的点云点数都远超轻量点云(数千个点)的数量级。如此海量的点云,不可避免地会受到噪声的干扰,产生一系列无用点、离群点、错误点。激光测量精度较高点云噪声较小,但视觉方法易受光线、环境的影响而产生较大的误差。噪声较大的点云如图 9-10 所示,不仅会影响点的精度,对后续特征提取与查找匹配也会造成影响,更会改变所构建物体的整体结构,造成无法匹配特征点的现象[15]。对激光构建的点云数据进行了 K - D 树结构的生成,但是点云中点的数量依然过于庞大,数据的庞大会带来计算量的问题,给运行机器造成巨大负担,直接影响后期特征查找、位置估算的运行时间[1]。因此,针对以上问题,本章提出一系列适用的点云预处理策略,下面将介绍本章引入的几种滤波处理算法及其实际应用情况。

本章中,由于获得的无论是 LSD - SLAM 半稠密点云图还是 SFM 稀疏点云图,主要物体周围都存在较多的噪声点。针对该问题,本章引入了直通滤波器,根据统计特性选取滤波的坐标范围对主要目标周边的干扰噪声进行滤除。通过对噪声较大的 LSD - SLAM 点云进行处理,可以看出滤波效果(图 9-24),图中点云滤波前共计 2 011 308 个点,滤波之后共计 1 413 599 个点,左侧图是没执行滤波之前的点云,右侧图是执行滤波之后的点云。

直通滤波器滤掉了目标物体周边较大的干扰点云,但是目标物体周围依然存在较多离群干扰点。接下来引入统计滤波器进行滤波,统计滤波器通过对目标点与该点邻域中两点距离进行统计设定半径范围,把不在该范围内的点作为离群点予以去除。假设点云中第 n 个点为 $q_n (n=1, 2, \cdots, S)$,若该点到邻近第 i 个点的距离定义为 d_i,则该点到周边 k 个邻近点的平均距离 d 的高斯分布表示为式

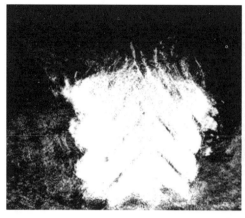

图 9 - 24　直通滤波器效果图

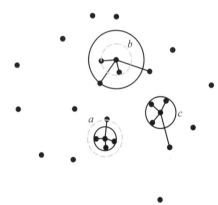

图 9 - 25　统计滤波器示意图

(9-41)。设定半径范围 s_y [式(9-42)],其中 μ 为均值,σ 为标准差。之后,根据 d 及 s_y 判断该点是否应当保留。如图 9 - 25 所示,当 $k=4$ 时,虚线圈表示设定的半径范围,而实线圈表示找到的 k 个邻近点的平均距离,点 a、c 的平均距离不大于设定的范围,b 点平均距离大于设定范围,则 b 点是需要被删除的数据。图 9 - 26 展示统计滤波器的效果,其中,左侧点云为滤波前的点云数据,共 1 413 559 个点,右侧点云为滤波后的点云数据,共 1 312 956 个点,可以很明显地观察出离群点的滤除效果。

$$d = \frac{\sum_i^k d_i}{k} \qquad (9-41)$$

$$s_y = \mu \pm g \cdot \sigma \qquad (9-42)$$

通过直通滤波器直接滤除了目标物体周围大范围内的干扰点云,通过统计滤波器滤除了目标物体附近的离群干扰点。但是点云数量依旧庞大,点数超过一百万个,使用如此庞大的点云数据进行匹配显然要耗费大量的计算资源,为保持点云整体结构并精简点云数据,需要引入体素格滤波器,如图 9 - 27 所示。体素格滤波器滤波分为以下几步:① 首先获取点云数据的点在各个轴上的最大值和最小值,并以此生成出包围盒。② 令每个栅格里的数据大于 k 个,据此划分出同等大小的

图 9-26　统计滤波器效果图

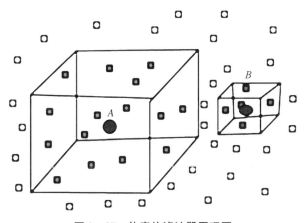

图 9-27　体素格滤波器原理图

栅格。③ 估计栅格内点的法向量,由此得到每点 k 邻近点的最小二乘平面 H。④ 根据主分量分析法的原理,估算出 H 的法向量,由此获得某点在该平面法向量的邻域质心,以此计算出特征向量,定义具有最小值的特征向量作为该点的法向量。⑤ 通过判断该点法向量和它邻近点法向量之间的角度是否符合阈值,以此类推选取离栅格重心点最近的点代替栅格内的所有点,完成滤波。体素格滤波器效果图如图 9-28 所示,左侧点云图为未执行滤波之前的点云,点数共计 1 312 956 个,右侧点云图为滤波之后的效果,点数共计 192 837 个,点的总数减少到原来的 14.68%。通过观察也可看出,在保证点云结构的同时,点的数量明显减少。

利用本章节的滤波策略,对 SFM 算法生成的稀疏点云图进行了去噪声处理,效果图如图 9-29 所示,滤波之前共 49 778 个点(左图),滤波之后共 27 588 个

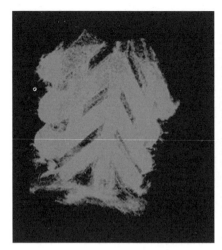 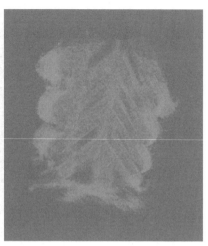

图 9 - 28　体素格滤波器效果图

点(右图)。以上为点云预处理的全部过程。本章根据需要提出了一种合理的滤波策略：通过直通滤波器去除了目标物体大范围内的噪声点云,通过统计滤波器滤除了点云目标物体邻近的离群噪声点,利用体素格滤波器实现在保证点云结构的基础上点数量的下采样。通过以上预处理策略,有效降低了点云数据噪声,精简了点的数量,提高了后期匹配的效率。

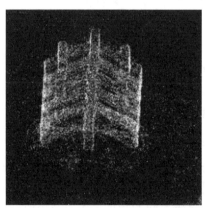 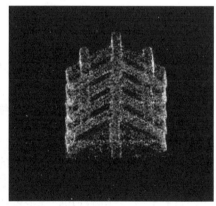

图 9 - 29　稀疏点云图去噪处理效果图

9.7　视觉与激光点云配准算法的提出

前面已经完成对查询点云、参考点云的构建与预处理。为了能够在参考点云中查询到查询点云的位置,需要进行点云特征提取、匹配与整体坐标的转换,而实现这个功能的方法称为配准。点云的配准为基于点云方法三维重建的最主要问题,获取准确、快速、有效的完整点云是点云配准的主要研究方向[1]。本节分析了几种常见配准算法的优点及缺点,并阐述本章点云配准策略的提出过程。

常见的点云配准算法包括应用广泛的迭代最近点(iterative closest point,ICP)算法、正态分布变换(normal distributions transform,NDT)算法、采样一致性算法(sample consensus initial alignment,SAC – IA)、四点法(4 – points congruent sets,4PCS)等。其中,迭代最近点法的精度很高,但需要提供参考转换矩阵,并且存在易陷入局部最优解的问题。因此,在使用 ICP 算法时,通常与粗配准算法相结合;采样一致性算法相较于迭代最近点算法,有鲁棒性高的优点,但是存在计算复杂度高、容易陷入局部最优解的缺点;相对于迭代最近点算法,正态分布变换算法提高了精度、降低了运行时间,但在场景范围大的情况下,运行时间过长;四点法基于仿射变换的原理能够在点云重合度很小的情况下,实现初始转换矩阵的估计,缺点是矩阵估计的精度不高。

基于以上常见算法的特点结合本场景中点云重合度低的特点,提出使用四点法作为点云的粗配准算法、ICP 算法作为细配准算法的策略。在假定已知视觉点云尺度的情况下,对本章采集到的数据进行了配准实验。下面是四点法及迭代最近点算法的原理。

四点法的思想是:从查询点云中找出共面四点,采用一定的方法在参考点云中找到与之近似的对应点,按照两者间的转换关系对点云进行转换,完成配准。假定给出点云 P、Q,给定距离判断阈值 δ,从 P 找出共面四点的集合 $X \equiv a, b, c, d$,假定 ab、cd 交于 e,得到比值[式(9 – 43)],该比值在转换中具有唯一不变性。那么在点云 Q 中,根据以上两个比值,计算 Q 中所有点对 q_1、q_2 的中间点 e_1、e_2[式(9 – 44)],若得到的两点在允许的范围内,则认为该点对为点云 P 中的仿射对应点,如图 9 – 30 所示。基于以上原理,四点法首先选择出合适的四点对构成集合,在 Q 中找出符合 δ 的点的集合 $U \equiv \{U_1, U_2, \cdots, U_n\}$,计算每个点对 U_i 对应的转换矩阵 T_i,选择部分 P 中的点使用每个 T_i 进行转换,并统计与 Q 相邻近的点,选取点数最多的转换矩阵作为该点对最佳矩阵 T,选取不同 P 中点对可得到不同的 T,之后利用上述方法得到最佳的转换矩阵 T_0。

$$r_1 = \frac{a-e}{a-b}, \quad r_2 = \frac{c-e}{c-d} \tag{9-43}$$

$$e_1 = q_1 + r_1(q_2 - q_1), \quad e_2 = q_1 + r_2(q_2 - q_1) \tag{9-44}$$

迭代最近点算法,是一种寻找与查询点云目标点所对应的参考点云最邻近点

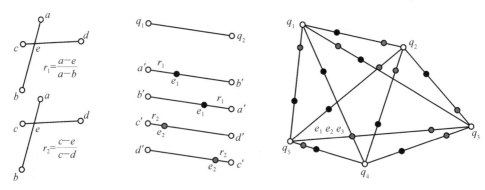

图 9-30 仿射转换点对计算示意图

的方法。首先,根据粗配准给出的初始矩阵,对点云 P 进行转换;查询 P、Q 点集找出距离小于一定阈值的点对得到邻近点点集 $Y = C(P_i, Q_i)$,点集的计算根据欧氏距离式(9-45)得到,求得点对总数为 N_p 对;那么基于点对的特征以及坐标间的相似性估计出转换关系;在此过程中,丢弃无法为配准提供正向修正的点对对应关系,根据剩下的点对对应关系估算转换矩阵 r、t(旋转矩阵、平移矩阵),利用最小平方方法得出最优的旋转平移矩阵式(9-46);当获得新的转换矩阵 r、t 后,对 P 进一步转换,则不可避免地会造成上述邻近点点集的变动,从而得到新的点集 Y,根据新的点集继续更新 r、t,直到目标函数值小到一定的阈值。

$$d(P_i, Q_i) = \| P_i - Q_i \| = \sqrt{(x_p - x_q)^2 + (y_p - y_q)^2 + (z_p - z_q)^2}$$
$$(9-45)$$

$$f(r, t) = \frac{1}{N_p} \sum_{i=1}^{N_p} | Q_i - r \cdot P_i - t |^2 \qquad (9-46)$$

本章利用工具 Point Cloud 通过观察法选取两种点云(选点精度在 5 cm 以内)的对应点对,计算出两种点云尺度的对应关系。视觉点云调整尺度前后对比图如图 9-31 所示,左侧为图调整尺度之后的点云;视觉点云调整尺度后与激光点云的尺度对比图如图 9-32 所示,左侧为激光点云。通过计算得出的尺度因子在(0.41, 0.43)。在此处,取中间值 0.42 作为视觉点云的参考缩放尺度因子,利用 PCL 点云库构建以上两种配准算法。首先对视觉点云进行了尺度的调整,然后对本章所提出的四点法粗配准加 ICP 算法精配准进行验证,得到的结果如图 9-35 所示,经过四点法粗配准得到的均方根为 0.062 030 6,由图 9-33 可以看出,配准后对应点之间的欧氏距离分布在 0～1.25 m,对应点的平均欧氏距离为 0.623 734 m,最大欧氏距离为 1.564 23 m;图 9-34 是在四点法的基础上使用最邻近点算法获得的结果,最邻近点算法的均方根为 0.061 842 8,绝大部分对应点的欧

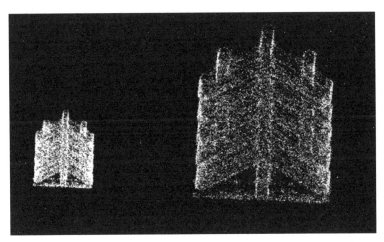

图 9 - 31 尺度调整前后视觉点云对比图

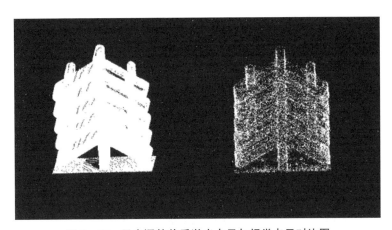

图 9 - 32 尺度调整前后激光点云与视觉点云对比图

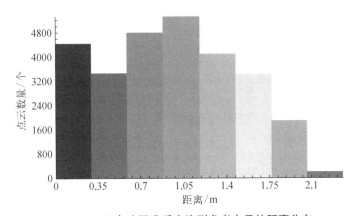

图 9 - 33 四点法配准后查询到参考点云的距离分布

氏距离在 0~0.05 m,98.713％的点的欧氏距离在 0~0.025 444 m,对应点的平均欧氏距离为 0.013 379 5 m,最大欧式距离为 0.203 553 m。由以上算法得到的最终结果即均方根为 0.061 842 8,平均欧氏距离为 0.013 379 5 m,本章的配准算法效果如图9-35 所示。视觉点云构建的场景尺度为 10 m 量级,在已知尺度的情况下得到以上结果,证明了本章配准算法的可行性。使用本章配准算法将查询点云(27 588 个点)配准到参考点云(4 333 669 个点)共耗时 39.25 s,运行程序的计算机处理器为i7-4720HQ CPU@ 2.6 GHz[1]。

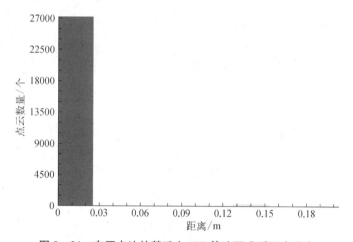

图 9-34   在四点法的基础上 ICP 算法配准后距离分布

图 9-35   视觉点云配准到激光点云的效果图

以上算法建立在尺度已知的情况下,但由于单目视觉尺度的不确定性,所以本章引入了可变尺度的 SGICP 配准算法。该算法除了平移及旋转以外,还引入了尺度因子的估计,在原有 GICP 的误差函数 d_i 的基础上增加了尺度变量 s,令

$T = [r \mid t]$，则式$(9-47)P$、Q 中的对应点集符合高斯分布，假定 $\hat{P} = \{\hat{P}_i\}$、$\hat{Q} = \{\hat{Q}_i\}$，C_i^q、C_i^p 分别代表各自对应点集点的协方差矩阵，则可定义成本函数式$(9-48)$：

$$d_i = Q_i - sTP_i = Q_i - srP_i - st \tag{9-47}$$

$$f = \frac{1}{N_p} \sum d_i^{\mathrm{T}} (C_i^q + s^2 T C_i^p T^{\mathrm{T}})^{-1} d_i \tag{9-48}$$

式中，右上角的 T 表示转置。可通过求导的方式计算最优解，定义最优解 $T^* = sT$，那么分解之后可得式$(9-49)$：

$$T^* = [s \quad x \quad y \quad z \quad \phi \quad \theta \quad \psi]^{\mathrm{T}} \tag{9-49}$$

$$\frac{\partial f}{\partial T^*} = \left[\frac{\partial f}{\partial s} \quad \frac{\partial f}{\partial x} \quad \frac{\partial f}{\partial y} \quad \frac{\partial f}{\partial z} \quad \frac{\partial f}{\partial \phi} \quad \frac{\partial f}{\partial \theta} \quad \frac{\partial f}{\partial \psi} \right]^{\mathrm{T}} \tag{9-50}$$

利用雅可比公式可得式$(9-50)$，计算偏导可得式$(9-51)$~式$(9-57)$，其中，$\mathrm{d}r_\phi = \dfrac{\mathrm{d}r}{\mathrm{d}\phi}$，$\mathrm{d}r_\theta = \dfrac{\mathrm{d}r}{\mathrm{d}\theta}$，$\mathrm{d}r_\psi = \dfrac{\mathrm{d}r}{\mathrm{d}\psi}$。

$$\nabla s = \frac{\partial f}{\partial s} = \frac{2}{N_p} \sum (-rP_i - t)^{\mathrm{T}} (C_i^q + s^2 T C_i^p T^{\mathrm{T}})^{-1} d_i \tag{9-51}$$

$$\nabla x = \frac{\partial f}{\partial x} = \frac{2s}{N_p} \sum (C_i^q + s^2 T C_i^p T^{\mathrm{T}})^{-1} d_i \tag{9-52}$$

$$\nabla y = \frac{\partial f}{\partial y} = \frac{2s}{N_p} \sum (C_i^q + s^2 T C_i^p T^{\mathrm{T}})^{-1} d_i \tag{9-53}$$

$$\nabla z = \frac{\partial f}{\partial z} = \frac{2s}{N_p} \sum (C_i^q + s^2 T C_i^p T^{\mathrm{T}})^{-1} d_i \tag{9-54}$$

$$\nabla \phi = \frac{\partial f}{\partial \phi} = -\left[dr_\phi, \frac{2s}{N_p} \sum P_i (C_i^q + s^2 T C_i^p T^{\mathrm{T}})^{-1} d_i^{\mathrm{T}} \right] \tag{9-55}$$

$$\nabla \theta = \frac{\partial f}{\partial \theta} = -\left[dr_\theta, \frac{2s}{N_p} \sum P_i (C_i^q + s^2 T C_i^p T^{\mathrm{T}})^{-1} d_i^{\mathrm{T}} \right] \tag{9-56}$$

$$\nabla \psi = \frac{\partial f}{\partial \psi} = -\left[dr_\psi, \frac{2s}{N_p} \sum P_i (C_i^q + s^2 T C_i^p T^{\mathrm{T}})^{-1} d_i^{\mathrm{T}} \right] \tag{9-57}$$

更新 s、x、y、z、ϕ、θ、ψ 实现梯度下降法，得到最优转换矩阵$(9-58)$：

$$
\begin{bmatrix} s \\ x \\ y \\ z \\ \phi \\ \theta \\ \psi \end{bmatrix}_{n+1} = \begin{bmatrix} s \\ x \\ y \\ z \\ \phi \\ \theta \\ \psi \end{bmatrix}_{n+1} - \begin{bmatrix} \nabla s \\ \nabla x \\ \nabla y \\ \nabla z \\ \nabla \phi \\ \nabla \theta \\ \nabla \psi \end{bmatrix}
\tag{9-58}
$$

　　该算法创造性地提出了一种尺度变化点云的配准算法,但该算法无法对重合度不高的点云进行配准,而且该算法也无法在尺度变化较大的情况下提供有效的配准。在本章中,以四点法与最邻近点算法的配准结果作为 SGICP 的初始转换矩阵,通过一系列的实验测试该算法可调节的尺度范围。实验结果见表 9 - 4,真实尺度在(0.41,0.43),S - Scale 代表由 SGICP 算出的视觉点云到真实尺度转换的尺度因子,表中当初始尺度因子小于 0.31 以及大于 0.9 时,会发生真实尺度的计算错误。由图 9 - 36 可看出曲线在初始尺度因子为 0.3~0.9 趋于平稳,根据以上结果得出：真实尺度因子在[0.413,0.424],取中值作为真实尺度因子 0.418 5,那么利用该算法可计算出真实尺度因子的点云应当为真实点云的 0.740 7~2.150 5 倍。由表 9 - 4 还可以看出,引入了 SGICP 在配准正确的前提下有效改善了配准的误差,改善幅度相较于四点法粗配准加最邻近点算法精配准在初始尺度接近真实尺度的情况下误差减小了约 1%；在初始尺度为真实尺度 2.15 倍的情况下,改善幅度约为 94%；在初始尺度为真实尺度的 75% 的情况下,改善幅度约为 32%。图 9 - 38 为配准后的俯视细节图,由该图也可看出 SFM 构建点云的精度。

表 9 - 4　SGICP 尺度因子计算范围

初始尺度	ICP - RMS	ICP - distance	SGICP - RMS	S - distance	S - Scale
0.2	0.103 31	0.051 179	0.077 006	0.021 061	0.168 2
0.3	0.105 577	0.053 873	0.084 736	0.033 854	0.300 1
0.31	0.093 385	0.038 477	0.063 192	0.013 34	0.413 8
⋮	⋮	⋮	⋮	⋮	⋮
0.42	0.061 843	0.013 379 5	0.061 19	0.012 867	0.415 6
0.43	0.063 976	0.013 081	0.063 556	0.010 174	0.422 7
0.44	0.066 923	0.014 636	0.061 89	0.012 867	0.415 8
⋮	⋮	⋮	⋮	⋮	⋮
0.9	1.065 59	0.956 465	0.063 254	0.010 169	0.423 8
1	1.203 86	1.048 51	0.081 577	0.053 725	0.296 6

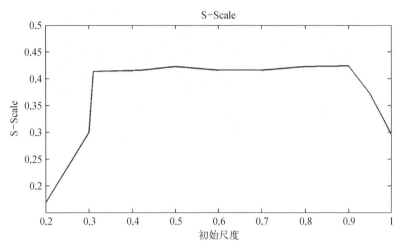

图 9 - 36 初始尺度因子与 SGICP 得到的尺度因子对应图

在前面的基础上,使用四点法粗配准、最邻近点算法精配准、SGICP 调整尺度的策略对前面的场景进行了配准。SGICP 运行耗时 2.14 s,最终得到的配准均方根为 0.061 190,得到的平均点对距离为 0.012 867 m,结果如图 9 - 37 所示,点对最大距离为 0.203 553 m。其中,98.771% 的点对距离小于 0.025 444 m,鉴于场景的尺度,得到的结果令人满意。在本小节中,本章提出了一种可以修正点云尺度的适用于重合度较低的两种点云配准算法,并验证了该算法调节尺度的范围,接下来需要找到一种可给出初始尺度的方法。

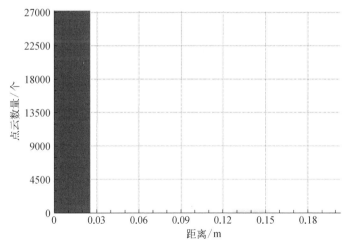

图 9 - 37 通过四点法、最邻近点算法以及 SGICP
配准算法得到的最终点对距离分布情况

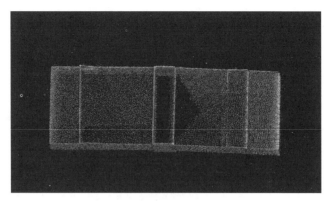

图 9 - 38　配准最终结果俯视图

9.8　基于惯性导航的视觉点云尺度估计方法研究

本章中采用的是单目相机获取查询点云场景信息,这种方法使用便捷,但同时会带来尺度不确定的问题。单目相机,即只有一个镜头的相机,单目相机在无先验信息的前提下无法估计真实场景中的尺度大小。9.7 节讲到点云的匹配与配准需要给出一定的尺度信息,目前学界常用的方法为设定尺度参照物为视觉方法提供先验尺度信息。本章考虑到方法的易用性以及普通的智能手机中就存在惯性传感器的情况,引入惯性导航来解决单目视觉点云尺度问题,这具有很高的实用价值[1]。因此,在本节中着重对基于惯性导航的视觉点云尺度估计方法展开研究。

在本章的视频拍摄环节中,摄像机的拍摄轨迹近似圆形。SFM 算法是一种通过 RGB 图像获取空间信息的方法(参见 1.2 节的相关知识),SFM 算法可以获得相机在点云坐标系中的姿态信息。假定输入 k 张图像,得到的第 i 张图像的相机坐标表示为 $p_i(x_i, y_i, z_i)$,则 k 张图像所对应的相机坐标的集合定义为 $G\{p_1, p_2, p_3, \cdots, p_k \mid k \in \mathbb{Z}\}$。通过式(9-59)可计算出点集中 i 张图像的相机位置与第 j 张图像相机位置之间的欧氏距离。遍历所有时刻的相机坐标得到集合 $D\{d_{12}, d_{13}, \cdots, d_{1k}, d_{23}, \cdots, d_{k(k-1)} \mid k \in \mathbb{Z}\}$,利用式(9-60)可得近似圆形拍摄轨迹中最大的直线距离。在得到拍摄轨迹中最大的直线距离后,只需要采取某种方式估算出这条直线的真实长度,便可对整个点云的尺度进行估算:

$$d = \sqrt{(x_i - x_j)^2 + (y_i - y_j)^2 + (z_i - z_j)^2} \tag{9-59}$$

$$d_{\max} = \max\{d_{12}, d_{13}, \cdots, d_{1k}, d_{23}, \cdots, d_{k(k-1)}\} \tag{9-60}$$

　　惯性导航系统使用系统内携带的惯性传感器获取物体运动的加速度、角速度，结合算法获取载体的姿态及角度信息、速度及位置信息。惯性导航系统包括两类：平台式惯性导航系统(gimbaled inertial navigation system，GINS)、捷联式惯性导航系统(strap-down inertial navigation system，SINS)。平台式惯性导航系统虽然精度高，但是设备复杂、造价高，这些特点使得该类型的设备不适用于本章应用场景，所以本章使用的设备属于成本低、设备简单的 SINS。

　　若以 b 表示载体坐标系、i 表示地心惯性参考系、n 表示导航坐标(navigation coordinate)系、e 表示 ECEF 坐标系。定义姿态矩阵 C_b^n，则姿态矩阵可由式(9-61)获得。其中 $\left(\omega_{nb}^b \times\right)$ 由式(9-62)获得。展开式(9-61)得式(9-63)，解算该公式即可得到对应时刻的姿态矩阵。由于解算较为复杂，姿态的解算一般会利用四元数[式(9-64)，i、j、k 为虚单位向量，且向量之间两两正交，q_0、q_1、q_2、q_3 为四个实数]：

$$\dot{C}_b^n = \left(\omega_{nb}^b \times\right) C_b^n \tag{9-61}$$

$$\left(\omega_{nb}^b \times\right) = \begin{bmatrix} 0 & -\omega_{nbs}^b & \omega_{nby}^b \\ \omega_{nbs}^b & 0 & -\omega_{nbx}^b \\ -\omega_{nby}^b & \omega_{nbx}^b & 0 \end{bmatrix} \tag{9-62}$$

$$\begin{bmatrix} \dot{T}_{11} & \dot{T}_{12} & \dot{T}_{13} \\ \dot{T}_{21} & \dot{T}_{22} & \dot{T}_{23} \\ \dot{T}_{31} & \dot{T}_{32} & \dot{T}_{33} \end{bmatrix} = \begin{bmatrix} T_{11} & T_{12} & T_{13} \\ T_{21} & T_{22} & T_{23} \\ T_{31} & T_{32} & T_{33} \end{bmatrix} \begin{bmatrix} 0 & -\omega_{nbs}^b & \omega_{nby}^b \\ \omega_{nbs}^b & 0 & -\omega_{nbx}^b \\ -\omega_{nby}^b & \omega_{nbx}^b & 0 \end{bmatrix} \tag{9-63}$$

$$Q(q_0, q_1, q_2, q_3) = q_0 + q_1 i + q_2 j + q_3 k \tag{9-64}$$

　　姿态微分方程用四元数表示为式(9-65)，ω_{nb}^b 表示 n 系的角速度到 b 系上的投影式(9-66)，ω_{ib}^b 为 i 系的角速度到 b 系上的投影，ω_{ie}^n 为地球自转的角速度投影到 n 系，ω_{ie}^n 为 i 系的角速度投影到 n 系，以上参数可通过式(9-67)获得，地球自转角速度采用 ω_{ie} 表示，解算状态值由 v_E、v_N、L 表示。对四元数的微分方程解中的三角函数使用泰勒展开，得到多阶四元数的更新算法，之后利用式(9-68)即可获取最新的姿态信息。

$$\frac{\mathrm{d}Q}{\mathrm{d}t} = \begin{bmatrix} \dot{q}_0 \\ \dot{q}_1 \\ \dot{q}_2 \\ \dot{q}_3 \end{bmatrix} = \frac{1}{2} \begin{bmatrix} 0 & -\omega_x & -\omega_y & -\omega_s \\ \omega_x & 0 & \omega_s & -\omega_y \\ \omega_y & -\omega_s & 0 & \omega_x \\ \omega_s & \omega_y & -\omega_x & 0 \end{bmatrix} \begin{bmatrix} q_0 \\ q_1 \\ q_2 \\ q_3 \end{bmatrix} \tag{9-65}$$

$$\omega_{nb}^b = \omega_{ib}^b - (C_b^n)^{\mathrm{T}}(\omega_{ie}^n + \omega_{en}^n) \qquad\qquad (9-66)$$

$$\omega_{ie}^n = \begin{bmatrix} 0 \\ \omega_{ie}\cos L \\ \omega_{ie}\sin L \end{bmatrix}, \quad \omega_{en}^n = \begin{bmatrix} -\dfrac{v_N}{R_M + h} \\ \dfrac{v_E}{R_N + h} \\ \dfrac{v_E}{R_N + h}\tan L \end{bmatrix} \qquad (9-67)$$

$$C_b^n = \begin{bmatrix} T_{11} & T_{12} & T_{13} \\ T_{21} & T_{22} & T_{23} \\ T_{31} & T_{32} & T_{33} \end{bmatrix} = \begin{bmatrix} q_0^2 + q_1^2 - q_2^2 - q_3^2 & 2(q_1 q_2 - q_0 q_3) & 2(q_1 q_3 + q_0 q_2) \\ 2(q_1 q_2 + q_0 q_3) & q_0^2 q_0^2 q_0^2 & 2(q_3 q_2 + q_0 q_1) \\ 2(q_1 q_3 - q_0 q_2) & 2(q_3 q_2 + q_0 q_1) & q_0^2 q_0^2 q_0^2 \end{bmatrix}$$

$$(9-68)$$

以上是计算姿态的过程,下面是计算速度的过程。速度的微分方程可表示为式(9-69),f_{sf}^b 为测到的物体受到的除重力以外的外力,称为比力,$g^n = \begin{bmatrix} 0 & 0 & -g \end{bmatrix}^{\mathrm{T}}$。对该方程进行积分获得速度式(9-70),$v_{k-1}^n$ 代表的是前一个历元中行人及设备的速度,$\Delta v_{f,k}^n$ 代表速度变化量,Δt 代表采样的时间间隔,$\Delta v_{g/\mathrm{cor},k}^n$ 表示其他力引起的速度变化量。

$$\dot{v}_{en}^n = C_b^n f_{sf}^b - (2\omega_{ie}^n + \omega_{en}^n) \times v_{en}^n + g^n \qquad (9-69)$$

$$v_k^n = v_{k-1}^n + \Delta v_{f,k}^n + \Delta v_{g/\mathrm{cor},k}^n \approx v_{k-1}^n + \left[f_{sf}^n - (2\omega_{ie}^n + \omega_{en}^n) \times v_{en}^n + g^n \right]\Delta t$$

$$(9-70)$$

本章以室外场景为例,选用北斗星通公司的 KY-INS300 系统对通过惯导获取点云的尺度进行了尝试,该系统内集成了 STIM300 惯性测量单元(图9-39),该

模块包含高性能的陀螺仪、加速度计、倾角罗盘,陀螺仪分辨率为 0.22°/h,加速度计分辨率为 1.9,加速度随机游走 0.06 m/s/$\sqrt{h}$,倾角罗盘分辨率为 0.2 μg,标定因数精确度为 500×10^{-6}。

为了模拟无 GPS 信号的情况,本章选用该导航系统的纯惯导模式,惯性导航系统的实验设备如图 9-40 所示,为了避免车体振动对视频拍摄的影响,采取相机与惯导设备分离的实验方法,将惯导设备置

图 9-39   STIM300 惯性测量单元

于车体前端,车体跟随摄像机运动轨迹行进,据现场估算惯导运动与相机运动轨迹偏离误差在 0.3 m 以内。下面是对采集到的数据进行误差的简单分析,分别进行了多次实验:通过惯导输出的方向角度以及瞬时速度积分可得运行轨迹内某一方向上的直线长度,分别选择不同的角度分别积分并选取其中最大值,这样就可以获得轨迹内直线段的最大长度,通过式(9-71)和式(9-72)可得到利用惯导获得的轨迹内最大直线距离,其中 $d_{\mathrm{imu},\theta}$ 为角度为 θ 时从该点出发构成的最大直线长度,

假设轨迹中共有 k 条采样数据,$\Delta\theta_i$ 为第 i 条采样数据与当前点的角度差,v_i 为第 i 条数据的速度值,$d_{\mathrm{imu,max}}$ 为惯导测得的最大直线距离,d_{max} 为视觉点云得到的相机轨迹中最大的直线距离,d_{true} 代表实地测量得到的轨迹尺度,$\mathrm{Mulriple}_{\mathrm{imu,true}}$ 为惯导测得的尺度与真实尺度的比值[式(9-73)],Mulriple 为惯导尺度与视觉点云尺度的比值[式(9-74)],即为视觉点云到真实尺度的转换尺度因子。图 9-41 所示是点云中实际轨迹与惯导测得数据对比。

图 9-40　纯惯导模式下采集数据图

$$d_{\mathrm{imu},\theta}=\int_0^k v_i \cdot \cos\Delta\theta_i \mathrm{d}_i,\quad i\in[0,k] \qquad (9-71)$$

$$d_{\mathrm{imu,max}}=\max\{d_{\mathrm{imu},\theta}\mid\theta\in[0,2\pi]\} \qquad (9-72)$$

$$\mathrm{Mulriple}_{\mathrm{imu,true}}=\frac{d_{\mathrm{imu,max}}}{d_{\mathrm{true}}} \qquad (9-73)$$

$$\mathrm{Mulriple}=\frac{d_{\mathrm{imu,max}}}{d_{\mathrm{max}}} \qquad (9-74)$$

实验结果如图 9-42 所示,其中纵轴代表比值,横轴代表次数,红色为真实尺度比值,为 1,蓝色为惯导获得的尺度与真实尺度比值情况,由图 9-42 可以看出,惯导测得的尺度是真实尺度的 1～1.2 倍,根据 9.7 节中的结论,当惯导测得的尺度是真实尺度的 0.740 7～2.150 5 倍时,可以通过所提出的匹配、配准算法完成特征的匹配、尺度的修正及坐标的转换,若将惯导测得的尺度作为初始尺度,以该尺度作为参考尺度就可以通过本章提出的配准算法进行配准,所以本章提出的依赖惯

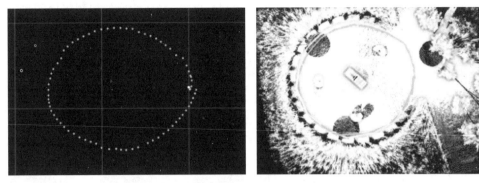

图 9‑41   点云中实际轨迹与惯导测得数据对比

导给出视觉点云的参考尺度的方法可行。由于篇幅有限,且惯导获得的初始数据完全可以用于尺度的调整,本章在此处不再对惯导误差进行分析。

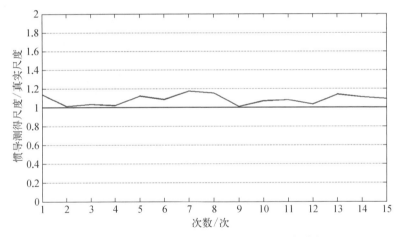

图 9‑42   惯导测得的尺度与实际尺度比值对比

9.9   坐标系的建立及高度测量、定位方法的提出

在 9.3 节中提到扫描仪设备坐标体系:激光扫描仪具有设备坐标系,该坐标系三个轴构成右手系,激光发出点设置为该坐标系的原点,设备的竖直轴为 Z 轴,水平方向上初始状态激光发射方向到水平面的投影的指向为 X 轴。在本章中,选取激光扫描的第一站数据的坐标系为定位及测量参考坐标系,点云的处理及配准均以该坐标系为基础。

由于激光扫描仪是建立在激光测距技术基础上的,激光测距得到的结果与目标物体的真实尺度一致。在本章提出的位置估计方法中,以该坐标系坐标为目标物体的位置参照坐标系是合适的。激光扫描仪整合了双轴倾角传感器,精度为 $\pm 0.008°$,理论上通过倾角传感器来保证设备的水平位置、设备坐标系的 Z 轴应与水平面垂直。假定地面是一个水平面,当 Z 轴近乎垂直于地面时,Z 轴坐标即可代表高度信息。利用点云处理工具,通过观察选点法测量室内大厅地面的高度差进行 Z 轴角度误差的判断,定义两点:$q_1=(x_1,\ y_1,\ z_1)$、$q_2=(x_2,\ y_2,\ z_2)$,d 代表距离[式(9-75)],Δz 代表高度差[式(9-76)],$\Delta \theta$ 代表地面的倾角同时表示 Z 轴与重力反方向的角度差[式(9-77)]:

$$d=\sqrt{(x_1-x_2)^2-(y_1-y_2)^2-(z_1-z_2)^2} \qquad (9-75)$$

$$\Delta z=z_1-z_2 \qquad (9-76)$$

$$\Delta \theta=\arcsin \frac{\Delta z}{d} \qquad (9-77)$$

实际测量结果如表 9-5 所示,分布如图 9-43 所示,取表 9-5 中平均值 $0.022\,7°$ 作为角度差,求其余弦得 $0.999\,999\,92$,即通过 Z 坐标表示的高度与实际高度相差 $0.000\,008\%$,当高度为 100 m 时,通过 Z 轴测得的偏差为 $0.000\,008$ m。取表 9-5 中最大值 $0.056°$ 作为角度差,经计算偏差为 $0.000\,047\%$,当高度为 100 m 时,通过 Z 轴测得的偏差为 $0.000\,047$ m,该偏差足够小,小于本设备测量的精度。此外,考虑到地面并不完全水平,会有微小的起伏,该误差完全可以忽略,所以本章利用扫描仪坐标系 Z 轴作为参考高度能够满足精度的要求。

表 9-5　设备坐标系 Z 轴角度差

两点距离/m	Z 轴差/m	角度差/(°)
9.804 426	0.009 5	0.056
10.674 764	0.002 0	0.011
13.924 297	0.007 0	0.029
11.769 114	0.003 5	0.017
10.771 085	0.006 5	0.035
12.776 748	0.009 5	0.043
12.110 010	0.000 2	0.001

续表

两点距离/m	Z 轴差/m	角度差/(°)
10.955 383	0.002 3	0.012
10.956 171	0.000 0	0.000 0
11.957 374	0.001 3	0.006
12.089 520	0.000 2	0.001
10.486 817	0.004 0	0.022
10.557 076	0.006 2	0.034
10.921 899	0.007 0	0.037
12.606 354	0.008 0	0.036

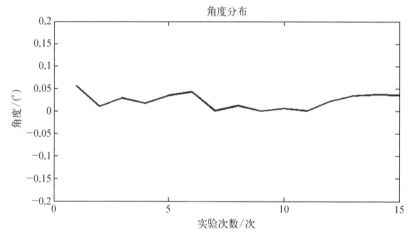

图 9 - 43   多次实验中 Z 轴角度差(单位°)示意图

9.4 节通过惯导得出了视觉点云的初始尺度,通过四点法粗配准结合 ICP 算法精配准,以及 SGICP 调整尺度进一步精配准的策略,获得由包含尺度信息的视觉查询点云到激光参考点云的转换矩阵。将视觉点云转换到激光点云的坐标系中,通过某种方法确定拍摄位置、测量高度即可[16]。

本章引入重心点法来进行位置的判断与高度的测量,定义重心点为 μ_g^p,查询点云相机轨迹点集 G 共有 N 个点,G_i 代表第 i 个点坐标,则可得式(9 - 78)。通过本章方法获取到的转换矩阵为 R,时间为 t,尺度因子为 s,则转换后的相机轨迹重心点为 μ_g^q[式(9 - 79)]。将查询点云转换到参考坐标系后,通过计算相机轨迹的重心点坐标来代表拍摄的位置,以坐标的 Z 轴数值与地面的 Z 坐标差值作为当前位置的高度,以此实现高度测量与位置估计。

$$\mu_g^p = \frac{1}{N}\sum_{i=1}^{N}G_i \qquad\qquad (9-78)$$

$$\mu_g^q = s(R \cdot \mu_g^p + t) \qquad\qquad (9-79)$$

9.10　实验步骤及结果的分析

本章的前几节已经详细介绍了参考激光点云的生成及预处理,视觉点云的生成及预处理、尺度的估计及配准。本节选取场景进行实验,并对实验的效果进行分析[1]。

本节选取室内大厅进行实验。在 9.3 节中,已经构建好了室内大厅周围的激光参考点云;在 9.5 节中,对激光点云尺度及 Z 轴偏差进行了分析。选取图 9-44 中的三处位置作为标点来测试本书方法的位置估计及高度测量的精度。

本章视频拍摄姿势为手机底部约与肩等高,该位置距地面高度为 $1.55\sim1.60$ m,令 1 处的地面高度为 0 m,2 处为楼梯半腰处,高度距地面

图 9-44　实验场景选点示意图

约为 2.21 m,3 处为二楼楼梯口处,距地面约为 4.25 m。由于激光点云采用的是设备扫描坐标系,在使用激光建模时,激光扫描仪位于 1 点,仪器底部距地面约为 0.95 m,扫描仪仪器中心距地面约 1.2 m,所以 1 处拍摄位置位于坐标系中的(0,0,0.40)左右,2 处借助工具进行测量的点约为(-0.98,10.84,1.01),3 处约为(-5.0,14.2,2.96)。本章分别对三处典型的位置进行了多次实验,按照 9.1 节的流程采集数据进行处理,在此处不再赘述,下面对实验结果进行分析。

图 9-45 为一次典型配准实验的效果,图 9-46 为该次配准后对应的点对距离分布图,该次配准后的点对平均距离为 0.013 136 1 m,99.96% 的点对距离小于 0.412 26 m。表 9-6 为该次典型的实验数据记录,该次实验在 1 处进行,通过与给定的参考坐标对比,位置估计的误差为 0.289 379 m,利用 Z 轴进行高度测量的误差为 0.230 736 m,该处误差通过两点之间的欧氏距离表示。由于拍摄的轨迹近

似为一个半径超过 1 m 的圆形,所以在本次实验中,与人的身高及活动范围对比,该结果令人满意。

图 9 - 45   室内点云数据一次典型的配准效果图红色为查询点云

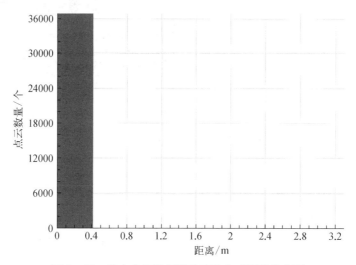

图 9 - 46   室内点云数据配准实验点对距离分布图

根据场景中选取的三点分别进行多次实验,表 9 - 7 为多次实验的误差记录情况。其中,高度测量误差如图 9 - 47 所示,该误差分布如图 9 - 48 所示,位置估计误差如图 9 - 49 所示,该误差分布如图 9 - 50 所示,由图可看出定位误差的均值为 0.547 267 m,测量高度的误差均值为 0.235 145 m,其中 56.67% 的定位误差在 0.3 m 以内,73.33% 的定位误差在 0.6 m 以内,93.33% 的定位误差在 1.2 m 以内;50% 的高度测量误差在 0.2 m 以内,90% 的高度测量误差在 0.35 m 以内。其中,图 9 - 50 中误差出现峰值时,配准出现较大的误差。考虑到本章的试用场景,普通人身高在 1.5～1.9 m,相机拍摄轨迹的半径大于 1 m,参考得到的误差分布及均值本书方法能够满足本场景的基本需求。

表 9-6　一次典型的实验数据记录

配准情况及测量误差	x	y	z
转换前的相机轨迹重心点/m	3.730778	3.80331E-05	0.876778
转换后的相机轨迹重心点/m	−0.043 022 198	−0.156 301 013	0.169 264 371
位置估计及高度误差/m	0.289 379		0.230 736
RMS/m	0.077 296 7		
R/m	0.189	0.016	−1.052
	1.051	0.041	0.189
	0.043	−1.068	−0.008
t/m	0.177	−4.233	0.005
初始尺度/m	0.615 369 702		
S-scale/m	0.657 71		

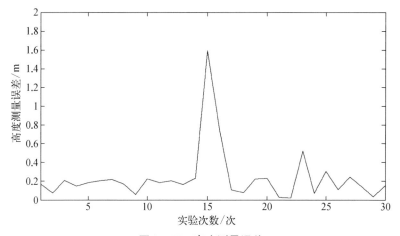

图 9-47　高度测量误差

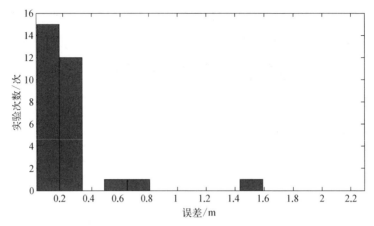

图 9 - 48   高度测量误差分布

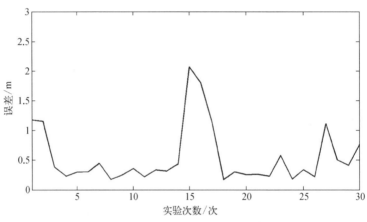

图 9 - 49   位置估计误差

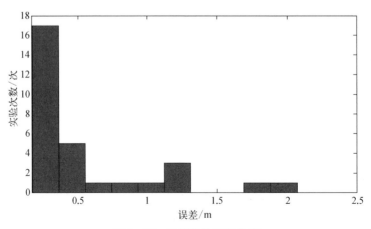

图 9 - 50   位置估计误差分布

表 9-7　多次实验的位置及高度误差

数量	位置误差/m	高度测量误差/m
1	1.178 066	0.168 56
2	1.154 539	0.075 444
3	0.384 267	0.207 97
4	0.231 691	0.149 126
5	0.297 311	0.185 855
6	0.302 352	0.203 785
7	0.445 745	0.217 501
8	0.175 843	0.172 241
9	0.248 458	0.058 298
10	0.357 724	0.223 559
11	0.219 463	0.184 32
12	0.334 615	0.206 103
13	0.316 947	0.165 412
14	0.435 712	0.230 736
15	2.069 705	1.591 745
16	1.804 014	0.741 001
17	1.126 797	0.108 116
18	0.170 599	0.077 061
19	0.301 882	0.224 651
20	0.256 704	0.229 734
21	0.260 766	0.028 38
22	0.232 079	0.020 469
23	0.577 955	0.521 068
24	0.181 145	0.070 662
25	0.337 1	0.306 053
26	0.220 743	0.110 446

续表

数量	位置误差/m	高度测量误差/m
27	1.117 266	0.245 011
28	0.504 009	0.140 594
29	0.412 725	0.035 624
30	0.761 79	0.154 82

【参考文献】

[1] 齐巍.基于时空数据的光电图像融合应用研究[D].上海：华东师范大学,2018.

[2] Davision A J. Mono SLAM：real－time single camera SLAM[J]. IEEE Transactions on Pattern Analysis and Machine Intelligence，2007，29(6)：1052－1067.

[3] Gao X，Zhang T. Visul SLAM fourteen lectures[M]. Beijing：Publishing House of Electronics Industry，2017.

[4] Khairuddin A F，Talib M S，Haron H. Review on simultaneous localization and mapping(SLAM)[C]. 2015 IEEE International Conference on Control System，Computing and Engineering(ICCSCE)，George Town，2015.

[5] 刘济帆,张雷,王远飞,等.车载激光扫描的三维信息融合技术[J].测绘科学,2012,37 (3)：174－177,197.

[6] Harris C，Stephens M. A combined corner and edge detector[C]. Proceedings of the Fourth Alvey Vision Conference，Manchester，1988.

[7] Lowe D. Object recognition from local scale-invariant features[C]. Proceedings of the 7th IEEE International Conference on Computer Vision，Greece，1999.

[8] Ke N Y，Sukthankar R. PCA－SIFT：a more distinctive representation for local image descriptors[C]. Proceedings of the 2004 IEEE Computer Society Conference on Computer Vision and Pattern Recognition，Washington，2004.

[9] Alahi A，Ortiz R，Vandergheynst P. FREAK：fast retina keypoint[C]. Conference on Computer Vision and Pattern Recognition，Providence，2012.

[10] 周庆飞,张雷.基于红外光电成像的后挡玻璃加热丝检测方法[J].微型机与应用,2017, 36(18)：92－95.

[11] 刘鑫,孙凤梅,胡占义.针对大规模点集三维重建问题的分布式捆绑调整方法[J].自动化学报,2012,38(9)：1428－1438.

[12] 邓嘉,侯晨辉,刁婉,等.三维点云数据的配准算法综述[J].信息与电脑(理论版),2017, (23)：51－52.

[13] 韩煦深,邹丹平,蒋铃鸽,等.融合几何信息的视觉 SLAM 回环检测方法[J].信息技术, 2018,(7)：135－138,147.

[14] 马立广.地面三维激光扫描仪的分类与应用[J].地理空间信息,2005,3(3):60-62.

[15] 罗德安,廖丽琼.地面激光扫描仪的精度影响因素分析[J].铁道勘察,2007,33(4):5-8.

[16] 董明晓,郑康平.一种点云数据噪声点的随机滤波处理方法[J].中国图象图形学报,
2004,9(2):245-248.

第 10 章

生态监测时空应用

10.1 长江河口崇明生态岛时空动态

作为一个海陆交界地带,沿海滩涂是海岸带的重要组成部分,它有着不断演变的生态系统,是我国重要的后备土地资源,滨海地区人类活动对地球生态系统及生物多样性带来了剧烈影响。河口潮滩和浅水区域地形动态变化迅速,以长江河口为例:崇明东滩自 1985 年以来,岸线向海推进速度最快可达 200 m/a,长江河口北支黄瓜沙面积扩大了 2 488 ha,杭州湾北岸外移距离最大达 2 300 m。同时,过度围垦会造成沿海滩涂滩面宽度变窄,盐沼植被格局发生变化,潮滩淤涨速率变缓,加上我国海平面上升速度远高于全球平均水平,围垦将对长江河口湿地生态系统结构和功能造成威胁[1]。

崇明岛($31°25'N\sim31°28'N$,$121°50'E\sim122°05'E$)是我国第三大岛,位于长江与黄海、东海交汇处,是长江河口乃至整个华东地区面积最大、发育最成熟、最完善的河口型滩涂湿地,它具有复杂的生态结构和独特的生态功能。林地、绿地、湿地、农地是实现崇明世界级生态岛发展目标的最重要、最核心、最基础的生态系统,也是崇明岛和上海高水平、高质量绿化发展的生态基础战略空间。自然演变与人类活动带来崇明岛生态用地的快速变化,需要及时精准掌握崇明岛生态本底状况和结构动态。

崇明东滩作为长江河口典型的淤涨型自然潮滩湿地,频繁的人类活动对其自然演化有重要影响,引入互花米草拦沙促淤和筑堤围垦是主要促淤方式,自 20 世纪以来崇明东滩经历了一部围垦史,分别于 1968 年、1970 年、1987 年、1992 年、1998 年、2001 年进行了大范围的围垦。大量的人类活动及全球气候变暖导致的海平面上升,双重干扰了崇明岛的生态环境与东滩的地形变化,所以亟需对二者的动态性进行快速、准确的监测与分析。

10.2　长江河口崇明生态岛自然概况

10.2.1　地质地貌

崇明岛新构造单元属于江苏滨海坳陷南缘。自新近纪以来,新构造运动以持续沉降为特点。崇明岛岛内沉积了厚层(最厚达 480 m)的新近纪和第四纪地层。新近纪地层,岩性以灰绿色黏土、亚黏土与砂砾石为互层,并夹有弱胶结的薄层钙质砂岩和铁质砂岩,均是陆相堆积,层厚 60~130 m。第四纪地层,堆积厚度可达 320~350 m。自下而上,海相性明显趋于增强,而陆相性则趋于减弱。

崇明岛地势平坦低平,岛上无山岗丘陵。地面高程标高达 321~420 m(以吴淞为 0 m)占总耕地的 90.65%;低洼地标高在 320 m 以下,占总耕地的 3.48%;高亢地标高在 42 m 以上,占总耕地的 5.87%。海堤和河岸两旁堆叠土标高则在 60 m 以上,占总面积的 1.38%。岛上地形总趋势是西北部和中部稍高,西南部和东部略低。

10.2.2　气候水文

崇明岛地处北亚热带,气候温和湿润,四季分明,夏季湿热,冬季干冷,属典型的季风气候。台风、暴雨、干旱等是常见的灾害性气候。

崇明岛岛内年均气温 15.3℃,全岛东西部气温略有差异,东部年均气温高于西部。雨热同季,年平均降雨量为 1 003.7 mm,但年际间变化很大,季节性变化也较明显。降雨主要集中在 4~9 月,平均每月降雨量都在 100 mm 以上。全年平均日照时数为 2 104 h,日照百分率为 47%,全年有霜期 136 天,无霜期 229 天。

崇明岛属于典型的平原感潮河网地区,岛内河道纵横交织,错综复杂,水系发达,过境雨量丰沛。根据上海市水务局公布的 2007 年数据显示,崇明岛陆地水域面积为 997 km^2,现有陆地水域面积占有率为 84%。崇明本岛共有河道 12 644 条,共计 9 556 km,其中市级河道 1 条,长 179 km,区级河道 28 条,共计 392 km,乡镇级横河 447 条,共计 1 191 km,村级泯沟 12 167 条,共计 6 794 km。

10.2.3　土壤植被

崇明岛全岛土壤质地以中-轻壤质为主,中壤质占 52.47%,轻壤质占 34.31%,重壤质占 10.14%,砂壤质占 2.53%,砂土与黏土仅占 0.3% 和 0.25%。中壤质中 0.05～0.01 粉粒范围内颗粒占土体组成的 28.34%～52.81%,土壤质地分布从岛中央向外扩散变轻。

　　崇明岛岛内植被类型呈现过渡性趋势,有亚热带常绿和落叶混交林。植被分布受岛内东南部含盐量较高、西北部含盐量较低的土壤特性影响,分布范围不同。崇明岛岛内植被资源按照功能可划分为江防海防林、湿地植被、道路绿化带、庭院景观林、游憩林、大田作物及经济林、水源涵养林 7 大类,其中江防海防林及湿地植被是崇明岛植被生态系统的关键部分,滩涂湿地植被也是崇明岛具有特色的植被类型。

10.3　基于遥感时空数据的崇明岛生态用地高精准调查

　　根据崇明岛实际状况,确定土地利用类型分类标准,利用高分辨遥感数据,对 2016～2018 年崇明岛土地利用类型、湿地类型进行遥感解译,基于大数据和人工智能,采用面向对象智能分割、专家决策分类等系列生态环境遥感智能解译技术和方法,结合地面验证,调查范围包括崇明岛本岛陆域范围与滩涂湿地。

图 10 - 1　崇明岛区位示意图

　　以土地利用类型为关键词,遥感解译其类型、面积和分布,分析 2016～2018 年土地与生态状况的变化[1,2]。根据国土资源部组织修订的国家标准《土地利用现状分类》(GB/T 21010—2017)、《全国湿地资源调查技术规程》(2010)和《上海市第二次湿地资源调查实施细则》(2011),结合崇明岛土地利用现状,规定本研究中的土地利用分类的土地型和土地类(表 10 - 1)。

表 10 - 1 土地类型划分

一级编码	土 地 类	二级编码	土 地 型
1	滩涂湿地	106	淤泥质海滩
		107	潮间盐水沼泽
4	沼泽湿地	402	草本沼泽
		404	森林沼泽
5	人工湿地	501	库塘
		502	运河、输水河
		503	水产养殖场或种植塘
6	林绿地	601	林地
		602	草地
7	耕地	701	耕地
8	交通运输用地	801	道路
		802	机场
9	建筑用地	901	商服住宅、公共管服
		902	工矿仓储、建设用地

滩涂湿地包括淤泥质海滩与潮间盐水沼泽;沼泽湿地包括草本沼泽和森林沼泽;人工湿地包括库塘、运河、输水河和水产养殖场或种植塘;林绿地包括林地、草地和耕地;交通运输用地包括道路和机场;建筑用地包括商服住宅(商服用地与住宅用地)、公共管服(公共管理与公共服务用地)和工矿仓储、建设用地。

10.4 遥感智能解译方法

10.4.1 数据源选择与预处理

选择 2016 年、2018 年空间分辨率为 1.5 m 的法国 SPOT7 卫星数据(表 10 - 2)、GF - 2 号卫星数据(表 10 - 3)卫星遥感影像资料。

表 10-2 法国 SPOT7 卫星数据

波段	波长/μm	光谱区域	空间分辨率/m	幅宽/km	重访周期/天
PAN	0.45~0.745	黑白全色	1.5		
波段 1	0.45~0.52	蓝	6		
波段 2	0.53~0.59	绿	6	10	26
波段 3	0.625~0.695	红	6		
波段 4	0.76~0.89	近红外	6		

表 10-3 GF-2 号卫星数据

波段	波长/μm	光谱区域	空间分辨率/m	幅宽/km	重访周期/天
PAN	0.45~0.90	黑白全色	1		
波段 1	0.45~0.52	蓝	4		
波段 2	0.52~0.59	绿	4	45	5
波段 3	0.63~0.69	红	4		
波段 4	0.77~0.89	近红外	4		

为保证遥感数据解译的准确性,必须先对遥感图像进行预处理。遥感影像预处理(图 10-2)主要包括辐射校正、几何精校正、图像增强、图像镶嵌与裁剪、预处理后影像等。

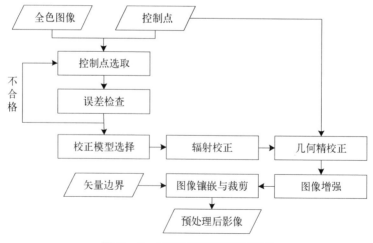

图 10-2 遥感影像预处理流程图

10.4.2　遥感辐射与几何校正

1. 辐射定标

在扫描方式的传感器中,传感器收集到的电磁波信号需要经光电转换系统转换成电信号记录下来。该信号量化后成为离散的灰度级别,仅在图像中具有相对大小的意义,没有物理意义。故而需要进行辐射定标将灰度级别值,即 DN 值转换成辐射亮度或者反射率,使得图像信息具有物理意义。辐射定标按照定标位置不同可分为三类:实验室定标、机上和星上定标、场地定标。图 10 - 3 所示为辐射定标前后对比效果。

图 10 - 3　辐射定标前后对比(左图为原始图像, RGB = 4, 3, 2)

2. 辐射畸变与辐射校正

电磁波在大气层中传输和传感器测量时,会受到遥感传感器本身、地物光照条件(地形影响和太阳高度角影响)及大气作用等的影响,这会导致遥感传感器测量值与地物实际的光谱辐射率不一致,这一现象称为辐射畸变。对辐射畸变进行校正的过程称为辐射校正。

辐射畸变产生的原因具体而言有传感器本身的因素、大气的因素、太阳的因素。传感器本身的因素包括光学摄像机引起的辐射误差和光电扫描仪引起的辐射误差,后者包括光电转换误差和探测器增益变化产生的误差。辐射校正方法有:① 传感器标定法,即通过分析辐射失真的过程,建立辐射失真模型,利用逆过程进行校正;② 利用实地测量值进行线性回归计算。

大气的因素包括大气的消光、天空光照射和程辐射。校正方法有:① 野外波谱测试回归分析法;② 波段对比法(如回归分析法,直方图法);③ 辐射传输模型法(如 6 s 模型、LOWTRAN 模型、MORTRAN 模型等)。

太阳的因素包括太阳的位置和地表的起伏对辐射传输过程的影响。针对太阳位置校正,方法有:① 公式法;② 波段比值法。针对地形起伏校正,方法有:① 比值法;② 模型法。

3. 几何校正

遥感图像发生几何畸变的原因主要有三类:① 遥感器的内部畸变,由遥感器结构引起的畸变,如遥感器扫描运动中的非直线性等;② 遥感平台的运行状态,包括由平台的高度变化、速度变化、轨道偏移及姿态变化引起的图像畸变;③ 地球本身对遥感影像的影响,包括地球的自转、高程的变化、地球曲率、大气折射等引起的图像畸变。

对几何畸变的校正为几何校正。几何校正常用的是几何精校正方法,该方法通过控制点构建多项式纠正方程建立原始畸变图像空间与标准图像空间的对应关系,实现不同图像空间中像元位置的转换,并通过重采样的方法计算转换后新像元的亮度值。这种方法适用于地面平坦的情况(在此情况中不需考虑高程信息)或地面起伏较大而无高程信息,以及传感器的位置和姿态参数无法获取的问题。

10.4.3 图像镶嵌与融合

1) 图像镶嵌

图像镶嵌是将一幅或若干幅图像通过预处理、几何镶嵌、色调调整、去重叠等处理,镶嵌到一起生成一幅大图像的影像处理方法。要求镶嵌后的图像尽量没有镶嵌缝,图像质量不降低,色彩均衡,无鬼影。作为图像融合技术的一种,图像镶嵌技术一般指同类型间图像融合。需要注意镶嵌的两幅或多幅图像应当选择相同或相近的成像时间,以使得图像的色调保持一致。

2) 图像融合

图像融合是在统一的地理坐标系中,将多源遥感数据采用一定的算法生成一组新的信息或合成图像的过程。不同的遥感数据具有不同的空间分辨率、波谱分辨率和时相分辨率,如果能将它们各自的优势综合起来,可以弥补单一图像上的信息不足,这样不仅扩大了各自信息的应用范围,而且大大提高了遥感影像分析的精度。

3) 图像增强

图像增强是指对图像的某些特征,如边缘、轮廓、对比度进行强调或尖锐化,以便于显示、观察或进一步进行分析与处理。图像增强不增加图像数据中的相关信息,但它将增加所选择特征的动态范围,从而使这些特征检测或识别更加容易。

图像增强可分为空间域增强、频率域增强两种。前者是通过改变单个像元及其相邻像元的灰度值来增强图像;后者则通过对图像进行傅里叶变换,然后对变换后的频率域图像进行修改,以此来达到增强的目的。

　　空间域增强可分为点运算、邻域增强、彩色增强三种。点运算是指输出图像的每个像素点的灰度值由输入像素点决定,主要方法有图像拉伸、直方图均衡化、直方图规定化及图像间运算。邻域增强主要通过定义卷积模板对图像进行滤波处理,卷积滤波是通过消除特定的空间频率来增强图像。邻域增强根据目的不同可分为平滑和锐化两种,主要方法有均值平滑、中值滤波、拉普拉斯算子锐化、索博尔梯度、罗伯特梯度。彩色增强是指用多波段的黑白遥感图像,通过各种方法和手段进行彩色合成或彩色显示,以突出不同地物之间的差别,提高解译效果,主要方法有伪彩色增强、假彩色增强和彩色变换。

　　频率域增强可分为低通滤波、高通滤波和同态滤波三种。在频率域增强技术中,平滑主要是保留图像的低频部分抑制高频部分,锐化则保留图像的高频部分而削弱低频部分[1]。

10.5　遥感分类与信息提取

10.5.1　最大似然法监督分类

　　通过目视判读和野外调查,基于对 SPOT 影像地物类别属性的先验知识,对每种类别选取一定数量的训练样本,计算每种训练样区的统计,同时用这些种子类别对判决函数进行训练,使其符合对各种子类别分类的要求[1,3-5]。随后用训练好的判决函数对其他待分数据进行分类,将每个像元和训练样本进行比较,按不同的规则将其划分到与其最相似的样本类,以此完成对整个图像的分类。

　　目前,监督分类的分类器基于传统统计分析学,包括平行六面体、最小距离、马氏距离、最大似然等,基于模式识别,包括支持向量机、模糊分类等,针对高光谱有波谱角(spectral angle mapper, SAM)、光谱信息散度、二进制编码。

　　为了达到分类效果,需要计算属于某训练样本的概率,并将像元归入概率最大的一类,具体分为 3 步:首先确定各类的训练样本;然后根据训练样本计算各类的统计特征值,建立分类判别函数;最后逐点扫描影像各像元,将像元特征向量代入判别函数,求出其属于各类的概率,将待判断像元归属于最大判别函数值的一组。判别分类是建立在贝叶斯决策规则基础上的模式识别,它的分类错误最小、精度最高,是一种很好的分类方法。最大似然分类法的判别函数为

$$g_i(X) = \ln a_i - \frac{1}{2}\ln|C_i| - \frac{1}{2}(X - M_i)^\mathrm{T} C_i^{-1}(X - M_i) \qquad (10-1)$$

式中,$i=1, 2, \cdots, m$ 表示指定的类别,共 m 类;a_i 表示未知像元属于 i 类的先验概率;C_i 表示第 i 类的协方差矩阵;C_i^{-1} 表示 C_i 的逆矩阵;X 表示像元特征向量;M_i 表示第 i 类的均值向量。在分类计算时用训练样本光谱特征的协方差和均值代替 C_i 和 M_i。

10.5.2 面向对象统计

一般监督分类得到的是初步结果,分类结果中不可避免地会产生一些面积很小的图斑,难以达到最终的应用目的,有必要对这些小图斑进行剔除或重新分类,称为分类后处理。常用分类后处理通常包括 Majority/Minority 分析、聚类处理(clump)、过滤处理(sieve)、面向对象分类等[1,5-7]。

面向对象分类算法最重要的特点就是分类的最小单元不是像元,而是由影像分割得到的同质影像对象,也称为图斑。面向对象分类算法不仅利用地物本身的光谱信息,而且充分利用地物的空间信息,包括形状、纹理、面积、大小等要素,这可以使地物分类结果更接近现实中的形状。结合多尺度分割与光谱差异分割,将整幅影像的像素层进行分组,形成分割对象层。

10.5.3 精度检查

在各种遥感影像精度评估的技术中,将变化检测误差矩阵(这一矩阵由图像分类所得的混淆矩阵演化而来)作为一种定量的评价方法,是目前精度评估的主要方式。通过混淆矩阵可以计算分类结果的总体精度、用户精度、制图精度,并计算系数。其中,总体精度等于被正确分类的像元总和除以总像元数。系数是一系列计算的结果,过程如下:把所有真实参考的像元总数(N)乘以混淆矩阵对角线的和,再减去某一类中真实参考像元总数与该类中被分类像元总数之积后,再除以像元总数的平方减去某一类中真实参考像元总数与该类中被分类像元总数之积对所有类别求和[1,8-12]。

利用先验知识获得的"真值"与监督分类结果建立混淆矩阵,确保总体分类精度达到 90% 以上。若精度未达要求,则重新分析分类结果中的错误,重新修正训练样本,再次进行监督分类。

10.6 崇明岛生态用地现状

10.6.1 遥感分类结果

图 10-4 为遥感解译 2016 年和 2018 年的崇明岛土地利用格局,可以看出:耕

地广泛分布,斑块破碎,大面积的耕地主要集中于崇明岛的北缘;林地与耕地相间
分布,斑块互相切割,在崇明岛西北部与沿港东公路两侧集中了两处大面积林地;
崇明岛的建筑用地主要由商业用地、服务用地、居住地、工业仓储用地、在建/待建
用地、公共建设用地和市政设施用地构成,分布于各乡镇人口密集的中心区域,其
中城桥、新河、堡镇和陈家镇等镇的城镇建设用地面积较大,农村地区也有少量分
布,主要分布于农田及小型道路两侧,多为当地农户居住的自然村落;崇明岛水系

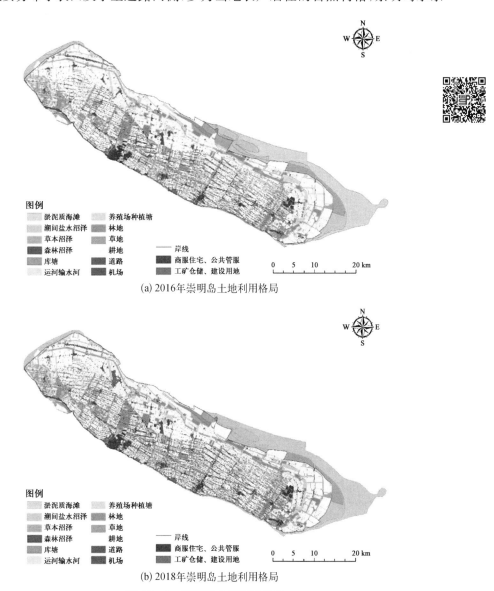

(a) 2016年崇明岛土地利用格局

(b) 2018年崇明岛土地利用格局

图 10 - 4　崇明岛土地利用格局

较为发达,运河输水河与养殖场种植塘广泛分布于各乡镇,东部的养殖场种植塘明显多于西部和中部。

10.6.2 土地利用构成

崇明岛土地利用类型面积如图 10-5 所示。

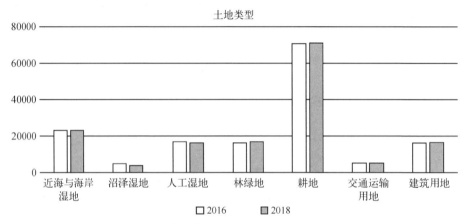

图 10-5 崇明岛土地利用类型面积(单位: ha)

如图 10-6 所示,2016 年崇明岛土地利用类型占比最大的是耕地,占总面积的 46%,其次是近海与海岸湿地,占 15%,林绿地与建筑用地面积相当,分别占 11% 和 10%。其中,生态用地(滩涂湿地、沼泽湿地、人工湿地、林绿地和耕地)面积为 131 625 ha,占比 86%。

2018 年崇明岛土地利用类型占比最大的是耕地,占总面积的 46%,其次是近

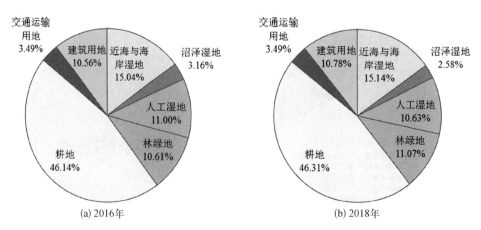

图 10-6 崇明岛土地利用构成

海与海岸湿地,占 15%,建筑用地与人工湿地面积相当,分别占 11% 与 10%。其中,生态用地面积为 131 437 ha,占比 86%。

10.7　崇明岛生态用地变化

10.7.1　土地利用类型变化

如图 10-7 所示,在 2016~2018 年崇明岛土地利用类型中,潮间盐水沼泽减少了 3%,草本沼泽减少了 18%,养殖场种植塘减少了 11%。但淤泥质海滩增加了 3.8%,林地增加了 8.5%,耕地增加了 5.5% 等。

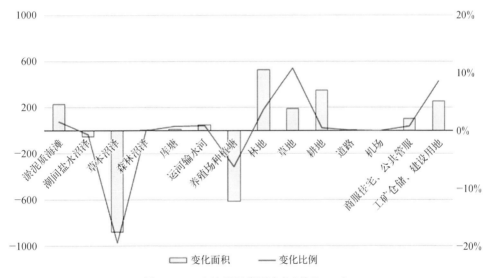

图 10-7　土地利用类型变化(单位: ha)

10.7.2　湿地类型变化

崇明岛 2016~2018 年湿地类型变化如图 10-8 所示:草本沼泽面积明显下降,减少了近 20%,转变为了耕地,主要是由北湖东侧的大片草本沼泽旱化成耕地造成的;养殖场种植塘减少,主要是由崇明岛东部大量养殖场转变为耕地造成的;淤泥质海滩面积增加 174 ha(占 0.8%),其中淤泥质海滩面积增加了 227 ha(占 2%),潮间盐水沼泽面积减少了 53 ha(占 0.7%),这主要是因为在北八滧北侧新修的大堤围住了原有的潮间盐水沼泽。

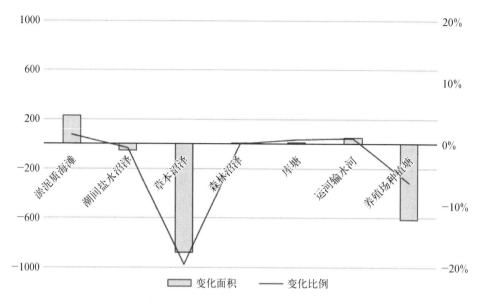

图 10‐8   崇明岛 2016～2018 年湿地类型变化(单位：ha)

10.8   潮滩地形监测

10.8.1   研究区域

东滩身处崇明岛东部岛影缓流区,其两侧的北港、北支水流下泄时在此汇合,由撞击摩擦形成低流速区,径流挟沙能力降低;而且,东滩潮滩坡度较缓,潮流在此分散,潮流流速减慢,大量泥沙沉积下来,使得东滩整体呈现不断向海淤涨的趋势。东滩位于中等潮汐河口,附近水文条件变化频繁,季节性差异明显,周边海区的潮汐是非正规半日浅海潮,平均潮差在 2.4～3 m,每日潮滩有 2 次变化。受北港与北支的影响,东滩南北两侧的潮流是往复流,东部潮流具有旋转性,趋势与离岸距离成正比。南侧北港落潮流速大于涨潮流速,且常年受东南风影响,南侧潮滩受波浪和潮流的顶冲影响容易发生侵蚀,沉积物以粉砂质为主;北侧北支落潮流小于涨潮流,北支沿岸主要受落潮的影响,动力较弱,潮滩沉积物以泥质为主,北侧容易发生淤积作用。东侧和北侧位于波影区,受波浪影响相对较弱,也呈淤积增大的趋势,东滩常以东南角节点为界,分为南侧的侵蚀岸段和其余岸段的淤涨岸段。

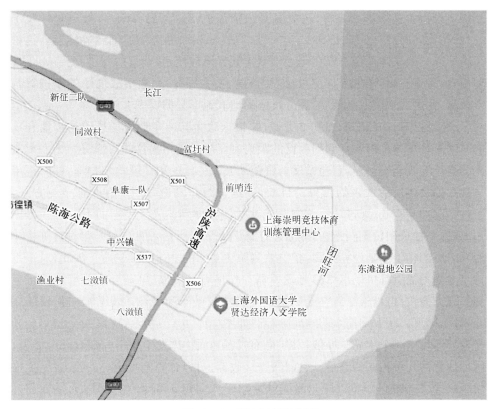

图 10 - 9　研究区域示意图

10.8.2　地面三维激光扫描系统数据获取与处理

1. 工作原理

地面激光扫描仪(terrestrial laser scanner，TLS)是通过激光发射器发射激光来获取被测物体的三维坐标、回光强度和颜色信息，并对获取的点云数据进行编辑、处理、计算和分析的一种新型技术。它集激光扫描仪、惯性测量单元、存储设备、操控计算器于一体，相较于其他被动遥感方式，这种技术具有独特的工作机制和原理。从搭载平台来说，目前这种技术已设置于航天与航空器、地面固定与移动平台、手持及穿戴式设备中。TLS 主要通过将其安装在固定式或多个固定位置中以完成被测物体的扫描工作。

激光雷达主要工作于可见光与近红外波段，它的精度和空间分辨率比传统雷达更高，然而激光易受到大气的影响，因此与传统雷达相比，激光雷达在较低的大气层内比较受限。该技术可以对各类标准或非标准三维物体表面数据进行采集，进而实现对被扫描物体的三维重建。该技术突破了传统测量手段主要通过接触被测物体进行单点测量,无法快速获取复杂物体的三维信息等缺点,具备采样效率高、高精度、高分辨率、非接触性、实时性、对目标表面形态描述细致等优点。这种高精度的三维立体模型不仅在测绘领域得到普遍应用,目前 TLS 已广泛应用于模型仿真、工业检测、土木工程测量、地质监测、文物修复、交通事故现场的模拟等各个领域,并因此给获取高精度、高分辨率的地表地形数据提供了可能。

三维激光扫描仪的原理基本类似,即根据激光脉冲在被摄场景中的传播和反射时间来计算场景中各点到扫描仪的距离。三维激光扫描仪的内部有一个发射激光的高精度激光发射器,它通过反射棱镜使其以一定的角速度均匀扫描,同时记录从被扫描物体反射回来的信号。目前,在进行距离测量时主要有两种量测方式:一种是脉冲测距法,通过计算调制激光从被测物体到激光发生器的飞行时间得出距离;另一种是相位差测距法,即通过计算调制激光所发射的波和所接收被测物体的反射波的相位差来计算距离,相位差测距法采用的是连续激光波。因此,对于每一个激光扫描点都可以求得激光发射器与扫描点的距离,再结合反射棱镜的水平和垂直方向角,可以求出每一个扫描点与扫描仪的空间坐标。若已知扫描仪的空间坐标,则可以获取扫描点的空间坐标。如图 10-10(a)所示,三维激光扫描仪激光发射器发出一个激光脉冲信号,与地面或者地面物体发生撞击并带有部分能量,脉冲信号沿几乎相同的路径反射回激光接收器,可以计算测点 P 与三维激光扫描仪距离 S,控制编码器同时测量激光脉冲水平方向角 α 和垂直方向角 β,进而通过地学编码形成三维坐标[式(10-2)],这些坐标在计算机屏幕上的显示称为点云。激光扫描参考坐标系(scanner's own coordinate system,SOCS),采用局部右手坐

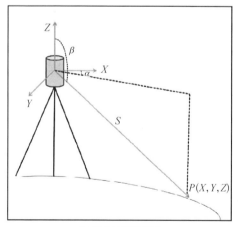

(a) TLS 扫描示意图

(b) TLS 坐标系

图 10-10   TLS 扫描点坐标计算原理及坐标系

标系,以三维激光扫描仪中心为坐标原点,X 轴在横向扫描面内,Y 轴在横向扫描面内与 X 轴垂直,Z 轴与横向扫描面垂直。

地面三维扫描点 P 坐标 (X_P, Y_P, Z_P):

$$\begin{cases} X_P = S\cos\beta\cos\alpha \\ Y_P = S\cos\beta\sin\alpha \\ Z_P = S\cos\beta \end{cases} \tag{10-2}$$

研究使用的三维激光扫描仪为奥地利 Riegl 公司生产的 VZ-4000 型地面三维激光扫描仪。它由三维激光扫描仪、数码相机、GPS 定位装置、旋转平台、应用软件及其他附件结合而成。VZ-4000 型地面三维激光扫描仪可提供竖直 $60°(+30°/-30°)$、水平 $360°$ 的广阔视角范围,用线扫描进行垂直扫描、用面扫描进行水平扫描,最远距离可达 4 000 m,激光发射频率可达 300 000 点/s,其内置数码相机可通过棱镜旋转获取整个视场,获取一定数量的高分辨率全景照片,这些照片可以与 VZ-4000 型地面三维激光扫描仪获取的点云数据相结合,创建三维数字模型。VZ-4000 地面三维激光扫描仪采用脉冲飞行方式测量,具有多回波接收技术的回波数字化和实时在线波形处理能力。激光发射频率有 30 kHz、50 kHz、150 kHz、300 kHz,发射频率越大,测量距离越短。VZ-4000 型地面三维激光扫描仪测量精度为 15 mm,重复测量精度为 10 mm,最小测量距离为 5 m,工作波长处于近红外波段。

在数据采集的过程中,在保证获取扫描目标点云完整的前提下尽量布置较少的测站数,站点是点云拼接的基本单位。点云拼接是按照一定的数学规则,求取相邻测站坐标系 SOCS 的转换参数,通过刚体变换、旋转等数学方法将 N 个不同站点、不同角度的单测站扫描结果统一到一个项目坐标系(project coordinate system,PRCS)中,转换过程不能出现扭曲,以保证数据的精度,当扫描范围超过一定范围(一般为 10 km 以上)时,需要建立全局坐标系(global coordinate system,GLCS)。

2. 数据获取

作业地点位于崇明东滩国际重要湿地,是典型的河口潮滩湿地,该区域地面含水量较高,地面松软,部分区域难以行走,这提高了测量作业的难度。现场采集数据主要分为以下 3 个步骤。

1) GPS-RTK 基站架设

崇明东滩扫描仪测站架设覆盖整个崇明东滩,考虑到扫描仪在潮滩上的有效数据范围,保证 500 m 半径的圆形区域内至少设有一个测站的原则,在整个崇明东滩进行布站,这会导致相邻测站没有公共的反射标靶,因此借助于 GPS-RTK 测量每个反射标靶的大地坐标,从而实现所有测站的拼接。控制点选取在测量区域中间位置,采用 1980 西安坐标系。当天作业进行之前首先进行基站的架设,选择开阔且高程较高的位置架设 GPS 基准站,保证流动站接收信号的稳定性和准确性,同时测量控制点当前坐标值,并重设为控制点坐标,使 GPS-RTK 解算出流动站坐标与控制点坐标一致。受控制点数量的限制,为验证 GPS-RTK 坐标的一致性,每天作业之前在周围选取若干固定位置点,每次固定测量坐标,采用对比验证的方式以保证基站差分信号的准确性。

2)架设标靶和激光扫描仪

崇明东滩潮滩地形复杂,潮沟纵横,故选择灵活性较强的牛板车作为搬运工具,提高作业效率。同时,三维激光扫描仪采用三脚架架设,如果直接架设在松软的泥滩上,那么严重的地面沉降会导致测量无法进行,所以现场选择较为结实的地面,使用木板等坚固物体固定受力面积较大的板车,再用三脚架将扫描仪架设在牛板车上,另外再保证测站与反射标靶之间的通视即可。

在实际测量作业中,由于作业范围大、地面潮沟纵横及植被茂盛等,不可能一次全面覆盖整个扫描区域,所以需要长时间、多位置的扫描。合理布置扫描站点有利于最大限度地提高作业效率,同时获得更多的地面信息,真实反映地面形态。除了扫描站点的选择之外,反射标靶位置和数量选择亦十分关键,应保证不少于 4 个反射标靶均匀分布在测站周围 50~100 m,以保证仪器能完成对反射标靶的精细扫描和整个测站数据的精度。

3)现场扫描

将反射标靶架设在选定的点上,同时将仪器架设在选定的测站位置上并进行粗平和扫描姿态的调整。把扫描仪和笔记本分别打开并通过端口连接,同时启动笔记本 RISCANPRO 软件,实现软件与仪器的通信,整个扫描过程由客户端软件 RISCSNPRO 控制。首先根据架设位置设定扫描仪水平、垂直扫描范围(一般为 0°~360°和 60°~120°)和步宽(本次选择为 0.03°和 0.013°),同时选择将数据同步下载到计算机实现备份,扫描仪将根据计算机设定的参数自动进行扫描,扫描完成后在计算机上根据快视图选定反射标靶的粗略位置,并控制扫描仪对每个反射标靶进行精细扫描,从而确定反射标靶中心位置点,完成点云数据的获取。

4)反射标靶坐标、验证点的 GPS-RTK 坐标测量及植被高度和坐标的测量

测量采用已知尺寸圆柱状反射标靶,测量每个反射标靶顶端中心的坐标,用于实现该测站相对坐标向绝对坐标的转换。同时,每个测站周围地面测量若干GPS-RTK坐标点,用于辅助数据拼接和拼接精度评定,选取位置主要在裸露的、扫描仪能直接测量的位置。植被位置和高度测定是为了验证植被滤除处理的精

度,主要测量植被自然状态下的高度,并拍摄照片用于现场还原。

3. 数据处理

TLS 获取的数据为一系列点数据,且所有数据都以单站的形式存在,如果需要得到完整的地形数据,则需要首先进行数据预处理,数据预处理主要包括噪声点滤除、数据拼接。噪声点滤除,即采用设置高程阈值的方法,消除扫描过程中的错误点;数据拼接则是利用点云数据拼接手段,将所有单独测站的点云数据三参数转换的方法归集到统一的坐标系统中。

TLS 扫描过程主要采用非接触测量的方式,其结果受测量方式、被测量物体表面形状、纹理和方向及一切外界干扰等不确定因素影响,不可避免地会产生误差较大的噪声点。这部分点数据量相对很小,但是很多漂浮于空中,需对其做滤除处理。

从扫描过程来看,点云中的噪声主要来自以下三个方面:① 被测物体表面的特征因素导致激光测距产生误差从而产生噪声。例如,被测物体表面的粗糙度、表面的缺陷等表面特征,物体的表面材质也会产生噪声,当物体表面非常光滑,如扫描干净的汽车表面时,会发生强烈的反射,产生噪声。② 由激光扫描系统自身因素造成的误差而产生噪声点。主要包括扫描仪的分辨率、激光测距精度、电池电压以及长时间工作造成的机器过热等机器硬件因素。③ 外界偶然因素。激光扫描系统可在多种环境下工作,产生噪声点的外界因素包括一些偶然的汽车、飞鸟或者空气中飘浮的异物被扫描到点云数据中而产生噪声点。

针对前两种噪声点,一般采用平滑滤波的处理方式。该方法借鉴遥感图像的椒盐噪声去除原理,主要有高斯滤波算法和平均滤波算法。两种算法各有优点,高斯滤波算法在保持地貌原状上效果较好,平均滤波算法则能去除随机噪声点。表 10 - 4 所示的平均滤波算法,其系数均相等,为 119,且它们的和为 1;而高斯滤波算法是归一化后的系数表达。

表 10 - 4　平均滤波算法(左)和高斯滤波算法(右)

1/9	1/9	1/9	1/16	1/9	1/16
1/9	1/9	1/9	2/16	4/16	2/16
1/9	1/9	1/9	1/16	2/16	1/16

第三种噪声点往往是空中的飞点,很难用滤波算法来去除,去除该类噪声点往往是通过角度或者高程阈值的设置来选择这类噪声点并删除。例如,本次实验区域崇明东滩,该区域地势平坦,有效点多集中于一个高程区间内,可以用设置高程阈值的方法滤除大部分空中噪声点,再结合 RISCANPRO 操作软件对部分距离地

表较近的噪声点手动删除；亦可设置角度阈值(图10-11)，采用角度阈值的滤除方法，可将大部分浮于空中的噪声点滤除(红色即为选中的噪声点)。

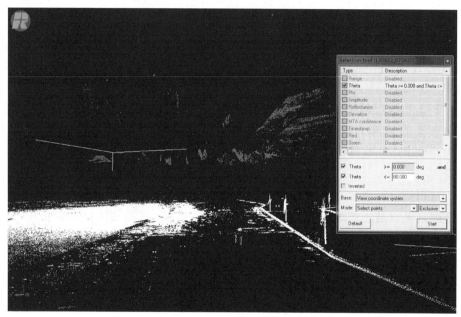

图 10-11　三维激光扫描系统噪声点滤除

4. 数据拼接

三维激光扫描仪对目标进行精细扫描，采集大量点云数据，这对传统三维点云数据处理软件和计算机硬件性能提出了挑战，VZ-4000系列扫描仪配套专用仪器控制软件RISCSNPRO软件能满足目前主流计算机配置下点云数据可视化处理拼接处理的要求。

三维激光扫描仪的数据扫描单站测量难以覆盖大范围测区，因此往往需要多测站测量相结合，若要将所有测站数据拼接到一起，则需要在测区范围所采用的坐标系统中对该测站进行准确定位和定向，数据拼接是点云数据处理的主要步骤之一。

三维激光扫描系统每一测站都有自己的坐标系统，在不考虑测量过程中仪器自身沉降的情况下，三维激光扫描系统的激光所测距离和角度为绝对距离和角度，故在点云拼接过程中，可将单站测量点云作为一个具有刚体性质的整体，在拼接过程中不考虑单站点云数据存在拉伸和变形的情况，只对点云整体做旋转和平移变换，点云数据的拼接可用三维空间坐标系的旋转变换和平移变换来表示。

　　测量采用基于控制点的单站配准的方式,即利用已有的外部控制点将每个扫描仪坐标系转换至外部坐标系统中。测量过程中将单独测站作为独立的子区域,每个子区域中设立至少四个反射标靶,利用三维激光扫描系统对每个子区域进行单独扫描,同时利用 GPS 测量每个标靶的中心点坐标(X, Y, Z),得到反射标靶在控制坐标系中的坐标,即 1980 西安坐标系下的坐标,拼接前将 GPS‐RTK 测得的所有测站反射标靶坐标导入 RISCANPRO 软件的 GLCS 中,因此直接将 GLCS 坐标复制到 PRCS 坐标文件中,同时求得反射标靶在当前扫描仪坐标系下的坐标(x, y, z),利用两套坐标,通过式$(10‐3)$计算所有测站的转换参数,单站平方根误差一般保证在 10 cm 范围内。而数据拼接的原理则是将各个单独测站的 SOCS 坐标转换到本项目所用的绝对坐标系下,即 GLCS。

$$\begin{bmatrix} X \\ Y \\ Z \end{bmatrix} = \boldsymbol{R} \begin{bmatrix} x \\ y \\ z \end{bmatrix} + \boldsymbol{T} \tag{10‐3}$$

该公式称为空间相似变换公式,$\boldsymbol{T}$ 为平移矩阵,$\boldsymbol{R}$ 为旋转矩阵,且为正交矩阵。

　　5. 数据压缩和建模

　　三维激光扫描系统获取海量点云数据,大量的点云数据虽然能够详尽地物特征信息,但是大量的点云数据对数据处理造成了较大的困难,大量的点云数据对计算机的运算速度有很高的要求,同时占用了大量的计算机资源,使得计算机的运算速度变慢,而且大量的点云数据中,有很多信息是冗余信息,不利于后续有用信息的提取,因此需要对数据进行简化处理。

　　地面三维激光扫描仪对整个崇明东滩自然保护区扫描设置测站较多,数据量非常庞大,为了便于数据处理和地形研究,需要对整体数据进行抽稀处理,处理方法采用 RISCANPRO 软件中 OCTREE 工具,可以灵活设置 X、Y、Z 方向数据抽稀长。而地面三维激光扫描仪则获取实时地面地貌信息,用于实现地表三维信息的反演[1,9-11]。

　　为获取真实的潮滩地表高程,所有的非地面点均可视为噪声点,但为获取植被高度,所有的非地面点又可以视为信息源。本研究采用移动窗口的方法选取最低点来去除植被对地表形态的影响,基本原理是:预先定义好固定边长的窗口(一般选择矩形窗口),再用该窗口对整个研究区域进行逐个棋盘式扫描,选择窗口内最低高程点作为地面点和最高高程点作为植被高度。棋盘式扫描计算最高、最低点的方法在高程变化较小、地形平坦区域有较好的提取效果,但不太适用于地形起伏较大的区域,这主要是因为一些地形变化较大、凸出地表的顶端地形会被滤除。本研究区位于崇明东滩,地势较低、滩地相对平坦,虽然受潮沟影响较大但激光对水体的镜面反射作用强烈,因此该方法适用于潮滩地区测量。

10.8.3 地形构建

2013 年 9 月 100 站 TLS 测量数据覆盖整个崇明东滩,拼接完成后的点云数据如图 10 - 12(a)所示;2014 年 10 月 77 站 TLS 测量数据覆盖整个崇明东滩工程外区域,拼接完成后的点云数据如图 10 - 12(b)所示。图 10 - 12(b)选自 2013 年 9 月潮滩南部单个测站实验区,图 10 - 12(d)选自 2014 年 10 月潮滩南部单个测站实验区,平均点密度达到 86 个/m²。

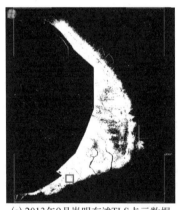
(a) 2013年9月崇明东滩TLS点云数据

(b) 2013年9月实验区点云图

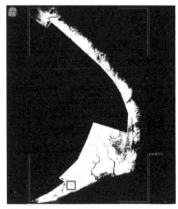
(c) 2014年10月崇明东滩TLS点云数据

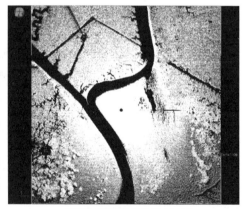
(d) 2014年10月实验区点云图

图 10 - 12 崇明东滩不同时相的点云数据

1) 点云分离算法

移动窗口的尺度大小对选取的最低点和最高点有较大影响,常称为窗口的尺度效应。已有的研究中对移动窗口的尺寸并没有明确的标准,其大小与地形梯度变化、植被长势和点云数据质量密切相关。较大的搜索窗口更容易获取实际情况下的地面点,有利于降低获取"伪地形"的可能性,削减植被影响,但是结果地形的空间分辨率会随之降低。本研究主要采用 0.5～8.0 m 的矩形窗口,每间隔 0.5 m 大小的不同窗口进行对比分析实验,得到潮滩地形高程反演中植被信息削减最优窗口尺度。采用该算法考虑以下两方面:① 搜索窗口大小的选择应该考虑数据配准过程中产生的系统高程误差,并保证尽可能地获取数据的空间特征;② 这个算法以区域内获取的最高点来估算植被高度,所以最高点估算的植被高度应该与实际植被高度相匹配,可以采用 RTK 实测结果与 TLS 提取的植被高度比较来评价植被提取效果。

2) 点云过滤算法的尺度效应

为研究点云过滤算法,选取 2013 年和 2014 年两个年度相同范围内 500 m×500 m 研究区域,并选择窗口大小从 0.5～8 m 的矩形窗口,以 0.5 m 的步长逐步递增,测试不同窗口下获取的最高点和最低点作为地表高程和植被高度。

在不同分辨率窗口下获取的地面高程点采用反距离权重(inverse distance weighted,IDW)插值计算研究区域的数字地面高程模型,将栅格像元分辨率设置为 0.1 m。将 RTK 同步测量的高程点三维坐标与 TLS 获取的数字地面高程模型进行比对,计算每个 GPS 验证点与不同尺度下窗口过滤算法结果的误差(图 10-13)。统计结果表明,当该研究区域中窗口尺度大小设置为 4 m 时,验证点与 DEM 的平均高程误差最小,为 4.27 cm。因此,4 m 大小的窗口被认为是研究区域内最佳窗口尺寸,同时被用于植被高度过滤算法。

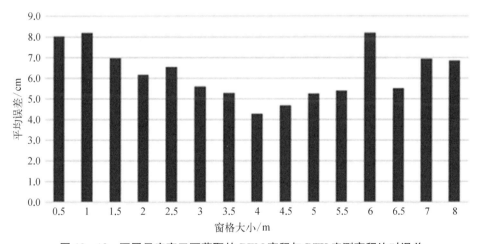

图 10-13　不同尺度窗口下获取的 DEM 高程与 RTK 实测高程比对误差

3) 三维地形构建

以基于 4 m 窗口进行植被过滤得到的高程点作为该区域内的地形点,在 ArcGIS 中采用 IDW 插值法得到该分辨率下的 DEM。为研究两期地形变化,采用分区间统计方法,计算区间内地形点数,选取高程区间间隔为 0.12 m 的统计结果(图 10 - 14)。从结果来看,该区域一年内总体呈现少量淤积的状态,其原因是该区域距离工程实施区域较远,对工程的响应较缓慢。采用 TLS 现场测量,并进行植被有效剥离算法能够清晰地表现崇明东滩湿地地形变化。

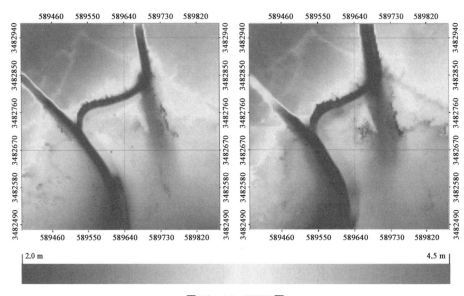

图 10 - 14   DEM 图

10.9   盐沼潮滩表层模型构建及冲淤演变分析

10.9.1   盐沼潮滩表层模型构建

由于盐沼植被较大的植被覆盖度,TLS 有效穿透植被实际到达地面的点云很少或几乎没有,加之远处激光衰减较多,这造成点云信号的"盲区",给恢复高覆盖度盐沼植被区域的地形数据带来较大的困难。为了探究互花米草生态治理围垦工程影响下中部和南部盐沼潮滩的地形变化,作者以 DSM 近似代表 DEM,分析互花米草生态治理工程影响下崇明东滩盐沼潮滩植被的表面形态时空变化,本书使用该方法只为宏观了解 2014～2016 年中部和南部盐沼潮滩高程变化。使用

2 m×2 m 的最大值窗口对 2014 年与 2016 年点云数据进行滤波,分别构建了崇明东滩中部和南部盐沼潮滩 2014 年与 2016 年两期 DSM(图 10‐15)。

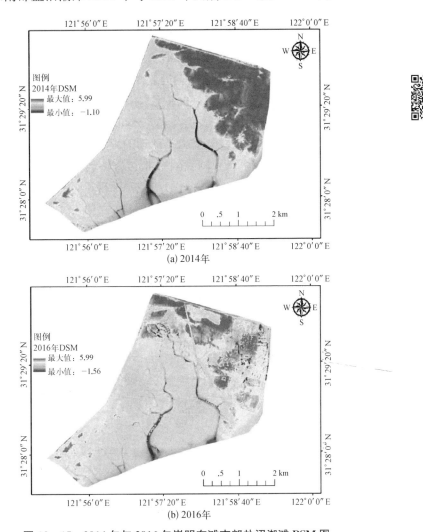

(a) 2014年

(b) 2016年

图 10‐15　2014 年与 2016 年崇明东滩南部盐沼潮滩 DSM 图

10.9.2　冲淤演变分析

图 10‐16 为 2014~2016 年南部潮滩 DSM 的冲淤演变图,从图中可以看出,靠近 98 大堤的区域,基本上没出现红色值(淤积)与蓝色值(侵蚀)异常的情况,这意味着该区域冲淤较为稳定。而靠海区域出现红色值加深的现象,这有可能是植被群落向海推进的结果,因为不同盐沼潮滩植被生长在潮滩不同的高程区域,其生

长区域间接反映了滩涂的高程,随着滩涂的不断淤涨,盐沼潮滩植被也在不断发生种群演替及向海推进。但是,因为植被推进的速度缓慢,并且自然状态下的演替不会造成高程变化较大的现象(图 10 - 16),所以有理由认为红色值加深源于潮滩的淤涨,潮滩的淤涨导致淤积较为明显(箭头 1 方向)。沿着该方向,出现较为明显淤积的区域距离 98 大堤 2 650 m,淤积高程值普遍在 20～60 cm。沿着图 10 - 16 中箭头 2 方向,可以看出南部盐沼潮滩越靠近北侧,红色值相对越深,淤积作用越明显,这和南部光滩的分析结果具有很好的一致性,即北侧区域的淤涨速率高于南侧区域。值得注意的是,在冲淤图 98 大堤与互花米草生态治理围垦大堤交界的区域出现淤涨较大的现象,这一现象主要受人类活动的影响,该区域主要为芦苇群落生长区,2014 年生态治理对该区域(中部范围)植被破坏较为严重,随后又恢复到自然演替状态;冲淤图中黑框区域(中部范围)出现侵蚀现象,这同样源于人类活动的影响,该区域 2014 年存在大片互花米草,生态治理后,互花米草被割除或淹死,导致高程降低较为严重[1]。

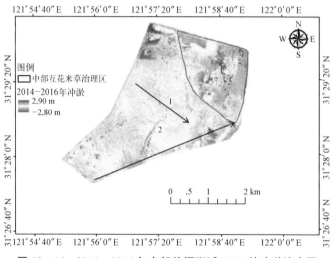

图 10 - 16 2014～2016 年南部盐沼潮滩 DSM 的冲淤演变图

造成靠近 98 大堤区域潮滩冲淤较稳定而靠海区域潮滩淤高较快的原因是:① 98 大堤比较靠岸,潮滩高程相对较高,淹水概率相对较小,动力环境相对较弱加之水较浅,只有适逢涨憩由潮流带来的泥沙才能沉积下来,泥沙向上输送频率低;② 中、南部潮滩植被较为茂密,在潮水涨潮过程中,由于前缘盐沼潮滩植被的消浪减波作用,波浪和潮流水动力逐渐减弱,大部分泥沙在盐沼潮滩前缘区域沉积下来,促进滩面淤涨;当水位到达高潮滩时,悬沙浓度较低,往高潮滩输送的泥沙较少,而且盐沼潮滩植被的固滩功能也使得滩面不易被侵蚀。因此在排除人类活动影响的情况下,越靠近 98 大堤的区域,潮滩冲淤演变越稳定。

【参考文献】

[1] 田波.崇明岛生态监测技术报告[R].上海：华东师范大学,2019.

[2] 张娜.生态学中的尺度问题：内涵与分析方法[J].生态学报,2005,26(7)：2340-2355.

[3] 郭庆华,刘瑾,李玉美,等.生物多样性近地面遥感监测：应用现状与前景展望[J].生物多样性,2016,24(11)：1249-1266.

[4] Martin M E, Aber J D, Congalton R G, et al. Determining forest species composition using high spectral resolution remote sensing data[J]. Remote Sensing of Environment：An Interdisciplinary Journal, 1998, 65(3)：249-254.

[5] Vanhellemont Q, Ruddick K. Turbid wakes associated with offshore wind turbines observed with Landsat 8[J]. Remote Sensing of Environment, 2014，(145)：105-115.

[6] 徐冉,过仲阳,叶属峰,等.基于遥感技术的长江三角洲海岸带生态系统服务价值评估[J].长江流域资源与环境,2011,(S1)：87-93.

[7] 吴文挺.基于遥感和数值模拟的河口湿地演变研究[D].上海：华东师范大学,2019.

[8] 黄华梅,张利权,袁琳.崇明东滩自然保护区盐沼植被的时空动态[J].生态学报,2007,27(10)：4166-4172.

[9] 王聪,刘红玉,候明行,等.淤泥质潮滩湿地类型遥感识别分类方法与应用[J].地球信息科学学报,2013,(4)：590-596.

[10] 栾华龙,柯科腾,葛建忠,等.长江口规划工程影响下的咸潮入侵数值模拟[J].海洋科学进展,2018,36(4)：525-539.

[11] 高宇,张涛,张婷婷,等.基于淤积量的崇明东滩促淤围垦合理性评价[J].湿地科学与管理,2017,13(1)：4-8.

第 11 章

城市土地时空应用

11.1　模型构建

城市土地利用时空优化模型在强调传统土地利用类型数量优化的基础上，增加了空间优化目标和对时间序列优化的考虑，使模型更具有实际应用价值。本章首先简述土地利用时空优化模型的发展历史，了解发展过程，掌握发展趋势。然后从两个方面构建时空优化模型：① 模型优化目标的选择和计算方法；② 约束条件的选择和计算方法。前者把优化目标分为经济上的、空间上的和生态上的，从三个方面综合考虑土地利用变化所产生的影响；而约束条件的构建也从三个方面来考虑，分别为土地利用类型数量约束、空间约束和时间序列约束[1]。尤其是在模型中加入了对时间序列优化和时空结合的研究，弥补了以往土地利用优化模型研究中在这方面的不足。城市土地利用时空优化模型研究路线图如图 11 - 1 所示。

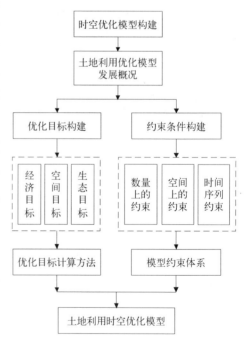

图 11 - 1　城市土地利用时空优化
模型研究路线图

11.2　土地利用优化模型的发展

土地利用优化问题也就是土地资源的合理分配问题，其中心思想是按照预期

的目的,将不同的土地利用类型,如耕地、林地、绿地、建设用地、水体分配到合适的
位置,这是一个复杂的需要结合自然环境情况的人为决策问题。这些决策不仅要
实现对土地资源管理的所有目标,而且要充分考虑对某种土地利用类型的分配能
否发挥其最大的效用,包括社会效用、环境效用和经济效用。这是一种典型的多目
标优化问题,而且优化目标和约束条件的设置及其数量随着时代和优化目的的不同,
其内容也在发生着变化[1-3]。

　　在 20 世纪 60 年代,由于优化方法和计算能力的限制,一种典型的多目标线性
规划(multi-object planning,MOP)优化模型是单目标优化模型,优化目标往往是
土地利用类型的面积、位置等。例如,许多在 20 世纪 60 年代提出的优化模型的优
化目标是为不同的土地利用类型寻找最合适的位置,如最大化潜在消费群体所在
区域的面积。具体来说,这些模型的优化目标还包括最大化居民居住的舒适度、最
大化相邻度、最大化吸引力及交通便捷度等。其中,交通优化目标是这一时期的重
点关注方向,例如,公共医疗机构(如医院、急救中心等)与人们的生活息息相关,所
以优化目标为最小化到达这些医疗机构的距离或时间,相应的约束条件是这些医
疗机构要具有充足的医生、医疗设备和床位等。

　　20 世纪 70～80 年代,随着计算机技术的进一步发展,更多的优化方法应运而
生。这些方法能够产生更具实际意义的土地利用优化方案。另外,计算能力的提
高,也为优化模型产生更多的优化方案提供了有利条件,这是非常重要的,因为更
多的候选方案意味着更多的选择,可以根据不同的优化目的、不同的优化策略来灵
活地决定采用哪种优化方案。然而,这一时期仍然存在一些制约因素,这些因素制
约了优化模型向更具实际应用价值的方向发展。一是要实现优化模型的实际应用
价值,需要大量的数据作为支撑,如土地利用信息、社会经济信息等,在当时,要想
做到这些并不容易;二是还有不少研究人员坚持把一些不切实际的假设、目标等加
入模型中去,因此产生了没有实际应用价值的优化结果;三是研究人员有时在土地
利用优化模型中加入了其他不相关的模型或因子,结果不利于决策者进行判断;四
是大量的土地利用优化模型集中于对土地利用类型数量的优化,更多考虑的是自
然因素,而对环境因素、社会因素考虑得较少,关于土地资源空间优化的研究也未
得到大量开展,最后经常导致由复杂土地利用优化模型得出的优化结果还没有由
简单土地利用优化模型得出的优化结果准确。

　　20 世纪 90 年代,随着可持续发展概念的不断深入到人类发展的各个领域,
城市土地利用优化采纳了可持续发展的理念之后,也出现了新的变化。城市土
地可持续利用,就是通过科学合理的土地资源优化方法,使经济发展、环境保护、
资源高效利用、社会进步等诸多相关领域得到长期、稳定的共同发展。新的土地
利用优化模型中更多地考虑了空间因素和环境因素对优化结果的影响。这些研

究认为,城市无规划建设、城市扩张和在城乡结合部闲置土地的利用都对城市发展有重要的影响。类似土地资源的开发都加速了人与经济的分离、环境的恶化、耕地面积减少和水土流失等严重的后果。正因为如此,土地利用优化模型的优化目标从强调土地利用类型面积优化和经济数量优化逐步转移到空间结构优化、环境优化等能改善人类生活环境、有利于土地资源可持续发展的目标上来。

11.3 多目标城市土地利用时空优化模型

城市土地利用优化是一个复杂的过程,涉及土地、经济、社会、环境和人文等诸多方面。然而,首先,作为一个优化模型,不可能将所有的相关领域都作为优化目标,否则,如此庞大的土地利用优化模型不仅计算起来十分困难,而且实际意义也极其有限;其次,土地利用优化模型也从原先强调数量结构优化逐步进入到强调空间结构优化上,解决了在不增加土地供应量的前提下,提高现有土地资源的使用效率;再次,土地利用优化不是一朝一夕所能完成的工作,而是一个不断优化、改进的过程,现有模型在时间序列方面考虑不足;最后,根据前面所述的城市土地利用优化最适宜原则、适当利用原则、开发与保护并重原则、保护耕地原则和继承性原则的要求,在采用栅格数据表示土地利用的情况下(每个栅格代表一个地块),城市土地利用时空优化模型分别从经济、空间和生态三个方面进行优化,包含5个优化目标和5个约束条件(如下)[1,3-6]。

Maximize

$$\text{ESV} = \sum_{u=1}^{N} \text{esv}_u \qquad (a)$$

$$\text{Compatibility} = \sum_{u=1}^{N} \text{compatibility}_u \qquad (b)$$

$$\text{Contiguity} = \sum_{u=1}^{N} \text{contiguity}_u \qquad (c)$$

$$\text{GDP} = \sum_{u=1}^{N} \text{GDP}_u \qquad (d)$$

Minimize

$$\text{Compactness} = \sum_{u=1}^{N} \text{compactness}_u \qquad (e)$$

Subject to

$$\sum_{u=1}^{N} x_{ij} \leqslant 1 \qquad \text{(f)}$$

$$\sum_{\substack{u=1 \\ m \neq u}}^{N} x_{ijm} \leqslant 1 \qquad \text{(g)}$$

$$C_{uu'} \leqslant 1 \qquad \text{(h)}$$

$$\text{Area}_u \geqslant \text{Area}_u^c \qquad \text{(i)}$$

$$\text{Time series constraints} \qquad \text{(j)}$$

其中,

(1) 模型优化目标分别为: ESV(ecosystem services value)为生态服务价值, esv_u 为第 u 种土地利用类型的总生态服务价值; Compatibility 为土地利用类型兼容度, compatibility$_u$ 为第 u 种土地利用类型的总兼容度; Contiguity 为土地利用类型连续度, contiguity$_u$ 为第 u 种土地利用类型的总连续度; Compactness 为土地利用类型紧凑度, compactness$_u$ 为第 u 种土地利用类型的总紧凑度; GDP 为研究区域内国民生产总值, GDP$_u$ 为第 u 种土地利用类型产生的国民生产总值。

(2) 模型约束条件为: 表达式(f)限制了每个地块在同一时间内只能被一种土地利用类型覆盖; 表达式(g)限制了每个地块内的土地利用类型在优化前后或者保持不变, 或者只能转换成另外一种土地利用类型; 表达式(h)限制了土地利用类型之间互相转换的可行性; 表达式(i)限制了规划结束后每种土地利用类型的总面积下限; 表达式(j)中, Time series constraints 表示时间序列约束条件, 包括两种约束策略: 一是直接设置土地利用时空动态变化度, 即 Ldcd$_u \leqslant$ DCD$_u \leqslant$ Udcd$_u$; 二是通过土地利用时间序列分配模型动态设置约束条件。

(3) 其他参数为: N 为土地利用类型总数; u 为第 u 种土地利用类型; i 为栅格数据的第 i 行; j 为栅格数据的第 j 行; x_{ijm} 为当 $x_{ijm}=1$ 时, 表示栅格数据中第 i 行第 j 列位置上的土地利用类型为 m; 当 $x_{ijm}=0$ 时, 表示没有数据; x'_{ijm} 为当 $x'_{ijm}=1$ 时, 表示栅格数据中第 i 行第 j 列位置的土地利用类型转换为类型 m; 当 $x'_{ijm}=0$ 时, 表示土地利用类型未改变; $C_{uu'}$ 为当土地利用类型 u 可以被转换成 u' 时, $C_{uu'}=1$; 否则, $C_{uu'}=0$; Area$_u$ 为规划后第 u 种土地利用类型的总面积, Area$_u^c$ 为该类型土地资源所允许的面积下限, 即规划后每种土地利用类型的面积必须要在其允许的面积之上; DCD$_u$ 为第 u 种土地利用类型的年平均动态变化度, Ldcd$_u$ 和 Udcd$_u$ 分别为 u 类型土地资源年均动态变化度的下限和上限。

11.3.1 经济优化目标

在经济学中,常用国内生产总值(gross domestic product,GDP)作为衡量一个国家或地区经济发展综合水平的最重要指标之一,是目前各个国家和地区常用的经济衡量指标,也是宏观经济中最受关注的经济统计数字。GDP 有三种形态,即价值形态、收入形态和产品形态。从价值形态上看,它是所有常驻单位在一定时期内生产的全部货物和服务价值与同期投入的全部非固定资产货物和服务价值的差额,即所有常驻单位的增加值之和;从收入形态上看,它是所有常驻单位在一定时期内直接创造的收入之和;从产品形态上看,它是常驻单位在一定时期内最终使用的货物和服务价值与货物和服务净出口价值之和[1,5-8]。

从 GDP 的价值形态入手,利用各产业类型对应的土地利用类型单位面积增加值的总和来反映城市经济发展水平,即把国民经济各部门增加值的总额作为 GDP 的表现形式。根据定义,增加值反映生产单位或行业在一定时期内生产经营活动的最终成果,也是该单位或行业对 GDP 的贡献,各行业增加值之和就是 GDP。然而,在城市土地利用时空优化模型中没有直接反映各行业增加值的变量,只有土地利用类型面积变量。为了计算出研究区域内的增加值,将土地利用类型与三次产业分类建立起对应关系,以便粗略地计算增加值,这种对应关系如表 11 - 1 所示。

表 11 - 1   三次产业分类与土地利用类型的对应关系

产 业 分 类	对应的土地利用类型
第一产业	耕　　地
	园　　地
	林　　地
第二产业	建设用地
第三产业中的水利	水域或水体
第一、二产业	其他土地

第一产业主要是指农林牧副渔,与耕地、园地和林地等农业用地对应;第二产业主要是指工业、建筑业,与建设用地对应;第三产业中的水利与水域或水体对应;而其他类型的土地由于主要包括非耕地、园、林的农业用地和特殊类型用地,所以对应第一、二产业。因为区域 GDP 等于各产业的增加值之和,因此 GDP 的具体计算方法可以简单表示为

$$\text{GDP} = \sum_{u=1}^{N} \text{GDP}_u = \sum_{u=1}^{N} \text{value}_u \cdot \text{Area}_u, \quad n = 1, 2, \cdots, N \quad (11 - 1)$$

式中,N 表示当前土地利用类型数;GDP_u 表示在当前土地利用状况中的第 u 种土地利用类型所产生的 GDP;$value_u$ 表示土地利用类型 u 单位面积所产生的增加值;$Area_u$ 表示第 u 种土地利用类型的面积。

11.3.2　生态优化目标

1. 生态服务价值

土地作为自然生态系统的载体,土地利用与生态环境系统之间相互影响、相互作用。生态系统服务功能是指生态系统与生态过程所形成和维持的人类赖以生存的自然环境条件与效用,它不仅为人类提供食品、医药及其他生产生活原料,还创造与维持了地球生命支持系统,形成人类生存所必需的环境条件,是人类生存与现代文明的基础。而生态服务价值是指人类直接或间接从生态系统得到的利益,主要包括向经济社会系统输入有用物质和能量,并接受和转换来自经济社会系统的废弃物,以及直接向人类社会成员提供的其他服务(如人们普遍享用的洁净空气、水等舒适性资源),它是一种用货币形式量化土地利用所提供的产品与服务的方法。自 1974 年 Holdren 和 Ehrlich 提出生态系统服务功能的概念以来,生态服务价值已经成为国际可持续发展领域研究的热点问题,并且已经发展为生态学、生态经济学与环境科学的交叉前沿研究领域[1]。1979 年,Cook 提出自然资源价值的概念,随后又有人提出生态价值、生物多样性价值等自然与经济相结合的概念。随后,Gordon Irene 于 1992 年在 *Nature Function* 一书中第一次系统论述了不同生态系统对人类生产生活带来的影响[3]。特别是 1997 年,Daily 主编的 Natures Service:Societal Dependenceon Natural Ecosystem 的出版及 Costanza 等的 The Value of the Worlds Ecosystem Services and Natural Capital 在 *Nature* 上的发表,对生态服务价值评估研究产生了深远的影响,进一步把生态系统服务价值的评估研究推向生态学和生态经济学研究的热点和前沿地位[5]。

我国对生态服务价值的研究工作起步较晚,直到 20 世纪 90 年代末相关概念、价值理论和评估方法才逐渐被大家关注。经过这些年的不断探讨和总结,发展出针对不同区域、不同生态系统类型生态系统服务功能的价值评估和个案研究[1,7-10]。

(1)生态系统服务功能的理论分析,如 ESV 功能内涵与价值分类、ESV 与生态安全和可持续发展、人为与自然对 ESV 的影响等。

(2)不同类型区域生态系统服务功能的价值评估,如农牧交错带、海岸带、黄土高原和河流湖泊等。

(3)城市生态系统服务功能及其价值评估。例如,孟庆香等[6]分析了生态服务价值法在土地利用总体规划环境影响评价中应用的必要性,并结合周口市新一

轮土地利用总体规划修编的实例进行了分析研究;刘海等[7]利用地学信息图谱对
江西省生态服务价值结构进行研究,提出了生态服务价值结构的概念。

(4) 生态系统服务功能价值评估方法比较,包括对条件价值法、费用支出法与
市场价值法的比较;生态系统服务的物质量与价值量评价方法的比较等。

本研究中生态服务价值的计算,可以用优化模型中式(b)来表示,具体的表示
方法如下所示:

$$ESV = \sum_{u=1}^{N} esv_u = \sum_{u=1}^{N} e_u \cdot Area_u \qquad (11-2)$$

式中,N 表示土地利用类型总数;u 表示第 u 种土地利用类型;ESV 表示研究区域
内生态服务价值总和;esv_u 表示第 u 种土地利用类型的生态服务价值总和;e_u 表示
第 u 中土地利用类型单位面积所产生的生态服务价值;$Area_u$ 表示研究区域内第 u
种土地利用类型的总面积。

2. 兼容度

城市土地利用类型兼容度与生态服务价值一样,都反映了城市生态环境水平,
是土地利用类型空间分布关系在生态环境上的体现。如果两种土地利用类型之间
能够和谐相处、优势互补,则它们之间的兼容性就好,相应的兼容度就高[1,12]。例
如,水域与林地或园地之间、绿地与住宅用地之间的兼容度就较高。相反,如果两
种土地利用类型之间不能相得益彰,则它们之间的兼容度就较低。例如,耕地与住
宅用地就不适合相邻,在规划时应该尽量避免。所以,基于上述考虑,将兼容
度(Compatibility)作为时空优化模型的一个优化目标。在用栅格数据表示土地利
用情况时,每个地块的兼容度由其自身的土地利用类型与其周围相邻地块的利用
类型决定,其计算方法为

$$Compatibility = \sum_{i=1}^{n} \sum_{j \in \Omega} compatible_{ij}$$

$$(11-3)$$

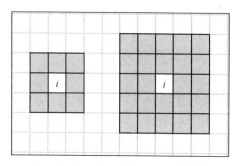

图 11-2　地块 i 的邻域集合(灰色部分)
示意图(左侧邻域半径 $r=1$,
右侧邻居半径 $r=2$)

式中,i 表示研究区域内第 i 个地块,一
共有 n 个地块;Ω 表示地块 i 相邻地块的
邻域集合,该集合包含以地块 i 为中心,
以邻域半径长度为 $r(r=1,2\cdots)$ 的区
域内的所有地块,如图 11-2 所示。其
中,j 为研究区域内第 j 个地块,
$compatible_{ij}$ 表示地块 i 和地块 j 之间的
兼容度。

11.3.3　空间优化目标

1. 背景介绍

随着我国城市化进程的不断加快,尤其是城市空间形态的急剧变化给经济、社会、城市建设等带来诸多问题,这使得当前脆弱的生态环境承受着巨大的压力。然而,通过科学合理的优化方法对土地资源进行空间优化配置,能充分发挥出土地潜力、提高土地聚集效应、保持土地生态系统平衡,实现土地的可持续利用,促进区域经济快速发展和环境逐步和谐。

传统的土地资源管理研究更多关注的是土地利用数量上的优化,而忽略了土地利用空间上的优化,从而导致土地利用效率低下,影响了土地生态系统的平衡。为了解决由城市空间布局而引起的城市发展问题,相关学者提出了土地利用空间优化配置的概念,即根据特定的规划目标,依靠一定的技术手段,对区域内土地的利用结构、方向,在空间尺度上系统地进行安排、设计、组合和布局,并得到由点、线、面、网组成的多目标、多层次、多类别的土地利用空间配置方案,综合比较土地空间配置方案的经济效益、社会效益和生态效益,最终确定目标效益最优的方案的过程。土地利用空间优化配置源于城市空间均衡布局理论,发展较早,研究成果较多,主要包括区位理论、增长极核理论、田园城市理论等;城市空间结构理论主要包括"点-轴"理论、同心圆理论、扇形理论、"核心-边缘"理论及多核心理论等。随着区域经济学、空间几何学和景观生态学的相互渗透,关于地域空间布局理论的研究也逐步完善,主要表现在以下三个方面[1,13]。

(1) 区域经济学方面:一是提出增长极核理论,该理论对于研究城市规划、城市空间扩展边界与土地利用规划和城镇建设用地空间布局具有重要的指导意义;二是空间经济学理论,提出城市化水平较高的地方可以自发地向周边城市化水平较低的地方扩散,从而带动周边区域的发展,也就是大城市向周边边缘地区的扩散,这种扩散不仅不会消除集中趋势,相反,还会逐渐形成新的集中,从而使城市的空间规模不断扩大。

(2) 空间几何学方面:主要是分形理论,用于解决和解释非线性世界中一些具有随机性和复杂性特征的现象和问题。该理论从土地利用类型的自相似性和分形维数等角度为定量化研究土地利用空间结构提供了有力工具。

(3) 景观生态学方面:土地是景观生态的载体,景观生态是土地合理利用的表现,二者的结合已成为相关研究的发展趋势。例如,德国生态学家 Haber 提出土地分异理论,该理论有助于推进我国土地利用地类斑块地域差异的空间分析和建模,为进一步完善区域土地优化配置与景观生态规划的衔接提供了依据。

由于城市土地利用空间优化越来越引起研究者的重视,在相关研究不断增多的同时,两个能够反映城市空间布局的指标也随之产生,即紧凑度(compactness)和连接度(contiguity)。

2. 紧凑度

为了有效控制城市蔓延及其带来的社会经济与生态环境问题,一些学者和以欧洲为主的西方发达国家提出了紧凑城市的理念,其核心思想是通过高密度、土地混合利用,以及将公共设施设置相对集中等几个方面遏制城市扩张,有效减少交通距离和污染排放量,促进城市的可持续发展。紧凑城市是指在一定的社会经济和技术条件下,充分节约用地并为其居民提供可持续福利的城市。目前,紧凑城市理论已经被普遍认为是一种解决由城市自由扩张而引起的土地资源可持续利用问题的有效方法之一。关于城市空间紧凑度的评价方法,大致可分为两种:空间形态特征单指标评价法和多指标综合评价法。前者从城市空间形态的几何特征出发,通过不规则空间形态与规则几何图形的比较,或通过自身特征参数的选择与比较来完成评价,常用的评价指标包括 Richardson 紧凑度和 Gibbs 紧凑度。后者则通过对城市规模、密度、空间分布特征等不同侧面的综合统计来完成指标的构建。

紧凑度概念的提出,使紧凑城市理论得到了进一步丰富。紧凑度能够准确地表达城市建设用地空间引力的强弱,能够在一定程度上反映出城市建设用地空间分布的紧凑程度的大小。空间紧凑度目标最早是在对林业收获时间表的研究中被提出的,用来进行严格邻接条件限制。一些地理信息科学的研究者也把空间紧凑度引入到土地利用优化模型中,用以鼓励相邻的相同土地利用类型单元。

3. 连接度

空间连续性是一个基本和重要的地理特征。空间连续性是指在一个地块内,任何一点都可以在不离开该地块的情况下到达其他任何一点,这个定义也意味着各个地块之间也应该是连通的。这种地块之间的连通程度可以用连接度来衡量。连接度已经被广泛地应用于土地利用规划中,其目的就是要使得研究区域内拥有相同土地利用类型的地块能够相邻或连通。例如,在自然保护区的规划上,具有相同土地利用类型地块的面积越大越有利于对物种的保护,分割的小块越多则越不利于管理;而在林业规划管理中,林地的连接度能够有效避免因砍伐活动而导致的对环境的负面影响,因为连接度越高,越有利于减轻敏感地区和古树所在地区的边缘效应。

在过去的数十年中,连接度一直是土地利用规划领域研究的热点问题,而主要的焦点集中于连接度的量化上。在量化连接度的研究中,经常用其他方面的度量来间接反映连接度的大小,虽然这样做有一定的可取性,但毕竟不是直接对连接度的度量,不能准确地反映待计算地块的真实连接度情况,所以实际应用价值有限。因此,急切地需要一种能够直接的、不带有任何偏向性的连接度计算方法。在最简单的情况下,连接度可以用 1 或 0 来表示,代表地块是连接的或不连接的。但是这种简单的表示方法不能适应复杂的土地利用规划条件。例如,所有的城市商业用地地块不可能全部连接,因为适合商业建设的土地资源本身就是不连接的。在这种情况下,要度量城市商业用地的连接度,不能简单地用 1 或 0 来表示,而是需要一种能够量化离散地块连接度的方法。Nalle 等认为连接度的大小不应该受到其形状的影响,例如,两个在内部完全连通的地块具有相同的面积和不同的形状,它们各自的连接度应该是一样的[1]。尽管连接度的这个属性显而易见,但是许多现有的计算连接度的方法并不能很好地体现这个基本属性。

4. 空间优化目标计算方法

空间优化目标是土地利用时空优化模型的重要组成部分,其中紧凑度(compactness)目标鼓励具有相同土地利用类型的地块聚集在一起,并且形状尽量规则、紧凑,但这些地块有可能不连接;而连接度(contiguity)目标鼓励具有相同土地利用类型的地块尽量连接在一起,反映的是地块间的离散程度,与地块形状无关。二者之间的关系和区别如图 11-3 所示,左图所示的是优化前的土地利用情况,灰色栅格表示相同土地利用类型的地块,中图所示的是以连接度为规划目标的效果图,而右图是以紧凑度为优化目标的效果图。

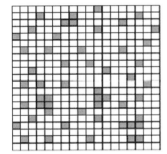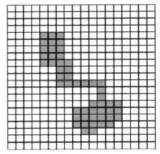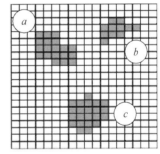

图 11-3　连接度与紧凑度的区别

目前,紧凑度的计算算法有很多种,此处采用其中具有重要影响的方法——基于引力模型的城市空间紧凑度算法。该算法的计算公式如下所示:

$$\text{Compactness} = \frac{N(N-1)/2}{\sum\limits_{k=1}^{K}\sum\limits_{i=1}^{m}\sum\limits_{\substack{j=1\\j\neq i}}^{m}\frac{Z_{ki}Z_{kj}}{c \cdot d_{ij}^{2}}} \tag{11-4}$$

式中,K 表示研究区域内的土地利用类型数;m 表示土地利用类型为 k 的独立地块的个数;Z_{ki} 和 Z_{kj} 分别表示土地利用类型为 k 的地块 i 和地块 j 的面积;d_{ij} 表示两个地块间的几何距离;N 表示研究区域总面积;c 表示常数,用于使计算结果无量纲化。对于栅格影像图,为了方便计算,地块的面积可以用它所覆盖的栅格数量来代替,几何距离可以用两个地块的外接矩形中心点的几何距离来代替。以图 11-3 中右图所示的研究区域为例,该区域的面积为 21×18;a、b、c 三个地块覆盖相同的土地利用类型 u,它们的面积分别为 19、11 和 22;ab、ac 和 bc 之间的几何距离分别为 8.38、10.34 和 12.65。在常数 c 设置为 0.000 1 的情况下(为了将紧凑度值限定在 0~1),该研究区域内土地利用类型为 u 的地块的紧凑度为 0.846。如果在保持三个地块形状不变的情况下,把地块 b 向下移动 6 个栅格并且向左移动 2 个栅格使三个地块更靠近一点,则紧凑度变为 0.498。可见,紧凑度作为优化目标应该越小越好。

有学者曾详细阐述、分析和比较了各种连接度计算方法的优缺点,并最终提出一种新型的连接度量化方法,该方法克服了传统方法只片面强调全连通性或相对连通性的不足,很好地表达了土地利用规划中空间连接度的定义和内涵。其计算公式如下:

$$\text{Contiguity} = \sum_{u=1}^{U} C_u$$

$$C_u = \frac{\sum_{i=1}^{m}\left[\dfrac{N_i(N_i-1)}{2}\right] + \dfrac{1}{2}\sum_{i=1}^{m}\sum_{\substack{j=1 \\ j \neq i}}^{m}\dfrac{N_iN_j}{d_{ij}^{\gamma}}}{\dfrac{\left(\sum\limits_{i=1}^{m}N_i\right)\left(\sum\limits_{i=1}^{m}N_i-1\right)}{2}} \quad (11-5)$$

式中,U 表示研究区域内土地利用类型数;C_u 表示覆盖第 u 种土地利用类型地块的连接度;m 表示覆盖第 u 种土地利用类型地块的数量;N_i 表示第 i 个地块的面积;d_{ij} 表示地块 i 和 j 之间的几何距离;γ 表示距离衰减系数。同理,对于栅格数据,地块面积可以用栅格数来代替。仍然以图 11-3 中右图所示的研究区域为例,在 $\gamma = 2$ 且只有一种土地利用类型的情况下,其连接度为 0.35。

根据相关研究,该方法对地块形状的变化是敏感的,并且能够很好地区分由地块面积或相对空间位置变化所引起的差别。所以,此处采纳了这种方法用以计算连接度。

11.4　土地利用时空动态优化

土地是具有时空特性的自然资源,土地利用变化是以时间为轴线进行的自然或人工的改造过程,土地利用规划正是这种人工改造的一种。作为土地利用规划的重要手段和方法,规划模型的建立要体现出时间在这个过程中的作用。虽然对土地利用动态变化的研究较多,但是,在土地利用优化模型中加入时间动态变化因素的研究还不多,这方面的参考资料和研究成果比较匮乏。因此,为了填补这方面的研究空白,本章探索性地以现有土地利用时空变化研究为基础,通过在模型限制条件中加入两种土地利用动态变化策略——动态变化度和时间序列动态分配子模型,建立完整的土地利用时空优化模型[1,12]。

11.4.1　动态变化度

1. 土地利用动态变化模型介绍

土地利用动态变化研究是土地利用研究领域的热点和重点内容之一。现阶段,土地利用动态变化模型主要有以下 5 种。

1) 土地数量变化模型

在过去相当长的时间内,研究土地利用动态变化大都以传统的数量统计分析为主,一般是通过计算研究区域一定时期内土地利用类型的数量变化情况来描述的,即土地数量变化模型,其表达式为

$$K_i = \frac{\text{Area}_{i,t2} - \text{Area}_{i,t1}}{\text{Area}_{i,t2}} \times \frac{1}{T} \times 100\% \tag{11-6}$$

式中,K_i 表示研究时段内第 i 种土地利用类型动态变化度;$\text{Area}_{i,t2}$ 和 $\text{Area}_{i,t1}$ 分别表示研究初期及研究末期第 i 种土地利用类型面积;T 表示研究时长,当 T 的单位为年时,K_i 就是年平均变化率。

然而,这种方法存在一个明显的缺点,即只能反映某一种土地利用类型的变化情况,无法反映各土地利用类型之间相互转换的空间变化特征,不能对研究区域内土地利用变化整体特征进行描述。

2) 整体土地利用动态模型

为了克服传统简单数量变化模型的缺陷,研究人员利用 GIS 空间分析技术,又提出了另一种综合土地利用动态模型。该模型能够清晰地反映某一研究区域内不同时期土地利用类型的空间转换特征,其表达式为

$$K = \frac{\sum_{i=1}^{n} \Delta \text{Area}_i^*}{2 \sum_{i=1}^{n} \text{Area}_i} \times \frac{1}{T} \times 100\% \tag{11-7}$$

式中,K 表示研究时段内整体土地利用类型动态变化度;$Area_i$ 表示研究初期第 i 种土地利用类型面积;$\triangle Area_i^*$ 表示研究期间第 i 种土地利用类型转换为非 i 类土地利用类型的面积;T 表示研究时长,当 T 的单位为年时,K 就是年平均整体变化率。该模型能够反映研究区域内各种土地利用类型数量整体空间变化特征,定量地描述了土地利用数量结构变化的综合水平。

3)土地利用程度变化模型

土地利用程度主要反映土地利用的广度和深度,它不仅体现了土地利用中土地本身的自然属性,同时体现了人类因素与自然环境因素的综合效应。按照土地利用程度的综合分析方法把土地分为若干级,从而提出了土地利用程度变化量及土地利用程度变化率,它们的表达式分别为

$$
\begin{cases}
\Delta L_{b-a} = L_b - L_a = 100 \times \left[\sum_{i=1}^{n} (A_i \times C_{ib}) - \sum_{i=1}^{n} (A_i \times C_{ia}) \right] \\
R = \dfrac{\sum_{i=1}^{n} (A_i \times C_{ib}) - \sum_{i=1}^{n} (A_i \times C_{ia})}{\sum_{i=1}^{n} (A_i \times C_{ia})}
\end{cases}
\tag{11-8}
$$

式中,ΔL_{b-a} 表示 a 时点和 b 时点间的土地利用程度变化量;n 表示土地利用分级数;A_i 表示研究区域内第 i 级土地利用程度分级指数;C_{ia} 和 C_{ib} 分别表示研究区域 a 时点和 b 时点第 i 级土地利用程度面积百分比。若 $\Delta L_{b-a} > 0$ 或 $R > 0$,则该区域土地利用处于发展期,否则处于调整期或衰退期。

4)土地利用变化区域差异模型

土地利用变化存在着显著的地区差异,可以用研究区域内各种土地利用类型相对变化率来反映土地利用变化的区域差异,其表达式为

$$
R = \frac{K_b}{K_a} \bigg/ \frac{C_b}{C_a}
\tag{11-9}
$$

式中,R 表示土地利用类型相对变化率;K_a 和 K_b 分别表示某研究区域内某一特定土地利用类型研究起止时的面积;C_a 和 C_b 分别表示整个研究区域内某一特定土地利用类型研究起止时的面积。如果某区域内某种土地利用类型的相对变化率 $R > 1$,则表示该区域内这种土地利用类型变化比全区域大。相对变化率是反映土地利用变化区域差异的一种很好的方法。

5)土地利用空间变化模型

土地利用空间变化可以用土地资源分布中心变化来表示。以栅格数据为例,

该方法的思路是：把一个大区域按照一定的标准分为若干个小区域,确定每个小区域的几何中心点,用行、列号表示。然后乘以该小区域该项土地资源的面积,最后把乘积累加后除以全区域该项土地资源总面积。重心坐标一般以地图经纬度表示。t 时点某种土地利用类型分布重心坐标(用行、列号表示)计算方法为

$$\begin{cases} X_t = \sum_{i=1}^{n}(A_{it} \times X_i)/A_{it} \\ Y_t = \sum_{i=1}^{n}(A_{it} \times Y_i)/A_{it} \end{cases} \tag{11-10}$$

式中,X_t 和 Y_t 分别表示 t 时点某种土地利用类型分布重心的行、列号;A_{it} 表示第 i 个小区域的面积;X_i 和 Y_i 分别表示第 i 个小区域几何中心的行、列号。通过比较各个时点土地资源的分布重心,就可以得到研究时期内土地利用空间变化的规律。

2. 土地利用时空动态变化度

目前,虽然多种土地利用动态变化研究的方法和模型已经被提出,但它们自身都存在着不同的缺陷。土地数量变化模型虽然易于操作,但只能反映某一种土地类型的变化情况,缺乏对研究区域整体上的描述;整体土地利用动态模型虽然克服了前者的缺点,但是结果过于粗糙,变化细节未能很好地体现;土地利用程度变化模型因为涉及了对土地资源的分级,所以公式复杂不利于操控和快速计算;而土地利用变化区域差异模型的研究重点是各个区域土地资源变化情况的区域相对差异;而土地利用空间变化模型显然与提出的土地利用时空优化模型的研究重点不符。正是因为现有方法不能完全满足前面提出的土地利用时空优化模型的要求,所以,此处以整体土地利用动态模型为基础,提出土地利用时间动态变化度(land use dynamic change degree,LUDCD)的概念。通过 LUDCD 来描述每种土地利用类型随时间变化的平均动态变化情况。

为了能够科学、准确地反映土地利用类型的时空变化过程,不应该仅考虑规划研究初期和研究末期土地面积的差值变化情况,而应该把整个研究期按照时间分段进行研究,综合每段时间内的土地利用变化情况,以此来反映整个研究期内土地利用变化的整体情况。对于某种土地利用类型 i,其变化过程有两个方向:一是利用类型为 i 的土地转换为其他利用类型的土地,即输出过程,这将减少该类型土地的面积;二是其他利用类型的土地转换为利用类型 i,即输入过程,这将增加该类型土地的面积。虽然这是两个截然相反的过程,但在实际情况中,它们一般是同时进行的。为了表达这两个过程和由这两个过程共同作用产生的土地利用变化情况,此处建立了 LUDCD 模型,它的数学表达式如下:

$$
\begin{cases}
\mathrm{DCD}_i^{\mathrm{in}} = \dfrac{\mathrm{Area}_i^{t2} - \mathrm{Area}_i^{u}}{\mathrm{Area}_i^{t1}} \times \dfrac{1}{T} \times 100\% \\[3mm]
\mathrm{DCD}_i^{\mathrm{out}} = \dfrac{\mathrm{Area}_i^{t1} - \mathrm{Area}_i^{u}}{\mathrm{Area}_i^{t1}} \times \dfrac{1}{T} \times 100\% \\[3mm]
\mathrm{DCD}_i = \mathrm{DCD}_i^{\mathrm{in}} + \mathrm{DCD}_i^{\mathrm{out}} \\[3mm]
\mathrm{DCD} = \displaystyle\sum_{i=1}^{n} \mathrm{DCD}_i
\end{cases}
\tag{11-11}
$$

式中，T 表示规划时间长度；Area_i^{t1} 表示规划初期土地利用类型 i 的面积；Area_i^{t2} 表示规划末期土地利用类型 i 的面积；Area_i^{u} 表示整个规划期间未发生变化的土地利用类型 i 的面积；$\mathrm{DCD}_i^{\mathrm{in}}$ 表示土地利用类型 i 的平均输入动态变化度；如果 T 的单位为年，则 $\mathrm{DCD}_i^{\mathrm{in}}$ 为年平均输入动态变化度，以下同理；$\mathrm{DCD}_i^{\mathrm{out}}$ 表示土地利用类型 i 的平均输出动态变化度；DCD_i 表示土地利用类型 i 的平均动态变化度；DCD 表示整个研究区域土地利用变化的平均动态变化度。

土地利用时空动态变化度由四个子公式组成，分别从不同的角度反映了土地利用动态变化情况。$\mathrm{DCD}_i^{\mathrm{in}}$ 反映了在规划时期内其他类型土地转换为类型 i 的转换速度。当 $\mathrm{DCD}_i^{\mathrm{in}} > 0$ 时，表示有其他类型土地转换为类型 i；当 $\mathrm{DCD}_i^{\mathrm{in}} = 0$ 时，表示没有转换为类型 i 的土地。$\mathrm{DCD}_i^{\mathrm{out}}$ 反映了土地利用类型 i 在规划时期内转出为其他类型土地的转换速度。当 $\mathrm{DCD}_i^{\mathrm{out}} > 0$ 时，表示有利用类型为 i 的土地转换为其他利用类型的土地；当 $\mathrm{DCD}_i^{\mathrm{out}} = 0$ 时，表示没有类型为 i 的土地转换为其他利用类型的土地。DCD_i 反映了规划时期内规划区域所有利用类型为 i 的土地的整体转换速度，描述了一定时期内所有 i 类型土地的变化情况，DCD_i 越大说明 i 类型土地转换越频繁。DCD 反映了规划区域内所有土地资源在一定时期内的转换速度，描述了所有土地资源的变化情况，DCD 越大说明土地变化越频繁。

之所以把每种土地利用类型的时空动态变化度（DCD_i）作为优化模型的限制条件，是希望在整个优化期内，每种类型的土地资源的变化速度能够保持平稳，不能发生忽大忽小的"跳变"现象。若变化度过小，则说明优化算法优化力度不够，会导致优化时间过长，时间成本增加；但若变化度过大，则会导致土地利用变化剧烈，使优化模型失去了实际应用价值。

在 11.3 节所述的土地利用时空优化模型中，$T(\mathrm{DCD})$ 为城市土地利用时空优化模型中的时间序列子模型，用来约束每种土地利用类型在不同时期内的分配策略。在本研究中，分配策略有以下两种：策略 $\mathrm{LUDCU}_u \leqslant \mathrm{DCD}_u \leqslant \mathrm{Udcd}_u$，策略 1 是最简单的土地利用时间序列变化策略。时间序列子模型通过直接设置每种土地利用类型的年均动态变化度的上限和下限，实现土地利用的时间序列优化。策略 2 是应用时间序列动态分配子模型(11.4.2 节)。

11.4.2 时间序列动态分配子模型

作为城市土地利用时空优化模型(以下称为母模型)约束条件中的子模型,时间序列动态分配子模型的数学表达式如下所示:

$$
\text{Maximize}
$$
$$
\text{Value}(x_1^u, x_2^u, \cdots, x_y^u) \tag{11-12}
$$
$$
\text{Subject to}
$$
$$
A \leqslant \text{Area}_u \leqslant A'
$$

式中,Value 表示动态分配第 u 种土地利用类型的目标值;x_y^u 表示第 u 种土地利用类型在规划期内第 y 年的分配量;A 和 A' 分别表示第 u 种土地利用类型在规划结束后的面积上限和下限。目标值 Value 可以与模型中的某个目标值一致,也可以是另外一个规划人员设定的与土地资源每年分配量有关的目标。时间序列动态分配子模型的作用是在不考虑第 u 种土地利用类型空间位置的前提下,单纯从面积上进行优化。而母模型又以时间序列动态分配子模型对面积的优化结果作为约束条件,主要对每年的土地分配量进行空间优化配置。

【参考文献】

［1］项前,张雷,刘彪.城市土地利用时空优化[M].北京:中国建筑工业出版社,2017.

［2］Ligmann-Ziclinska A, Church R L, Jankowski P. Spatial optimization as a generative technique for sustainable multiobjective land-use allocation[J]. International Journal of Geographical Information ence, 2008, 22(6-7): 601-622.

［3］Church R L. Geographical information systems and location science[J]. Computers & Operations Research, 2002, 29(6): 541-562.

［4］Leccese M, McCormick K. Charter of the new urbanism[J]. Bulletin of Science Technology Society, 2000, 20(4): 339-341.

［5］Ward D P, Murray A T, Phinn S R. Integrating spatial optimization and cellular automata for evaluating urban change[J]. Annals of Regional Science, 2003, 37(1): 131-148.

［6］孟庆香,陈丹杰,吴晶晶,等.生态服务价值法在土地利用总体规划环境影响评价中的应用——以河南周口为例[J].江西农业学报,2012,24(1): 166-168.

［7］刘海,王兴玲,陈晓玲,等.利用地学信息图谱的江西省生态服务价值结构研究[J].武汉大学学报(信息科学版),2012,37(1): 118-121.

［8］鹿亚楠,石登荣,冯艳之,等.上海市土地利用与生态服务价值变化研究[J].北方环境,2011,23(7): 198-200.

[9] 罗鼎,许月卿,邵晓梅,等.土地利用空间优化配置研究进展与展望[J].地理科学进展, 2009,28(5):791-797.

[10] 郑新奇.城市土地优化配置与集约利用评价[M].北京:科学出版社,2004.

[11] 陈雯.空间均衡的经济学分析[M].北京:商务印书馆,2008.

[12] 项前,黄波,李红昔.针对 QAP 问题的改进型蚁群优化算法研究[J].微计算机信息, 2010,26(53):182-184.

[13] Rinner C,Malczewski J. Web-enabled spatial decision analysis using ordered weighted averaging[J]. Journal of Geographical Systems,2002,4(4):385-403.

第 12 章

GNSS－R 时空探测应用

12.1 GNSS－R 几何关系

20 世纪 90 年代,GNSS－R 技术逐渐开始发展起来。当时在定位导航领域反射信号被当作有害信号,其在最后的定位导航过程中会形成多路径误差,因此为了使定位和导航精度更高,人们常采取各种手段和方法来抑制反射信号。但是近年来的大量研究表明,反射信号包含了大量测站周围观测环境的有用信息。卫星信号经过反射面反射后,反射信号会携带反射面的特征信息,信号的特性会发生相应的变化,GNSS－R 技术就是利用卫星的反射信号作为地表物理参数的遥感技术。

为了研究 GNSS－R 几何关系,本章引入镜面反射点的概念。镜面反射点就是从反射区域面反射的反射信号中路径延迟最短的理论反射点[1]。GNSS－R 几何关系如图 12－1 所示。

图 12－1 中,h_r 表示接收机到地球的垂直高度;h_t 表示卫星到地球的垂直高度;R_e 代表地球半径;R_r 表示接收机到镜面反射点的距离;R_t 表示卫星到镜面反射点的距离;R_d 表示卫星到接收机的距离;G 代表卫星到地心的距离;L 表示接收机到地心的距离;O 表示镜面反射点的位置矢量;θ 表示反射信号相对于本地切面的仰角,也就是卫星高度角;α 是接收机视角;ε 表示卫星、镜面反射点和地心连线之间的夹角;ω 表示卫星、接收机和地心连线之间的夹角。

根据这些可以得到如下公式:

$$L = R_e + h_r \qquad (12-1)$$

$$G = R_e + h_t \qquad (12-2)$$

$$R_t = -R_e \sin\theta + \sqrt{G^2 - R_e^2 \cos^2\theta} \qquad (12-3)$$

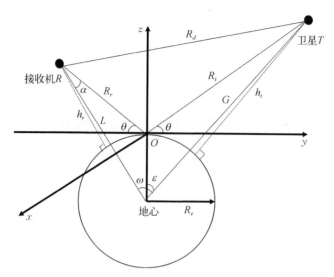

图 12-1   GNSS-R 几何关系

$$R_r = -R_e \sin\theta + \sqrt{L^2 - R_e^2 \cos^2\theta} \qquad (12-4)$$

$$\alpha = \arcsin\left(\frac{R_t^2 - R_e^2 - G^2}{-2R_eG}\right) \qquad (12-5)$$

$$\omega = \frac{\pi}{2} + \varepsilon - \theta - \alpha \qquad (12-6)$$

$$R_d = |R - T| = \sqrt{(R_t\cos\theta + R_r\cos\theta)^2 - (R_t\sin\theta - R_r\sin\theta)^2} \qquad (12-7)$$

12.2   GNSS-R 信号特性

卫星信号经过反射面反射后,会携带大量测站周围观测环境的有用信息。GNSS-R 技术就是利用这种反射信号探测地表物理参数的遥感技术,因为电磁波的反射信号中会包含反射面的特定信息,反射面不同,反射信号就会具有不同的信号特性,反射信号的振幅、相位、频率、极化特性、信噪比都会随着反射面的变化而发生改变[1-3]。

由于 GNSS 卫星信号是由电场分量和磁场分量组成的电磁波信号,所以具有电磁波的信号特性,本小节主要是分析这种电磁波及反射后电磁波的信号特征。

12.2.1　电磁波的概念

电磁场是非实物粒子,没有质量,作为一种特殊的物质,它们没有固定形态。几个场可以同时共用一个空间位置,叠加成为一个场,也就是合成场。因为电磁场包含电场与磁场,其中,时变的电场会引起磁场,时变的磁场也会引起电场。当电磁场的场源随时间变化时,其电场与磁场互相激励导致电磁场振动传播,因此产生电磁波。电磁波作为电磁场的一种特性属性,描述了电磁场随时间和空间变化而产生波动的状态。电磁波自被发现以后,使人类的生活产生了巨大的改变,在无线通信、微波探测、卫星通信、电视广播及生物医疗等领域都发挥了巨大的作用,有着非常广泛的应用前景。

在时变电磁场中,场源和场矢量不仅是空间位置的函数,而且是时间的函数。当时变电磁场任一坐标分量都随时间正弦变化时,其振幅和初始相位也就是空间坐标的函数,可以表示为

$$E(t,r) = \sqrt{2}E_0(t,r)\cos[\omega t - \Psi_r(r)] \tag{12-8}$$

式中,电磁场 E 便以一定的频率 ω 随时间 t 和空间 r 作正弦变化。

在同一时刻,将空间中振动相位相同的点连接构成的曲面称为等相面,也称波振面。按照电场和磁场空间等相面的形状,一般可以将电磁波分为球面波、柱面波与平面波三种基本类型。它们的基本特点如表 12-1 所示,其中 K 称为波矢量,其方向是等相面的法向,表示波的传播方向。

表 12-1　电磁波三种基本类型的基本特点

类　型	等相面方程		波矢量 K
	解析式	矢量式	
平面波	$\Psi_r(r) = k_x \cdot x + k_y \cdot y + k_z \cdot z$	$\Psi_r(r) = k \cdot r = C$	$K = k_x \cdot e_x + k_y \cdot e_y + k_z \cdot e_z$
柱面波	$\Psi_r(r) = k_p \cdot p = C$		$K = k_p \cdot e_p$
球面波	$\Psi_r(r) = k_r \cdot r = C$		$\Psi_r(r) = k_r \cdot e_r$

实际工作中应用最多的是平面波,是指电磁场矢量的波振面与电磁波传播方向垂直的无限大的平面。但事实上并不存在平面电磁波,因为要达到平面电磁波存在的条件,场源必须无限大。所以,一般采用近似的方法,假设场点距离场源足够远,就可以将三维电磁波等效于二维平面波进行分析。在现实中,球面电磁波、柱面电磁波都能够分解为均匀平面波。

12.2.2　电磁波的反射

电磁波在离开卫星发射器后开始向外辐射,当遇到界面时,会像光一样发生发射、散射、绕射和折射等现象,具体会产生什么现象与反射面的介质和形状有关。不同反射面或同一反射面的入射角度不同,都会使电磁波的反射、散射等现象出现不同的特性。

如果反射面为理想的镜面,像湖面或是平静的海平面等,电磁波将发生如图 12-2 所示的镜面反射。镜面反射的反射波与法线的夹角和入射波与法线的夹角相等,也就是入射角等于反射角,而且反射波的能量都集中在这个方向。

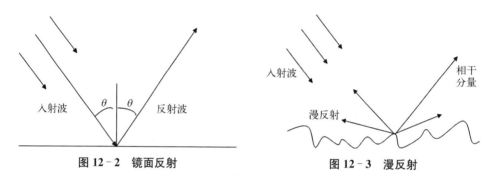

图 12-2　镜面反射　　　　　　　　　图 12-3　漫反射

对于反射面为粗糙界面,会发生如图 12-3 所示的漫反射现象。可以将粗糙界面看作由多个大小不同的平面或是曲面构成,当入射波经过粗糙的反射面时,会产生杂乱无序的散射现象。有的反射波会沿着入射方向向前散射,成为前向散射,而有的反射波会沿着与入射方向相反的方向散射,称为后向散射。对于界面微粗糙的情况,在镜像上还存在较强的镜面反射分量,但是功率要小于光滑界面下的镜面反射。此时的镜面反射分量也称为相干分量。将其他与镜面反射不同向的反射分量称为漫反射分量,也称为非相干散射分量。随着界面粗糙度的增大,镜面反射分量会逐渐变小,其能量转化为其他方向的非相干散射分量。对于反射面十分粗糙的情况,散射分量在各个方向都存在,而且强度近乎相同。

根据反射面的粗糙度,可以将反射面分为光滑界面和粗糙界面。一般采用瑞利准则来界定反射面平滑与否,如图 12-4 所示,两条入射波和两条反射波,如果两条入射波在镜面反射,那么两条反射波不会存在任何相位差。若两条入射波投射于粗糙界面上,两条反射波之间将会产生相位差 $\Delta\phi$,即

$$\Delta\phi = \frac{2\pi}{\lambda}\big[BC - (DE + EF)\big] \tag{12-9}$$

由图 12-4 中的几何关系综合推导可得

$$EG - EF = 2 \cdot \Delta h \cdot \sin\theta \qquad (12 - 10)$$

从而有

$$\Delta\phi = \frac{4\pi}{\lambda} \cdot \Delta h \cdot \sin\theta \qquad (12 - 11)$$

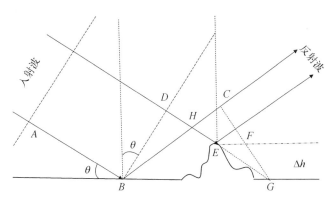

图 12 - 4　电磁波在粗糙反射面的反射

如果相位差 $\Delta\phi = \pi$，也就是 $180°$，则两个反射波能量会相互抵消，该方向没有反射信号。但根据能量守恒定律，能量一定是传到了其他方向，也就是发生了散射现象，这就表明此时的反射面是粗糙的。如果相位差 $\Delta\phi = 0°$，也就是反射波同向，则此时能量最大，也就是发生了镜面反射，表明此时的反射面是光滑的。如果相位差位于 $0\sim\pi$，则光滑和粗糙的界定就以瑞利准则为准，以 $\Delta\phi = \dfrac{\pi}{2}$ 为分界线，根据如下规则进行判断：

（1）如果 $\Delta\phi < \dfrac{\pi}{2}$，即 $\Delta h < \dfrac{\lambda}{8\sin\theta}$，则反射面看作平滑界面；

（2）如果 $\Delta\phi > \dfrac{\pi}{2}$，即 $\Delta h > \dfrac{\lambda}{8\sin\theta}$，则反射面看作粗糙界面。

因此，反射面粗糙还是光滑与电磁波的波长和入射角有关。因为 L_1 频段的 GNSS 卫星信号频率约为 $1.5\,\mathrm{GHz}$，所以电磁波波长约为 $20\,\mathrm{cm}$，则 Δh 与 θ 之间的定量关系如图 12 - 5 所示。

12.2.3　电磁波的极化

卫星导航信号作为一种电磁波，具有电磁波的极化特性。在等相面内，均匀平面波电场和磁场的方向不发生变化，但实际上，电磁波在传播过程中电场强度的方向会按一定规则随时间的变化而变化，而描述这种变化的就是电磁波极化。因为

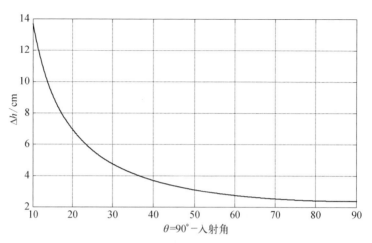

图 12-5 Δh 与 θ 之间的定量关系

磁场强度 H、电场强度 E 和传播方向 K 这三个物理量相互垂直,遵循右手螺旋定则,它们之间有确定的关系[1,3]。所以一般用电场强度 E 的矢量端点在空间任意固定点上随时间变化的轨迹来表示电磁波的极化。

电磁波的极化是电磁波理论的一个重要概念,在垂直于传播方向 $+Z$ 轴的横截面上,电场强度 E 可以分解为两个频率相同的正交分量,分别用 E_x 和 E_y 表示,它们的振幅和相位都不同,具体的数学表达如下:

$$E_x = E_{x_0}\cos(\omega t + \varphi_x) \tag{12-12}$$

$$E_y = E_{y_0}\cos(\omega t + \varphi_y) \tag{12-13}$$

电场强度 E 的矢量端点轨迹可以用如下三角函数的运算表示:

$$\left(\frac{x}{E_{x_0}}\right)^2 + \left(\frac{y}{E_{y_0}}\right)^2 - 2\frac{x}{E_{x_0}} \cdot \frac{y}{E_{y_0}}\cos(\varphi_y - \varphi_x) = \sin^2(\varphi_y - \varphi_x) \tag{12-14}$$

根据 E_x 和 E_y 的相位和振幅的关系,如果电磁波的矢量端点随时间变化的轨迹是直线,则称为线极化;如果是椭圆,则称为椭圆极化;如果是圆,则称为圆极化。如图 12-6 和图 12-7 所示,圆极化波又可以有左旋圆极化(left hand circular polarization, LHCP)和右旋圆极化。其中,每种极化方式中都包含垂直分量和水平分量。

对于 GNSS 导航卫星,在其轨道运行过程中姿态会经常发生变化,这导致发射天线方位也会随之不断改变。之所以 GNSS 导航卫星采用圆极化波来发射,是因为圆极化信号非常适用于高动态收发系统,采用圆极化信号发射可以不用调整圆

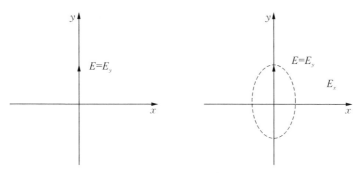

图 12-6　线极化和椭圆极化

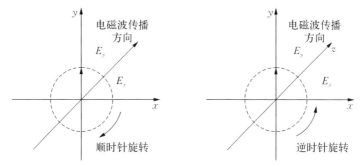

图 12-7　左旋圆极化和右旋圆极化

极化接收天线的方向。GNSS 导航卫星发射的电磁波属于右旋圆极化(right hand circular polarization，RHCP)信号，所以接收直射信号的天线极化特性为 RHCP。

12.2.4　反射系数

电磁波经过界面反射后，其极化特性可能会发生变化。与直射信号相比，GNSS 反射信号极化特性较为复杂。如图 12-8 所示，反射信号中左旋圆极化信号的含量随卫星高度角的变化而变化，当卫星的高度角比较低时，反射信号还是以右旋圆极化分量为主，随着卫星仰角逐渐增大，右旋圆极化分量会逐渐变小，左旋圆极化分量逐渐增大。当仰角大于某个临界值时，左旋圆极化分量占据主导地位，这个临界值称为布儒斯特(Brwester)角。

当卫星高度角，也就是电磁波的入射角大于反射界面的电磁特性所决定的布儒斯特角时，反射信号的极化方式将会发生翻转。由右旋圆极化波转为左旋圆极化波。当仰角较高时，此时的反射信号几乎都是左旋圆极化成分，信号的极化特性体现为左旋圆极化特性[4,5]。

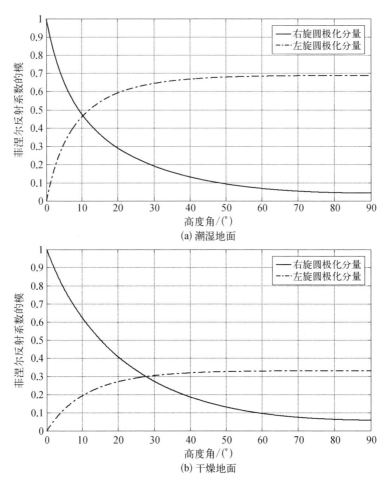

图 12‑8   不同反射面反射信号的右旋和左旋圆极化分量

GNSS 反射信号会因为反射面的介电常数和入射角度的不同而呈现不同的信号特性。电磁波的反射与入射的能量关系由菲涅尔反射系数确定。根据菲涅尔反射系数公式,计算出水平极化和垂直极化的反射系数:

$$\mathcal{R}_{VV} = \frac{\varepsilon \sin\theta - \sqrt{\varepsilon - \cos^2\theta}}{\varepsilon \sin\theta + \sqrt{\varepsilon - \cos^2\theta}} \tag{12-15}$$

$$\mathcal{R}_{HH} = \frac{\sin\theta - \sqrt{\varepsilon - \cos^2\theta}}{\sin\theta + \sqrt{\varepsilon - \cos^2\theta}} \tag{12-16}$$

式中,θ 表示卫星高度角,也就是入射波的入射角;ε 表示反射面的复介电常数,由

介电常数、电磁波波长和电导率决定,数学表达式如下:

$$\varepsilon = \varepsilon_r - j60\lambda\delta \qquad (12-17)$$

式中,ε_r 表示土壤的介电常数;λ 表示电磁波的波长;δ 表示电导率。

表 12-2 给出几种常见反射面的介电常数和电导率的数据,从表中也可以看出,反射面不同,介电常数存在较大的差异。而且,土壤含水量的不同也会造成介电常数的变化。因此,介电常数可以用来建立与土壤湿度的关系,从而遥感土壤湿度。

表 12-2　常见反射面的电磁特性

反射面	电导率 δ	介电常数 ε_r
干燥的地面	0.000 01	4
潮湿的地面	0.001	30
干燥的沙壤土	0.03	2
潮湿的沙壤土	0.06	24
海水面	4.3	75
淡水面	0.2	80

反射信号圆极化波的反射系数可以由上面水平极化和垂直极化的反射系数求得,其数学表达式为

$$\mathscr{R}_{RR} = \mathscr{R}_{LL} = \frac{1}{2}(\mathscr{R}_{VV} + \mathscr{R}_{HH}) \qquad (12-18)$$

$$\mathscr{R}_{LR} = \mathscr{R}_{RL} = \frac{1}{2}(\mathscr{R}_{VV} - \mathscr{R}_{HH}) \qquad (12-19)$$

在上述公式中,下标"V"、"H"、"R"和"L"分别代表垂直极化、水平极化、右旋圆极化和左旋圆极化。其中,"RR"代表发射波和反射波都是右旋圆极化波,"RL"代表发射波为右旋圆极化波,而反射波为左旋圆极化波。

12.3　土壤湿度的表示和测量方法

12.3.1　土壤湿度的表示

土壤湿度,即土壤含水量,表示土壤中水分所占的质量或体积,所以可以通过

质量含水量 SM_g 和体积含水量 SM_v 两种方法来表示[5]。

1）质量含水量 SM_g

质量含水量 SM_g 表示单位质量的土壤中水分所占的质量百分比。采用最简单和常用的称重测量方法，因为此方法直接、简单，所以被当作其他方法参照的标准。若土壤中水的质量为 G_{water}，将水分烘干后的土壤质量为 G_{soil}，则可以将在干质基础上的称重土壤湿度定位为 SM_g，算式如下：

$$SM_g = \frac{G_{water}}{G_{soil}} \times 100\% \tag{12-20}$$

对于风干后的矿物土壤，称重后发现土壤湿度比风干前通常会少 2%，但随着土壤水分达到饱和，其土壤含水量会增到 25%～60%。

虽然称重方法比较简单、直接，但是称重需要采集土壤样本，这会对土壤造成破坏，而且，当土壤的含水量接近饱和时，难以取得准确的土壤含水量测量结果。

2）体积含水量 SM_v

日常生活中通常用体积含水量 SM_v 来表示土壤湿度。体积含水量就是单位体积的土壤中水分所占的体积百分比。因为蒸散量、降雨和溶质变化等参量通常用容量来表示，所以采用体积含水量表示土壤湿度更合理。体积含水量 SM_v 可以表示为

$$SM_v = \frac{V_{water}}{V_{soil}} \times 100\% \tag{12-21}$$

土壤的体积含水量一般在 10%～40% 变化，十分干旱的时候会小于 10%（如风干的矿物质），但是由于土壤和水分的体积测量起来比较困难，所以通常是采用间接方法来测定。

土壤的体积含水量和质量含水量有一定关系。两者的关系可以表示如下：

$$SM_v = SM_g \rho_b / \rho_w \tag{12-22}$$

式中，ρ_b 表示土壤的体积密度；ρ_w 表示土壤的水分密度。

12.3.2 土壤湿度常用测量方法

土壤湿度也就是土壤含水量，测量土壤含水量对生态、农业、气候及灾害防治等都有着重要的意义。近年来，众多学者对土壤含水量的测量做过大量的研究，也出现了众多的测量方法，相关技术也得到了一定的改进和提高。

土壤湿度测量的主要方法可以大致分为直接法和间接法，而间接法又分为时域反射法（time domain reflectometry，TDR）、电阻法、负压计法、中子法、遥感法

等[1,6,7]。各方法介绍如下。

1) 直接法

直接法又称为重量法,或是烘焙称重法。此方法直截了当,是目前最直接的土壤湿度测量方法。此方法是采用工具取出土壤样本,放在防水分散失、易于搬运的容器中密封保存(如铝盒)。使用精密的电子天平称重,此时的质量为未被烘干的土壤质量,然后将盒盖打开,将土壤样本烘干,放在高温(100～110℃)的烤箱中烘烤,待质量稳定后取出,需要 16～24 h,将盒盖盖上,记录下此干燥的土壤质量。烘干前后土壤质量的差值也就是土壤中最初含水质量。

然后就可以得到土壤湿度的值,土壤湿度公式为

$$土壤湿度 = \frac{烘干前 - 烘干后}{烘干后 - 铝盒质量} \times 100\% \qquad (12-23)$$

2) 间接法

采用直接法测量,除了需要耗费大量的人力和物力以外,还会破坏土壤的结构,而且,土壤结构的改变势必会影响湿度的测量,造成误差,因此对土壤湿度的测量大多采用间接方式。间接法非常多,常用的有时域反射法、电阻法、负压计法、中子法、遥感法等。而后面文章中将要介绍的基于 GNSS-R 技术遥感土壤湿度也属于此方法之一。在这里简单介绍其中几种常用的方法。

(1) TDR 是对于土壤介电常数的测定,时域反射仪就是利用这种方法制成的,该法是利用电磁波在不同介质的传送速度来测量,利用时间差与土壤介电常数的关系,得到土壤介电常数,然后得到土壤的含水量。

(2) 电阻法是使用电阻式土壤湿度传感器来测定土壤湿度。这种传感器利用土壤的导电性和土壤含水量之间的关系,通过电导性的不同来计算土壤的含水量。

(3) 负压计法又可以称为张力计法,使用负压计测定。这利用了土壤的吸水力和土壤湿度之间的关系。当土壤的吸水力和负压计的负压力平衡时,测出来的压力也就是土壤的吸水力。

(4) 中子法采用的是辐射的原理,使用中子探测器来测定。快中子在土壤中的传播能力与土壤湿度有关。中子探测器会释放快中子,在中子探头附近减速的中子密度与土壤湿度成正比,由此就可以求出土壤含水量。

12.4　双天线测土壤湿度

多路径效应是 GNSS 高精度定位的主要误差,它与反射面的结构和电解质

参数密切相关。通过反射信号的信号特性可以去反演这种反射面的结构和电解质参数,双天线模型利用两个天线接收的信号通过不同的算法算出反射系数,反射系数由土壤的介电常数决定,由此便可以求出土壤的介电常数,同一片土壤中的介电常数主要取决于土壤的含水量[8]。因此,便可以通过两者之间的关系模型算出土壤湿度,双天线模型就是利用这种关系建立反射系数与土壤湿度之间的关系模型。

12.4.1　双天线系统

在双天线模型估算土壤湿度的测量系统中,GNSS 卫星、反射面和 GNSS 接收机形成双基地雷达系统,该系统是利用反射信号功率来估算土壤湿度。根据第 2 章电磁波的极化理论可知,在高仰角情况下,右旋圆极化入射信号经地表反射后,大部分会变为左旋圆极化信号,因此在测量时需要使用两幅天线分别收集 GNSS 卫星的直射信号和反射信号,如图 12 - 9 所示,朝上天线为右旋圆极化天线,主要用来接收直射信号,朝下的天线为左旋圆极化 LHCP 天线,主要用来接收反射信号。

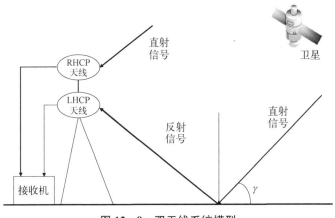

图 12 - 9　双天线系统模型

12.4.2　双天线模型原理

双天线模型是通过直射信号和反射信号的功率比来计算土壤含水量,一般来说,双天线模型估算土壤湿度的方法可以分为三个步骤:

(1) 通过直射信号和反射信号功率比计算土壤反射系数;

(2) 通过反射系数与土壤介电常数之间的关系计算出土壤介电常数;

(3) 通过土壤介电常数和土壤湿度的经验模型来计算土壤含水量。

当卫星的高度角比较高时,反射信号以左旋圆极化信号为主,右旋圆极化信号可忽略,这更利于建模。所以双天线模型一般收取的是高仰角的 GNSS 信号。可以通过分析伪随机码的时间延迟或相关函数的波形得到 GNSS 直射信号和反射信号的功率。

根据雷达方程,到达接收机的直射信号功率 P_d 为

$$P_d = \frac{P_t G_t}{4\pi R_{tr}^2} \frac{\lambda^2 G_{r1}}{4\pi} \qquad (12-24)$$

式中,P_d 表示直射信号的功率;P_r 表示反射信号的功率;G_t 表示卫星的增益;G_{r1} 表示右旋圆极化天线的增益;G_{r2} 表示左旋圆极化天线的增益;R_{ts} 表示卫星到地表的距离;R_{tr} 表示卫星到接收机的距离;R_{sr} 表示地表到接收机的距离;λ 表示波长,L_1 波段信号的波长为 19 cm;P_t 表示 GPS 信号发射功率。

经过地表反射后到达接收机的反射信号功率 P_r 为

$$P_r = \frac{P_t G_t}{4\pi R_{ts}^2} \frac{A\sigma}{4\pi R_{sr}^2} \frac{\lambda^2 G_{r2}}{4\pi} \qquad (12-25)$$

式中,σ 表示反射面 A 单位面积上的散射系数。

反射信号功率 P_r 主要由两部分组成:一部分是镜面反射功率 P_c,也就是相干分量;另一部分是散射功率 P_i,也就是表面粗糙度引起的非相干分量,它们之间的关系为

$$P_r = P_c + P_i \qquad (12-26)$$

若反射面光滑,非相干分量为 0,则反射信号功率等于镜面反射功率,即 $P_r = P_c$。而镜面反射功率 P_c 可以表示为

$$P_c = \frac{P_t G_t}{4\pi(R_{ts}+R_{sr})^2} \frac{\lambda^2 G_{r2}}{4\pi}\Gamma \qquad (12-27)$$

式中,Γ 表示地表反射率,是反射信号最大功率相关值与直射信号最大功率相关值的比值。地表反射率 Γ 主要受到土壤含水量和地表粗糙度的影响。在研究地表粗糙度时,主要考虑散射现象,基于基尔霍夫估计准则,如果将电磁波发射到一个可以无限切的平面上,可以把入射角表面分成多个小的表面区,每个小的表面区近似为平面。将这些近似的自然表面用均值为 0,方差为 σ^2 的高斯高度分布模型来表示,在基尔霍夫估计准则的近似条件下,地表反射率 Γ 又可以表示为

$$\Gamma = |\mathcal{R}(\theta)|^2 \exp(-h\cos\theta) \qquad (12-28)$$

式中,$\mathscr{R}(\theta)$ 表示光滑表面的菲涅尔反射系数;θ 表示入射角;h 表示粗糙度参数,满足 $h=4k^2\sigma^2$,其中 k 为波数。

地表反射率 Γ 随着表面粗糙度的增加而减少。假设反射面为光滑表面,也就是 $h=0$,电磁波仅存在镜面反射作用,通常光滑反射面反射特性接近于镜面反射,因为基本上所有的反射功率都集中在镜面反射方向,反射率 Γ 和反射系数 $\mathscr{R}$ 之间的关系可以表示为

$$\Gamma=|\mathscr{R}(\theta)|^2 \qquad (12-29)$$

由于入射波为右旋圆极化波,而在卫星仰角比较高时,反射波以左旋圆极化波为主。菲涅尔反射系数 $\mathscr{R}$ 为

$$\mathscr{R}(\theta)=\mathscr{R}_{\mathrm{RL}}=\frac{1}{2}(\mathscr{R}_{\mathrm{VV}}-\mathscr{R}_{\mathrm{HH}}) \qquad (12-30)$$

从式(12-15)和式(12-16)可以看出,$\mathscr{R}_{\mathrm{VV}}$ 和 $\mathscr{R}_{\mathrm{HH}}$ 都是介电常数的函数。由此可以建立反射率和土壤介电常数的关系:

$$\Gamma=|R(\theta)|^2=\frac{1-\varepsilon^2\sin^2\theta(\varepsilon-\cos^2\theta)}{\varepsilon\sin\theta+(\sqrt{\varepsilon-\cos^2\theta})^2\sin\theta+(\sqrt{\varepsilon-\cos^2\theta})^2} \qquad (12-31)$$

式中,ε 表示反射面的复介质常数,其公式为 $\varepsilon=\varepsilon_r-\mathrm{j}60\lambda\delta$。$\varepsilon$ 的实部与虚部会随着土壤湿度的变化而变化。干燥的土壤介电常数实部近似为 4,而潮湿土壤的介电常数实部近似为 30。所以土壤的介电常数基本在 4~30。对于 L_1 波段的 GNSS 信号,ε 的虚部与介电常数的关系相对于实部可以忽略不计。由此可以认为 $\varepsilon=\varepsilon_r$。

由式(12-31)可以求出反射面的介电常数,表示为

$$\varepsilon_r=\frac{1\pm\sqrt{1-4\sin^2\theta\times\cos^2\theta\times\left(\frac{1-\mathscr{R}}{1+\mathscr{R}}\right)^2}}{2\sin^2\theta\times\left(\frac{1-\mathscr{R}}{1+\mathscr{R}}\right)^2} \qquad (12-32)$$

土壤介电常数一般与土壤水分、土壤成分、体积密度、温度与盐度有关。土壤含水量对介电常数的影响最大,土壤介电常数的实部会从干燥土壤时的 4 变化到 30,因此土壤的湿度直接影响土壤的介电常数[1]。

根据 Hallikanen 等提出的半经验土壤介电常数 H 模型,此模型中介电常数是土壤含水量的二阶函数,土壤湿度与介电常数的关系为

$$\varepsilon_r=2.862-0.012S+0.001C+(3.803+0.462S-0.341C)m_v$$
$$+(119.006-0.550S+0.633C)m_v^2 \qquad (12-33)$$

式中,S 和 C 分别表示土壤中沙土和黏土的质量成分;m_v 表示土壤的体积含水量,也就是土壤湿度。若已知土壤质地参数,则可以根据介电常数求出土壤湿度 m_v。表 12 - 3 给出不同土壤类型沙土和黏土的比例,若假定土壤为沙壤土,则土壤湿度与介电常数之间的关系可以表示为

$$m_v = \frac{-3.994\,9 \pm \sqrt{3.994\,9^2 - 4 \times (2.856\,0 - \varepsilon_r) \times 118.834\,0}}{2 \times 118.834\,0} \quad (12-34)$$

表 12 - 3　不同土壤类型沙土和黏土的比例

土 壤 类 型	$S/\%$	$C/\%$
沙 壤 土	51.5	13.5
黏 沙 土	42	8.5
粉砂土壤	30.6	13.5
粉质黏土	5	37.4

12.5　单天线测土壤湿度

双天线模型需要特制的 GNSS - R 接收机,并且需要两个天线(左旋圆极化天线和右旋圆极化天线)分别来接收直射信号和反射信号。但是,与双天线模型相比,单天线模型只需要一个普通的接收机和一个天线即可进行遥感测量,天线接收的是直射信号和反射信号合成的信号,也就是干涉信号[1,7-9]。

12.5.1　干涉条件

根据 12.2.3 节电磁波的极化特性可知,当卫星仰角比较低时,GNSS 接收机接收的反射信号为右旋圆极化信号,此时,两种信号会相互干扰,形成干涉信号。然而并不是任何两个电磁波都能产生干涉信号,若要两种电磁波信号形成干涉信号,必须满足以下相干条件。

(1) 两个电磁波信号的电场强度和磁场强度都必须分别具有相同的振动方向。

(2) 两个电磁波信号的频率必须相同。

(3) 两个电磁波信号的光程差不能太大。

(4) 两个电磁波信号的振幅不能悬殊太大。

当卫星仰角较低时,反射信号与直射信号相同,都呈现右旋圆极化特性,两种

电磁波信号的电场强度和磁场强度都必须分别具有相同的振动方向,电磁波信号经过反射后并不会改变频率,所以直射信号和反射信号频率相同。而且在地基情况下,直射信号和反射信号的光程差较小,电磁波信号的振幅也不会过分悬殊。

　　因此,在地基实验情况下,低仰角的卫星信号会与反射信号相互干涉,形成干涉信号,干涉场景如图 12-10 所示。

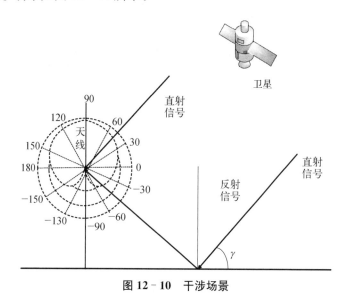

图 12-10　干涉场景

12.5.2　干涉信号理论

　　若直射信号定义为 $S_d = A_d\cos\varphi_d$,相对于直射信号,反射信号能量会发生衰减,相位会产生延迟。因此,反射信号可以表示为

$$S_r = \alpha A_d\cos(\varphi_d + \psi) \tag{12-35}$$

式中,A_d 和 φ_d 分别表示直射信号的振幅和相位;α 表示反射系数($0 \leqslant \alpha \leqslant 1$),$\alpha A_d$ 表示反射信号的振幅,可以用 A_f 表示;ψ 表示反射信号相对于直射信号的相位延迟。

则合成的干涉信号为

$$S = S_d + S_r = \beta A_d\cos(\varphi_d + \phi) \tag{12-36}$$

式中,ϕ 表示由多路径干扰引起的载波相位延迟;β 表示干涉信号相对于直射信号的系数。

　　根据电磁场理论,干涉信号可以用复数的形式表示:$r = A\mathrm{e}^{j\varphi}$,j 为复数单位,

则有

$$r_d = A_d \mathrm{e}^{\mathrm{j}\varphi_d} = A_O A_a \mathrm{e}^{\mathrm{j}\varphi_d} \tag{12-37}$$

$$r_r = \sum_{i=1}^{n} \alpha_i A_O \mathrm{e}^{\mathrm{j}(\varphi_d + \psi_i)} \tag{12-38}$$

$$r = A \mathrm{e}^{\mathrm{j}\varphi} = A \mathrm{e}^{\mathrm{j}(\varphi_d + \phi)} \tag{12-39}$$

式中，$A_d = A_O A_a$；A_O 表示直射信号振幅的固定部分；A_a 表示标准化天线增益；A 表示干涉信号的振幅；φ 表示干涉信号的延时相位。

三者之间的关系可以表示为

$$r = r_d + r_r \tag{12-40}$$

代入式(12-35)～式(12-37)可得

$$A \mathrm{e}^{\mathrm{j}(\varphi_d + \phi)} = A \mathrm{e}^{\mathrm{j}\varphi_d} \mathrm{e}^{\mathrm{j}\phi} = A_O A_a \mathrm{e}^{\mathrm{j}\varphi_d} + \sum_{i=1}^{n} \alpha_i A_O \mathrm{e}^{\mathrm{j}(\varphi_d + \psi_i)}$$

$$= (A_O A_a + \sum_{i=1}^{n} \alpha_i A_O \mathrm{e}^{\mathrm{j}\psi_i}) \mathrm{e}^{\mathrm{j}\varphi_d} \tag{12-41}$$

由此可得

$$A \mathrm{e}^{\mathrm{j}\phi} = A_O A_a + \sum_{i=1}^{n} \alpha_i A_O \mathrm{e}^{\mathrm{j}\psi_i} \tag{12-42}$$

根据欧拉方程，可以得到

$$A(\cos\phi + \mathrm{j}\sin\phi) = A_O A_a + \sum_{i=1}^{n} \alpha_i A_O \cos\psi_i + \mathrm{j}\sum_{i=1}^{n} \alpha_i A_O \sin\psi_i \tag{12-43}$$

因此，有

$$A\cos\phi = A_O A_a + \sum_{i=1}^{n} \alpha_i A_O \cos\psi_i \tag{12-44}$$

$$A\,\mathrm{j}\sin\phi = \mathrm{j}\sum_{i=1}^{n} \alpha_i A_O \sin\psi_i \tag{12-45}$$

解方程可得

$$A = \sqrt{\left(A_O A_a + \sum_{i=1}^{n} \alpha_i A_O \cos\psi_i\right)^2 + \left(\sum_{i=1}^{n} \alpha_i A_O \sin\psi_i\right)^2} \tag{12-46}$$

$$\tan\phi = \sum_{i=1}^{n} \alpha_i A_O \sin\psi_i \Big/ \left(A_O A_a + \sum_{i=1}^{n} \alpha_i A_O \cos\psi_i\right) \tag{12-47}$$

一般来说,多路径信号 α_i 均较小,所以,有

$$A \approx A_O A_a \left[1 + \sum_{i=1}^{n} \alpha_i A_O \cos \psi_i \Big/ (A_O A_a) \right] \qquad (12-48)$$

$$\phi = \sum_{i=1}^{n} \alpha_i A_O \sin \psi_i / A \qquad (12-49)$$

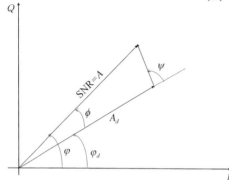

图 12 - 11   直射信号与反射信号合成示意图

由此可见,干涉信号的振幅和相位受到多路径信号振幅和相位的影响。

如图 12 - 11 所示,当多路径相移 $\psi = 0°$ 时,直射信号与反射信号同向,此时干涉信号幅度最大。当 $\psi = 180°$ 时,直射信号与反射信号反向,两者叠加相互抵消,功率衰减,此时反射信号幅度最小。

12.5.3   信噪比

GNSS 接收机在提供伪距、载波相位等主要观测值的同时,也提供衡量接收信号质量的信噪比数据,信噪比 SNR 是表示 GNSS 接收机天线接收到的信号大小的一个量值,是 GNSS 接收机除了定位导航数据以外的一个辅助观测值,在大多数 GNSS 接收机中,一般采用载波信号与噪声的比例关系,也就是载噪比 C/N_0 来表示信号的质量[1,10]。两者之间的关系可以表示为

$$SNR = (C/N_0)/B \qquad (12-50)$$

式中,B 表示噪声带宽。

若只考虑信噪比在振幅上的大小,则可以用 SNRA 来代替 SNR(或 C/N_0)表示信号的幅度。也可以通过转换将信噪比转换成幅度,两者之间的关系可以表示为

$$SNRA = 10^{\wedge} \left(\frac{SNR}{20} \right) \qquad (12-51)$$

式中,SNRA 表示干涉信号的幅度。

假设 $SNRA_d$ 表示直射信号的幅度;$SNRA_r$ 表示多路径信号的幅度,因此可以建立 SNR 与幅度之间的关系,则有

$$SNRA = A + noise \approx A = 10^{\wedge}\left(\frac{SNR}{20}\right) \tag{12-52}$$

$$SNRA_d = A_d = A_O A_\alpha \tag{12-53}$$

$$SNRA_r = A_r = A_O A_\alpha \sum_{i=1}^{m} \alpha_i \tag{12-54}$$

如图 12-12 所示,干涉信号在 SNR 上有很明显的体现。因此,对于干涉信号的研究,可以从 SNR 的角度入手,SNR 主要受到 GNSS 信号的发射功率、天线增益、接收机噪声以及多路径效应等因素的影响。接收机噪声功率较小可忽略不计。

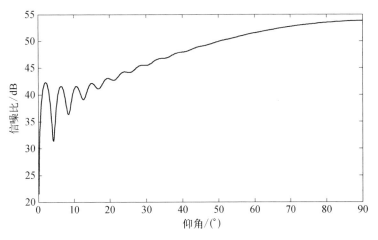

图 12-12 信噪比数据随仰角的变化图

若没有多路径效应的影响,随着卫星高度角的变化,SNR 应该呈现的是一个扁平抛物线的形状,当卫星在接收机天顶方向,也就是仰角为 90°时,SNR 最强。随着仰角逐渐变小,SNR 也逐渐变弱,这主要源于 GNSS 天线的增益模式,GNSS 天线增益模式与入射高度角有关,一般入射高度角越高,增益也就越大,SNR 就提高越多。而在卫星入射高度角较低时,天线增益会减小,此时的多路径效应对 SNR 影响比较大。从图 12-12 中可以看出,在低仰角的情况下,SNR 呈现周期振荡,而这个振荡效果主要是由反射信号决定的。

因此,直射信号决定了干涉信号的 SNR 整体趋势呈现扁平抛物线形状,而反射信号决定了干涉信号在低仰角的情况下呈现周期振荡的变化规律。对于地表物理参数的遥感,直射信号分量并没有携带有用的信息,反射信号分量才是需要真正关注和研究的,根据式(12-48)可得

$$SNR^2 = A^2 = A_d^2 + A_r^2 + 2A_dA_r\cos\psi \tag{12-55}$$

由于直射信号振幅远大于反射信号,所以可以通过低阶多项式拟合来去掉直射分量。余下的也就是反射信号分量,根据 Larson 提出的模型,反射信号可以表示为

$$SNRA_r = A\cos\left(\frac{4\pi h}{\lambda}\sin\eta + \varphi\right) \tag{12-56}$$

式中,λ 表示 GNSS 信号载波波长;η 表示卫星仰角;h 表示接收机天线相位中心到地面反射面的垂直反射距离。

令 $t = \sin\eta$、$f = \dfrac{2h}{\lambda}$ 则式(12-52)就可以简化为标准的余弦函数表达式:

$$SNRA_r = A\cos(2\pi ft + \varphi) \tag{12-57}$$

GNSS 反射信号会携带反射面的物理特征信息,土壤湿度会使土壤的介电常数发生改变,进而对电磁波的反射信号产生影响,引起 SNR、频率、幅度、相位等特征参量的变化,所以可以通过从干涉信号中提取多路径分量,通过分析反射信号 SNR 的幅度 A、频率 f 和相位 φ 来研究土壤湿度。但目前还没有成型的模型能够做到单天线土壤湿度的遥感。

12.6　土壤探测深度

电磁波信号在传播过程中会有一定的穿透能力,而不同的土壤含水量会对穿透能力造成影响,在实际的遥感过程中,若要实现准确的遥感测量,则必须考虑反射信号估算的土壤湿度所来自的深度[1,11]。

12.6.1　电磁波穿透能力

土壤的含水量会影响介电常数,而不同的介电常数对电磁波的衰减程度也不同。在不考虑非常干燥的情况下,电磁波的穿透距离一般在 $0.1\lambda \sim \lambda$。L 波段电磁波信号对土壤水分比较敏感,当土壤非常潮湿时,对应的穿透距离约为 0.1λ,而穿透距离 λ 对应的土壤湿度约为 $0.04\ \text{cm}^3/\text{cm}^3$。根据 Ulaby 的研究表明,在介电常数均匀的土壤中,土壤辐射出去的能量,其中有 63% 都来自穿透后的信号,所以反射信号能够很好地反映穿透土壤的一些特质。

对于所有的土壤类型,电磁波的穿透能力都随着土壤湿度的增强而变弱。由此可见,探测深度与土壤湿度之间存在某种反比关系。在非常干燥的情况下,L 波段电磁波的穿透深度大于 10 cm 甚至 20 cm。在不考虑土壤非常干燥的情况下,L 波段的电磁波在相对干燥的土壤中穿透深度为 5～10 cm。当土壤湿度相对比较湿润时,穿透深度会小于 5 cm。

对于单天线模型,信噪比的频率 $f = 2h/\lambda$,可以得到垂直反射距离 h。此垂直反射距离也就是天线相位中心到等效反射面的垂直距离,即等效天线高,可以表示为 $h = H + \Delta h$,其中 H 为实际天线高,表示天线相位中心到地面的垂直距离,Δh 表示电磁波的探测深度,也就是电磁波信号穿透土壤反射的垂直深度。

12.6.2　Lomb Scargle 算法

通过信噪比的频率可以直接求出等效天线高 h,进而得到电磁波的穿透深度 Δh,因此首先要对信噪比的多路径分量进行频谱分析。

傅里叶变换可以对均匀连续分布的时域数据进行谱分析。但通常实验测得的数据并非均匀连续序列。当在实验中利用 GNSS - R 技术测量土壤湿度时,需要分析卫星信号信噪比数据和高度角之间的非均匀时序特性,常规的傅里叶变换分析非均匀时域数据时会产生虚假信号,造成结果不准确。

所以本章设计一种 Lomb Scargle 算法分析信噪比数据中的反射信号分量。采用 Lomb Scargle 算法进行谱分析,可以尽量消除虚假信号,获得非均匀时域数据的弱周期信号。而且,这种算法可以获得各个频率信号存在的虚警概率,计算出各频率信号的显著性。对于离散的时域数据 $X_i(i=1, 2, \cdots, N)$,其归一化功率谱值公式如下:

$$S(\omega) = \frac{1}{2\sigma^2} \left\{ \frac{\left[\sum_{i=1}^{N} (X_i - \bar{X}) \cos \omega(t_i - \tau) \right]^2}{\sum_{i=1}^{N} \cos^2 \omega(t_i - \tau)} \right.$$

$$\left. + \frac{\left[\sum_{i=1}^{N} (X_i - \bar{X}) \sin \omega(t_i - \tau) \right]^2}{\sum_{i=1}^{N} \sin^2 \omega(t_i - \tau)} \right\} \qquad (12 - 58)$$

式中,$\bar{X}$ 表示离散观测序列的均值:$\bar{X} = \frac{1}{N} \sum_{i=1}^{N} X_i$;$\sigma^2$ 表示离散观测序列的方差:

$\sigma^2 = \dfrac{1}{N-1}\sum\limits_{i=1}^{N}(X_i - \bar{X})^2$;$\omega$ 表示角频率,$\omega = 2\pi f$;$S(\omega)$ 表示 ω 的功率,即某一频率信号的功率谱值。

根据 Lomb Scargle 算法分析,可以得到如图 12-13 所示的频谱,此频谱是 2018 年 6 月 15 日收集的 12 号卫星的频谱,实验的天线高度为 1.46 m,最大值对应的横坐标就是 SNR 的振荡频率,也就是 15.770 Hz,通过此振荡频率便可得到等效天线高 h,从而得到探测深度 Δh,约为 3.8 cm。

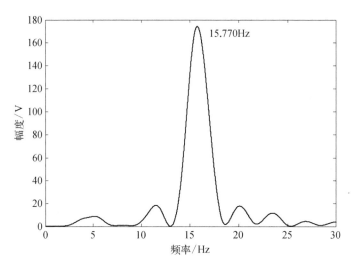

图 12-13　信噪比反射分量的频谱

12.7　探测区域面积

探测区域面积是指天线所能接收反射信号的有效反射区域,即空间分辨率。天线只可能接收到这个区域的反射信号,因而也只能反映这个区域的土壤湿度。能否准确找到探测区域关系到实际测量的土壤湿度值的精确度,其大小由天线波瓣宽度和菲涅尔半径共同决定[1]。

12.7.1　菲涅尔反射区

从 12.1 节 GNSS-R 的几何关系中可见,经过反射面上的一个点,卫星信号到达反射面再反射到接收机之间的距离最短,这个点称为镜面反射点,是进行 GNSS-R 遥感和建模的重要参考点,根据慧更斯-菲涅耳原理,镜面反射产生的反射区域是菲涅尔反射区,也就是说当接收机到镜面反射点与镜面反射点到卫星的距离和相等点的几何图形为一个椭圆时,它实际上是由焦点分别位于发射点和接收点的椭圆体与镜面反射点的切平面相交而成,该区域就是菲涅尔反射区。其大小可以看作 GNSS - R 技术的遥感空间分辨率。

菲涅尔反射区是接收机接收地表反射能量的主要区域,如图 12 - 14 所示,该反射区是一组与天线高、卫星高度角和方位角有关的椭圆。假设镜面反射点位于平面 xy 上,R_1 和 R_2 分别是接收机和卫星到镜面反射点的距离,R 是接收机和卫星之间的距离。在平面 xy 上满足 $R_1 + R_2 - R = \delta$ 的关系,也就是以 $R_1 + R_2 = R + \delta$(常数)的点是以接收机和天线为焦点的椭圆球体与平面 xy 的交线。如果 δ 增加至 $\frac{1}{2}\lambda$ 时,就会在平面 xy 上产生一系列的椭圆,且相邻椭圆上的信号相位差 π。菲涅尔反射区中心点的坐标为

$$x_0 = \frac{r}{2}\left[1 - \frac{\left(\dfrac{H-h}{r}\right)^2}{\left(\dfrac{\delta}{r} + \sec\alpha\right)^2 - 1}\right], \quad y_0 = 0 \qquad (12-59)$$

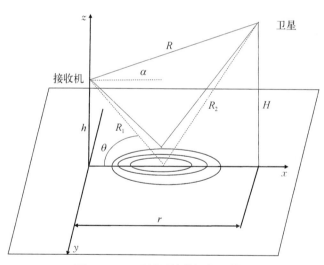

图 12 - 14　反射面的菲涅尔反射区

12.7.2　最大探测区域

有效探测区域可以用菲涅尔反射区表示,菲涅尔反射区呈椭圆形,长半轴 a 和短半轴 b 分别为

$$a = \frac{\sqrt{\lambda h \sin E}}{(\sin E)^2} \qquad (12-60)$$

$$b = \frac{\sqrt{\lambda h \sin E}}{\sin E} \qquad (12-61)$$

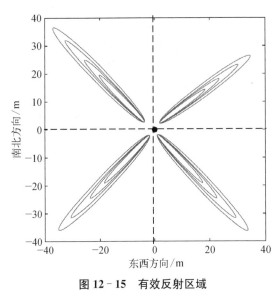

图 12 - 15　有效反射区域

式中,h 表示天线距离地面的高度;E 表示卫星的高度角,一般设置截止高度角为 5°;λ 表示卫星载波波长,所以当天线高度为 1.46 m 时,有效的反射距离理论最大值约为 40 m,模拟出的对应高度角为 5° 的有效反射区域如图12 - 15所示。

天线越高,菲涅尔反射区面积越大。卫星的高度角也会影响菲涅尔反射区的大小和形状,高度角变低,菲涅尔反射区会逐渐拉长,当卫星高度增加时,菲涅尔反射区范围缩小,并向接收机位置靠近。

由长半轴 a 和短半轴 b 可以得到椭圆的面积,也就是有效区域面积为

$$S = \pi a b = \frac{\lambda \pi h \sin \eta}{(\sin \eta)^3} \qquad (12-62)$$

当天线高度为 1.46 m、截止高度角为 5°时,每个椭圆的面积约为 115 m² 。由于 GNSS 卫星众多,在天线周边各个方位都可能会有卫星,所以理论上最大的探测区域约为 5 000 m²。

12.8　数据处理步骤和算法

12.8.1　数据处理步骤

本章的所有实验均采用东方联星的 TOAS100D 接收机来接收卫星数据,根据此接收机输出的二进制原始数据,根据单天线测量土壤湿度的原理,以及 SNR 与

土壤湿度的关系,可以将基于 SNR 实现土壤湿度遥感的方法分为四个主要步骤[1]。

　1)有用数据提取

　首先对接收机输出的二进制原始文件进行格式的转换。在格式转换的过程中提取有用的信息,根据第 11 章的理论,需要用到的数据主要包括信噪比数据和卫星的俯仰角数据。

　东方联星 TOAS100D 接收机输出的数据如图 12‐16 所示,其中的载噪比可以作为信噪比数据。由于缺少卫星的俯仰角数据,所以首先需要通过坐标转换将卫星的位置数据转换为俯仰角数据。根据卫星的俯仰角数据可以构建如图 12‐17所示的卫星天空图,观察卫星的运动轨迹。

卫星号	状态标志	载噪比	伪距	多普勒	载波相位	卫星位置X	卫星位置Y	卫星位置Z	卫星速度X	卫星速度Y	卫星速度Z
3	1	34	2373238...	-73.379	3319485...	1300505...	1808077...	1448492...	71.469	1851.484	-2367.313
27	1	34	2497313...	3563.640	956729.788	-7159138...	1979195...	-1611122...	-1695.133	1149.648	2196.843
14	0	23	2065621...	-1255.911	-323.823	-1694754...	1865360...	8386601...	-1003.332	359.849	-2941.606
16	1	34	2180804...	2207.724	408577.703	28312.804	2616401...	2814954...	-255.780	-360.137	3236.892
22	0	29	2357801...	-926.097	-433982...	1109637...	2275833...	8225728...	-145.650	1071.563	-2853.400
25	1	36	2483270...	-3603.528	-2275180...	-1504132...	-8370262...	2013196...	-299.380	-2565.333	-1257.377
26	0	32	2062817...	325.752	3792595...	-5602088...	2231725...	1315972...	-519.973	-1611.873	2524.780
29	1	46	2282293...	-1438.148	-1181761...	-1969340...	-593286...	1779589...	1768.708	-1407.397	1910.780
31	1	43	2111582...	-560.091	-827446...	-1182749...	1094970...	2122900...	-2443.305	-1090.641	-759.503
32	1	35	2200602...	-2855.514	-4023016...	-2064517...	1664847...	-164078...	-171.607	-248.147	-3171.093

图 12‐16　东方联星 TOAS100D 接收机输出的数据

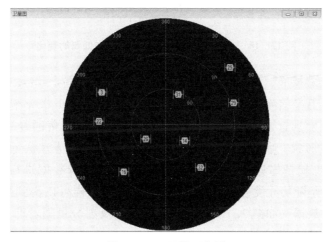

图 12‐17　卫星天空图

　2)高质量卫星选择

　高质量的信噪比数据有利于直射信号和反射信号的分离以及多路径分量的提取。所以,要求所选的卫星在截止高度角之内必须有连续一致的反射轨迹,并且周围没有建筑物和树木的遮挡。

　　首先要对卫星的运行状况进行分析,根据卫星运动的天空图和信噪比数据,选择出质量较高的卫星。这样做是因为只有在低仰角的情况下,反射信号才会和直射信号形成干涉信号,引起信噪比的振荡。如图 12-18 所示东方联星的 TOAS100D 接收机在 $5°\sim25°$ 的信噪比数据有明显的周期振荡,所以提取仰角为 $5°\sim25°$ 的数据进行分析,但由于不同卫星的运动轨迹的不同,卫星的型号也不同,仰角范围需要进行微调。

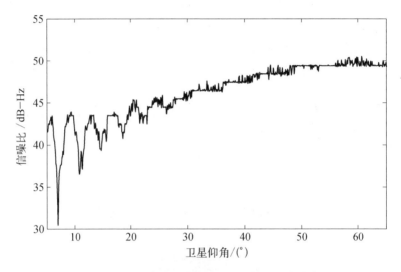

图 12-18　17 号卫星原始信噪比数据随仰角的变化

　3) 反射分量提取

　　从选取的卫星信噪比数据中提取反射分量。由第 11 章介绍的理论可知,直射分量的幅度远远大于反射分量,因此 SNR 数据随仰角的变化近似为一个扁平的抛物线形状。所以,本章采用低阶多项式拟合的方法去除 SNR 数据中的直射分量,也就是趋势项。然后对提取出的反射分量数据进行重采样,分离后的反射分量是随历元变化而变化的数据,通过重采样可以得到随高度角正弦变化的信噪比数据。如图 12-19 所示,信噪比的反射分量随着仰角正弦呈周期变化。

　4) 多路径参数拟合

　　通过 L-S 算法求出信噪比的振荡频率,然后采用非线性最小二乘拟合和置信区间的迭代算法拟合出反射分量的幅度和延时相位,拟合的效果如图 12-20 所示。然后利用这些特征参数结合土壤湿度数据进行数据分析,得到特征参数和土壤湿度的关系模型。

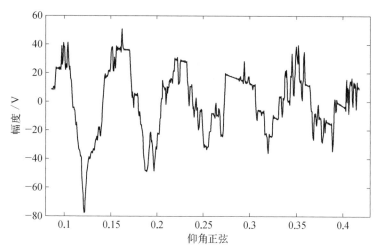

图 12 - 19　17 号卫星的反射分量随仰角正弦变化

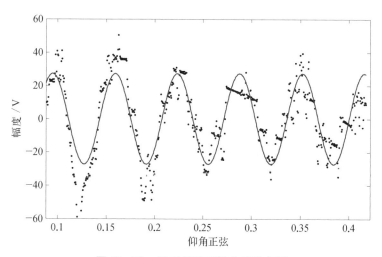

图 12 - 20　17 号卫星反射分量拟合图

12.8.2　程序包 SNR_SM

　　基于前面介绍的原理和数据处理步骤,本章设计和开发基于一个土壤湿度反演的程序包 SNR_SM,这一程序包是在 MATLAB 平台上采用 GNSS 信噪比实现的。此程序包的主要流程如图 12 - 21 所示。

　　此程序包可以根据实际情况调整天线高度、设置俯仰角范围、多项式拟合阶数、卫星选择等参数信息。此程序包为数据处理和分析提供了可视化的效果图并将它们以文本的形式进行保存。

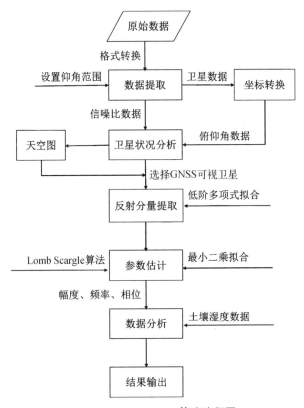

图 12 - 21   SNR_SM 算法流程图

12.9   站点设置和设备

12.9.1   实验站点描述

为了验证 SNR 多路径分量的特征参量与土壤湿度的相关性,以及用 SNR 的特征参量来反演土壤湿度的效果,进行如下实验:在某校园内的东操场正中央架设了一个三脚架作为站点来采集卫星数据,站点所在位置如图 12 - 22 所示,站点的地理坐标为东经 121°27′6.73″,北纬 31°2′9.73″。此站点周围空旷,周边并没有建筑物和树木的遮挡,多路径环境较为简单,接收机接收到的反射信号均是由地面土壤反射得到的[1]。

土壤成分不同,必定会使土壤结构和介电常数发生变化,所以实验中必须要考虑到反演面土壤成分的单一性和稳定性。操场中心周围 50 m 内都由草地组成,地表介质单一,在测量时反射面信号不会因土壤组成成分的不同而造成较大的差异,误差可以降到最低。而且草地属于矮草植被,表面几乎是水平的,倾斜角小于 1°,比较平坦。根据第 2 章的反射理论,此实验场景适合开展与土壤湿度相关的研究工作。

图 12‐22 实验站点位置

12.9.2 实验设备和数据采集

本章所有的实验都是针对利用 SNR 多路径分量遥感土壤湿度展开的,相关实验设备如表 12‐4 所示。采用东方联星的 TOAS100D 一机双天线测向接收机接收卫星数据。此接收机的采样间隔为 1 s。天线采用朝上的右旋圆极化天线,用来收集低仰角的干涉信号。采用三脚架架设站点,使天线高 1.46 m。根据第 4 章的菲涅尔反射区可知,这个高度的天线接收的反射信号最大距离约为 40 m,基本上都是由草地反射的信号。

表 12‐4 实验设备清单

设　　备	数　　量
GNSS 接收机	1
天线	1
三脚架	1
土壤温湿度仪	1
卷尺	1
锂电池	1
计算机	1

　　因为降雨前后土壤湿度变化较大,容易看出规律,所以首先采集了一场降雨前后四颗卫星的数据进行定性分析,分析不同卫星的多路径分量随土壤湿度的变化而变化的情况是否一致。然后对其中的一颗卫星进行长期的数据采集,以量化土壤湿度与反射分量的特征参数之间的关系,因为 4～6 月是上海的梅雨季节,土壤湿度变化较大,而且温度和植被变化较小,所以选择此段时间来收集建模数据。最后分别从积雪覆盖、季节变化、土壤介质变化的角度,研究其他物理参数变化对土壤湿度的影响,不同实验场景如图 12 - 23 所示。

(a) 操场中央夏季(左)和冬季(右)实验场景　　　　　　(b) 操场周边实验场景

图 12 - 23　不同的实验场景

　　土壤湿度数据采用顺科达的土壤温湿度仪来测量,此设备的精度为 2% 左右,实验中随机采集 20 个点取平均值,使湿度尽量靠近真实值。由于操场全年土壤湿度变化基本在 $0.2～0.4 \ \mathrm{cm^3/cm^3}$,此时探测深度基本处于 5 cm 左右。所以,本章采用长度为 7 cm 的土壤湿度传感器(图 12 - 24),收集的是地表以下 7 cm 左右的土壤湿度值,以此与反射信号反演的数据进行匹配。

12.10　特征参数的定性分析

　　由于雨前、雨后土壤湿度变化明显,更容易看出规律,所以首先针对一次降雨前后各颗卫星的数据进行对比分析。在此次降雨前,上海闵行地区已连续 11 天没有下雨,土壤湿度基本在 23% 左右,雨后经过测量土壤湿度在 33% 左右,湿度增加了 10%,变化十分明显。图 12 - 25～图 12 - 28 是四颗卫星(9 号、12 号、13 号、17 号)在下雨前后的幅频特性图[1]。

图 12-24　土壤湿度传感器以及测量

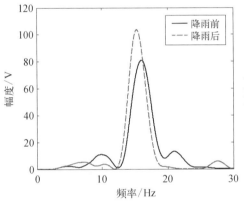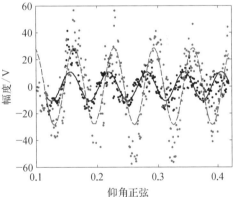

图 12-25　9 号卫星幅频特性图

12.10.1　频率和探测深度分析

通过前面所述的 Lomb Scargle 算法获得了 SNR 频率的估计值,其中频谱图为图 12-25～图 12-28 左侧的图像,实线代表下雨前的频谱,虚线代表下雨后的图形,很明显,降雨前后频谱都发生了细微的变化,而且变化的规律一样,都发生了明显的前移,即频率变小。

其中,9 号卫星频率变化最大,从下雨前的 16.07 Hz 下降到 15.34 Hz,雨后频率下降了 0.73 Hz。12 号卫星频率变化最小,下雨前为 15.99 Hz,下雨后变成了 15.79 Hz,下降了 0.20 Hz。13 号卫星和 17 号卫星变化相近,13 号卫星频率从 16.01 Hz 下降到 15.59 Hz,下降了 0.42 Hz。而 17 号卫星频率从 15.93 Hz 下降到 15.50 Hz,下降了 0.43 Hz。

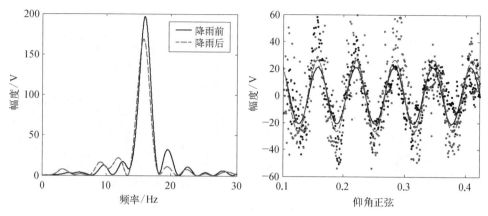

图 12‑26　12 号卫星幅频特性图

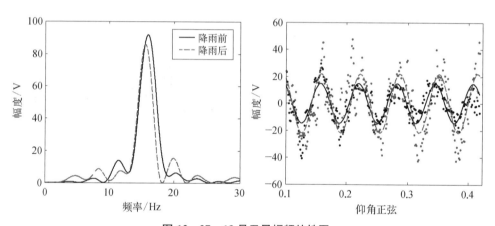

图 12‑27　13 号卫星幅频特性图

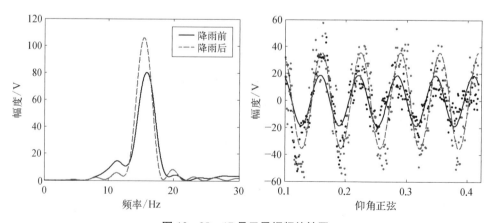

图 12‑28　17 号卫星幅频特性图

因为频率取决于天线相位中心到反射面的垂直距离,也就是等效天线高 h,频率降低,也就意味等效天线高变小,电磁波的穿透能力减弱。这与第 4 章介绍的电磁波的穿透能力随着土壤湿度的增大而变弱相符。由于实验中天线相位中心到地面的垂直距离为 1.46 m,所以可以由公式 $f = 2h/\lambda$ 将频率 f 转换为等效天线高 h。等效天线高 h 由两部分组成:一部分是天线相位中心到地面的垂直距离 H;另一部分是电磁波的穿透深度,即探测深度 Δh。所以,可以将频率 f 转换成探测深度 Δh:

$$\Delta h = \frac{1}{2} f \cdot 0.19 - 1.46 \qquad (12 - 63)$$

四颗卫星雨前的探测深度分别为 6.66 cm、5.91 cm、6.01 cm、5.34 cm,比较统一,平均探测深度为 5.98 cm,如表 12-5 所示。这与第 4 章给出的理论值相近,在相对干燥的情况下,土壤穿透深度在 5～10 cm。各卫星之间的运动轨迹不同,反射形成的菲涅尔反射区不同,所以不同卫星之间会存在差异。

表 12-5　信噪比的频率和探测深度

卫星号	频率/Hz			探测深度/cm		
	降雨前	降雨后	差　值	降雨前	降雨后	差　值
9 号	16.07	15.34	0.73	6.66	−0.27	6.93
12 号	15.99	15.79	0.20	5.91	4.00	1.91
13 号	16.01	15.59	0.42	6.01	2.11	3.90
17 号	15.93	15.50	0.43	5.34	1.25	4.09

从表 12-5 中可以看出,雨后四颗卫星的探测深度都变小了,也就是探测深度与土壤湿度之间存在某种反比关系。9 号卫星变化最大,探测深度从 6.93 cm 下降到了 6.66 cm,下降了 0.27 cm,算出的探测深度小于理论值。之所以造成这种异常现象,是因为 9 号卫星在接收过程中部分数据不连续,可能是人为或是卫星运动的变化遮挡了信号的接收,从而使实际的频率值小于理论的频率值。

12 号卫星变化最小,探测深度为 4.00 cm,相比较雨前的探测深度只降低了 1.91 cm。13 号卫星和 17 号卫星雨后的探测深度分别为 2.11 cm 和 1.25 cm。由此可以看出,不同卫星雨后信号的探测深度有比较大的差异,这可能是因为通过低仰角信噪比数据得到的探测深度代表的是当前卫星在低仰角情况下停留的那段时间的探测深度。此次测量是在降雨后立即测量的,用时两个多小时,而这四颗卫星经过低仰角的时间不同,在收集土壤湿度数据时也发现在降雨后立即进行测量,往往湿度值会偏大。

12.10.2   幅度和延时相位分析

除了信噪比多路径分量的频率,反射分量的幅度和延时相位的变化也与测站的多路径反射环境息息相关。通过 Lomb Scargle 算法获得了 SNR 频率后,再通过非线性最小二乘拟合算法进行正弦拟合可以得到反射分量的幅度和延时相位参数。

图 12-25~图 12-28 中的右图都是多路径分量的散点图和拟合后的波形,其中黑色的散点和拟合曲线为下雨前的图形,红色的散点和拟合曲线为下雨后的图形。通过两条拟合曲线也可以看出,降雨前后幅度变化明显而且变化趋势一致,降雨后的幅度明显要大于降雨前的幅度。9 号卫星和 17 号卫星变化较大,9 号卫星从 10.78 V 上升至 26.52 V,提高了 17.74 V,17 号卫星从 18.67 V 上升到 35.74 V,上升了 17.07 V;12 号卫星和 13 号卫星变化较小,12 号卫星从 20.89 V 上升到 26.52 V,13 号卫星从 14.69 V 上升到 21.89 V。

反射分量的幅度变化主要与卫星的高度角、天线增益及反射面的反射系数有关。而在同一时间内用相同的天线进行观测,卫星高度角和天线增益的影响可以忽略不计。所以,幅度在降雨前后发生变化,是因为多路径反射分量的幅度主要由反射面的介电常数来决定,介电常数与土壤湿度密切相关。从前面的土壤湿度与介电常数的半经验模型可知,介电常数与土壤湿度成正比,土壤湿度越大,介电常数越大,因而反射的电磁波能量越大,引起反射分量的幅度也就会越大。因此,此次实验中这四颗卫星的结果还是较为理想的。

针对同一片土地,含水量的不同会引起介电常数的变化,从而影响反射分量幅度的变化,所以反射分量幅度与土壤湿度变化成正比,可以根据幅度的变化推算出土壤湿度的变化。

通过最小二乘拟合出来的相位就是反射分量相对于直射信号的延时相位。根据表 12-6 可以看出,延时相位也随土壤湿度的变化而产生统一的变化规律。下雨后土壤湿度增加,相应的干涉相位也随之变大。与各颗卫星雨前、雨后频率和幅度的变化相比,延时相位的变化幅度较小,趋于稳定。而且四颗卫星在雨前、雨后的延时相位都比较相近,雨前四颗卫星的延时相位分别为 -1.67 rad、-1.71 rad、-1.69 rad、-1.69 rad,最大不过 0.04 rad,也就是 2°。而雨后四颗卫星的延时相位分别为 -1.50 rad、-1.41 rad、-1.39 rad、-1.47 rad。其中,9 号卫星延时相位最小,13 号卫星延时相位最大,两者之差为 0.11 rad,也就是 6°。所以可以看出,与幅度和频率相比,土壤湿度对延时相位的改变更趋于稳定。9 号卫星在降雨后延时相位增加最小,为 10°,变化最大的为 12 号卫星,增加了 17°,13 号卫星增加了 12°,17 号卫星增加了 13°,四颗卫星的延时相位平均增加了 13°。

表 12 - 6　四颗卫星雨前雨后的幅度和延时相位数据

卫　星	幅度/V			延时相位/rad		
	降雨前	降雨后	差　值	降雨前	降雨后	差　值
9 号	10.78	28.52	17.74	−1.67	−1.50	0.17
12 号	20.89	26.52	5.63	−1.71	−1.41	0.30
13 号	14.69	21.89	7.20	−1.69	−1.39	0.20
17 号	18.67	35.74	17.07	−1.69	−1.47	0.22

通过前面的对比分析可以发现,同一次降雨前后,各颗卫星信噪比数据的特征参数呈现出了统一的变化规律。降雨的发生导致土壤湿度的增大,影响卫星的 SNR 观测值,观测值的变化体现为幅度变大、频率变小、延时相位增大。但不同卫星运动轨迹的差异、俯仰角的不同及菲涅尔反射区的不同都会导致在不同卫星之间信噪比的特征参数存在差异。而且幅度和频率的差异尤为显著,所以要想实现土壤湿度的遥感,最好通过单颗卫星去建立湿度遥感模型。

12.11　特征参数的定量模型

通过前面对一场降雨前后四颗卫星的幅频特性进行分析和比较,可以发现不同卫星之间信噪比的特征参数存在差异,而这种差异目前还无法归一化处理。所以,要想实现对土壤湿度的遥感,最好先通过单颗卫星建立土壤湿度遥感模型。所以,本章通过对 17 号卫星的长期观测来建立土壤湿度遥感模型,时间从 4 月 30 日到 6 月 15 日,共 48 天,每天收集 17 号卫星低仰角(5°～25°)的数据,因为卫星的周期为 11 h 58 min,所以每天采样时间要比前一天早 4 min。确保 17 号卫星在收集的时间段里有丰富的仰角变化,也就是在 5°～25°有完整的信噪比数据。期间由于操场施工、使用以及天气等各种原因,实验中收集的数据并不完全连续,实际收集的数据为 31 天,因此本章只针对这 31 天的数据进行数学分析,未收集数据的 17 天数据已经去掉[1]。

由于收集数据的时间比较集中,是上海的梅雨季节,湿度变化较大,而且温度和植被的变化较小,所以本章首先假设信噪比多路径分量的幅频特性的时变性仅与土壤湿度有关,分别从延时相位、探测深度和幅度的角度建立与土壤湿度的关系模型。

12.11.1　延时相位模型

从 12.10 节的结论可以看出，与幅度和频率相比，土壤湿度对延时相位的改变更趋于稳定。所以，首先对延时相位变化进行分析。图 12‐29 是这 31 天数据中土壤湿度和延时相位的变化情况。其中，虚线是湿度变化曲线，散点是通过最小二乘拟合出的延时相位值。从湿度变化曲线来看，在这 31 天共出现了四个比较明显的峰值，分别位于图 12‐29 中的第 6 天、第 11 天、第 18 天、第 28 天，而在这四天当天或是之间都发生了明显的降雨，并且，在下一次测量之前没有新的较大的降雨。可以发现，每次降雨后土壤湿度都是缓慢的回落，直到下一次降雨事件发生，土壤湿度又开始急剧增加。

在这四次降雨前后，不仅土壤湿度发生了变化，相应地拟合出的延时相位也产生了改变。可以从图 12‐29 中看出，伴随着每次降雨，土壤含水量急剧增加，延时相位值也急剧增大，而随后的时间里，由于并未产生新的降雨事件，土壤含水量随着水分的蒸发和下沉而逐渐下降，而延时相位在这几天的时间里也在缓慢下降。这与 12.10 节中分析的结论一致。可见，延时相位的变化与降雨关系密切。

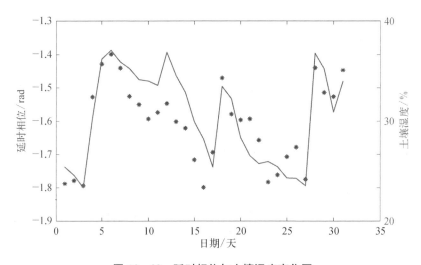

图 12‐29　延时相位与土壤湿度变化图

从表 12‐7 中的四次降雨中土壤湿度和延时相位的变化情况可以看出，延时相位变化的幅度与土壤湿度变化的幅度存在很好的线性关系。在第二次降雨中，土壤湿度变化最小，从 33.58% 增加到 36.88%，只增加了 3.30%，而延时相位在这四次降雨中也变化最小，从 −1.57 rad 增加到 −1.54 rad，上升了 0.03 rad。这是因为在这次降雨前不久发生过一次强降雨,也就是第一次降雨,而随后的几天上海闵行地区一直处于阴雨天气,土壤湿度下降得十分缓慢。第一次降雨事件土壤湿度增加了 5.91%,伴随着延时相位增加了 0.10 rad,第三次降雨事件土壤湿度增加了 8.04%,而延时相位增加了 0.22 rad。

表 12-7　四次降雨事件的土壤湿度和延时相位

降雨事件	土壤湿度/%			延时相位/rad		
	降雨前	降雨后	差　值	降雨前	降雨后	差　值
1	30.32	36.23	5.91	−1.53	−1.43	0.10
2	33.58	36.88	3.30	−1.57	−1.54	0.03
3	25.42	33.46	8.04	−1.69	−1.47	0.22
4	23.54	35.24	11.7	−1.77	−1.44	0.33

变化最大的是第四次降雨,也就是 6 月 10 日上海闵行地区发生了强度为 50 ml 的强降雨,土壤湿度由前一天的 23.54% 急剧增加到 35.24%,增加了 11.7%,而相应的延时相位从 −1.77 rad 增加到 −1.44 rad,增加了 0.33 rad,也就是 19°,也是此次降雨中延时相位变化最大。虽然这次的降水量是四次降水中最大的,但显然降水后的土壤湿度并不是这四次中最大的,这可能是由于此次降水比较急,水分并未及时渗透到土壤中,也有可能是在收集数据的时候出现了误差。

根据四次雨前、雨后的实测数据比较可以看出,土壤含水量与延时相位之间具有很强的相关性,相关系数达 0.855 4,而这种相关性又有很明显的线性关系,土壤湿度增大,相应的相位值也增大,而且增大的幅度与降雨量和土壤湿度息息相关,所以可以通过定量描述并构建反射信号延时相位与土壤湿度之间的相关函数模型。

如图 12-30 所示,这种相关函数模型可以用线性模型来表示,图 12-30 中散点图是实测数据,而实线为两者的线性模型,可以表示为

$$SM_V = (32.46 \times \varphi + 82.72) \times 100\% \tag{12-64}$$

式中,模型中 φ 表示延时相位;SM_V 表示土壤体积含水量。两者拟合对应的 R^2 系数为 0.745 3,残差模为 2.487。这说明,线性模型可以很好地描述土壤体积含水量与延时相位 φ 之间的对应关系。

12.11.2　频率和探测深度模型

在对一场降雨前后的对比实验中可以发现,频率与土壤湿度存在很强的相

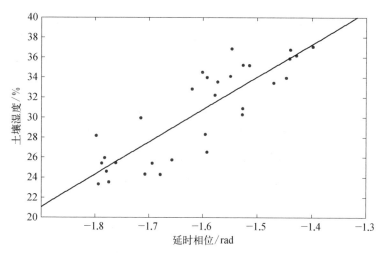

图 12-30   延时相位与土壤湿度关系模型

关性。土壤湿度越大,多路径分量的频率越小。图 12-31 是频率随土壤湿度变化图,实线为土壤湿度,散点为通过 Lomb Scargle 算法计算出的多路径分量的频率。

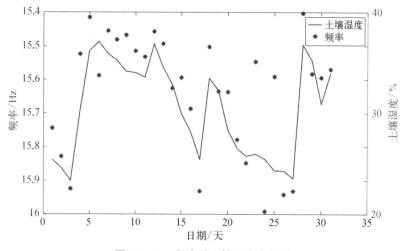

图 12-31   频率随土壤湿度变化图

从图 12-31 中可以看出,频率也随着土壤湿度的变化而变化,但并没有延时相位的变化稳定。例如,在 12.11.1 小节讨论的四次降雨中,就有一次不符合之前发现的规律。在第一次降雨中,土壤湿度从 30.32% 增加到 36.23%,理论上电磁波的穿透能力会减弱,从而造成多路径分量的频谱发生前移。但从实测的数据来看,频率反而从 15.41 Hz 增加到 15.59 Hz,增加了 0.18 Hz。探测深度从 0.44 cm 增加到 2.08 cm,增加了 1.64 cm,这可能是由信号的不稳定或是人为干扰造成的。而在其他的三次降雨中,多路径的频率都伴随土壤湿度的增加而变小。一般来说土壤中的含水量越低,探测深度越深,因为土壤含水量的增大会导致土壤中的介电常数的增大,土壤的穿透能力会减弱。

可以根据式(12-63),将实测数据中的频率转换为探测深度,如图 12-32 所示,当土壤湿度在 20%～40%时,探测深度在 0～6 cm 变化。由此可以看出,在此土壤湿度范围内,用 GNSS-R 技术遥感的土壤湿度代表的是表层土壤的含水量,也就是地表往下 0～6 cm 土壤的含水量。

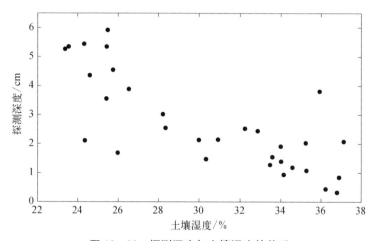

图 12-32　探测深度与土壤湿度的关系

从图 12-32 中也可以看出,随着土壤湿度的增加,探测深度逐渐减少,两者呈反比关系,有很好的相关性,相关系数为-0.777 1,两者呈现很好的负相关特性。由此可以建立探测深度与土壤湿度的关系模型。

图 12-33 为探测深度与土壤湿度的关系模型,散点为原始数据,本章用了两种拟合模型来拟合土壤湿度与探测深度。虚线为线性拟合出的关系模型,可以表示为

$$\mathrm{SM}_V = (-2.238 \times \Delta h + 36.44) \times 100\% \qquad (12-65)$$

实线为指数拟合出的关系模型,可以表示为

$$\mathrm{SM}_V = (-5.084 \times \Delta h^{0.632\,7} + 39.51) \times 100\% \qquad (12-66)$$

模型中 Δh 代表探测深度,可以根据频率 f 求得。SM_V 代表土壤体积含水量。通过线性拟合对应的 R^2 系数为 0.603 8,残差模为 3.023,而指数拟合对应的 R^2 系数为 0.612 3,残差模为 3.044。可以看出,指数模型能够更好地反映探测深度 Δh

与土壤湿度之间的关系。但探测深度模型对站点的要求非常高,需要站点周围反射面几乎是水平的,倾斜角度小于1°,同时,该模型对卫星的质量要求也十分高,卫星的信噪比数据要连续不存在断点,否则通过频谱求得的探测深度将有很大的误差,使反演的湿度值与实际值偏离比较大。

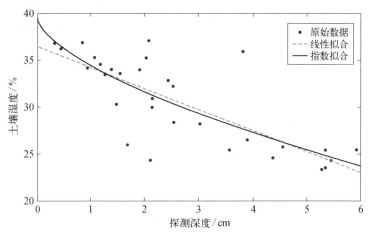

图 12-33　探测深度与土壤湿度的关系模型

12.11.3　幅度模型

图 12-34 是幅度与土壤湿度变化图,实线是土壤湿度变化,散点是通过最小二乘拟合出来的多路径分量的幅度。从图 12-34 中第 6 天、第 11 天、第 18 天、第 28 天四次降雨可以看出,伴随着每次降雨中土壤含水量的增加,反射分量的幅度都有显著的提高,而后随着土壤含水量的蒸发,反射分量幅度又开始缓慢下降。可见多路径分量的幅度与土壤湿度存在某种正比关系,两者有很强的相关性,相关系数为 0.794 5,从统计学的角度来看,两者具有强相关性,由此可以建立反射分量幅度与土壤湿度的关系模型。

假设多路径分量的幅度变化仅与土壤湿度有关,可以构建如图 12-35 所示的幅度与土壤湿度的关系模型,散点为原始数据,本章用了两种拟合模型来拟合土壤湿度与探测深度。虚线为线性拟合出的关系模型,可以表示为

$$\mathrm{SM}_V = (0.691\,9 \times A_r + 10.19) \times 100\% \qquad (12-67)$$

实线为指数拟合出的关系模型,可以表示为

$$\mathrm{SM}_V = (0.007\,242\,1 \times A_r^{2.143} + 19.69) \times 100\% \qquad (12-68)$$

式中,模型中 A_r 表示多路径分量的幅度;SM_V 表示土壤体积含水量。通过线性

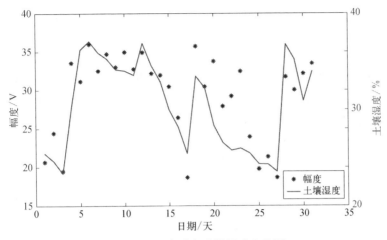

图 12‑34　幅度与土壤湿度变化图

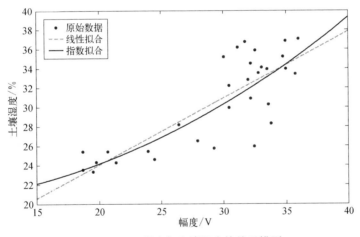

图 12‑35　幅度与土壤湿度的关系模型

拟合对应的 R^2 系数为 0.666 1,残差模为 2.775,而指数拟合对应的 R^2 系数为 0.672 4,残差模为 2.798。从拟合的效果来看,指数拟合要比线性拟合略好一些。

12.12　其他物理参数影响

SNR 是表征 GNSS 接收信号质量的重要指标,其本身除了包含观测质量信息以外,同时对测站观测环境也十分敏感。SNR 观测值的大小及其变化除了与土壤湿度有关以外,还与测站周围的环境因素如积雪覆盖、土壤介质的变化和季节变化等密切相关。

由于 12.11 节建立模型所用到的数据处于春夏交替之季,植被和温度变化不是十分明显,而且站点位于同一土壤介质上,所以假设反射分量幅频特性的时变性只与土壤含水量有关,其他的物理参数都被忽略。但是在实际的反演过程中,必须考虑这些物理参数对反演结果的影响。

12.12.1 积雪覆盖的影响

积雪天气会对土壤湿度遥感模型造成很大的误差,因为积雪的厚度会改变天线相位中心到地表反射面的垂直距离。若无积雪的覆盖,则电磁波信号会穿透土壤进行反射,但积雪覆盖后,电磁波信号在积雪表面进行反射。等效天线高为 h,根据前面介绍的多路径几何模型可知 $f = 2h/\lambda$,所以积雪的覆盖会在反射信号 SNR 的频率上得到体现。

为了研究积雪对信噪比数据的影响,本章在 2018 年 1 月 25 日降雪前后又分别在该站点进行了数据收集。因实验中天线距离地面的高度为 1.46 m,理论上反射信号的频率不会低于 15.37 Hz。下雪后,积雪的覆盖会使等效天线高降低,从而使频率下降。如图 12-36 所示,实线是下雪前的频谱,频率为 15.50 Hz。虚线是下雪后的频谱,频率为 15.23 Hz,转换为等效天线高为 1.447 m,比实际的天线高度低了 1.3 cm,而积雪的厚度大约也在 1 cm。所以,积雪天气的信噪比特征参数不能用来遥感土壤含水量。因为电磁波信号在积雪覆盖时不能穿透土壤进行反射,所以此时的幅频特性并不能反映土壤的真实含水量。但可以通过信噪比的频率 f 与

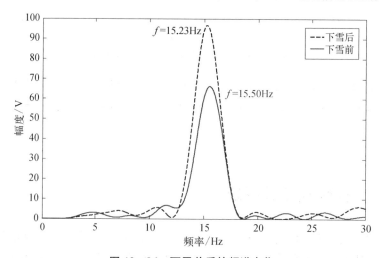

图 12-36 下雪前后的频谱变化

等效天线高 h 的换算关系来获取积雪的厚度值。

12.12.2　土壤介质的影响

土壤是由土壤颗粒、空气、自由水和结合水四种成分组成的介质混合体,而土壤的介电常数与土壤组成成分有关,上述所有实验都是在一块确定的单一介质的土壤上进行的。所以,除水分以外,土壤的其他成分基本不发生变化,在这种情况下唯一影响介电常数的因素就是土壤含水量。

但是,不同的土壤组成成分是不一样的。针对不同的土壤介质,本章在操场的一角设立了一个新的站点,新站点天线高度也为 1.46 m,将此站点的实验结果与操场中心的实验结果进行对比。如图 12 - 37 所示,该站点有 90° 的反射面来自草地,而其他反射面来自塑胶跑道或是周边的建筑物。由于实验器材有限,所以分两天进行数据采集,第一天在原来的实验站点采集,第二天在新站点的位置进行采集。这两天的土壤湿度变化很微弱,可以近似为不变。

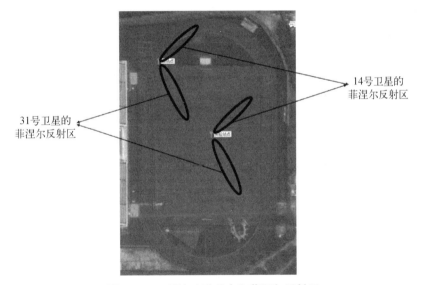

图 12 - 37　两个实验站点和菲涅尔反射区

本实验选择了两个信噪比数据质量较好的卫星,在新站点这两颗卫星的菲涅尔反射区分别位于草地和塑胶跑道上,31 号卫星的菲涅尔反射区位于草地上,而 14 号卫星的菲涅尔反射区位于塑胶跑道上,如图 12 - 37 所示。对于操场中心的站点,两个菲涅尔反射区都位于草地上。

由于 31 号卫星的菲涅尔反射区位于同一种介质,而且两片草地的湿度值基本相同,所以两个站点的反射分量应该基本一样。从图 12 - 38 中也可以看出,两个

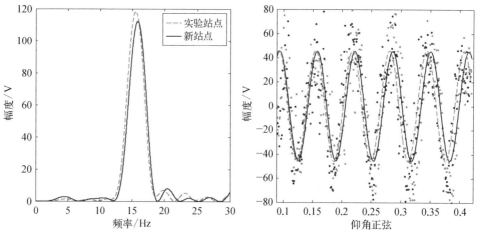

图 12-38   31 号卫星的幅频特性

站点拟合出来的效果图重叠性很高。除了频率有所差别以外,延时相位和幅度基本相同,幅度分别是 45.41 V 和 45.90 V,延时相位分别是−1.23 rad 和−1.28 rad,差别都比较小。

14 号卫星的两个菲涅尔反射区位于两种反射面上(图 12-39),从图 12-39 中可以看出,其幅频特性有较大的差异,尤其是对延时相位的改变,延时相位分别是−2.87 rad 和−1.83 rad,差了 1.04 rad。

由此可以看出,除了土壤含水量以外,土壤的颗粒组成及表面的粗糙度也会改变反射分量的特征参数,具体改变的程度和范围还需要后期通过大量数据去验证。

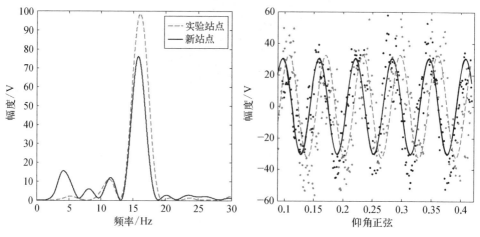

图 12-39   14 号卫星的幅频特性

12.12.3　季节变化的影响

为了研究季节变化对信噪比数据的影响,本章将 17 号卫星冬天和夏天的数据进行对比,如图 12 - 40 所示,实线是夏季的幅频特性,虚线是冬季的幅频特性。这两天收集数据的时候湿度基本在 33% 左右。从图 12 - 40 中的频谱特性可以发现,无论是从频率、幅度还是延时相位出发,两者都有比较大的差异。

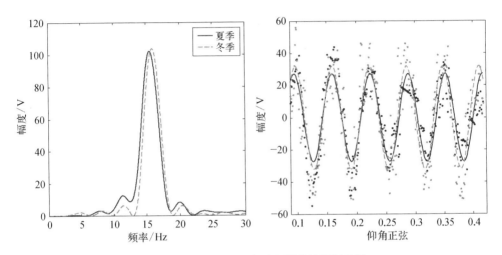

图 12 - 40　17 号卫星冬季和夏季的幅频特性

通过数据处理,得到反射分量的特征参数,根据式(12 - 64)、式(12 - 66)和式(12 - 68),可以将反射分量的特征参数反演得到相应的土壤湿度,如表 12 - 8 所示。根据表 12 - 8 可以看出,夏季通过幅度、频率和延时相位这三个特征参数得到的土壤湿度与实际测量的土壤湿度比较接近,误差在 ±5%。而使用夏季的模型求得的冬季的测量结果与土壤湿度存在很大的误差,只有通过幅度求得的土壤湿度接近真实值,延时相位和频率求得的土壤湿度明显比真实值小很多。

表 12 - 8　夏季和冬季反演对比

季节	特征参数	测量值	反演湿度/%	误差/%
夏季	相位/rad	−1.48	35.22	2.22
	幅度/V	27.07	29.06	3.98
	频率/Hz	15.54	28.32	4.68

续表

季节	特征参数	测量值	反演湿度/%	误差/%
冬季	相位/rad	−1.77	25.47	7.53
	幅度/V	31.90	31.78	1.21
	频率/Hz	15.94	24.68	7.32

之所以会出现这么大的误差,主要是季节的变化造成了植被的含水量和温度的变化。因为大多数土壤表面都有植被覆盖,所以必须考虑植被变化对土壤湿度和信噪比数据的影响。显然冬天植被的含水量和温度都要远低于夏季植被的含水量和温度,经过测量,这两天的土壤温度分别是25°左右和10°左右。电磁波信号在穿透植被时,信号会和植被中的水分相互作用,而温度会影响水分在土壤中的存在形态,并且会影响噪声的功率水平,进而对信噪比数据产生影响。

因此地表植被和温度的变化都会改变反射信号的信号特性,并在 SNR 数据上有所体现。至于具体的改变程度和效果还需大量数据去完善模型。所以,为提高反演精度,后期的研究中还要考虑由季节更替引起的温度和植被变化所带来的影响。

【参考文献】

[1] 于鹏伟.基于 GNSS‐R 技术用卫星信噪比遥感土壤湿度的研究[D].上海:华东师范大学,2018.

[2] 严颂华,龚健雅,张训械,等.GNSS‐R 测量地表土壤湿度的地基实验[J].地球物理学报,2012,54(11):2735‐2744.

[3] 关止,赵凯,宋冬生.利用反射 GPS 信号遥感土壤湿度[J].地球科学进展,2006,21(7):747‐750.

[4] Erwan M, Mehrez Z, Pascal F, et al. GLORI: A GNSS‐R dual polarization airborne instrument for land surface monitoring [J]. Sensors, 2016, 16(5): 732.

[5] 张勇,符养,李烨,等.一种新型星载 GNSS‐R 系统的地面验证实验[J].海洋测绘,2013,33(1):18‐21.

[6] 万玮,李黄,洪阳,等.GNSS‐R 遥感观测模式及其陆面应用[J].遥感学报,2015,19(6):882‐893.

[7] 邹文博,张波,洪学宝,等.利用北斗 GEO 卫星反射信号反演土壤湿度[J].测绘学报,2016,45(2):199‐204.

[8] 李黄,夏青,尹聪,等.我国 GNSS‐R 遥感技术的研究现状与未来发展趋势[J].雷达学报,2013,2(4):389‐399.

［9］李伟,陈秀万,彭学峰,等.GNSS‐R 土壤湿度估算体系架构研究与初步实现［J］.国土资源遥感,2017,29(1)：213‐220.

［10］Rius A,Cardellach E,Martin-Neira M. Altimetric analysis of the sea-surface GPS-reflected signals［J］. IEEE Transactionson Geoscience & Remote Sensing, 2010, 48 (4)：2119‐2127.

［11］张训械,严颂华.利用 GNSS‐R 反射信号估计土壤湿度［J］.全球定位系统,2009,34(3)：1‐6.

后 记

　　作者在攻读博士学位期间，主要是开展导航定位的区域增强研究。因项目的特殊性，在管理机制上需要保密，在技术机制上需要重新创建一套区域性、机动性和独立性强的新型导航定位系统。由于研究组人员数量不足，基础性储备不足，整个项目的开展十分困难。令人庆幸的是，得到中国科学院上海技术物理研究所匡定波院士和时任所长王建宇研究员的鼎力支持，作者在短短的三年时间内取得了丰富的积累。这算是有别于研究所专注红外光电技术领域之外的另一个创新方向，也促成了研究团队逐步与中国北斗卫星导航定位系统结缘。这也是作者在空间信息技术领域中的第一次触碰，从此一发不可收拾！

　　由于作者所在研究所的学术研究与工程研制主要集中于光电材料、光电信息处理及其航空航天遥感等国家重大工程任务。作者在这样一个学术氛围浓、工程任务重的单位学习和工作，每个人都以参加航天任务为荣，也就在所在研究室的统一安排下，开始攻关嫦娥三号巡视器有效载荷红外成像光谱仪相关部件设计与开发、与中国科学院上海天文台合作开展中国北斗氢钟辅助电子学设计等。这对于从理论到实践，从设计到研制，从技术开发到项目管理，都是一个严峻的考验。整个过程，与项目组同事、学生不断地学习，不断地攀登，共同跨越到光电信息与遥感应用技术领域。

　　自 2006 年以来，作者坚持空间信息技术及其应用研究，探索光电信息技术与物联网、云计算、大数据、人工智能等交叉创新，积极推进在智慧城市中的应用，服务国民经济。期间，作者与多位同事，如本书中提到的资助本书国家重点研发计划课题负责人张春霞、清华大学陈曦副研究员、中国科学院上海技术物理研究所马艳华副研究员、西北工业大学李旭副教授、清华大学深圳清华大学研究院斯维尔城市信息研究中心常务副主任刘彪博士等，也与作者当年的多位师兄弟和现在就读的几位研究生共同就"时空数据"这一专题展开深入研究与应用推广。以上的技术情怀，也是促进申报并如愿获批"金砖国家时空数据高可信关键技术及其应用研究"这个国家重点研发计划政府间国际科技创新合作重点专项的动力源泉。

　　整个项目得到空间信息与定位导航上海高校工程研究中心、上海市多维度信息处理重点实验室、教育部可信软件国际合作联合实验室和河口海岸学国家重点实验室在理论研究与应用开发方面的支持,更是联合圣彼得堡彼得大帝理工大学、印度理工学院等国际合作的一次探索。执行中,华东师范大学国际交流处、圣彼得堡彼得大帝理工大学上海办事处为深化金砖成员国之间在多国时空数据研究及其应用方面开展科技创新合作,为提升我国在该领域的国际科技创新合作层次与水平,不遗余力。该资助项目,也积极采用"政-产-学-研-用"相结合的协同创新模式和基于开源社区的开放创新模式,围绕时空大数据存储管理、时空大数据智能综合与多尺度时空数据库自动生成及增量级联更新、时空大数据清洗和时空大数据可视化等领域进行创新应用研究,为时空数据与各行业融合提供技术方案,逐步促成健全实用的时空大数据应用服务体系。

特别致谢的是中国科学院院士何积丰教授,以及撰稿人马艳华、项前、田波、张春霞、陈曦、李旭、刘彪和殷文旂等科研工作者。在作者的邀请下,他们都倾囊相送与作者(作者团队)合作过的研究成果,共镶此册。同时,需要致谢的是夏雪飞、吴新平和曹海云等成员,在撰稿过程中不仅直接贡献了技术资料,而且甘为本书的审校工作付出宝贵时间!真诚感谢我的硕士研究生于鹏伟、齐巍、李辰、吴妍雯、张冬冬、鲁婷婷、姚瑶和楼明明等,为本书提供了丰富的研究资料与成果。从本书的申请到出版整个过程,得到科学出版社上海分社徐杨峰编辑亲自辅导,以及其他编辑同志们为本书提供了大量建议与意见,在此表示感谢。表达谢意之处,不胜枚举!

未来已来!时空数据及其大数据应用正推动着互联网、大数据、人工智能和实体经济深度融合,建设数字中国、智慧社会。只因研究团队与本书撰写成员的水平有限,不妥之处在所难免,敬请读者不吝赐教与指正。

作　者

2020 年 9 月 19 日于同济大学